KB262378

독도 영유권 확립을 위한 연구 Ⅳ

이 책은 2010년 교육과학기술부 지정 정책중점연구소 지원 사업에 의해서 연구되었음

독도 영유권 확립을 위한 연구 Ⅳ

초판 1쇄 발행 2012년 12월 22일

엮은이 ㅣ 영남대학교 독도연구소
발행인 ㅣ 윤관백
발행처 ㅣ 선인

편 집 ㅣ 소성순
표 지 ㅣ 윤지원
영 업 ㅣ 이주하

인 쇄 ㅣ 대덕인쇄
제 본 ㅣ 광신제책

등록 ㅣ 제5-77호(1998.11.4)
주소 ㅣ 서울시 마포구 마포동 324-1 곳마루 B/D 1층
전화 ㅣ 02)718-6252 / 6257   팩스 ㅣ 02)718-6253
E-mail ㅣ sunin72@chol.com
Homepage ㅣ www.suninpub.co.kr

정가 31,000원
ISBN 978-89-5933-602-9(세트)
ISBN 978-89-5933-603-6 94910

· 잘못된 책은 바꿔 드립니다.

독도 영유권 확립을 위한 연구 Ⅳ

영남대학교 독도연구소 엮음

선인

책머리에

영남대학교 독도연구소는 2005년 5월 11일에 전국의 대학 가운데 최초로 설립된 독도 전문 연구기관이다. 우리 연구소는 독도를 비롯한 동해안 문화권에 관한 자료를 수집·정리하여 다학문·국제적 공동연구를 통해 독도영유권 공고화에 이바지해왔다.

우리 연구소의 전문화 및 특성화 목표는 다음과 같다. : 1) 독도가 한국 영토임을 다학문, 국제공동 연구를 통해 재확인하고, 2) 국제사회에서 용인되는 이론 개발로 일본 측 주장의 허구성, 부당성을 증명하고, 3) 국내외 독도 전문 연구의 인프라 및 네트워크를 구축하고, 4) 독도 영유권 홍보를 국제적으로 실시하여 국제여론 환기하고, 한국과 일본에 올바른 독도 인식을 전파한다.

이러한 노력의 결과, 우리 연구소는 2007년 12월, 교육과학기술부 정책중점연구소로 지정되었다.

2007년 우리 연구소가 교육과학기술부 정책중점연구소로 지정된 다음 줄곧 〈독도학 정립을 위한 학제간 연구〉(2007년 12월 1일~2016년 10월 15일)를 수행해오고 있다.

교육과학기술부의 정책중점연구과제는 기본과제와 수시과제, 정책연구 용역과제로 구성되어 있다.

기본과제는 정책비전 수립 및 방향 제시를 위한 이론적·기초적 연구, 지표 개발 및 데이터 축적 등 중장기적인 정책 대응과 관련된 연구이고, 수시과제는 정부정책과 관련하여 수시로 발생하는 사회문제 및 정책현안 해결을 위하여 1년 이내 기간 동안 수행하는 연구이다.

정책중점연구소 과제의 경우는, 1단계(기초연구: 2007년 12월 1일~2010년 10월 15일)·2단계(심화연구: 2010년 10월 16일~2013년 10월 15일)·3단계(응용연구: 2013년 10월 16일~2016년 10월 15일)로 구성되어 있는데, 현재 우리 연구소는 2단계 3년차(2012년 10월 16일~2013년 10월 15일) 과제를 수행중이다.

〈독도학정립을 위한 학제간 연구〉의 기본과제는 제1과제(인문사회과학분야) '독도 영유권 확립을 위한 연구'와 제2과제(자연과학분야) '독도의 생태보전과 독도해역의 생물상 연구'로 구성되어 있다.

〈독도학 정립을 위한 학제간 연구〉는 독도영유권에 관한 역사·인류학적, 국제법적, 지리적, 자연생태적 연구를 심화하여 독도영유권을 공고화하고, 연구에 기반한 정책개발과 교육의 내실화, 국제사회에 대한 적극적 홍보 방안을 마련하고, 일본으로 하여금 독도에 관한 영토야욕을 스스로 포기하도록 하는데 궁극적 목적을 두고 있다.

〈독도학 정립을 위한 학제간 연구〉의 1·2단계의 연구는 '독도 대응 매뉴얼 작성을 위한 기초 연구'로서 다음과 같은 연구 성과를 산출했다.

O 독도영유권 확립을 위한 연구

【근대 100년간 한·일 양국의 독도연구와 정책 동향 분석】
　　◆ 특집:『竹島問題에 관한 調査硏究 最終報告書』비판
　　　　·한국의 고지도에 나타난 독도 인식에 관한 연구
　　　　·『竹島問題에 관한 調査硏究 最終報告書』「西歐製作圖의 분석」

에 대한 비판
· 『三國通覽輿地路程全圖』와 『伊能圖』안의 독도
· 『竹島問題에 관한 調査硏究 最終報告書』에 인용된 일본 에도
시대 독도문헌 연구
· 독도 강탈을 둘러싼 궤변의 허구성
· 「竹島經營者中井養三郎氏立志傳의 해석오류에 대한 고찰
· 쯔카모도 다카시의 「샌프란시스코 평화조약에서 나타난 다케
시마에 대한 취급」에 대한 비판적 연구

◆ 특집: 일본의 독도 영유권 주장의 허구성 비판 -『제2기 죽도문
제연구회 중간보고서』를 중심으로 -
· 끝없는 위증의 반복-시마네현 제2기 죽도문제연구회 보고
서 문제점을 중심으로-
· 〈明治 10년 太政官指令-竹島外一島件에 대하여 본방과 관
계없다-를 둘러싼 제문제(杉原 隆)〉의 비판
· 〈1898(明治31)년 韓國船 조난사건에 대한 일고찰(山崎佳子)〉
비판
· 〈竹島 영유권 분쟁의 초점-국제법의 견지에서(塚本孝) 비판
· 해방후 독도 주변 수역의 어업실태-후지이 겐지「島根縣 어
업자와 한일어업분쟁」을 중심으로-

◆ 특집: 일본 외무성 '竹島' 홍보 팸플릿 비판
· 한일 양국에서 누가 먼저 '독도'를 인지하였는가
－일본 외무성의 竹島 홍보 팸플릿의 포인트 1,2 비판－
· 일본의 독도에 대한 '17세기 영유권 확립설'의 허구성
－일본 외무성의 竹島 홍보 팸플릿의 포인트 3,4 비판－

　　　　·안용복 진술의 진위와 독도 강탈 과정의 위증
　　　　·독도문제의 ICJ에 의한 해결주장과 그 대응방안

　　◆ 한·일 양국의 독도 자료 및 연구 검토
　　　　·독도 영유권 공고화와 관련된 용어 사용에 대한 검토
　　　　·일본의 독도 이름 개칭에 관한 연구-松島에서 竹島로의 개
　　　　　칭에 대한 고찰을 중심으로-
　　　　·메이지시대 일본의 동해와 두 섬(독도·울릉도) 명칭 변경
　　　　　의도에 관한 검토
　　　　·일본의 독도영유권 주장에 대한 실증적 비판
　　　　·일본의 독도 영유권 위증에 관한 연구-시모죠 마사오의 사
　　　　　료 왜곡을 중심으로 한 고찰
　　　　·일본의 독도 강탈 정당화론에 대한 비판-쯔카모토 다카시
　　　　　의 오쿠하라 헤키운 자료 해석을 중심으로-
　　　　·일본의 고유영토설 비판
　　　　·'울릉도쟁계' 자료를 통해본 일본의 17세기 영유권 확립설
　　　　　의 비판
　　　　·『竹島考證』의 사료 왜곡
　　　　·일제시대 도리이 류죠(鳥居龍藏)의 눈에 비친 울릉도
　　　　·일본의 독도 인식에 관한 연구-「日露淸韓明細新圖」에 그려
　　　　　진 국경과 독도의 귀속을 중심으로 한 고찰-
　　　　·한일협정에 있어서 한국의 독도 주권 확립과 일본의 좌절-
　　　　　일본 비준국회의 의회속기록을 중심으로-

【환동해문화권 속의 독도와 울릉도】
　　　　·「日露淸韓明細新圖」에 표기된 '일본해' 명칭의 역사적 의미

·일본 고지도를 통해 본 일본의 동해 해역인식
·서양 고지도에 표현된 동해 해역에 대한 인식
·독도와 울릉도로 건너간 사람들
·개척령기 울릉도와 독도로 건너간 거문도 사람들
·독도주민 정착과정의 역사적 고찰
·개항기 일본 어민의 조선어장 침탈과 러일간의 각축
·동해 해전과 독도의 전략적 가치
·일본의 독도어장 편입을 통해서 본 조선어장의 식민지화 과정
·일제시대 독도 어업권을 둘러싼 어민들의 갈등양상
·울릉도의 일본인 이주어촌의 형성과 독도인지
·일제 강점기 울릉도 거주 일본인들의 울릉도·독도 인식

【독도의 역사·지리 연구】
·울릉도 역사로서의 '우산국' 재조명
·지방행정체계상에서 본 울릉도·독도 지위의 역사적 변화
·1392~1592 강원도의 섬 행정과 일본과의 교류
·독도영유권 공고화를 위한 조선시대 수토제도의 향후 연구
 방향 모색
·울릉도쟁계의 타결과 쓰시마번
·쓰시마번사 스야마 쇼에몽과 조일관계
·일제의 외침야욕과 울릉도·독도 점취-발틱함대의 내도에
 대비한 망루 구축을 위하여
·독도의용수비대 정신 계승을 위한 제언
·독도 산봉우리를 표시한 우산도가 그려진 조선지도
·한중일 고지도에 표현된 이어도 해역 인식

【명확한 영토, 모호해진 해양경계】
· 섬의 소유를 둘러싼 한·일 관습에 관한 연구
· 독도의 섬으로서의 법적 지위 공고화 방안
· UN 해양법협약상 섬의 법적 지위와 독도
· 국제영토분쟁에 관한 최근 판례 분석
· 독도문제와 국제재판의 Mixed Case에 관한 고찰
· 'Critical Date'에 관한 국내 선행연구와 ICJ 판결 분석
· 국제판례에서의 Uti Possidetis 원칙 적용과 독도에 대한 시사점
· EEZ 경계획정과 독도 영유권에 관한 연구
· 독도문제와 신한일어업협정의 국제법적 쟁점

【독도교육을 어떻게 할 것인가】
◆ 일본의 독도 교육 비판
· 일본의 영토교육에 대한 다층적 접근의 이해
· 일본의 독도교육 실패와 전망
· 일본 교과서의 독도 기술 실태에 관한 연구-중학교 사회 과
  목 교과서의 독도 기술을 중심을 한 고찰
· 일본의 사회과 교과서와 독도문제
· 한국과 일본 역사교과서의 독도에 관한 기술의 변화
· 일본의 북방영토 문제와 독도 문제의 차이점

◆ 바람직한 독도교육의 방안
· 초등학교 독도교육의 현황과 문제점
· 중등학교 독도교육의 현황과 문제점
· 공무원 독도아카데미의 운영 현황과 문제점
· 초등학생용 '독도바로알기' 실험학교의 운영실태와 개선방안

·경상북도 교육청 '독도' 수업의 운영실태와 개선방안
·독도 교육의 방향 설정을 위한 제언
·바람직한 학교급별 독도교육의 강화방안
·체계적인 학교급별 독도교육의 방안
·지리 교과서에서의 동해와 독도 교육의 방향
·동아시아 서술에서 영토문제를 어떻게 기술할 것인가

○ 독도의 생태보존과 독도해역의 생물상 연구
·독도의 식물상과 식생
·독도 귀화식물의 관리방안
·독도 식물의 분자적 기원과 보전대책
·독도에 자생하는 사철나무의 유전적 다양성과 생태주권
·독도에 자생하는 해국의 완벽한 엽록체 DNA 염기서열과 진화
론적 의미와 물피의 종 분화기작
·ITS와 psbA-trnH 염기서열에 의한 한국산 메꽃속(Calystegia R.Br.)
의 분류학적 연구
·하계 독도연안의 수심별 수환경과 식물 플랑크톤의 종조성
변화
·2009년 추계 독도연안의 수환경과 식물플랑크톤 군빈의 수심
별 변화
·독도 암반 조간대 무척추동물 군집의 공간적 분포
·독도 연안의 하계 해조상
·독도 해조류 보고서
·울릉도 남서지역 조하대의 해조류 서식 실태

이번에 발간하는 『독도영유권 확립을 위한 연구』 IV는 〈독도학 정

립을 위한 학제간 연구〉의 2단계 1년차(2010년 10월 16일~2011년 10월 15일) 제1기본과제인 '독도영유권확립을 위한 연구'와 수시과제일부를 엮어 '일본의 독도 사료 및 정책 검토', '환동해문화권 속의 독도와 울릉도', '바람직한 독도교육의 방안'이란 틀 속에 13개의 주제를 담아내었다.

따라서 『독도영유권 확립을 위한 연구』 Ⅳ는 우리 연구소가 그동안 발간했던 『독도영유권 확립을 위한 연구』 Ⅰ~Ⅲ과 더불어, 이번 3단계(2013년 10월 16일~2016년 10월 15일)에서 수행할 '독도대응매뉴얼' 작성의 토대연구의 성격을 갖는다. 올바른 '독도대응매뉴얼'의 작성을 위해 수행되는 본 연구소의 연구성과에 대한 관심, 그리고 많은 비판과 질정을 기대한다.

끝으로 우리 연구소의 연구성과를 총서로 간행해주기로 한 선인출판사 측에 깊은 감사를 드리며, 편집에 노고를 아끼지 않으신 연구원 여러분에게도 격려의 말씀을 드리고 싶다.

2012.12.10

영남대학교 독도연구소 소장   최재목

목 차

제2부 환동해문화권 속의 독도와 울릉도

제3부 바람직한 독도교육의 방안

제1부

일본의 독도 사료 및 정책 검토

『竹島考』 분석

김 호 동

1. 머리말

돗토리번(鳥取藩)의 藩士 오카지마 마사요시(岡嶋正義, 1784-1858)는 '竹島'에 관한 일련의 서책을 남겼다. 1828년에 편찬한 『竹島考』를 비롯하여 편찬 연대를 알 수 없는 『增補珍事錄』·『因府年表』·『因府歷年大雜集』에 竹島에 관한 이야기가 실려 있다. 그의 서책은 안용복의 도일활동과 연관된 독도 영유권 관련 연구자료이기 때문에 한일 양국의 독도 논문에서 자주 언급되고 있는 실정이다. 그러나 대개 자신의 논지에 유리한 자료를 발췌하여 인용할 뿐이고, 그 자료의 비교 검토, 그에 다른 오카지마의 '竹島'에 관한 인식의 변화를 다루지 못하였다. 흔히들 이 책은 竹島(울릉도)에 관한 돗토리와 그 주변지역에 전해 내려져오는 기록 및 일본과 조선, 중국 등의 문헌을 들어 울릉도의 영유권에 대한 자신의 인식을 적은 내용으로 구성되어 있다고 설명한다. 그렇지만 오카지마는 竹島는 울릉도와는 전혀 다른 섬으로 인식하고 있었다. 그런 점에서 당시 그가 인용한 울릉도에 관한 사료를 울릉도에 관한 사료로서 인식하지 못하고 일본에 속한 또 다른 하나의 가상의 섬으로서의 '竹島'를 상정하고 있었기 때문에『竹島考』는 사료로서 많은 문제점을 갖고 있다. 본고는 그런 시각을 갖고『竹島考』를 분석하고자 한다.

2.『竹島考』편찬 목적과 引用書目의 분석

오카지마의『竹島考』는 다음과 같은 편목으로 구성되어 있다.

上卷
自叙
摠說
圖說
或問
渡海 준비 및 물산
竹島와 松島의 地理

下卷
竹島에 배가 다니기 시작하다.
오야·무라카와(大谷村川)가 향나무(栴檀樹)를 막부로 나르다.
오야의 배가 조선국으로 표류하다.
조선인이 처음으로 竹島에 도래하다.
오야의 선원들이 조선인을 잡아오다.
오야 규에몽(大谷九右衛門)이 에도에 가다.
막부가 竹島 도해를 못하게 막다.
조선국에서 우리 번에 사신배를 보내다.
막부 竹島의 지리와 내력을 자세히 조사하다.
운슈 마쓰에(雲州松江)의 무사가 향나무 (奇南木)를 얻다.
많은 뽑힌 나무들이 호키(伯耆) 해변으로 밀려오다.

상권은『竹島考』의 편찬 취지와 과정에 대해 기록한「서문(自叙)」, 오야와 무라카와의 竹島 도해가 시작될 때부터 끝날 때까지의 경과를 개괄한「총설」, 竹島가 그려진 지도를 소개하고 분석한「圖說」, 竹島에 관한 통설과 그 문제점을 지적하면서 자신의 견해를 피력한「或問」, 1724년(享保 9) 막부가 오야와 무라카와의 竹島도해 경위에 관해 조사하였을 때 제출된 자료에 의거하여 도해 선단 규모, 竹島 산물 등을 기술한「도해 준비 및 물산」및 지리, 해로 등을 기술한「竹島와 松島의 地理」의 총 6편으로 구성되어 있다. 하권은 오야와 무라카와의 竹島 도해가 시작될 때부터 끝날 때까지의 주요 사건을 시대별로 정리해 놓은 것(9편)과 일본으로 떠내려간 竹島 향나무를 화재로 삼은 이야기(2편)로 구성되어 있다. 한편 '偃武'라는 내용이 상권 말미에 포함되어 있는데『竹島考』가 편찬된 지 대략 16여년 후인 1884년에 '重調稿'에 의해 쓰여진 일종의 추천사이다.[1]

오카지마의『竹島考』「自叙」에서 竹島에 관한 글을 쓰게 된 동기와 목적을 다음과 같이 설명하고 있다. 어느 날 오카지마의 집에 찾아온 객과 좌담을 하던 중 지리에 대한 이야기를 나누다가 竹島에 대한 이야기를 나누게 되었다. 竹島에 대한 오카지마의 이야기에 대해 객은 우리 영토의 배가 그 섬에 왕래한 것이『伯耆民談記』에 실려 있는데 그보다 더 상세하다고 하면서 그 연유를 물었다. 오카지마는 일찍부터 옛 것을 좋아하는 버릇이 있어 여러 집안의 私記와 稗說을 수집하고, 혹은 노인으로부터 전해들은 말을 기록하는 버릇과 약관 때 해변 방어의 일에 종사하면서 해변 지리 조사에 마음을 쏟은 적이 있었기 때문에 자연스럽게 竹島에 대해 알게 되었다고 하였다. 오카지마는 평상시의 수집벽과 직업으로 인해 竹島에 대한 나름대로의 식견을 갖고 있었

---

1) 정영미 역,『竹島考 上·下』「개요」, 경상북도·안용복재단, 2010, 2쪽.

다. 거기에 더하여 돗토리번이 막부의 명에 따라 竹島에 관한 상세한 기록과 지도를 올린 것을 오카지마에게 전해 준 사람이 있었기 때문에 그것을 근거로 삼아『竹島考』를 편찬하게 되었다고 편찬 동기를 설명하고 있다.

오카지마가『竹島考』를 편찬한 목적을 서문을 통해 살펴보면 다음과 같다. 오카지마는 竹島가 풍요의 땅이지만 오랫동안 廢島였다고 인식하였다. 그런 폐도인 죽도를 에도 중기에 호키국(伯耆國)에서 열고 배로 왕래한 지 이미 오래되었다고 판단하였다. 오랫동안 우리 屬地였던 竹島를 다른 나라의 간악한 어부(漁竪)들에게 빼앗긴 것을 애석히 여겨 훗날 보는 이들을 위한 준비로 그 일의 시말을 기록하였다고 하였다. 그는 재차 竹島로 배를 보내려는 움직임이 있을 때 이 책에서 한 구절이라도 취할 만한 곳이 있어 국가를 위한 조금의 도움이 되기를 바라는 마음에서 편찬하였다고 하였다.[2] 그런 편찬 목적을 갖고 있었던 오카지마는『竹島考』「自跋」에서 같은 뜻을 가진 사람이 이 책에서 말한 것들을 확인해서 보완해주기를 바란다고 하였다.

『竹島考』는 私記와 稗說, 구술, 그리고 돗토리현이 에도막부의 명에 따라 竹島에 관한 보고사항을 바탕으로 만들어졌다. 『竹島考』는 일본

---

2) 岡嶋正義,『竹島考』上, 自叙,「…그 竹島는 풍요의 땅이기는 하나 오랫동안 廃島였다. 에도 중기에 호키국에서 그 섬을 열고 배로 왕래한 지 이미 오래되었다. 그런데 오랫동안 우리에게 속했던 땅을 다른 나라의 간악한 어부들이 멋대로 빼앗았으니 뜻있는 자라면 누구나 그 일을 애석해하지 않으랴. 이로서 자신의 고루함을 망각하고 다른 사람의 손가락질도 개의치 않고 망녕되이 그 일의 전부를 기록하여 훗날 보는 이들을 위한 준비를 하였다. … 대개 사물은 반드시 그 數가 정해져 있다. 아니 기울어질 때는 즉 커질 때이다. 그것이 곧 이치이다. 다시 커질 때를 얻어 재차 竹島로 배를 보내려는 움직임이 있을 때, 이 책에서 한 구절이라도 취할 만한 곳이 있어 국가를 위한 조금의 도움이라도 된다면, 나의 영원한 행복이 될 것이다. 가령 그렇지 않다 할지라도 쓸모없이 밥만 축내는 자라는 자책을 줄일 수 있다면 이 역시 즐거운 일이 아닌가'라고 말하며, 슬며시 상자를 열어 객에게 보여주었다. 이미 밤이 깊었으므로 객은 그것을 소매 안에 넣고 자리를 떴다. 여기에 그날 밤 일을 적어 서문으로 한다.」

의 문헌과 구술 외에 중국과 한국의 문헌도 인용하여 고증하였다. 중국 문헌의 경우 竹島가 일본의 영토임을 입증하기 위해 활용하였다. 명나라의 『圖書編』(章潢, 1577)에 실린 「日本國圖」와 『登壇必究』(王鳴鶴, 1559)3)에 실린 「四夷總圖」 속의 「日本總圖」가 『竹島考』에 실린 것은 거기에 일본국의 영토로서 '竹島'가 표시되었기 때문이다. 그렇지만 이것을 인용한 오카지마도 논술한 바와 같이 지도에는 잘못 그려진 곳이 매우 많으므로 사료로서의 가치가 별반 없다.

한국 문헌의 경우 「或問」에서 『三國史記』와 『東國通鑑』, 『懲毖錄』, 『兩朝平壤錄』 등을 인용하였다. 「혹문」은 竹島에 관한 질문에 대해 오카지마가 답하는 형식으로 작성되었다. 그 첫 번째 질문을 통해 오카지마의 한국 문헌 인용 의도를 살펴보기로 한다.

> ① 혹자는 물어 말하길, "竹島는 아주 먼 바다에 있어 조선국에 가깝고 특히 물산이 많은 섬(海嶼)이라고 들었다. 그런데 옛날부터 집 짓고 사는 사람도 없고, 또 그 나라에서 배로 왕래하지 않는다던데 그런가?

위 질문에 대해 오카지마는 신공황후의 조선 정벌로 인해 조선국이 일본에 복종한 이후 대대로 왕래가 끊이지 않았다는 것을 제기하고 있다. 그렇지만 신공황후의 조선 정벌에 관한 기록이 중국과 조선의 역사서에 빠져 있으나 일본의 국사에 엄연히 기록되어 있으니 의심의 여지가 없다는 것을 전재한 후 일본이 조선을 도와준데 대한 것을 입증하기 위해 『三國史記』와 『東國通鑑』을 근거로 그 일을 개관하고 있다.4)

「혹문」에서 오카지마가 역대 왜구의 준동으로 인해 어려움을 겪은

---

3) 명나라의 王鳴鶴이 저술한 백과사전식의 軍事 저작이다.
4) 『竹島考』 상권, 「或問」; 정영미 역, 『竹島考 상·하』 경상북도·안용복재단, 2010, 39~49쪽.

사실을 기술한 이유는 무엇 때문일까? 오카지마의 답을 통해 살펴보기로 한다.

> ② 그 竹島는 풍요한 땅으로 그 나라에서 멀리 떨어져 있지 않다고는 하나, 우리나라 배가 왕래하는 바다에 있는 孤島이므로 그 나라 사람이 오래전부터 살해당할 것을 두려워하여 살지 않았고, 또, 마음 편하게 도해할 수도 없었기에 廢島라고만 알려져 있었다. 처음에 오야와 무라카와의 배가 竹島에 간 것은 게이쵸(慶長)와 겐나(元和) 때인데, 우리의 威伐을 당한 바로 직후이며, 따라서 그 나라의 상처는 아직 아물지 않았고 元神도 아직 재기하지 못한 때였으므로 어쩌다 우리나라 배를 보면 맹수라도 본 듯이 부들부들 떨면서 도망가기 때문에, 오야와 무라카와는 조선쪽에(異防)에 가까운 絶島였긴 하나 수십 년 동안 마음껏 도해하였고 나중에는 마치 자기의 영지인 것처럼 행동하였으나 누구 하나 손가락질 하는 사람이 없었다고 한다. 내 견해는 여기까지이다. 아직 안개가 걷히지 않은 듯한 부분이 있으면 식자에게 더 물어보아라."5)

오카지마는 竹島는 조선국에 가깝지만 우리나라 배가 왕래하는 바다에 있는 孤島이기 때문에 살해당할까 두려워하여 살지 않았고, 마음 편하게 도해할 수도 없었기 때문에 廢島로 알려져 있었다고 하였다. 오카지마가 "그 나라 사람의 성정이 유약하다"고 하면서 장황스러이 왜구문제를 끄집어낸 것은 왜구에 대한 두려움으로 인해 조선에 竹島가 가깝지만 폐도가 될 수밖에 없었음을 드러내기 위한 의도이다. 그러한 논리 위에 임진왜란 이후 오야·무라카와 가문이 수십 년 동안 도해하면서 자기의 영지인 것처럼 행동할 수 있었다고 하고자 함이었다. 결국 『三國史記』와 『東國通鑑』을 인용한 목적은 울릉도가 폐도였다는 것을 부각시키려는 의도에서 비롯된 것이다.

---

5) 『竹島考』 상권, 「或問」; 정영미 역, 『竹島考 상·하』 경상북도·안용복재단, 2010, 47~49쪽.

오카지마는 『竹島考』「竹島總說」에서 竹島가 "朝鮮國 東海中에 있는 고도(孤嶼)", 혹은 "異邦에 가까운 絶嶋"라고 표현한 바와 같이 일본보다 조선에 가까운 섬이고 조선의 동해에 속한 섬임을 인식하고 있었다. 그렇기 때문에 왜 조선에서 왕래하지 않은 '폐도'가 되었는가? 그리고 오야와 무라카와 가문의 배가 도해하여 어업을 하고, 그들의 영지처럼 왕래하게 되었는가에 대한 합리적 해석을 할 필요가 있었다. 그 해답을 오카지마는 왜구와 조선국의 유약함에서 구하였던 것이다. 『三國史記』와 『東國通鑑』 등의 한국 문헌의 인용은 그런 의도였다.

그러면서도 오카지마는 사료 ①의 '혹문'에 이어 두 번째의 '혹문'에서 "竹島는 옛날부터 廢島로서 어느 나라의 관할에 속한다는 것도 없고, 또 사람도 살지 않는다고 하는데, 증거가 있는 것인가?"라는 물음을 던지고 난 후 그에 대한 답변의 형식을 빌려 元龜(1570~1573)와 天正(1573~1592) 때 왜구의 난이 그쳤을 때 竹島를 조선국의 관할지라고 생각하고 있었던 것 같다고 하였다. 그것을 드러내기 위해 『懲毖錄』의 "수년 전 왜적이 전라도를 습격하여 竹島를 훼손시켰다"라는 기록과 『兩朝平壤錄』의 "騎船 이백여 척이 정월 13일 순풍을 타고 하루 만인 14일에 조선에 도해하였고 竹島의 舊壘에 들어가 잔류해 있던 일본군대와 합류하였다"는 자료를 제시하고 있다.6) 그런데 『懲毖錄』과 『兩朝平壤錄』에 나오는 竹島는 오카지마가 일본의 영토로 간주하는 竹島와는 다른 竹島이다. 어쨌든 오카지마는 왜구의 난이 그쳤을 때 竹島가 조선국의 관할지였지만 임진왜란 이후 "오직 일본 군대를 떨쳐버린 것을 다행으로 여겨 竹島 같은 것에는 마음을 쓰지 않고 있을 동안에 오야와 무라카와가 도해를 하였고, 그 이후에는 호키국(伯耆國)의 屬地처럼 되어 중국의 책에도 그렇게 기술된 것 같다"고 하였다. 오카지마

---

6) 『竹島考』 상권, 「或問」; 정영미 역, 『竹島考 상·하』 경상북도·안용복재단, 2010, 49~51쪽.

는『懲毖錄』과『兩朝平壤錄』의 인용에서도 왜구의 활동을 부각시키고자 하였다. 더 나아가 오카지마는 왜구가 한창일 때 섬은 물론 해변가 촌락에 사는 사람들이 모두 다 도망쳤다는 것을『동국통감』자료들을 들어 논하면서 이로써 그 일에 대한 모든 것을 알 수 있다고 하였다.[7)]

오카지마의『竹島考』의 최대 약점은 '竹島'가 조선의 '울릉도'였음을 인식하지 못한 데에 있다. "최근에 편찬된 安部氏의『因幡志』에 "鬱陵嶋 일본에서는 이를 竹島라 하고 子山島는 松島라 한다"고 기록되어 있다는데 맞는 말인가?"란 질문을 던지고 대답하길

③ "竹島라는 이름은 중국 및 조선국 서적에서도 종종 언급되므로 우리나라만 竹島라고 하는 것이 아님이 명백하니 일부러 논할 필요는 없다. 그러나 그 잘못된 말이 어디서 비롯되었는지 살펴보면,『三國通覽』의「輿地路程之図」에 조선국 강원도 해상에 섬 하나가 있고, 또 오키와 조선국 간의 바다 한가운데에 竹島가 있는데 옆에 "조선국 것이다. 이 섬에서 隱州가 보이고 또 조선국도 보인다"는 註가 있고 그 섬의 동쪽에 작은 섬 하나가 그려져 있다. 아마 松島일 것이다. 또 그 책에 수록되어 있는「조선국전도」를 보면, 역시 강원도 바다 가운데 섬이 있는데 울릉도, 千山國 이라고 쓰여 있고, 그 안에 산을 그리고 그 이름을 이소타케라 하고 있다. 이는 즉,「여지로정지도」에 그려져 있는 강원도 바다에 있는 작은 섬이다. 『삼국통람』의 모든 지도는 지구 위도에 따라 그렸는데 지도 폭에 한계가 있으므로 全圖에는 오키국도 竹島도 그려져 있지 않다. 원래 그 지도는 조선 한 나라만 그린 것이므로 실제보다 약간 크게 그려져 있고 울릉도도

---

7)『竹島考』上,「或問」; 정영미 역,『竹島考 상·하』경상북도·안용복재단, 2010, 53쪽,「왜구의 난이 한창이었을 때에는 孤遠絶島 등은 말할 것도 없고, 해변가 촌락에 사는 사람들이 모두 다 도망쳐 양전옥답이 온통 쑥대밭이 된 탓일 것이다.『동국통감』의 辛禑 14년 戊辰年 〈우리나라의 무로마치 시대의 요시미쓰 장군 때이다〉의 기록을 보면, "압록강 이남은 대저 모두 산이다, 기름진 땅은 해변가에 있다. 기름진 평야 수천리의 전답이 왜노에게 함락되어 갈대들이 자라 하늘까지 닿아있다. 국가는 이미 어업과 목축을 통해 얻는 것이 없고, 기름진 평야와 좋은 논을 잃었다"고 한다. 〈이 압록강이라는 큰 강은 즉 조선국과 중국의 경계를 이루는 강이다〉 이로써 그 일에 대한 모든 것을 알 수 있을 것이다.」

강원도에서 아주 멀리 떨어진 바다 가운데 그려놓았으니, 이는 마치 竹島를 방불케 하는 것이다. 그런 것을 고레치카(惟親)〈아베씨〉가 이 섬 옆에 있어야 할 작은 섬 하나가 없는 것은 하야시 씨가 빠트렸기 때문이라고 착각하였고, 또, 울릉도 안에 천산국이라고 기록한 것을 하나의 섬에 두개의 섬 이름을 쓴 것이라고 잘못 추측하여『因幡志』에 "울릉도 일본에서는 이를 竹島라 하고 子山島 이를 松島라 한다"라고 기술한 것이다. '千'과 '子'는 글자 모양이 비슷하니 잘못 옮겨 쓴 것일 것이다. 또, 그 지도를 하나하나 따져보면 잘못된 것이 역력하다. 나의 억측이 맞다면, 원래 그 섬이 竹島가 아니면 그 옆에 松島가 있을 이유가 없다. 또 千山國이라고 하는 것은 울릉도의 옛날 이름으로써 다른 섬의 이름은 아닌데, 여기에 증거 하나를 들으면,『동국통감』권〈壬辰/梁天鑑 2년〉6월에, "千山國이 신라에 항복하여 토공을 바쳤다. 溟州의 정동쪽 바다에 있는 울릉도란 섬에 그 나라가 있었다. 넓이는 100리이고 험난하기 그지없어 신라에 복종하지 않았다. 이찬 이사부가 하슬라주 군주가 되었는데, 말하길, 우산 사람은 어리석고 난폭하여 威로서 다가오게 할 수 없으니, 계략으로 복종시켜야 한다. 즉 나무로 사자 모양을 만들어 戰船에 나눠 싣고, 그 섬에 이르러 난폭히 말하기를, 너희들이 만일 복종하지 않으면 즉시 이 짐승을 풀어놓아 밟혀 죽게 하겠다. 우산국 사람이 이를 듣고 놀래 즉시 항복했다" 는 등의 말이 있다. 또 생각해 보면, 명주란 강원도에 속한 땅이므로 울릉도가 그 정동쪽에 있다면 竹島와 멀리 떨어져 있다는 것은 의심할 여지가 없다.[8]

라고 하여, 조선의 울릉도와 다른 竹島를 상정하고 있다. 그렇기 때문에 '竹島'의 명칭을『懲毖錄』과『兩朝平壤錄』에 찾아 언급하였을 뿐이다. 아마 그가 竹島가 울릉도라는 것을 알았다면 竹島가 일본의 영토라고 주장하지는 않았을 것이다.

---

8)『竹島考』상권,「或間」; 정영미 역,『竹島考 상·하』경상북도·안용복재단, 2010, 55~59쪽.

3. 『竹島考』 내용의 분석

『竹島考』「自叙」에서 오카지마는

> ④ 그 竹島는 풍요의 땅이기는 하나 오랫동안 廢島였다. 에도 중기에 호키국에서 그 섬을 열고 배로 왕래한지 이미 오래되었다. 그런데 오랫동안 우리에게 속했던 땅을 다른 나라의 간악한 어부들이 멋대로 빼앗았으니 뜻있는 자라면 누구나 그 일을 애석해하지 않으랴.[9]

라고 하여, 竹島는 첫째, 오랫동안 廢島였고, 둘째, 에도 중기에 호키국에서 그 섬을 개척하여 배로 왕래하여 우리에게 오랫동안 속하였는데, 셋째, 다른 나라의 간악한 어부들이 竹島를 멋대로 빼앗았다고 하였다. 오카지마가 폐도가 되었다고 한 이유에 대해서는 이미 앞 장에서 살펴보았기 때문에 이 장에서 우선 둘째, 셋째의 주장을 구체적으로 살펴보기로 한다.

오카지마는 에도 중기에 호키국에서 그 섬을 개척하여 배로 왕래하여 우리에게 속하게 된 과정에 대해 「竹島摠說」과 「혹문」 등에서 언급하고 있다. 사료 ③의 「혹문」을 살펴보면 왜구, 특히 임진왜란으로 인해 조선에서 우리나라 배를 보면 맹수라도 본 듯이 부들부들 떨면서 도망가기 때문에, 오야와 무라카와 가문이 조선쪽에(異防)에 가까운 絕島였긴 하나 수십 년 동안 마음껏 도해하였고 나중에는 마치 자기의 영지인 것처럼 행동할 수 있었다고 하였다. 戰役과 관련시킨 「혹문」의 시각과는 달리 「竹島摠說」은 오야, 무라카마 가문이 어떻게 竹島 어업에 종사하게 되었는가에 초점을 두고 설명하고 있다.

---

9) 『竹島考』 상권, 「自叙」; 정영미 역, 『竹島考 상·하』 경상북도·안용복재단, 2010, 11쪽.

⑤ 竹島는 오키국에서 대략 백오십여 리 떨어진 조선국 동해안에 있는 孤嶼이다. 게이초(慶長)와 겐나(元和)때, 호키(伯耆)의 요나고(米子) 성에는 나카무라 호키노카미(中村伯耆守)님이 계셨다. 그때 주민 중에 오야 진키치(大谷甚吉)와 무라카와 이치베(村川市兵衛)라는 선장이 있었다. 그 전에 竹島를 지나다가 사람이 살지 않는 섬으로서 산물이 매우 많은 것을 보고 매년 왕래하면 막대한 이윤을 얻을 수 있을 것이라고 생각했지만, 이 것이 다른 나라 가까이에 있는 絶嶋이므로 그의 멋대로는 할 수 없는 일이었기 때문에 잠시 미루어 두고 시간을 보냈는데, 겐나(元和) 중에 이유가 있어 막부의 면허를 받아 연년 도해하여 어업을 하게 되었고, 나중에는 그들의 영지처럼 왕래하게 되었는데 그것이 이미 80여년이 되었다. 누가 알았던가, 겐로쿠(元禄) 때에 이르러 조선국에서 많은 어선이 도해하여 어로를 하기 시작했다. 이에 무라카와의 선원들이 그 섬의 유래에 대해 알아듣게끔 일러주고 심히 그들을 꾸짖어 다시 오지 못하게 하였는데도 알아들은 기색 없이 그 다음해도 여전히 조선배가 와서 우리 일을 방해하였다. 그러던 중, 오야의 선원들이 화가 나서 통역인 안핑샤(アンピンシャ)와 종자인 토라헤(トラヘ)라는 두 사람의 조선인의 등을 떠밀어 우리 배로 데리고 와서 급히 귀항하고 그때의 조선인 도해자(異客)ss들의 난폭한 행동에 대해 막부에 말씀 올리고 판결을 기다렸더니, 우리 번으로 "이후 반드시 竹島에 도해해서는 안된다는 말을 조선국에 할 것이니 곧 조선인 도해자들을 비젠(肥前) 국 나가사키(長崎)로 송환할 것"이라는 지시가 와서 따랐다. 그 이후에도 많은 조선 배(異船)가 아무 거리낌없이 도래하여 오히려 우리 쪽 배를 오지 못하게 막으므로, 일이 이미 위험한 지경에 이르른 듯싶기에 그냥 돌아와서 일의 전말을 위에 상세히 알리고, 원하옵기는 막부의 위세로서 조선인 도해자들의 횡포를 금지시켜 주셨으면 한다는 탄원을 올렸는네 다시 허락은 내리지 않았고, 막부로부터 우리 번주에게, 앞으로는 호키국에서 竹島로 도해하는 것을 금지시키라는 내용의 명령을 하였으므로 지금에 이르기까지 그 일은 단절되어 있었다. 그런데 그 후, 교호(享保) 중에 이르러 막부가 이전 오야와 무라카와의 배가 竹島로 왕래했던 일의 전말에 대해 상세히 조사하였으므로, 그러면 혹시 竹島에 다시 도해할 수도 있을지 모른다는 말이 사람들 사이에 구구하였으나 끝내 아무런 소식도 없이 끝났다고 한다.10)

竹島가 오랫동안 폐도였던 것을 강조한 오야지마는 오야 진키치(大谷甚吉)와 무라카와 이치베(村川市兵衛)가 竹島를 지나다가 사람이 살지 않는 섬으로서 산물이 매우 많은 것을 보고 매년 왕래하면 막대한 이윤을 얻을 수 있을 것이라고 생각했지만, 이것이 다른 나라 가까이에 있는 絶嶋이므로 그의 멋대로는 할 수 없는 일이었기 때문에 잠시 미루어 두고 시간을 보냈는데, 겐나(元和) 중에 이유가 있어 막부의 면허를 받아 연년 도해하여 어업을 하게 되었고, 나중에는 그들의 영지처럼 왕래하게 되어 80여년이 되었다고 하였다. 그렇지만 오카지마는 竹島도해면허의 발급과정에 대해서는 명확하게 밝히지 않고 다만 '이유가 있어'라고만 하였다. 그렇지만 『竹島考』하권의 「竹島에 배가 다니기 시작하다」편에서 오야 진키치(大谷甚吉)와 무라카와 이치베(村川市兵衛)가 竹島에 가게 된 과정에 대해 다음과 같이 보다 더 상세하게 언급하고 있다.

⑥ 겐나(元和) 때 호키국(伯耆国)에서 竹島에 도해하게 된 경위를 물으니, 게이쵸(慶長) 때쯤 나카무라(中村) 호키노카미(伯耆守)님이 이나바 국을 영유하고 있었을 때에, 요나고 성하(城下)에 오야 진키치(大谷甚吉)·무라카와 이치베(村川市兵衛) 라는 선장이 있었다. 어느 날 배가 竹島 가까이 갔는데 사람이 살지 않는 廢島로서 산물이 많음을 보고 그곳을 둘러본 후 그 섬으로 오는 바닷길을 상세히 알아내어 계속 배로 오갈 생각을 하였으나, 멀리 외떨어져 있는 섬이며 무엇보다도 조선국에 근접해 있는 외진 섬이기 때문에 내 생각만으로는 안 되는 일이다 싶어서 그냥 시간을 보내고 있었는데 겐나 3년(1617) 마쓰다이라 신타로 미쓰마사(松平新太郎光政) 공이 한슈(播州) 히메지(姫路)를 거쳐 인하쿠의(因伯) 두 주를 배령받아 돗토리성으로 옮겨 오셨다. 이보다 앞서, 나카무라 호키노카미님이 돌아가시고 적자가 없어 영지상속이 끊어졌다. 그리하여 그 후 호키국은

---

10) 『竹島考』 상권, 「竹島總說」; 정영미 역, 『竹島考 상·하』 경상북도·안용복재단, 2010, 19~25쪽.

셋으로 나뉘고 가토 사에몬이(加藤左衛門尉)님이 요나고성을, 세키 나가
토노카미(関長門守) 〈오만석의 땅 배령〉님이 구로사카성(黒坂城)을 이치
하시 시모우사노카미(市橋下總守)님이 야하세(八橋口)를 배령받아 영유하
고 있었는데, 이번에 영지를 바꾸라는 장군님 명령이 있어서 모두 호키국
을 떠나게 되었다. 이에 따라 막부에서 상황을 살피기 위해 아베 시로고
로(阿部四郎五郎)님을 하쿠슈(伯州)로 내려 보냈기 때문에, 오야·무라카
와는 때가 되었다며 매우 기뻐하고 아베씨에게 붙어 竹島 도해건을 청원
하며, 지금 허락한다면 오래도록 우리나라 땅이 될 것이라고 말하고 호소
하니 이를 흔쾌히 허락하고 에도로 돌아갔다. 그리고 그 다음해인 〔겐나
4〕 년 막부명에 따라 오야·무라카와를 불러 일의 진상을 다 조사한 후에,
태수 미쓰마사(光政) 공에게, 막부 노중들이 연서하여 금번 하쿠슈(伯州)
요나고 주민 오야와 무라카와에게 竹島 도해건을 허락한다는 명이 내려왔
으므로 오랫동안 염원해 왔던 일이 이루어진 것을 본 그 두 사람은 한량
없이 기뻐했다. 급히 튼튼한 배를 마련하고 건장한 수부를 골라 그해 즉
시 도해하였다. 당초부터 막부로부터 직접 명령을 받은 일이었기 때문에
배의 돛에 아오이 문양(葵御紋)을 넣는 것을 허락받아 처음부터 마지막까
지 사용하였는데 그것이 지금까지 그 집안에 전해 내려온다. 그 이후에는
매년 배를 보냈고, 그렇게 마음껏 일을 하여 여러 산물을 싣고 와서는 시
장에서 팔았더니 그 이윤이 막대하였으므로 얼마 되지 않아 예의 두 집안
은 부호가 되어버렸다. 그 위에 4년째 되는 해에는 두 집안이 번갈아 관동
으로 가서 그 섬에서 가져온 큰 전복을 장군(大樹家)에게 선물하고 배알
하는 것이 그 집안들의 관례가 되었다. 그런데 그 시절에는 막부 노중 및
관료들에게 헌상하기도 하였는데, 장군께 드리고 남은 것을 가지고 가면
만나주는 사람도 있었다. 그렇지 않으면 직접 쓴 서한을 보내서 감사를
표하기도 했다. 그런 유서로 그 자들의 명성이 세상에 널리 알려졌다. 이
에 따라 그 후에 고슌켄(御巡検) 일행이 요나고를 지날 때는 어김없이 오
야와 무라카와를 숙소로 불러 竹島에 대해 상세히 묻고 글로 적게 하여
가지고 갔다고 한다. 자세한 것은 그들 집안에 전해져 내려오는 기록에
보인다.11)

---

11) 『竹島考』 하권, 「竹島에 배가 다니기 시작하다」 정영미 역, 『竹島考 상·하』 경상
　　북도·안용복재단, 2010, 161~167쪽. 『竹島考』 하권, 「오야의 배가 조선국으로 표

오야 진키치(大谷甚吉)·무라카와 이치베(村川市兵衛)가 어느 날 배가 竹島 가까이 갔는데 사람이 살지 않는 廢島로서 산물이 많음을 보고 그곳을 둘러본 후 그 섬으로 오는 바닷길을 상세히 알아내어 계속 배로 오갈 생각을 하였으나, 멀리 외떨어져 있는 섬이며 무엇보다도 조선국에 근접해 있는 외진 섬이기 때문에 내 생각만으로는 안 되는 일이다 싶어서 그냥 시간을 보내고 있었다고 한 기록과 아베 시로고로(阿部四郎五郎)에게 竹島 도해건을 청원하면서 "지금 허락한다면 오래도록 우리나라 땅이 될 것"이라고 한 것을 연결시켜 보면 竹島가 폐도인 무인도임을 강조하고 선점한다면 일본의 땅이 될 수 있다는 것을 강조하면서 竹島도해를 받았다고 볼 수 있다. 오야와 무라카와는 竹島가 울릉도임을 숨기고 또 다른 섬으로서의 무인도인 竹島 도해를 말하였을 것이다. 그 거짓말에 에도막부도 속아 울릉도와 다른 섬인 竹島를 호키국의 영지로 인식하였을 것이다. 그런 인식을 가진 에도막부가 1693년에 안용복·박어둔 납치사건으로 인해 竹島 도해 금지를 조선에 교섭하도록 쓰시마번에 지시함으로써 '竹島一件'이 생겨났다고 보아야 한다. 오야와 무라카와가 에도막부에 거짓말을 하였다는 것은 다음의 자료를 통해서도 확인된다.

⑦ 계유년(숙종 19) 봄에 蔚山의 고기잡이 40여 명이 울릉도에 배를 대

류하다」편목 다음에 목차에 나타나지 않은 1684년에 작성된 「오야, 무라카와가 막부에 올린 由緒書」가 수록되어 있다. 여기에서 오야, 무라카와가 "저희들이 竹島에 도해한 것은 마쓰다이라 신타로(松平新太郎)님이 이나바, 호키의 영주이셨던 겐나 3년 때 호키국 일을 처리하기 위해 오신 아베 시로고로(阿部四郎五郎)님에게 우리 부친들이 그에 관한 말씀을 드렸더니 그 다음해 에도에서 조사하신 후 신타로님에게 봉서를 내리셨고 신타로님이 고맙게도 그 봉서를 저희에게 주셔서, 대대로 가지고 있었습니다. 그때부터 두 사람이 번갈아 도해하였습니다. 이와 관련하여 8년인가 9년 중에 한 사람씩 가서 장군님을 알현하라는 명이 있어 그렇게 해 왔습니다. 엔포 9년 酉 7월에도 이치베가 지금의 장군님을 알현하였습니다. 이상."이라고 하여 간략하게 보고하였다.

었는데, 倭人의 배가 마침 이르러, 朴於屯·安龍福 2인을 꾀어내 잡아서 가버렸다. 그해 겨울에 對馬島에서 正官 橘眞重으로 하여금 박어둔 등을 거느려 보내게 하고는, 이내 우리나라 사람이 竹島에 고기잡는 것을 금하기를 청하였는데, 그 書信에 이르기를, "貴域의 바닷가에 고기잡는 백성들이 해마다 本國의 竹島에 배를 타고 왔으므로, 土官이 國禁을 상세히 알려주고서 다시 와서는 안된다는 것을 굳이 알렸는데도, 올 봄에 漁民 40여 명이 竹島에 들어와서 난잡하게 고기를 잡으므로, 토관이 그 2인을 잡아두고서 한때의 證質로 삼으려고 했는데, 本國에서 幡州牧이 東都에 빨리 사실을 알림으로 인하여, 어민을 弊邑에 맡겨서 고향에 돌려보내도록 했으니, 지금부터는 저 섬에 결단코 배를 용납하지 못하게 하고 더욱 禁制를 보존하여 두 나라의 交誼로 하여금 틈이 발생하지 않도록 하십시오" 하였다.(『숙종실록』 권26, 숙종 20년 2월 23일〈신묘〉)

사료 ⑦에서 보다시피 오야, 무라카와 가문은 竹島가 호키국의 영지인 것처럼 말하며 土官이 있었다는 듯이 이야기하였고, 안용복·박어둔을 납치한 후 영지를 침입한 조선인을 토관이 잡아왔다고 하였을 가능성이 많았다. 그런 잘못된 보고를 받은 에도막부와 대마도가 '본국의 竹島'라고 하면서 竹島에 조선인의 어로활동의 금지를 요구하였다고 보아야 한다. 이러한 인식은 오카지마의 경우도 예외가 아니었다. 그렇기 때문에 오카지마 역시 竹島가 울릉도임을 부정하였고, 호키국의 영지로 여겼다고 보아야 한다. 그런 점에서 에도 막부의 竹島 도해 금지는 부당한 것으로 여겼을 것이다.

오카지마는 「혹문」에서 오야와 무라카와 가문이 도해를 하였고, 그 이후에는 호키국의 속지, 혹은 영지처럼 되었다는 것을 입증하기 위해 조선국 사람의 배가 竹島에 왕래한 시기가 호키국에서 도해한 시가와 차이가 있었기 때문에 그 나라 사람이 그 일을 눈치채지 못한 채 많은 해가 지나갔다고 한 질문을 던진 후 호키국에서 竹島에 80년간 도해한 것을 竹島에서 그리 멀지 않은 조선국이 모르고 있었다는 것은 근거

없는 망언이라고 하였다. 왕래한 시기가 다르다는 설에 대해 호키국의 배가 매년 봄에 竹島에 건너가 가을에 돌아온 사이에 조선에서 가을과 겨울 사이에 도해하였다고 할 수 있지만 이 경우에도 호키국의 선원이 남겨 둔 작은 배 및 어로 도구를 넣어두는 헛간을 보고 우리 배를 오지 못하게 막을 궁리를 하였을 터인데 그런 소리를 듣지 못하였다고 하였다. 그리고 또 竹島에 출어한 오야의 배가 돌아오다가 조선에 표류하였을 때 융숭하게 대접하고, "관에서 그곳으로 오게 된 이유를 물었을 때, 표류인들은 예전에 막부로부터 竹島를 받아서 자신들의 영지와 같이 생각하고 있었으므로 그것에 대해 반드시 말했을 것"이라고 하였다. 또 "가령 거짓말로 속였다고 해도 배 안에 쌓아둔 짐 중에는 강치 가죽이나 말린 전복 같은 것이 있었을 터인데 이는 다름 아닌 竹島의 산물이다. 그때 만일 그 섬이 조선국이 관할하는 땅이었다면 실로 우리 표류인은 그 나라에 들어가서 도둑질을 한 도적이 되니 그러면 즉시 그들을 잡아서 그 죄를 물었어야만 했는데 무슨 까닭으로 그렇게 친절히 대해주었겠는가"라고 하였다.

오카지마는 『竹島考』에서 竹島가 호키국의 속지, 혹은 영지와 같았다고 하지만 에도 막부의 老中 아베 붕고노카미(阿部豊後守)가 1695년 12월 24일 돗토리번에 "이나바주(因州)와 호키주(伯州)에 딸린 竹島는 언제부터 양국에 부속한 것인가?"[12] 등의 질문을 한 것에 대한 답변에서 "竹島는 이나바·호키의 부속이 아닙니다"[13]라고 한 기록을 돗토리번 藩士로서 보았을 가능성이 많음에도 이를 애써 무시하고 있다. 이에 근거하여 에도막부는 "조선의 섬을 일본에서 빼앗았다고 할 수도 없고, 일본인이 거주한 적도 없습니다. 길의 里數 건에 관해 물어보았더니, 호키로부터는 160리 정도에 있으며, 조선에서는 40리 정도에 있

---

12) 中村元起, 「磯竹嶋事略」 坤, 원록 6년 12월 24일; 『獨島研究』 3, 2007, 343쪽.
13) 中村元起, 「磯竹嶋事略」 坤, 원록 6년 12월 25일; 『獨島研究』 3, 2007, 343쪽.

다는 것이라고 합니다. 그러니 조선국의 울릉도이지 않겠습니까? 또한 일본인이 거주했다거나 이쪽에서 빼앗은 섬이라고 한다면 새삼스럽게 돌려주기는 어렵지만 左의 증거도 없다고 하므로, 이쪽에서 상관하지 않는다고 말하도록 되는 것이 어떻습니까?"라고 판단하였다.[14] 조선의 도해역관사에게 일본인의 竹島 도해금지를 알리는 쓰시마번의 문서에서도 "(宗義眞이) 머지않아 上船해서 江戸에 입관했을 때에 (老中의) 질문이 竹島의 지형과 방향에 미치자 사실에 근거해 대답했습니다. 그러자 그것이 본방으로부터의 거리는 매우 멀리 떨어져 있으나, 오히려 귀국으로부터의 거리는 가깝다는 것이었습니다. 또한 두 나라 사람들이 (그곳에서) 섞이면 潛通과 私市 등의 폐단이 반드시 있을 것입니다. 따라서 곧 명령을 내려 사람들이 가서 漁採하는 것을 불허했습니다"[15]라고 한 것을 통해서도 에도막부와 돗토리번, 그리고 쓰시마번, 조선에서도 竹島=울릉도라는 사실과 호키국의 영지가 아닌 것이 명약관화한 사실로 밝혀진 사실을 오카지마는 애써 무시하고 있다. 그런 오카지마도 이 사실을 의식하였기 때문에 "이쪽에서 빨리 섬을 열고, 집을 지어 사람을 이주시켜 두었다면 이후의 우환은 생기지 않았을 터인데, 그런 일이 없었으므로 조선인들이 오야와 무라카와의 배가 돌아가고 없는 틈을 타서 결국 우리 땅을 탈취하였으니 이는 실로 애석한 일이 아닐 수가 없다"고 하였다. 그런 입장을 취한 오카지마는 결국『竹島考』곳곳에서 '호키국의 영지'였다고 하지는 않고 "호키국의 영지처럼 생각했다"라고 말하고, 그 전제로서 조선에서 사람이 건너오지 않는 '폐도'로서 조선국이 관할하지 않았다는 점을 부각하였다. 그 전제 위에 80년 동안 조선국이 호키국의 선원이 竹島에서 어렵하는 것을 몰랐

---

14) 『日本海內竹島外一島地積編纂方伺』明治 10년(1877) 3월 17일, [부속문서] 제1호, 元禄 9년 정월 28일.
15) 『竹島紀事』元禄 9年(1696) 1月 28日.

을 리가 없다는 것을 강조함으로써 호키국의 영지처럼 간주되었다고 하였다.

문제는 80년 동안 호키국의 선원들이 竹島에 어로활동을 갔을 동안에 조선에서 그곳으로 어채활동을 하지 않았는가 하는 점을 검토하기 위해 한일 양국의 사료를 살펴보기로 한다.

⑧ 이번 11월 13일 대신과 비국 당상을 인견하여 입시하였을 때에 좌의정 睦來善이 아뢰기를 "방금 동래부사의 장계를 보니 사명을 봉행하는 差倭의 말씨가 꽤 온순하여 별로 난처한 사단은 없을 것이라고 하였습니다. 경상도 연해의 어민들은 비록 풍파 때문에 武陵島에 표류하였다고 칭하고 있으나 일찍이 연해의 수령을 지낸 사람의 말을 들어보니 바닷가 어민들이 자주 무릉도와 다른 섬에 왕래하면서 대나무도 베어오고 전복도 따오고 있다 하였습니다. 비록 표류가 아니라 하더라도 더러 이익을 취하려 왕래하면서 漁採로 생업을 삼는 백성을 일체 금단하기는 어렵다고 하겠으나 저들이 기왕 엄히 조항을 작성하여 금단하라고 하니 우리 도리로는 금령을 발하여 신칙하는 거조가 없을 수 없겠습니다" 하고, 우의정 閔黯은 아뢰기를 "接慰官이 돌아와 봐야 자세히 알 수 있겠으나 우리나라 해변의 주민들은 어채로 업을 삼고 있으니 아무리 엄금하려 해도 어쩌지 못하는 형편입니다. 오직 적발되는 대로 금단할 수밖에 없습니다" 하니, 임금이 이르기를 "바닷가 어민들은 날마다 이익을 따라 배를 타고 바다로 들어가야 하니 일체 금단하여 살아갈 길을 끊을 수는 없는 형편이나 이 뒤로는 특별히 신칙하여 경솔하게 나가지 못하게 하고 접위관도 이런 뜻으로 措辭하여 대답하는 것이 좋겠다" 하였다.(『비변사등록』 숙종 19년 11월 14일)

⑨ 대신들과 비변사 당상들을 引見하여 입시했을 때, 우의정인 閔黯이 아뢴 것은, "竹島의 일은 이미 收殺하여 그 이른바 犯越한 죄인들을 마땅히 照勘해야 할 일이나, 연해의 백성들은 본래 고기잡이로 생계를 유지하므로, 법으로 금함을 무릅쓰고 이익을 탐하여 늘 먼 바다를 왕래하여 이와 같은 事端이 생기는 근심이 있게 되었으니, 각별히 엄하게 다스림이 마땅할 듯합니다. 이제 이 죄인들을 만약 가벼운 법률로써 (은혜를) 베푼다면, 뒷날에 일어날 폐단을 막기 어려울 것입니다"라고 하는 것인데, 영의정인

權大運이 말하기를, "각각의 사람들이 비록 먼 바다로 나가는 죄를 저질렀으나, 어리석은 백성은 꼭 엄하게 다스릴 필요는 없으니, 刑推하고 풀어주는 것이 옳을 듯합니다"라고 하였으며, 좌부승지인 李玄紀가 말하기를, "동해 가에 사는 백성들은 田土가 척박하여 농사를 지을 수 없으므로 오직 고기잡이만을 합니다. 비록 날로 엄하게 타일러 경계시키더라도 먼 바다로 나가지 않을 리가 만무합니다"라고 하였으며, 민암이 말하기를, "일이 邊境에 관계되는 일이니, 느슨하게 다스릴 수 없습니다. 首從을 분별하여 船主와 沙工은 徒年으로 정배하고, 그 나머지는 刑推하고 풀어주는 것이 옳을 듯합니다"라고 하니, 상께서 말씀하시기를, "그대로 시행하라"라고 하셨다.(『승정원 일기』 355책 숙종 20년 3월 3일)

⑩ 申汝哲이 말하기를, "신이 마침 魚臺에 가서 그 섬을 바라보니, 그 사이의 거리가 그리 멀지 않아 남산(南山)처럼 가까운 곳을 보는 듯하였습니다. 고기 잡는 사람들에게 묻기를, '너희가 저곳에서 고기를 잡느냐?'라고 하니, 대답하기를, '저곳엔 큰 고기가 많이 있으므로 이따금 가서 고기를 잡습니다. 또한 그 위에 하늘을 찌를 듯한 큰 나무가 있으며, 대나무의 크기가 장대와 같으며, 땅도 비옥합니다'라고 하였습니다. 저들이 만약 살 만하다는 것을 알고 와서 근거지로 삼는다면, 그 부근의 三陟과 江陵 등의 지방은 반드시 많은 피해를 입을 것이니, 매우 염려가 됩니다"라고 하였다.(『承政院日記』 358책, 숙종 20년 윤5월 24일)

⑪ 이 섬(울릉도; 필자 주)으로부터 북쪽에 섬이 있는데 3년에 한번 國主의 용도로 전복 채취를 갑니다. (중략) 우리들이 저 섬에 건너간 것은 별도로 숨겨서 말씀드릴 것도 아닙니다. 작년에도 울산 사람이 20명 정도 건너갔고, 또한 公儀로부터 이를 지시받았다고 할 수도 없고 자기들 마음대로 건너간 것입니다.(『竹島紀事』 元祿 6(1693)年 9月 4日)

⑫ 올해도 그 섬에 벌이를 위해 부산포에서 장삿배가 3척 나갔다고 들었습니다. 한비치구라는 이국인을 덧붙여 섬의 형편이나 모든 것을 해로에 이르기까지 자세히 지켜보도록 분부했으므로 그 자들이 돌아오는 대로 추후에 아뢰겠으나 먼저 들은 바에 대해여 별지 문서에 적겠습니다.
    '두렵게 생각하면서도 적은, 口上의 각서'

> 1. 부룬세미의 일은 다른 섬입니다. 듣자하니 우루친토라고 하는 섬입니다. 부룬세미는 우루친토보다 동북에 있어, 희미하게 보인다고 합니다.
> 1. 우루친토 섬의 크기는 하루 반 정도면 돌아볼 수 있는 크기라고 합니다. 높은 산이며 논밭이나 큰 나무가 있다고 듣고 있습니다.
> 1. 우루친토는 강원도 에구하이란 포구에서 남풍을 타고 출범한다고 듣고 있습니다.
> 1. 우루친토에 왕래하고 있는 건은 재작년부터임에 틀림없습니다.
> 1. 우루친토로 왕래하고 있는 일은 관아에서 모르고 있고, 자기들 생계를 위해 나가고 있습니다. 다른 것들은 한비차구가 돌아오는대로 물어 다시 상세한 것을 아뢰겠습니다.(『竹島紀事』 元祿 6年 5月 13日)16)

　위 사료 ⑧~⑫를 통해 조선후기 어민들이 울릉도에 꾸준히 들어가서 어채활동을 하였음을 알 수 있다. 그렇지만 이들은 사료 ⑫에서 보다시피 관에 알리지 않고 몰래 들어갔고, 적발이 되면 ⑧에서 보다시피 풍파 때문에 무릉도에 표류했다고 둘러대었다. 사료 ⑨에서 보다시피 "연해의 백성들은 본래 고기잡이로 생계를 유지하므로, 법으로 금함을 무릅쓰고 이익을 탐하여" 울릉도에 드나들었다. 그런 상황이다 보니 울릉도에서 일본인들을 조우하였다 하더라도 관에 보고할 리 만무였다. 일본 오야 무라카와 가문 역시 에도 막부로부터 도해면허를 받은 것이 무인도임을 내세워 받았기 때문에 조선인을 만나더라도 그것을 기록에 남기지 않았다. 돗토리현에서 "竹島는 이나바·호키의 부속이 아닙니다"라고 보고한 것처럼 오야 무라카와 가문 역시 울릉도로

---

16) 겐로쿠 6년(1693) 6월에 쓰시마 현지의 家老인 스기무라 우네메(杉村采女)는 부산의 왜관에 체재하고 있던 역관 나카야마 가헤에(中山加兵衛)에게 조선에서 부룬세미라고 부르는 섬이 竹島인가? 그리고 竹島는 조선의 어느 방향에 있고, 어디에서 어느 방향의 바람을 타며, 해로는 어느 정도이며, 섬의 크기는 어느 정도인지 등을 조사 보고하도록 하였다. 그에 대한 나카야마의 회답이 사료 ⑫이다.

의 도해가 불법적인 것을 잘 알고 있었을 것이다. 그렇기 때문에 조선에서 울릉도에 어채활동을 한 것을 본국에 알리지 않았고, 그들만이 어로활동을 독점한 것처럼 말하기 위해 에도막부에 호키국의 영지라고 하면서 토관이 파견되었다는 거짓말 보고를 평상시 하였다고 보아야 한다. 그런 관점에서 볼 때 사료 ⑦에서 보이는 에도막부와 대마도의 행동을 이해할 수 있을 것이다.

1693년의 오야 가문의 안용복·박어둔 납치사건은 조선에서 건너온 어채인과 일본 오야, 무라카와 가문이 그간의 상호 묵인관계가 어떤 이유로 인해 깨어지면서 일본 어부들의 무력 사용으로 인해 역사의 표면으로 드러난 것일 뿐이다.[17] 그런 관계를 오카지마는 인식하지 못하였다고 볼 수 있다.

그리고 조선에서의 울릉도행은 항상 봄에 출항하여 가을에 울릉도를 떠났기 때문에 『竹島考』에서 호키국의 배가 매년 봄에 竹島에 건너가 가을에 돌아온 사이에 조선에서 가을과 겨울 사이에 도해 운운한 질문과 그에 대한 답변은 오카지마가 조선에서의 어로활동에 대한 인식 부족에서 나온 것이다.

竹島에서 표류된 일본의 배 안에 쌓아둔 짐 중에는 강치 가죽이나 말린 전복 같은 것이 발견되었기 때문에 竹島의 산물임을 조선의 관리들이 알지 못하였다고 한 것 자체도 조선의 어채인들이 관에 알리지 않고 몰래 드나들었기 때문에 그것을 통해 竹島 산물임을 알 수는 없었다고 보아야 한다. 이것을 증명하기 위해 오카지마는 『竹島考』 상권에서 「도해 준비와 물산」이라는 편을 만들어 오야 무라카와 가문의 도해 시기와 선단 규모, 물산 등을 정리하였다고 볼 수 있다. 그런 점에서 「도해 준비와 물산」 편은 결국 竹島가 호키국의 속지였음을 드러내

---

17) 이에 관해서는 김호동, 「조선 숙종조 영토분쟁의 배경과 대응에 관한 검토-안용복 활동의 새로운 검토를 위해」(『대구사학』 94, 2009.2)에서 검토된 바가 있다.

기 위한 의도였다고 보아야 한다. 『竹島考』 하권에서 「오야의 배가 조
선국으로 표류하다」란 편목 역시 竹島에 출어한 오야의 배가 돌아오
다가 조선에 표류하였을 때 배 안에 쌓아둔 짐 중에는 竹島의 산물인
강치 가죽이나 말린 전복을 보고도 융숭하게 대접하는 등을 입증하기
위해 마련한 항목이다. 그것을 통해 竹島가 조선국이 관할하는 땅이었
다면 그 죄를 물었어야만 했는데 무슨 까닭으로 그렇게 친절히 대해주
었겠는가라고 반문하면서 당시 호키국의 영지처럼 여겨졌다는 것을
조선에서도 인정하였다는 것을 내세우기 위해서였다.

　「도해 준비와 물산」 편에서 "매년 2, 3월경 배를 준비하고 요나고에
서 오키국으로 가서 4월 상순 경까지 순풍이 불고 조류가 바뀌기를 기
다렸다가 돛을 펴고 먼저 松島에 배를 대고 어로에 착수하고, 거기에
서 竹島로 가는데, 그간 할 일을 하고 가을이 지나면 돌아온다"[18]고 한
기록은 일본 외무성 홈페이지의 '竹島' 홍보 사이트에 실린 「竹島 다케
시마 문제를 이해하기 위한 10포인트」의 3포인트 "일본은 울릉도로 건
너갈 때의 정박장으로 또한 어채지로 竹島를 이용하여, 늦어도 17세기
중엽에는 竹島의 영유권을 확립했습니다" 주장의 근거자료가 되었을
것이다.

　「竹島와 松島의 地理」에서 오카지마는 竹島를 本邦(일본)과 조선국
사이에 있는 孤絶海嶼로서 竹島의 흙은 비옥하고 산물이 많으나 일본
에서 멀리 떨어져 있고, 조선국에서 매우 가깝다고 하면서 날씨가 좋
으면 늘 조선국 땅이 보인다고 하였다. 그러면서 竹島는 옛날에는 폐
도였으나 에도 중기부터 호키국에서 도해를 하기 시작하였지만 元祿
연간에 조선국 사람에게 빼앗겨 지금은 그 나라의 섬이 되었다고 하였
다. 그리고 松島에 관한 언급을 다음과 같이 기술하고 있다.

---

18) 『竹島考』 상권, 「도해준비와 물산」; 정영미 역, 『竹島考 상·하』 경상북도·안용복
　　재단, 2010, 105쪽.

⑫ 松島는 오키국과 竹島 사이에 있는 작은 섬이다. 작은 해협 하나를 사이에 두고 두 섬이 이어져 있는 섬이다. 이 해협 길이는 2町이며 폭은 50間 정도 된다고 한다. 어떤 지도에서 본 바로는 섬의 넓이는 길이가 80간, 폭이 20간 정도가 되는 듯 했다. 두 섬의 모두 크기가 같은 것 같다. 이를 구체적으로 증명할 만한 것은 아직 없다. 또 여러 책을 살펴보면 종종 竹島와 松島가 같이 기술되어 있다. 竹島는 대개 이 섬으로 보아도 지장은 없을 것 같다.[19]

또, 오카지마는 『淸正記』, 『両朝平壤綠』, 『圖書編』, 『登壇必究』 등에 보이는 松島가 다른 섬임을 논증하면서 잘 분별하여 혼동하는 일이 없기를 바란다고 하였다.[20]

『竹島考』 하권의 「조선인이 처음으로 竹島에 도래하다」와 「오야의 선원들이 조선인을 잡아오다」 편목은 1693년의 안용복·박어둔 납치 사건을 기술한 것이고, 「막부가 竹島 도해를 못하게 하다」는 '울릉도 쟁계=竹島일건'의 결과에 의한 '竹島 도해 금지'에 관한 내용을 담고 있다. 「조선국이 우리 번에 사신을 보내다」 편목은 안용복이 1696년에 울릉도와 독도를 거쳐 일본에 건너간 사건을 다룬 기록이다. 이들 자료들은 한국과 일본에서 많이 인용한 내용이다. 그 대강을 살펴보고 지금까지 논의되지 않은 부분을 지적하고자 한다.

「조선인이 처음으로 竹島에 도래하다」 편은 1692년(元祿 5년) 竹島에서 조선인을 조우한 것을 기록하고 있다.

⑭ 겐로쿠 5년의 竹島 도해는 무라카와 이치베 차례였다. 그래서, 예년과 같이 배를 만들어 21명이 타고 2월 11일 요나고를 출범하여 오키국 도

---

19) 『竹島考』 상권, 「竹島와 松島의 地理」; 정영미 역, 『竹島考 상·하』 경상북도·안용복재단, 2010, 127~129쪽.
20) 『竹島考』 상권, 「竹島와 松島의 地理」; 정영미 역, 『竹島考 상·하』 경상북도·안용복재단, 2010, 129~133쪽.

고(嶋後) 후쿠우라(福浦) 해안에 도착하였고, 잠시 여기서 정박하였다가 3
월 24일 순풍이 불어 돛을 펴고 같은 달 26일 辰時에 竹島의 이가도(伊賀
嶋)라고 하는 작은 섬에 배를 묶어두고 본 섬의 상황을 살피는데 이상한
점이 있었으므로, 배안에 있던 사람들이 모두 이런저런 추측을 해 보았으
나 끝내 영문을 몰랐고, 그날 밤에는 그곳에서 밤을 새우고 그 다음날 아
침이 되어 내린 결론이 어쨌든 간에 竹島에 배를 댄 후에 결정하자는 것
이어서, 배를 몰아 하마다포 (濱田浦)를 향해 가니 해변가에 이국선 2척이
보였는데 한척은 해변에 올려져 있었고 한척은 떠있었는데 30명 정도가
타고 있었고 우리 배쪽으로 향해 오다가 7 또는 8, 9間 정도 떨어진 곳에
서 오사카포 (大阪浦)쪽으로 갔다. 또, 이국인 두 사람이 해변에 있었는데
이들도 작은 배를 타고 우리 배쪽으로 오다가 지나쳐가려 하였으므로, 이
를 불러 세워서 예의 두 사람을 억지로 우리 배에 태우고는 어느 나라에
서 왔느냐고 물으니, 그중 한 사람이 통역이었는데 말하기를, 우리들은 조
선국의 가와텐 가와구(カワテンカワグ) 〈이곳에 대해 잘 알지 못함〉 사람
이라고 하였다. 우리 선원들이 말하길, "원래 이 竹島는 대일본국의 장군
님이 우리들에게 주신 것으로 옛날부터 우리가 도해하던 섬이다, 그런데
감히 너희 같은 외국인이 도래하여 우리 일을 방해하였으니 전대미문의
괘씸하기 그지없는 일이다, 한시라도 빨리 이곳을 떠나라"고 하며 혼을 내
니, 통역이 설명하여 말하길, "여기에서 북쪽으로 작은 섬 하나가 있다, 우
리가 예전부터 우리 왕의 명령을 받아 3년에 한 번 그 섬으로 가서 전복을
잡아 바쳐왔다, 올 봄에도 그 섬으로 가고자 2월 21일 배 수십 척이 함께
본국을 떠났는데, 도중에 갑자기 풍랑이 일어 그중 5척의 배에 탔던 선원
53인이 3월 23일 간신히 이 섬으로 흘러 들어왔는데, 해안을 보니 전복이
많이 보이기에 심중에 다행이라고 여기며 기뻐하고 지금까지 머물면서 일
을 하고 있는 것이다, 아무튼, 바다가 험했을 때 배가 조금 부서져서 고치
고 있는데 다 고쳐지면 즉시 돌아갈 것이니, 그쪽도 어서 배를 대시오" 라
며 오고 싶어 온 것이 아니라는 듯이 말하였으나, 중과부적이라는 말도 있
고 해서 배 안에 있던 사람 모두가 염려하여, 배는 그곳에 닻을 내려 세워
두고 선원 몇 명이 작은 배를 타고 뭍으로 가서 사방을 살피니, 작년 가을
우리가 헛간마다 넣어 둔 고기잡이용 배 8척 및 어로 도구들이 전부 다 없
어졌으므로 이게 어찌된 일이냐며 예의 통역을 책망하니, 외국인이 답하
여 말하길, 우리 동료들이 다른 포구에 갈 때 타거나 어로를 할 때 썼다고

하였다. 어찌되었든 배를 대고 상륙하시라고 상냥히 권해왔으나, 실정을
잘 몰라서 일부러 그 말을 듣지 않았다, 그래서, 예의 외국인 두 사람만
상륙하게 하고 나중에 증거로 삼기위해 그들이 만들어 논 꼬지 전복 조금
과 삿갓 1개, 갓 1개, 메주 한 덩어리를 취하였고, 같은 날 申時에 닻을 올
리고 4월 1일 이와미국 하마다포에 도착하였고, 같은 달 4일에는 운슈 구
모쓰에 도착, 다음날 5일 신시에는 요나고로 돌아왔다.[21]

앞에서 오야 무라카와 가문이 평상시 조선에서 울릉도에 어채활동
을 한 것을 본국에 알리지 않았고, 그들만이 어로활동을 독점한 것처
럼 말하기 위해 에도막부에 호키국의 영지라고 하면서 토관이 파견되
었다는 거짓말 보고를 하였다고 하였다. 그런 관점에서 볼 때 오야, 무
라카와 가문은 사료 ⑭에서 보다시피 1692년에 조선인들이 울릉도에
처음 어로활동을 하면서 충돌이 일어나게 되었다는 것을 말할 필요가
있었을 것이다. 그들의 보고자료에 기초하여 「조선인이 처음으로 竹
島에 도래하다」는 편목을 만들어 사료 ⑭에 기술하였다고 보아야 한
다. 조선후기에 사료 ⑧~⑫에서 보다시피 조선에서 울릉도와 독도에
꾸준히 들어와 어채활동을 하였는데 1692년 무렵에 대거 들어온 것 같
다. 사료 ⑭에 의하면 울릉도에서 조선의 譯者가 "여기에서 북쪽으로
작은 섬 하나가 있다. 우리가 예전부터 우리 왕의 명령을 받아 3년에
한 번 그 섬으로 가서 전복을 잡아 바쳐왔다. 올 봄에도 그 섬으로 가
고자 2월 21일 배 수십 척이 함께 본국을 떠났는데, 도중에 갑자기 풍
랑이 일어 그중 5척의 배에 탔던 선원 53인이 3월 23일 간신히 이 섬으
로 흘러 들어왔다"고 일본 무라카와 어부들에게 이야기하였다. '譯者'
가 존재한다는 것은 이미 울릉도에서 일본인과 조우한 경험에서 비롯
된 것이다. '譯者'의 존재를 통해서도 1692년에 조선인들이 처음으로

---

21) 『竹島考』 하권, 「조선인이 처음으로 竹島에 도래하다」; 정영미 역, 『竹島考 상 · 하』
 경상북도 · 안용복재단, 2010, 205~211쪽.

竹島에 도래했다는 것은 오야, 무라카와 가문이 거짓말한 것임을 알 수 있다. 그리고 예전부터 울릉도 북쪽의 작은 섬에서 전복을 잡았다고 하였는데, 사료 ⑪에서도 확인된다. 울릉도 북쪽의 섬은 사료 ⑫의 우루친토, 즉 울릉도의 동북에 있는 부룬세미 섬일 것이다. 부룬세미는 안용복이 1693년에 동북방에 있는 섬을 두 번 보았는데 그것을 다른 사람이 우산도라고 한 것과 결부시켜볼 때 우산도, 즉 독도일 것이다.22) 그런 점에서 북방, 혹은 동북방으로 표시된 것은 울산이나 부산 등의 경상도 지역에서 울릉도와 독도를 바라볼 때 울릉도의 동북방, 혹은 북방에 있었다고 표현한 것이다.23) 그렇게 볼 때 조선에서 항상 울릉도를 거쳐 독도에 갔고, 울릉도를 거점으로 독도 어로활동이 이루어진 것을 염두에 두면 사료 ⑭에서 독도로 가다가 울릉도에 표류하였다고 하는 '譯者'의 진술은 무라카와 가에서 만들어낸 것에 불과하다. 1692년 울릉도에서 조선의 어부들에게 "원래 이 竹島는 대일본국의 장군님이 우리들에게 주신 것으로 옛날부터 우리가 도해하던 섬이다. 그런데 감히 너희 같은 외국인이 도래하여 우리 일을 방해하였으니 전대미문의 괘씸하기 그지없는 일이다. 한시라도 빨리 이곳을 떠나라"고 하였고, 거기에 대해 역자가 울릉도에 표류하였다고 한 것은 무라카와에 의해 조작되었을 가능성이 많다. 이 진술대로라면 조선의 어부들은 순순히 물러났을 것이고, 무라카와 가의 어부들이 울릉도에서 하등 어

---

22) 『竹島紀事』 元祿 6年(1693) 11月 1日, 「인질이 여기에 머물러 있을 당시 질문했을 때 대답한 것으로 "이번에 나간 섬의 이름은 모릅니다. 이번에 나간 섬의 동북에 큰 섬이 있었습니다. 그 섬에 머물던 중에 두 번 보았습니다. 그 섬을 아는 자가 말하기를 우산도라고 부른다고 들었습니다. 한 번도 가본 적은 없지만 대체로 하루 정도 걸리는 거리로 보였습니다"라고 말하고 있습니다. 울릉도란 섬에 대해서는 아직껏 모른다고 말하고 있습니다. 그러나 인질의 주장은 허실을 가리기 어려우니 참고로 아룁니다. 그 쪽에서 잘 판단해 들으십시오.」

23) 김호동, 「『竹島問題에 관한 調査研究 最終報告書』에 인용된 일본 에도(江戶)시대 독도문헌 연구」, 『인문연구』 55, 영남대학교 인문과학연구소, 2008.12, 11~16쪽.

로활동을 그만두고 귀국하였을 이유가 되지 않는다. 조선에서 수십 척의 배가 울릉도에 들어오면서 그들 가운데 일본 어부들이 전해에 헛간마다 넣어 둔 고기잡이용 배 8척 및 어로 도구들을 이용해 다른 포구에 갈 때 타거나 어로를 할 때 썼다는 것을 듣고 위기를 느껴 황급히 돌아갔다고 볼 수도 있다. 이때 조선 어부들과 일본 어부들이 울릉도 영유권을 두고 다툼이 있었을 것이다. 그런 다툼 속에서 사료 ⑭에서 보다시피 일본 어부들이 "원래 이 竹島는 대일본국의 장군님이 우리들에게 주신 것으로 옛날부터 우리가 도해하던 섬이다"라고 하면서 조선 어부들에게 이곳을 떠나라고 하기도 하였을 것이다.

「오야의 선원들이 조선인을 잡아오다」 편은 1693년 울릉도에서 오야의 어부들과 안용복 일행이 맞닥뜨리면서 일본 어부들이 안용복·박어둔을 납치한 과정과 안용복·박어둔을 심문한 기록을 담고 있다. 다음의 사료는 울릉도에서 안용복과 박어둔을 납치한 후 오야의 어부들이 두 사람을 심문한 기록이다.

⑮ 두 사람의 이객을 본선으로 옮기고, 이번에 어떻게 도래하게 되었는지 따져 물으니, 통역이 말하길, "내가 사는 곳은 조선국이며 경상도 동래현 사람으로서 안핑샤(アンピンシャ)라고 〈또는 안히샨(アンヒシャン), 안펭치우(アンペンチウ)라고 쓴다. 어떻게 쓰는 것이 바른가 하면, 그 나라 사람에게는 안씨 성이 많다. '안'은 아마 姓일 것이며 힌샤와 히샨은 무관의 명칭으로 稗將의 傳音일 것이다. 또 헨치우라는 것은 이름일 것이다. 원래 그때의 이객은 시종 붓을 잡지 않았기 때문에 본래의 이름은 전해지지 않는데 진짜 그가 써서 남긴 것아 아무것도 없는 것일까. 그 실정은 알기 힘들다고 한다〉 한다, 나이는 42세이다, 이자는 울산 사람으로 도라헤라고 한다, 나이는 34세이다. 올 봄에 산카이(三界)의 샤쿠한(シャクハン)〈지금 생각건대, 산카이라는 곳은 명확하지 않다. 어쩌면 후산카이(釜山浦)라고 말한 것을 산카이라고 잘못 들은 것이 아닐까. 또 샤쿠한(上官)은 상관 또는 왕일 것이다〉으로부터 전복을 따 바치라는 지시가 있었는

데, 그러면 어느 어느 섬에 가서 따라는 지시는 없었으나, 작년에 이 섬으로 표류한 자들이 엄청 많은 전복과 미역을 따왔기 때문에 우리들도 그 섬으로 가자고 생각하고, 3월 27일 부산포를 출범하여 같은 날 밤 ㅁㅁㅁ에 도착하였다"고 말했다. 또 함께 온 배는 몇 척인가를 물었더니, "3척이 왔는데 17명이 탄 배와 15명이 탄 배, 우리 10명이 탄 배로서 모두 42명이다, 그중에 작년에 왔던 자는 4명이다, 이름은 야 가 이 이 왕 닝, 모씨, 모씨라고 하는 자들"이라고 대답하였다. 우리 배 사람들이 상의하길, "작년에 조선인들에게 다시 오면 안된다고 단단히 일러두었는데 올 봄에 또 우리보다 앞서 와서 일을 방해하니 언어도단도 이만저만이 아니다, 이대로 내버려 두면 결국엔 반드시 그들에게 우리 영지를 약탈당할 것이다, 이 두 사람을 데리고 가서 이 일에 대해 위에 자세히 말씀드리고, 막부의 결정을 기다리자" 는데 의견이 모아져, 18일 미시 竹島를 떠나, 같은 달 20일 오키국 도고의 후쿠우라에 도착하였다.[24]

사료 ⑮의 "작년에 조선인들에게 다시 오면 안된다고 단단히 일러두었다"는 기록과 사료 ⑭의 "원래 이 竹島는 대일본국의 장군님이 우리들에게 주신 것으로 옛날부터 우리가 도해하던 섬이다. 그런데 감히 너희 같은 외국인이 도래하여 우리 일을 방해하였으니 전대미문의 괘씸하기 그지없는 일이다, 한시라도 빨리 이곳을 떠나라"고 한 기록, 그리고 사료 ⑤의 "겐로쿠(元禄) 때에 이르러 조선국에서 많은 어선이 도해하여 어로를 하기 시작했다. 이에 무라카와의 선원들이 그 섬의 유래에 대해 알아듣게끔 일러주고 심히 그들을 꾸짖어 다시 오지 못하게 하였는데도 알아들은 기색 없이 그 다음해도 여전히 조선배가 와서 우리 일을 방해하였다."고 한 기록을 곧이곧대로 받아들인다면 조선 어부들이 竹島를 일본의 땅이라고 생각하여 수긍한 것 같지만 1692년에 일본 무라카와 가문의 어부들은 어로활동을 하지 못하고 요나고로 철

---

24) 『竹島考』 하권, 「오야의 선원들이 조선인을 잡아오다」; 정영미 역, 『竹島考 상 · 하』 경상북도 · 안용복재단, 2010, 217~221쪽.

수하였고, 그 이듬해인 1693년에 오야 가문의 어부들이 竹島에 도해하면서 "조선인들이 도래했을지도 모르므로 하마다포에 들리지 않고, 도센가사키에서 닻을 내리고 먼저 본 섬으로 사람을 보내 돌아다니며 상황을 살피게 하였다"[25]고 한 것이나 어로활동을 포기하고 안용복·박어둔을 꾀어 납치하여 귀국하여 에도 막부에 호소하고자 한 것으로 보아 일본 어부들이 조선어부들에 의해 일방적으로 몰린 것으로 판단된다. 실제 수적으로도 1692년의 경우 조선 배 수십 척이 동원된 데 반해 일본 무라카와 가문의 어부들은 배 한 척, 21명에 불과하였기 때문에 일본 어부들은 위축되어 어로활동을 포기한 것으로 보아야 한다. 그런 점에서 1692년의 일본 어부들의 진술은 과장되고 거짓에 찬 내용이 많았다고 판단된다. 1693년의 경우에도 조선의 경우 부산, 울산, 전라도 배 3척에 42명이 온 것에 비해 일본의 경우 오야와 무라카와 가문이 일본의 다른 어부들을 구축하고 竹島도해를 독점하였으므로[26] 조선의 동남해 연안에서 무리지어 온 어채인들을 감당할 수 없었다고 보아야 할 것이다.

「오야의 선원들이 조선인을 잡아오다」 편에는 안용복과 박어둔의 호패가 수록되었다.

⑯ 2명의 조선인 바지(股引) 끈에 작은 패(牌)를 달고 있었으므로 이것은 무엇이냐고 물어보니 안핀샤가 대답하였다. 우리나라에서 이 패가 없는 사람은 세간에서 교제하기 어렵다. 이 때문에 은 40문(目)씩의 세금(運上)을 거출하여 이것을 받는다고 하였다.

---

25) 『竹島考』 하권, 「오야의 선원들이 조선인을 잡아오다」; 정영미 역, 『竹島考 상·하』 경상북도·안용복재단, 2010, 215쪽.
26) 池內 敏, 「일본 에도시대(江戶時代) 竹島-마츠시마(松島) 인식」, 『獨島硏究』 6, 영남대학교 독도연구소, 2009.6, 201~202쪽.

〈안핀샤 요패(腰牌)의 앞면(表面)〉
　　　　　　동래(東來)
사노(私奴) 용복(用卜) 나이: 33, 신장(長): 4척(尺) 1촌(寸)
얼굴(面): 쇠(鉄) 색깔, 수염(羊): 조금 나있음, 상처(疤): 없음
주인: 서울 거주(京居) 오충추(吳忠秋)

동 뒷면(裏面)
　경오(庚午)
부산 좌자천(佐自川) 1리
제14통(統) 3호(戸)

〈도라헤(박어둔) 요패의 앞면(表面)〉
　　　　　　경오(庚午)
청량(靑良) 목도리(目島里)
제12통(統) 3가(家)

동 뒷면(裏面)
　울산(蔚山)
30축(丑)
박어둔(朴於屯)
염간(鹽干)

　지금 추측하건대, 이 패의 면(面)의 문자는 아마도 전사(轉寫)의 잘못일
것이다. 뒷날 식자(識者)가 바로잡을 것이다.

　일본과 한국 양국의 연구자들의 경우 안용복의 호패에 주목하여 안
용복을 노비로 보는 것이 일반적이다. 이준구의 경우, 안용복이 주인
으로부터 전복을 잡아 바치라는 지시를 받고 울릉도로 출어했다는 오
카지마의 기록에 근거하여 안용복을 서울에 거주하는 주인 오충추에
게 어물을 상납해야만 했던 하인 신분으로 보고, 오충추는 서울에 살

면서 동래를 거점으로 대일 무역에 종사했던 역관이거나 富商大賈였을 것이라고 하였다.[27] 오충추를 대일 무역에 종사했던 역관이나 부상대고로 볼 때, 오충추의 입장에서는 동래에서 능로군으로서 물길을 잘 알고, 일본어를 아는 자신의 私奴 용복을 앞세워 동래 왜관과의 교역에 종사하였다고 볼 수 있다. 실제『미암일기』나『쇄미록』,『묵재일기』,『이재난고』등을 보면 양반의 경우 노비를 앞세워 상행위를 하고 있다.[28] 그런 면에서 이 주장은 상당히 설득력을 갖고 있다. 그러나 오충추가 서울에 살면서 동래를 거점으로 대일 무역에 종사했던 역관이거나 부상대고였다는 근거자료가 없다.

이준구와 마찬가지로 송병기의 경우도 호패에 근거하여 안용복은 서울에 사는 오충추의 사노로 간주하면서 노비이기 때문에 미처 성도 없이 '用卜'이라는 이름만 가지고 있었던 것 같다고 하였다.[29] 호패에만 근거하여 성도 없이 '用卜'이라는 이름만 가지고 있었다고 보는 것은 문제가 있다. 사료 ⑮를 살펴보면 안용복은 자신을 '安㮽將', 즉 '안핀샤(アンピンシャ)'라고 하였다. "그리고 그 나라 사람에게는 안씨 성이 많다. '안'은 아마 姓일 것이며 힌샤와 히샨은 무관의 명칭으로 稗將의 傳音일 것이다"고 하였으므로 안씨라는 성씨를 밝히고, 비장으로

---

27) 이준구, 「조선시대 울릉도·독도의 파수꾼 안용복」, 『영남을 알면 한국사가 보인다』, 대구사학회편, 푸른역사, 2005, 267쪽.

28) 이성임, 「조선중기 양반의 경제생활과 재부관」, 『한국사시민강좌』 29, 일조각, 2001, 87-91쪽 ; 한국학중앙연구원, 『이재난고로 보는 조선 지식인의 생활사』, 2007 참조.

29) 송병기, 『울릉도와 독도』(재정판), 단국대출판부, 2007, 54쪽, "호패의 기록에 의하면 안용복은 서울에 사는 오충추의 私奴로 주소를 부산 좌자천리 14통 3호(현재의 부산 동구 좌천동)에 두고 있었다. 그는 사노이자 외거노비였던 것이다. 그는 노비이기 때문에 미처 성도 없이 '用卜'이라는 이름만 가지고 있었던 것 같다. 나이도 일본 선원들에게 42세라고 하였지만 호패를 발급한 경오년(1690, 숙종 16) 당시가 33세였으므로 1693년 현재 36세가 된다. 얼굴은 검은데 검버섯이 돋았고 흉터는 없으며 키는 4척 1촌으로 기록되어 있다. 키가 너무 작은 편인데 당시의 신장척으로 환산하면 1m 46cm가 된다. 옮겨 적는 과정에서 잘못이 있었는지도 모른다. 『竹島考』의 저자도 요패의 전사상의 잘못이 있음을 지적하고 있다."

자칭한 것으로 보아 노비는 아닐 가능성이 많다.

안용복의 호패에 의하면 1693년에 안용복이 36세가 되지만 위 사료 ⑮에 의하면 42세라고 진술한 것으로 되어 있다. 『竹島紀事』를 살펴보면,

> 박도라히는 34세, 안요쿠호키는 40세입니다. 그런데 이나바에서 43세라고 말한 것으로 되어 있지만, 이것은 말이 잘 통하지 않아 틀리지 않았나 생각됩니다.

안용복은 40세이며, 이나바에서 43세라고 한 것은 말이 통하지 않아 틀렸다고 기술하고 있다. 그렇다면 위 사료 ⑮에서의 42세도 마찬가지일 것이다. 또 안용복이 1696년에 도일했을 때의 기록인 「元祿九 丙子年 朝鮮舟着岸一卷之覺書」(이후 '원록각서'로 표현)에 안용복이 찬 호패가 나오는데, 거기에는 '年甲午生(1654)'이라고 되어 있고, 안용복은 43세라고 진술하고 있다. 『竹島紀事』와 '원록각서'의 기록이 일치하므로 안용복은 1654년에 출생하여, 1693년에는 40세, 1696년에는 43세였다고 보는 것이 타당하다. 이렇게 볼 경우 『竹島考』에 기록된 호패의 신빙성에 의문이 간다. 그런 의문을 가진다면 안용복이 서울에 사는 오충추의 私奴, 즉 외거노비였다는 사실 역시 역사적 사실일까? 그런 의문을 갖고 다음의 사료를 주목하고자 한다.

> ⑰ 장사꾼[商賈]과 역관이 物貨와 人蔘을 被執하는데, 왜인이 銀을 내어 줄 때에 그들이 좋아하는 물건이라면 피집하여도 거의 이 수량에 준거하여 주지만, 그들이 좋아하지 않는 물건이라면 뒤로 미루고 또 수량에 준거하지 않는 것이 많기 때문에, 장사꾼과 역관들이 애써 아첨하며 앞다투어 심복이 되니, 국가에서 변경을 제어하는 계책에 있어서 실로 막대한 근심이 됩니다. 이제부터 아무개 商人, 아무개 역관이라고 구분하지 않은 채, 수량을 합쳐서 받아 내어 주게 하되, 훈도와 별차로 하여금 公廳에 照管케

하며, 혹은 거주지 齊會의 공론에 의하여 한결같이 오래되고 오래되지 않은 것과, 많고 적은 것에 따라 等數 대로 나누어 주게 하고, 혹은 균등하지 않은 경우에는 관에 호소하여 처결케 하소서. 물화가 문에 들어올 때 기록하는 것은 곧 은을 내어 주는 근저이니, 이제부터는 단단히 봉하여 서로 전하되 소중한 기록이 있을 것 같으면 베껴서 1건을 훈도와 별차에게 주어서, 은을 내어 줄 때 서로 어긋나는 경우에는 잠상의 율로써 논핵하소서. 역관이 자기 이름으로 物貨를 被執하고, 혹은 다른 사람의 물건으로 이름을 빌려 주어 利를 나누기 때문에 왜인에게 구박을 당하니, 변방의 계책이 염려스럽습니다. 예전부터 역관들이 물화가 있어 팔고자 하면 서울에 사는 私奴로 핑계하고, 왜인으로 하여금 역관의 물건임을 알지 못하게 하였습니다. 이제부터는 역관의 이름으로 피집할 수 없게 하고, 호조와 각 아문의 물화도 또한 모두 장사꾼의 이름으로 피집하게 하여 國體를 높이소서. 또 각 아문에서 피집한 값은 먼저 받거나 많이 받거나 하여 장사꾼의 利를 빼앗을 수 없으니, 한결같이 장사꾼의 年條 및 분수와 같게 하소서.[30]

위 사료 ⑰은 동래 부사 권이진이 변경의 일, 즉 왜관에 관련된 일을 논한 장계의 일부인데, 여기에서 주목되는 사실은 역관들이 물화를 팔고자 할 때 서울에 사는 私奴로 핑계하여 왜인으로 하여금 역관의 물건임을 알지 못하게 하였다는 기록이다. 이 자료에 의거한다면 안용복은 역관으로서 서울에 사는 오충추의 사노로 가탁하여 왜인과 사사로이 무역을 하는 潛商이었다고 볼 수 있다. 안용복을 역관으로 비정할 수 있는 방증자료가 다음의 기록이다.

⑱ 9월 19일 巳時經 삼척부 南面莊 오리나루(五里津)에서 바람이 일기를 기다려 배를 출발시켰는데 이미 보고된 내용에 근거해 有在果 僉使와 別遣譯官 安愼徽가 각 방면의 일꾼과 사공, 格軍 도합 150명을 거느려 騎船 각기 한 척, 汲水船 4척에 배의 크기에 따라 나누어 싣고 그날 巳時經 서풍이 일면 바다로 진입하기로 하였다. … 섬을 돌아보다가 어슬녁에 한

---

30) 『숙종실록』 권48, 숙종 36년 3월 29일(갑오).

곳에 이르러 배를 대고 바위밑에 가서 밥을 지으려고 배에서 내려 백사장
을 걷노라니 저 멀리 아득하게 보이는 것이 있어 안신휘와 같이 3리 남짓
이 걸어가 보니 중봉(中峯)이 구불구불 뻗었는데 산록은 도처에 겹겹한
바위와 절벽이었고 멀리 훤히 트인 곳이 보였다. 그 길을 따라 바라보니
길이 산허리에 있는 석굴로 뻗어 있었다. 안신휘와 (13)저 굴안에 사람을
해치는 독물(毒物)이 있지 않을까, 배를 다른 곳에 옮겨갈까 토의하기도
하였다. (張漢相, 「蔚陵島事蹟」)

　⑲ 동래 부사(東萊府使) 조세환(趙世煥)이 치계(馳啓)하기를, "관(館) 가
운데 왜인(倭人)으로 역관(譯官) 안신휘(安愼徽)와 서로 좋게 지내는 자가
있어, 훈도(訓導) 박유년(朴有年)을 청하여 말하기를, '내가 안 역관과 평
소에 좋게 지냈으며, 일찍이 오삼계(吳三桂)와 정금(鄭錦)의 승패를 들은
즉시 서로 통하며 부탁을 했었는데, 지금 족인(族人)이 마침 장기도(長崎
島)로부터 돌아와 우연히 정금(鄭錦)이 패했다는 문서를 얻었기 때문에
이를 알려 줄 것을 부탁한다' 하고, 이에 한장의 왜서(倭書)를 내놓았는데,
곧 정금이 패주하여 퇴보(退保)한 일이었습니다. 혹자는 이르기를, '오삼
계가 병사를 이끌고 사천(泗川)에서 성을 지켰다'고 하며, 또 이르기를, '청
(淸)나라가 천주(泉州)와 장주(漳州)를 차지한 뒤부터는 상선(商船)이 바
다로 나가는 것을 엄금하였기 때문에, 강남(江南)의 상선이 절대로 장기
(長崎)에 왕래하지 못하며, 가끔 왕래하는 것은 단지 정금이 부탁한 배일
뿐이다'라고 합니다(하략)"라고 하였다.(『숙종실록』 권9, 숙종 6년(1680)
7월 10일〈정유〉)

　숙종 19년(1693) 안용복 · 박어둔 납치사건으로 인해 조선과 일본 사
이에 '鬱陵島爭界', 즉 '竹島一件'이 발생하자 이듬해 장한상을 울릉도
에 파견하였다. 사료 ⑱에 의하면 장한상과 동행한 인물로서 별견역관
안신휘가 있다. 그는 사료 ⑲의 동래왜관의 왜인과 가까운 역관 안신
휘가 분명하다. 이 자료는 안용복이 역관이라는 추정을 방증한다. 그
렇다면 동래 왜관의 역관으로서 잠상이었던 안용복은 일본어는 물론
한일 양국의 관계에 정통하였고, 그의 어머니가 울산에 살고 있었으므

로 자주 울산을 드나들었을 것이다. 그로 인해 그리고 울릉도에 드나들었던 어민들로부터 울릉도 사정을 듣고 상업적 이익을 얻기 위해 숙종 19년 울산의 박어둔 등과 함께 울릉도행을 행하였을 것이다. 이러한 안용복의 활동으로 인해 일본에서 출어하러 온 오오야 가문의 선단과 충돌할 수밖에 없었을 것이다.[31] 지금까지 오카지마의 『竹島考』에 실린 안용복의 호패에만 주목하여 안용복을 노비로 보는 견해는 재고할 필요가 있다.

1693년 오야 가문의 어부들이 울릉도에서 안용복·박어둔을 납치하여 에도막부의 힘을 빌려 竹島의 조선인을 구축하고 竹島를 독점하고자 하였다. 에도막부가 오야 무라카와 가문의 허장성세를 믿고 '울릉도쟁계(竹島一件)'를 일으켰지만 결국 竹島가 조선의 땅임을 인정하였다. 돗토리번사였던 오카지마의 경우 에도막부와 쓰시마번이 조선과 벌인 '울릉도쟁계(竹島一件)'에 관한 외교적 문건을 볼 수 없었기 때문에 오야, 무라카와 가문의 자료 등에 의존하여 竹島가 조선의 울릉도였음을 알지 못하였고, 『竹島考』의 「막부가 竹島 도해를 못하게 하다」에서 에도막부에서 돗토리번에 내린 竹島 도해금지에 관한 기록만을 기술할 수 밖에 없었고, 이후의 오야, 무라카와 가문의 영락만을 기술하였을 뿐이다. 돗토리번사였던 오카지마의 한계는 1696년에 울릉도와 독도를 거쳐 일본에 도해한 안용복 일행에 관한 기록을 담고 있지만 「조선국에서 우리 번에 사신배를 보내다」라는 편목의 제목하에서 안용복 일행의 관직명, 이름, 타고 간 배의 깃발에 쓴 내용 등을 전사하고 있다는 점에서 1696년의 안용복 활동의 전모를 전혀 파악하지 못하고 있다.

---

31) 김호동, 「조선 숙종조 영토분쟁의 배경과 대응에 관한 검토-안용복 활동의 새로운 검토를 위해」(『대구사학』 94, 2009.2)에서 안용복을 역관 출신의 潛商으로 추정한 바가 있다.

4. 맺음말

돗토리번(鳥取藩)의 藩士 오카지마 마사요시(岡嶋正義, 1784~1858)
는 1828년에『竹島考』를 지었다.『竹島考』는 私記와 稗說, 구술, 그리
고 돗토리현이 에도막부의 명에 따라 竹島에 관한 보고사항을 바탕으
로 만들어졌기 때문에 안용복의 도일활동과 연관된 독도 영유권 관련
연구자료로서 한일 양국의 독도 논문에서 자주 언급되고 있는 실정이
지만『죽도고』의 내용에 대한 비판적 검토는 그간 없었다. 오카지마의
한계는 죽도가 조선의 울릉도였음을 인식하지 못하고 풍요한 땅이지
만 오랫동안 폐도였다고 인식하였다. 그런 폐도인 죽도를 에도 중기에
호키국(伯耆國)에서 열어 호키국의 영지처럼 되었다고 판단하였다. 오
카지마는 오랫동안 우리 屬地였던 竹島를 다른 나라의 간악한 어부(漁
竪)들에게 빼앗긴 것을 애석히 여겨 훗날 보는 이들을 위한 준비로 그
일의 시말을 기록한『죽도고』를 저술하였다고 하였다. 그는 "조선에
혹 내란이라도 일어나서 삼한시대와 같이 분열되던가, 혹 적국이 일어
나 국세가 위기에 처하게 되면 반드시 예전과 같이 우리나라에 무릎을
꿇을 것이다"라고 하면서 "혹 그런 조짐이 보이면 원래 죽도는 호키국
의 屬島였으므로 재빨리 이를 다시 찾을 계획을 세워야 할 것이다"라
고 하여 편향된 시각에서 죽도를 되찾아오기를 바랬다. 오카지마가 그
런 시각을 갖게 된 것은 오야 무라카와 가문이 평상시 조선에서 울릉
도에 어채활동을 한 것을 본국에 알리지 않았고, 조선의 울릉도가 아
닌 무인도인 죽도를 개척하였다고 하면서 그들만이 어로활동을 독점
한 것처럼 말하기 위해 에도막부에 호키국의 영지라고 하면서 토관이
파견되었다는 거짓말 보고를 한 자료들을 취신하였기 때문이다.
돗토리번(鳥取藩)의 藩士였던 오카지마는 안용복·박어둔 납치사건
이후의 조선과 일본의 에도막부-쓰시마번 사이에 있었던 '울릉도쟁계

(죽도일건)에 대한 외교문서를 볼 수 없는 상태에어 오야, 무라카와 가문과 돗토리번의 자료에 근거하여『죽도고』를 작성하였다. 그런 한계가 있는 것이라는 점을 인식하고『죽도고』자료를 인용할 때 비판적으로 검토하여야만 한다. 향후『增補珍事錄』·『因府年表』·『因府歷年大雜集』과 비교, 검토를 통해 오카지마의 죽도에 대한 인식의 변화도 살펴보고자 한다.

[참고문헌]

김호동, 「『竹島問題에 관한 調査研究 最終報告書』에 인용된 일본 에도(江戶)시대 독도문헌 연구」, 『인문연구』 55, 영남대학교 인문과학연구소, 2008.

―――, 「조선 숙종조 영토분쟁의 배경과 대응에 관한 검토-안용복 활동의 새로운 검토를 위해」, 『대구사학』 94, 2009.

송병기, 『울릉도와 독도』(재정판), 단국대출판부, 2007.

이성임, 「조선중기 양반의 경제생활과 재부관」, 『한국사시민강좌』 29, 일조각, 2001.

이준구, 「조선시대 울릉도ㆍ독도의 파수꾼 안용복」, 『영남을 알면 한국사가 보인다』, 대구사학회편, 푸른역사, 2005.

정영미, 「일본 서해안지역과 울릉도의 표상」, 『독도문제의 학제적 연구』 동북아역사재단, 2009.

정영미 역, 『竹島考 上ㆍ下』, 경상북도ㆍ안용복재단, 2010.

池內 敏, 『大君外交と武威-近世日本の國際秩序と朝鮮觀』, 名古屋大學出版會, 2006.

―――, 「일본 에도시대(江戶時代) 竹島-마츠시마(松島) 인식」, 『獨島研究』 6, 영남대학교 독도연구소, 2009.

일본 강점기의 행정 행위와 독도에 대한 Uti Possidetis 원칙의 적용가능성에 관한 연구
수로지와 독도문제를 중심으로

박 성 욱

1. 서론

영토문제는 일정한 영토의 주권을 두고 벌어지는 국가간의 분쟁이기 때문에 이러한 분쟁을 해결하기 위한 방법으로 우선 영역권원[1]을 확인하여야 한다. 따라서 영토분쟁을 해결하기 위해서는 분쟁영토에 대하여 어느 국가가 국가주권행위를 지속적으로 행사하였는지를 기준으로 하고 있다. 독도문제와 같이 도서영유권 분쟁과 관련된 분쟁국가들의 일반적 경향을 보면 일정한 지역에 관한 영유권분쟁이 발생하면 자신의 주장을 뒷받침하기 위해 일반적으로 역사적 권원(historic title), 무주지 발견 후 시제법 논리에 따른 계속적이며 평화적인 국가권력행사를 통한 자신의 실효적 지배 또는 점유를 해왔다는 주장, Uti possidetis

---

[1] 영역권원이란 국가가 특정지역에 대하여 영역주권을 유효하게 행사할 수 있는 원인 내지 근거가 되는 사실을 말한다. 김찬규·이영준, 『국제법 개설』, 법문사, 1994, 239쪽.

에 근거한 영토주권 획득 등 3가지 중 어느 하나 또는 이들 모두를 근거로 내세워 왔다.[2]

현재 한일간의 영토문제 중 가장 큰 이슈는 독도가 국제법적으로 어느 국가의 영토권원하에 있는가이다. 국제법상 영역권원을 취득하는 방법[3]은 선점, 시효, 첨부와 같이 사법상의 소유권취득의 방법을 국제법에 도입한 것과 기타 국제법에 특유한 할양, 정복 등이 있는데, 이들은 영토분쟁에 있어서 영역권원을 밝히는데 있어서 매우 중요한 역할을 한다.

그러나 영역취득에 관한 권원과는 별도로 식민지로 있던 국가가 독립한 경우에 다른 역사적 권원이 명확하지 않거나 다툼의 여지가 있는 경우에 식민지 상태에 있던 시기에 존중되어 온 행정관할의 경계가 독립한 국가의 국가영토의 경계로 된다는 법 원칙이 있는데 'Uti Possidetis' 원칙이 그것이다.

Uti Possidetis 원칙은 일정한 국가에서 국가영역이 분리되는 경우에 문제가 되는데, 이 경우에 그 분리되는 국가의 영역경계는 어떻게 획선할 것인가의 문제와 분리 독립하는 데에 있어서 어떤 특별사정이 있는가 하는 문제가 발생한다.

대한민국도 일본 강점기를 거쳐 독립한 국가이므로 일본과의 독도문제에 있어서 강점기 당시에 일본이 행한 국가주권행위로서의 행정행위가 Uti Possidetis 원칙과 어떠한 관계가 있는가를 규명하는 것이 일본 주장의 부당성을 국제법적으로 증명할 수 있는 유력한 수단이 된다.

따라서 본 논문에서는 Uti Possidetis 원칙의 개념과 적용범위 및 국

---

2) 정갑용 · 주문배, 『독도영유권의 역사적 권원에 관한 연구』, 한국해양수산개발원, 2005.12, 47쪽.
3) 이한기, 『국제법 강의』, 박영사, 1995, 309쪽.

제판례를 알아보고 독도문제에 있어서 Uti Possidetis 원칙을 적용하기 위해 일제의 강점기 전후에 일본이 국가행위로 독도를 어떻게 취급하였는가를 살펴보기로 한다. 특히, 국제법적으로 의미 있는 자료인 조선통감부가 편찬한『한국수산지』와 일본 해군성이 편찬한『환영수로지』,『조선수로지』및『일본수로지』에서 독도를 일본영토로 포함하였는지, 우리나라의 영토로 표기하였는지를 살펴보고자 한다.

일본 강점기에 일본의 주요 행정기관이 독도를 대한민국의 영토로 표기하였을 경우 이러한 행정기관의 행정행위가 어떠한 효력이 있는지를 밝히는 것은 독도문제를 해결하기 위한 방법중 하나임에 틀림없다. 왜냐하면 Uti Possidetis 원칙을 독도문제에 적용할 경우 대한민국이 독립한 시점 이후에 일본과의 국가경계나 영유권 귀속을 판단할 때 중요한 기준으로 이용할 수 있기 때문이다.

2. Uti Possidetis 원칙의 개념 및 적용범위

1) Uti Possidetis 원칙의 의의 및 기능

Uti Possidetis 원칙이란 이전의 식민지로부터 독립한 국가가 이전의 식민종주국이 소유하고 있었던 영토를 그대로 이어받는다는 원칙을 말하는 것으로, 이전의 식민종주국이 식민지에서 실시하였던 행정적 단위를 기초로 피식민지국이 독립하던 당시에 존재하였던 행정적 경계를 국가영역으로 이어받는다는 원칙을 말한다.[4]

---

4) Joshua Castellino, "Territorial integrity and the "Right" to self-determination: an examination of the conceptual tools", Brooklyn Journal of International law, Vol.33, 2008, p.504.

Uti Possidetis 원칙은 로마시민법의 'uti possidetis ita possidetis'에서 유래하는데, 이는 '소유하고 있기 때문에 소유한다(as you possess, so you possess)'는 의미로서 주로 사인 간의 부동산에 대한 현재의 소유상태에 대한 다툼을 방지하기 위한 원칙이었다.[5] 로마법상의 Uti Possidetis 원칙은 현상(Status Quo) 변경금지 조건으로 해당 부동산에 대한 소유가 일시적이거나 은밀한 방법 또는 강박에 의해 취득되어서는 안된다고 하였다.[6] 이러한 점에서 본다면 Uti Possidetis가 사인간의 관계에 있어서도 투명하고 평화로운 상태를 조건으로 하고 있음에도 불구하고 독도의 경우 일본편입과정이 은밀한 방법을 통해 이루어졌기 때문에 그 불법성은 이루 말할 수 없다.

18세기 이후에 Uti Possidetis 원칙은 로마시대에 사용되었던 법적 의미와 효과가 상당히 변화되었는데, 로마시대의 그것이 사법분야에 사용되었던 법개념이었던 것에 반하여 이제는 공법분야에서 국가의 권리로 변화하였다. 즉, 개인간의 분쟁에 있어서 소유권과 당사자의 법적 지위에 관한 법개념에서 국가의 영토취득에 관한 법적 근거로 사용되게 되었다.[7]

Uti Possidetis 원칙은 19세기 및 20세기에 이르러 중대한 변화를 겪게 되었는데, 특히 라틴아메리카가 식민지에서 벗어나 독립하게 되면서 식민종주국과 독립국 간의 국경을 정하기 위한 기준이 되거나 유럽 열강들이 '무주지'에 대해 주장할 수 있는 정복야욕을 방지하는 기능을 행하게 된 것이다.[8] 그리고 동 원칙이 국가영역의 경계를 정하는 데에

---

5) *Ibid.,*

6) 박희권, 「UTI POSSIDETIS원칙의 연구」, 『국제법학회논총』 제35권 제1호, 대한국제법학회, 1990년 6월, 186쪽.

7) K. William Watson, "When in the course of human event: Kosovo's independence and the law of the secession", *Tulane Journal of International and Comparative Law*, Vol.17, 2008, Winter, p.278.

있어서 분명한 규칙을 제공함으로써 국경문제에 관한 국가 간의 무력 충돌의 위험을 저감시키며, 이전의 식민종주국에서 행해졌던 국내의 행정적 경계를 국가 간의 국경으로 전환하여 줌으로써 모든 당사국에게 보다 단순하고 용이한 기준을 제공하는 기능을 한다.

2) Uti Possidetis 원칙의 적용범위

(1) 장소적 적용범위

Uti Possidetis 원칙을 적용함에 있어 장소적으로 중남미뿐만 아니라 모든 지역에 보편적으로 적용할 수 있는가 하는 문제가 있다. 이는 Uti Possidetis 원칙이 과거 스페인 식민였던 라틴아메리카 지역의 국경분쟁에서 널리 원용되었다는 점과 구라파 열강의 식민지 지배 대상이었던 아프리카 제국이 20세기에 들어와 독립을 하면서 발전적 적용을 받으면서 발생한 문제이다.[9] 이러한 문제는 아시아 지역에서도 Uti Possidetis 원칙이 일반적으로 인정받고 있는가 하는 문제이기도 하다.

국제사법재판소는 Uti Possidetis 원칙을 식민지 독립현상과 논리적으로 연결된 보편적으로 타당한 국제법상의 일반원칙으로 규정하고 있으나, 일부학자는 Uti Possidetis가 모로코, 소말리아, 우간다 및 탄자니아 등에서 배척되고 있고, 인도, 베트남, 캄보디아, 중국 등 아시아 제국에서도 그 적용이 배척되고 있다고 주장한다.[10]

---

8) *Ibid.,*

9) 박희권, 앞의 논문, 1990, 189-190쪽.

10) Pinho Campinos, "L'actualite de l'Uti possidetis", SFDI, Colloque de Poitiers, La frontiere, Paris, 1980, pp.98-99 ; 박희권, 위의 논문, 189-190쪽 재인용.

(2) 시간적 적용범위

Uti Possidetis 원칙을 적용함에 있어 시간적으로 어느 시기에 적용될까 하는 문제이다. 이러한 문제는 주로 신생독립국이 독립 당시 존재하는 식민통치국의 행정구역의 범위를 정할 때 사용된다고 볼 때 발생하는 문제이다. 이러한 시간적 적용범위의 문제는 다양하게 나타나고 있는데 식민지 해방전쟁이 전면적으로 확대되는 시점, 식민지 해방전쟁이 전개되는 시점, 조약이나 전쟁후의 현상(Status Quo Post Bellum), 독립 전 또는 독립전쟁 전 등이 있다[11]. 이러한 점에서 본다면, Uti Possidetis 원칙의 적용시점은 일의적으로 규정할 수 없으며 독립 전후의 상황을 종합적으로 고려하여 결정되어져야 하리라고 보여진다.

3. Uti Possidetis 원칙의 국제판례

1) 부르키나파소와 말리의 국경분쟁사건(ICJ, 1986년)

부르키나파소와 말리는 모두 프랑스 식민지로서 독립한 국가인데, 프랑스 식민지였던 여러 지역은 한 국가 단위로 형성 되어 있었기 때문에 양국은 식민지 당시에 형성되었던 양국의 경계가 무엇인지에 관하여 분쟁이 발생하였다. 양국은 국제사법재판소에 국경분쟁을 해결하기 위하여 1983년 9월 16일 제소합의에 관한 특별협정을 체결하고 1983년 10월 14일에 분쟁해결을 부탁하였다. 동 사건은 Uti Possidetis 원칙이 ICJ에서 처음으로 적용되었고, Uti Possidetis 원칙의 의의, 내용 및 적용범위 등에 관한 이론적 발전의 계기가 되었다.[12]

---

11) 이에 대한 자세한 설명은 박희권, 위의 논문, 191-192쪽 참조.
12) 박희권, 위의 논문, 185쪽.

ICJ는 부르키나파소와 말리의 특별협정에 따라 양국 간 국경을 획정하는데에 있어서 기본요소로 형평, 묵인, Uti Possidetis 원칙을 기준으로 하였다. ICJ는 Uti Possidetis 원칙이 국경분쟁으로 인하여 신생국의 독립성과 안정성이 위험에 처하지 않게 하려는데 있으며 식민지 당시의 경계획정을 확인하는 것이므로 탈식민지와 논리적으로 연관성을 갖는 일반적인 법원칙임을 인정하였다.[13] 그러나 식민지 당시의 국경이 신생독립국의 국경으로 확정된다는 것이 식민지 해방을 위해 투쟁한 인민들의 민족자결권과 상충되고 있는 점도 부인할 수 없다.[14]

2) 온두라스와 엘살바드로의 영토분쟁(ICJ, 1992년)

1992년 엘살바드로와 온두라스 분쟁사건은 1980년 10월 30일에 체결한 일반평화조약에서 규정되어 있지 않은 육지영토의 경계선, 섬의 영유권, Fonseca만의 해양경계획정에 관한 분쟁에 대하여 양국은 1986년 5월 24일에 동 분쟁을 국제사법재판소에 의해 해결하도록 합의한 특별협정을 체결하고 1986년 12월 11일에 국제사법재판소에 재판을 청구하였다.[15]

엘살바드로는 1980년 5월 24일에 체결한 일반평화조약 제26조에 의거하여 Uti Possidetis 원칙을 적용하여[16] 스페인이 통치해온 해당 지역을 자국이 계승하였고 그 동안 실효적인 주권을 행사하여 왔다고 주장하였다.[17] 반면에, 온두라스는 자국의 주권행사를 근거로 Meanguera섬

---

13) I.C.J., Case concerning the Frontier Dispute(Burkina Faso/Republic of Mali), Judgement of 22 December 1986, para.23.

14) *Ibid.*, para. 25.

15) I.C.J, *Case concerning Land, Island and Maritime Frontier Dispute*(El Salvador/Honduras: Nicagua intervening), Judgment of 11 September 1992, para.1.

16) *Ibid.*, p.386.

및 Meanguerita섬에 대한 영유권을 주장하였다.[18]

　동 분쟁사건에서 분쟁당사국은 영토국경의 결정과 관련하여 Uti Possidetis 원칙을 적용하는 것에 동의하였는데, 온두라스는 분쟁도서가 식민지 시대로부터 승계되었다는 권원을 밝히기 위한 국제법의 기준은 Uti Possidetis라고 한 반면, 엘살바도르는 Uti Possidetis 원칙뿐만 아니라 '실효성', '경제적 요인' 및 '인구학적 요인' 등의 다양한 기준도 적용되어야 한다고 주장하였다.

　재판소는 Uti Possidetis 원칙은 스페인 시대에 실시되었던 스페인 국왕칙령을 근거로 결정된 것이어야만 하지만 지형도도 함께 고려되어야 한다고 하였다. 그 이유는 1821년 중앙아메리카연방공화국[19] 형성을 근거로 국경을 판단하되 섬과 같은 것은 법령 자체가 혼란스럽고 모순되어서 스페인 식민지법은 특정 지역이 어디에 귀속되는가에 대하여 정확하고 분명한 해답을 줄 수 없으므로 독립 이후의 관련증거를 검토해야 한다고 판단하였다. 뿐만 아니라, 이와 같이 문헌적 권원을 기초로 한 증거가 모호한 경우 일방국가에 의한 주권의 표명이나 행사가 타방 국가에게 Uti Possidetis 원칙을 적용할 수 있는가를 검토해야 한다고 판단하였다. 즉, 재판소는 스페인 왕국 또는 그 밖의 다른 스페인 행정당국이 실시한 법령은 일반평화조약 제26조에 의거한 '영역이나 정착지의 경계 및 관할을 나타내는데' 충분한 것으로 볼 수 없어서 그러한 자료에 의해서는 Uti Possidetis 원칙을 적용할 수 없다고 하였다.[20]

　결론적으로, 재판소는 Uti Possidetis 원칙의 본질은 해당 국가들이

---

17) *Ibid.*, para.23.

18) *Ibid.*, p.367.

19) 온두라스, 엘살바도르, 코스타리카, 과테말라, 니카라과.

20) I.C.J, *Case concerning Land, Island and Maritime Frontier Dispute*(El Salvador/Honduras: Nicagua intervening), Judgment of 11 September 1992, para.42.

독립한 시점에서의 영토경계가 무엇인지를 결정하는 것이나, 분쟁지역에 대한 권원이 명확하지 않거나 논쟁의 여지가 있는 경우에는 독립 이후에 분쟁당사국들이 영토문제를 어떻게 다루었는가를 고려하여야 한다고 판단하였다.[21]

3) 베닌과 니제르의 국경분쟁사건(ICJ, 2005년)

베닌과 니제르는 예전에 프랑스령 서아프리카의 일부였으며, 베닌은 1960년 8월 1일 독립하였고 니제르는 1960년 8월 3일 독립하였다.[22] 베닌과 니제르는 국경분쟁을 국제사법재판소에 의해 해결한다는 2001년 6월 15일자 특별협정에 의거하여 2002년 5월 3일에 양국의 경계획정과 니제르강 구역에 있는 각 섬들 특히 레테섬이 어느 국가에 속하는지를 결정해주도록 국제사법재판소의 소재판부에 회부하기로 하였다.[23]

니제르는 Uti Possidetis 원칙을 적용하더라도 판결내용이 분쟁당사국에게 실질적으로 의미 있고 중요성을 띠기 위해서는 독립 이후의 물리적인 현실을 고려하여야 하며 최고수심선 등 현재의 상태를 참조하여 분쟁도서들이 어느 국가에 속하는지를 판단하여야 한다고 주장하였다. 이에 반하여, 베닌은 Uti Possidetis 원칙이 엄격히 적용되어야 하며 분쟁도서들의 현재 상태기 어떠한가를 참조하는 것은 수용힐 수 없다고 주장하였다.[24]

소재판부는 Uti Possidetis 원칙과 국제법은 그 자체가 법적인 연속성

---

21) *Ibid.*, para.67.

22) I.C.J., *Case concerning the Frontier Dispute*(Benin/Niger), Judgement of 12 July 2005, para.20.

23) *Ibid.*, para.1, 17.

24) *Ibid.*, para.25.

이나 법적인 연계성이 존재하는 것처럼 적용될 수 있는 것이 아니라 여러 사실적 요소들 중의 하나로 또는 '식민지 유산'을 나타내는 증거로서 적용될 수 있을 뿐이라고 판단하였다.[25]

즉, 이 사건에서 분쟁당사국들의 영토경계는 동일한 식민지 당국에 복종하였던 서로 다른 행정 단위들 사이의 경계획정을 의미하며, '결정적 기일(Critical Date)'인 독립의 시점에서 이들 경계선들이 국가 간의 국경이 되며, Uti Possidetis 원칙을 적용함에 있어 프랑스의 해당 식민지법은 그 자체로는 아무런 역할을 하지 않으며 다른 요소들 중의 하나의 사실적 요소로서 또는 결정적 기일에서 인정되는 '식민지 유산'을 나타내는 증거로서의 역할을 할 뿐[26]이라는 것이다.

4) 니카라과와 온두라스의 분쟁사건(ICJ, 2007년)

니카라과와 온두라스는 모두 스페인의 통치로부터 독립하였는데, 니카라과의 경우에는 1850년 7월 25일 스페인으로부터 니카라과의 독립을 승인하는 조약에 서명하였다. 이 조약은 스페인이 "바다에서 바다까지 현재 니카라과에 속하고 있거나 장래에 속하게 될 모든 영토에 대한 니카라과의 자유, 주권, 독립"을 승인하고, "과거에는 니카라과 지방정부가 현재는 니카라과공화국의 영토로 알려져 있는 대서양 및 태평양 사이에 위치한 미주영토 및 인접도서와 니카라과공화국에 합병된 영토의 잔여지역에 대하여 니카라과가 보유하고 있는 주권, 권리 및 행위"를 스페인이 포기한다고 규정하고 있었으나, 니카라과에 속하는 인접도서의 명칭은 조약에서 특정되지 아니하였다. 온두라스의 경우에는, 1866년 3월 15일에 스페인으로부터 온두라스의 독립을 승인하

---

25) *Ibid.*, para.28.
26) *Ibid.*, para.46.

는 조약에 서명하고, 스페인은 스페인의 지배기간 동안에 온두라스 지방정부에 속하였던 영토에 대한 온두라스공화국의 자유, 주권 및 독립을 인정하고, "온두라스 영토에 대하여 가지고 있던 주권, 권리 및 청구권"을 스페인이 포기하고, "온두라스의 대서양 및 태평양 연안을 따라 위치한 인접 도서"를 온두라스의 영토로 인정하였으나 역시 도서의 구체적인 명칭은 규정하지 않았다.[27]

이와 같이 스페인으로부터 독립하는 시점에서 체결한 조약에서 국가 영토의 구체적인 경계가 명확하지 못하였으므로 이를 해결하기 위하여 1894년 10월 7일에 니카라과와 온두라스는 일반경계조약(Gámez-Bonilla Treaty)을 체결하였는데(동 조약은 1896년 12월 26일에 발효), 이 조약 제2조는 Uti Possidetis 원칙에 따라 "각국은 독립한 일자에 각각 온두라스와 니카라과 지방정부를 구성하고 있던 영토를 소유한다(each Republic is owner of the territory which at the date of independence constituted respectively, the provinces of Honduras and Nicaragua)"고 규정하고 니카라과와 온두라스의 구체적인 경계획정은 합동경계위원회를 설립하여 해결하기로 하였다. 이 위원회는 1900년부터 1904년까지 활동하여 태평양지역의 경계는 획정하였으나 대서양 연안의 경계는 결정할 수 없었다. 니카라과와 온두라스는 일반경계조약에 근거하여 단독중재인으로 스페인 왕에게 미해결 부분의 경계에 관한 분쟁을 부탁하였고 스페인 왕(알폰소 13세)은 1906년 12월 23일에 대서양 지역의 경계선을 획정하는 판정을 내렸다. 그러나 니카라과는 1912년 외교각서를 통하여 동 판정의 유효성과 구속성에 대해 의문을 제기하였고 동 분쟁을 ICJ에 제소하는 것에 합의하였다.[28]

---

27) I.C.J., *Case concerning Territorial and Maritime Dispute between Nicaragua and Honduras in the Caribbean Sea*(Nicaragua v. Honduras), Judgment of 8 October 2007, paras.33~35.

재판에서, 니카라과는 분쟁대상인 섬들이 Uti Possidetis 원칙이 도서 영유권을 설정함에 있어 관련성을 가지고 있다는 사실을 부인하지 않았지만, 스페인이 통치하던 당시에 분쟁지역이 어느 지방에 귀속되었는가에 대하여 명확하지 않으므로 스페인으로부터 독립한 1821년 당시에 Uti Possidetis 원칙을 적용할 수 있는 상황이 존재하지는 않았으며 '인접성 원칙'에 따라 이들 섬들에 대한 시원적인 권원을 가진다는 것이며,[29] 온두라스는 분쟁도서에 대하여 Uti Possidetis 원칙에 근거하여 시원적인 권원을 보유한다는 것이다.[30]

재판소는 이들 분쟁도서에 Uti Possidetis juris 원칙을 적용하기 위해서는 식민통치 당시에 실시되었던 스페인의 국내법에 근거하여 스페인이 이 섬들을 식민지 통치 당시에 이들 분쟁도서들을 어느 지방에 귀속시켰는지를 밝히는 것이 필요한데, 그것을 입증하기 위한 법률문서나 행정문서가 불명확하고 멀리 떨어져 있고 경제적으로도 중요하지 않으며 사람이 거주하지도 않았던 조그만 섬들에 대한 귀속문제를 해결하기는 매우 어렵다고 인정하였다.[31]

결과적으로, 재판소는 분쟁도서에 대하여 어느 국가가 실효적으로 주권을 행사하였는가를 기준으로, 온두라스가 실시한 범죄단속, 출입국 통제, 노동허가, 어로행위의 규제, 주택건설의 허가, 공공토목공사 등은 국가주권의 실효적인 행사로 온두라스가 이들 도서에 대해 주권을 가진다고 판결하였다.

---

28) *Ibid.*, paras.33~35.
29) *Ibid.*, para.75, 150.
30) *Ibid.*, paras.75~79.
31) *Ibid.*, paras.158~160.

4. Uti Possidetis 원칙과 독도문제

위에서 본 바와 같이, Uti Possidetis 원칙은 국가의 영토취득에 관한 법적 근거로 사용되어 기존의 식민종주국과 독립국 간의 국경을 정하기 위한 기준이 된다는 것을 알 수 있는데, 이를 독도문제에 적용하는 경우에 어떤 시사점을 도출할 수 있는지가 문제이다.

독도문제에 있어서 Uti Possidetis 원칙을 적용하기 위해서는 일제의 강점기 전후에 일본이 국가행위로 독도를 여하하게 취급하였는가를 살펴보아야 할 것인 바, 이와 관련하여 국제법적으로 의미 있는 자료가 바로 조선통감부가 편찬한 『한국수산지』와 일본 해군성이 편찬한 『환영수로지』, 『조선수로지』 및 『일본수로지』이다.[32]

1) 1908년 『한국수산지』

먼저, 1908년 5월에 그 당시 대한제국의 주권(외교권)을 대신하여 행사하였던 일본의 통감부[33]가 편찬한 『한국수산지』[34]에는 독도에 대하여 다음과 같이 기술하고 있다.

> ○수로고시 제2094호
> 일본 혼슈 북서안 오키열도 북서방
> 죽도(Liancourt rock)의 정위치(正位置)

---

32) 이들 자료는 영남대학교 독도연구소 송휘영 박사님이 제공, 번역하신 자료임.

33) 일제는 1905년 을사조약으로 외교권을 강탈하고 서울에 통감부를 신설하여 한국의 국정을 지휘, 감독하고 서울을 비롯한 각 지방에는 이사청과 이사청 지청을 설치한 뒤 수도행정과 지방행정을 간석, 감독하여 한국의 통치조직을 장악하였다. 박경용, 「통감부의 조직과 역할 고찰」, 『아시아문화』 제18호, 한림대학교 아시아문화연구소, 2002.8, 80쪽 참조.

34) 朝鮮統監府 編, 『韓國水産誌』 一卷(1908. 5, 일한인쇄주식회사, 110~111쪽(第7章 沿岸〉水路告示〉東海〉竹嶋の正位置).

기사(記事): 메이지(明治) 41년(1908) 난부(南部)의 측정에 의하면, 오키
열도(隱岐列島)의 북서 약 80리(浬, =148.16km)에 있는 죽도(Liancourt rock,
두 개의 섬과 여러 개의 바위로 이루어짐)의 정위치는 다음과 같다.
　위치(位置): 이 두 섬 중 동도(東嶼(女嶋))
북위 37도 14분 18초, 동경 131도 52분 22초.
　관계 해도(海圖): 제162호, 제2호.
　관계 지류(紙類): 일본수로지 제4권 372쪽, 조선수로지 454쪽.

　위에서 보는 바와 같이 1908년 5월 통감부가 편찬한『한국수산지』는
독도에 관한 기사, 지리적 위치, 해도 및 지류를 설명하고 있는데, 이
의 법적 의미는 다음과 같다.
　『한국수산지』는 일본의 행정기관인 통감부가 국가행정권의 발동으
로써 수산행정, 특히 어업활동에 있어서 지역적 범위를 나타내는 공식
적인 문서로 법적인 증거력을 가진다. 그리고 중요한 점은『한국수산
지』는 그 당시에 한국의 행정권을 행사하였던 통감부가 독도를 일본
이 아닌 '한국의 행정관할이 미치는 지역'으로 분류하여 한국의 영토임
을 밝히고 있다.

2) 1887년『환영수로지』

　1887년에 세계 각국의 수로지를 모아 일본 해군성이 편찬한『환영수
로지(寰瀛水路誌』[35])에는 독도에 대하여 다음과 같이 기술하고 있다.

　「리앙코르트」열암
　이 열암은 1849년 프랑스선 「리앙코르트」호가 처음 이를 발견하여 배
이름을 따서 리앙코르트열암이라고 이름을 붙였다. 그 후 1854년 러시아

---

35) 日本 海軍省,『寰瀛水路誌』第二卷 第二版, 韓露沿岸

「프리게이트」형 함선인 「팔라스」호가 이 열암을 메나라이 및 올리부차열암이라고 호칭하였고, 1855년 영국 함대 「호르넷트」호는 이 열암을 탐험하여 호르넷트열도라고 명명하였다. 이 배의 함장 「포르시스」의 말에 의하면, 이 열암은 북위 37도 14분, 동경 131도 55분의 지점에 위치하고 아무 것도 나지 않는 2개의 암서로써 새똥이 항상 섬 위에 퇴적하기 때문에 섬의 색이 하얗다.

위에서 보는 바와 같이 1887년에 일본 해군성이 편찬한『환영수로지』는 독도에 관하여 '리앙코르트열암'이란 명칭의 유래 및 변천, 지리적 위치 및 특징을 설명하고 있는데, 이의 법적 의미는 다음과 같다.

『환영수로지』는 일본의 행정기관인 해군성이 국가행정권의 발동으로써 해양활동에 있어서 지역적 범위를 나타내는 공식적인 문서로 법적인 증거력을 가진다. 그리고 환영지 또한 독도를 '리앙쿠르트열도(リアンコールト列島)'라는 이름으로 한국영토로 다루고 있다. 특히, 환영수로지는 독도의 명칭 유래에 대해 기술하고 있는데, "1849년 프랑스선 「리앙코르트」호가 처음 이를 발견하여 배이름을 따서 리앙코르트열암이라고 이름을 붙였다"고 했다. 이러한 명칭유래에 대한 기술은 일본이 1849년에 프랑스가 독도를 발견한 이전에는 독도의 명칭을 알지 못하였다는 점을 드러내고 있는데, 이는 독도가 '역사적으로 일본의 고유한 영토'라는 주장이 허구라는 점을 나타내고 있다.

3) 1894년 『조선수로지』

다음으로, 1894년 11월에 역시 해군성이 편찬한 『조선수로지』[36]에서 독도를 '리앙쿠르트열암'이라는 항목으로 기술하고 있다.

---

36) 일본 해군성, 『朝鮮水路誌』, 海軍水路部(明治27(1894)年 11月 刊行).

「리앙코르트」열암

이 열암은 서기 1849년 프랑스의 선박 「리앙코르트」호가 이것을 처음으로 발견하고 배이름을 따서 리앙코르트열암이라 명명하였다. 그 후 1854년 러시아 「프리게이트」형 함대인 「팔라스」호는 이 열암을 「메나라이」 및 「올리부챠」열암이라 불렀으며 1855년 영국함대 「호르넷트」호는 이 열암을 탐험하고 「호르넷트」열암이라고 이름을 붙였다. 이 배의 함장 포르시스의 말에 의하면 이 열암은 북위 37도 14분 동경 131도 55분의 지점에 있는 2개의 불모의 암초로 이루어져 새똥이 항상 섬 위에 퇴적하고 이 때문에 섬의 색이 하얗다. 그러므로 서북서에서 동남동으로 길이가 약 1리이고, 두 섬 사이의 거리 1/4리로써 보이는 곳마다 암초로 이어져 섬을 연결한다. ○서도는 해면 상의 높이 410척으로 형태는 사탕탑과 같다. 동도는 비교적 낮고 윗부분이 평평하다. 이 열암 부근의 수심은 아주 깊은 것 같으나 그 위치는 실로 하코다테(函館)를 향하여 일본해를 항해하는 선박의 직수로(直水路)에 해당하나 아주 위험하다.

위에서 보는 바와 같이 1894년에 일본 해군성이 편찬한 『조선수로지』는 독도에 관하여 '리앙코르트열암'이란 명칭의 유래 및 변천, 지리적 위치 및 특징을 설명하고 있다. 이의 법적 의미는 1887년 환영수로지와 같이 일본의 행정기관인 해군성이 국가행정권의 발동으로써 해양 활동에 있어서 지역적 범위를 나타내는 공식적인 문서로 법적인 증거력을 가지며, 독도를 '리앙코르트열도(リアンコールト列島)'라는 이름으로 한국영토로 다루고 있다.

4) 1907년 『조선수로지』

『조선 수로지』는 초판이 1894년에 편찬되고 제2판이 1899년에 편찬되었는데, 이 제2개판은 1907년에 간행된 것으로, 독도를 「다케시마(Liancourt rocks)」라고 변경하여 게재하고 있다.[37]

다케시마(竹島, Liancourt rocks)

1849년 프랑스선 「리앙코르」가 이 섬을 발견함으로써 Liancourt rocks이라 불렀다. 그 후 1854년 러시아함 「팔라스」는 이를 메나라이 및 올리부챠라고 명명하였고 1855년 영국함 「호르네트」는 이를 Hornet islands라 불렀다. 한국인은 이것을 독도라 적으며, 우리나라 어부는 리양코르도라 부른다 … 메이지 37년(1904) 11월 군함 쓰시마가 이 섬을 조사할 때는 동도에 어부용 풀 지붕의 움막집이 있었으나 풍랑으로 인하여 심하게 파괴되어 있었다고 한다. … 매년 여름이 되면 「바다사자」잡이를 위해 울릉도에서 건너오는 자가 많을 때는 수십 명에 이르기도 한다. 그들은 섬 위에서 움막집을 짓고 매년 10일간을 머문다고 한다.

담수(淡水)

서도의 남서쪽 구석에 동굴 하나가 있는데 그 덮개를 이루는 암석에서 물방울이 떨어져 생기는 물은 그 양이 비교적 많다고는 하나 빗물이 떨어지는 것과 같아 채취하기가 어렵다. 이외에도 몇 개소에 산정에서 산복을 따라 물방울로 떨어지는 물과 솟아나는 물(湧泉)이기는 하나 그 경로는 「바다사자」의 오줌에 누차 오염되어 버려서 일종의 악취를 뿜어 도저히 음료수로는 적합하지 않다. 「바다사자」잡이를 위해 건너오는 어부는 섬의 물을 끓이는 물로 쓰기도 하나 찻물은 다른데서 가져온 것을 사용한다고 한다.

위에서 보는 바와 같이 1907년에 일본 해군성이 편찬한 『조선수로지』 제2개판에는 독도에 관하여 '리앙코르트열암'이란 명칭의 유래 및 변천, 바다사자 잡이 등 어부의 활동, 담수의 존재 등을 설명하고 있는데, 이의 법적 의미는 다음과 같다.

『조선수로지』는 일본의 행정기관인 해군성이 국가행정권의 발동으로써 해양활동에 있어서 지역적 범위를 나타내는 공식적인 문서로 법적인 증거력을 가지며, 독도를 '리앙쿠르트열도(リアンコールト列島)'라는 이름으로 한국영토로 다루고 있다. 다만, 초판과 다른 점은 독도

---

37) 第五編 朝鮮海及朝鮮東岸〉竹島[Liancourt rocks] / 鬱陵島一名松島(Dagelet island).

를 'Liancourt rocks'란 명칭과 함께 '다께시마(竹島)'를 병기하고 있을 뿐
이다.

5) 1907년 『일본수로지』

1907년에 편찬된 『일본수로지』[38]는 일본 오키섬 부근의 지도와 설
명을 기술하고 있으나 역시 같은 해에 편찬된 『조선수로지』와는 다르
게 독도에 대한 기술이 전혀 나타나 있지 않다. 일본수로지와 조선수
로지를 비교해 보면, 『일본수로지』에서 독도에 대한 기술이 전혀 없고
오히려 같은 해에 편찬된 『조선수로지』에서 독도를 '리앙쿠르트열도
(リアンコールト列島)'라는 이름으로 기술함으로써, 독도가 일본영토
가 아님을 나타내고 있다.
  결론적으로, 위 『일본수로지』는 일본의 해양활동과 관련하여 독도
가 일본의 영토가 아님을 나타내고 있음으로써 일본의 행정기관인 해
군성이 국가주권행위인 행정권을 발동하여 독도가 일본이 아닌 한국
의 영토임을 인정하고 있음을 알 수 있다.

5. 結論

Uti Possidetis 원칙은 독립하는 국가는 독립하는 당시에 존재하였던
국가영역 및 권리를 그대로 승계한다는 것으로 일반국제법원칙으로
인정되고 있으며, 국제사법재판소(ICJ)도 Uti Possidetis juris 원칙이 식
민행정당국의 철수 후 국경분쟁으로 인해 신생국의 독립과 안정성이
위협받지 않도록 하는 기능으로서 국제법의 일반원칙으로 인정하고

---

38) 日本 海軍省, 『日本水路誌』(第一改版, 1907年).

있다. 이러한 점에서 본다면, Uti Possidetis 원칙은 대한민국과 일본 간에 국가경계나 영유권귀속의 문제가 발생하는 경우에 이를 해결하는 기준으로 적용될 수도 있을 것이다.

Uti Possidetis 원칙에 관한 국제판례를 살펴본 바에 따르면, 독도문제와 관련하여 다음과 같은 시사점을 도출 할 수 있다. 온두라스와 엘살바드로의 영토분쟁에서는 분쟁지역에 대한 권원이 명확하지 않거나 논쟁의 여지가 있는 경우에는 독립 이후에 분쟁당사국들이 영토문제를 어떻게 다루었는가를 고려하여야 한다고 했으며, 니카라과와 온두라스의 분쟁사건에서는 식민지 통치 당시에 이들 분쟁도서들을 어느 지방에 귀속시켰는지를 밝히는 것이 필요하고 이를 위해서는 어느 국가가 실효적으로 주권을 행사하였는가를 기준으로 한다고 하였다.

한편, 일본이 강점하였던 시기에 일본이 편찬한 각종 '수로지'는 독도를 일본이 아닌 한국의 영토임을 나타내고 있다. 본래, '수로지'는 원칙적으로 선박의 안전운행을 위해 제작되는 것으로 영토의 경계나 영유권의 귀속과는 직접적인 관련이 없다고 할 수 있다. 그러나, 일본의 해군성이 편찬한 일련의 『수로지』들에서 표시하고 있는 지역적인 경계는 그 당시의 행정관할권의 경계를 표시하는 국가의 '행정행위'로서 일본의 공식적인 '국가주권행위'로 볼 수 있다. 따라서 이는 Uti Possidetis 원칙에 의해 대한민국이 독립한 시점 이후에 일본과의 국가경계나 영유권귀속의 기준으로 적용할 수 있을 것이다.

그러나 Uti Possidetis는 앞에서 살펴본 바와 같이 적용범위나 적용시점을 일의적으로 판단할 수 없고, ICJ 판결에 있어서도 동 원칙을 항상 적용하는 것도 아니다. 또 한 가지 유념하여야 할 점은 분쟁지역을 지배했던 지배세력의 판단이 국제소송에 있어 "가장 증거력이 강한 증거"가 될 수 있다는 판결[39]도 있기 때문에 독도문제를 접근함에 있어 보다 신중하고 종합적인 측면을 고려하여야 할 것이다.[40]

[참고문헌]

김명기, 「대일평화조약상 독도의 영유권과 uti possidetis 원칙」, 『외교』 제
        81호, 2007.5.
김찬규·이영준, 『국제법 개설』, 법문사, 1994.
노석태, 「신국가의 국경과 Uti Possidetis 원칙」, 『성균관법학』 제17권 제1호,
        2005.6.
박경용, 「통감부의 조직과 역할 고찰」, 「아시아문화」 제18호, 한림대학교
        아시아문화연구소, 2002.8.
박희권, 「UTI POSSIDETIS원칙의 연구, 『국제법학회논총』 제35권 제1호,
        1990.6.
윤영민·임채현·이윤철, 「해양영토와 관련된 2000년 이후 ICJ 판결 분석:
        독도문제 해결을 위한 시사점 연구」, 『해사법연구』 제22권 제1호,
        2010.3.
이석우, 『동아시아의 영토분쟁과 국제법』, 집문당, 2007.
이세련, 「국제법상 영토분쟁의 해결에 관한 고찰-Uti Possidetis 원칙을 중심
        으로-」, 『전북대학교 법학연구』 통권 제31집, 2010.12.
이한기, 『국제법강의』, 박영사, 1995.

I.C.J, *Case concerning Land, Island and Maritime Frontier Dispute* (El
        Salvador/Honduras: Nicagua intervening), Judgment of 11 September
        1992.
I.C.J., *Case concerning Territorial and Maritime Dispute between Nicaragua
        and Honduras in the Caribbean Sea* (Nicaragua v. Honduras),
        Judgment of 8 October 2007.
I.C.J., *Case concerning the Frontier Dispute* (Benin/Niger), Judgement of 12

---

39) 이석우, 『동아시아의 영토분쟁과 국제법』, 집문당, 2007, 94-97쪽.
40) 윤영민·임채현·이윤철, 「해양영토와 관련된 2000년 이후 ICJ 판결 분석: 독도문
    제 해결을 위한 시사점 연구」, 『해사법연구』 제22권 제1호, 2010.3, 171-172쪽.

July 2005.

I.C.J., *Case concerning the Frontier Dispute* (Burkina Faso/Republic of Mali), Judgement of 22 December 1986.

Joshua Castellino, "Territorial integrity and the "Right" to self-determination: an examination of the conceptual tools", *Brooklyn Journal of International law*, Vol.33, 2008.

K. William Watson, "When in the course of human event: Kosovo's independence and the law of the secession", *Tulane Journal of International and Comparative Law*, Vol.17, 2008, Winter.

Steven R. Ratner, "Drawing a better line: UTI POSSIDETIS and the borders of new states", *American Journal of International Law*, Vol. 90, 1996.

日本 海軍省, 『日本水路誌』(第一改版, 1907年).

___________, 『朝鮮水路誌』, 海軍水路部(明治27(1894)年 11月 刊行).

___________, 『寰瀛水路誌』 第二卷 第二版, 韓露沿岸.

朝鮮統監府編, 『韓國水産誌 』一卷, 1908. 5, 일한인쇄주식회사, 110~111쪽 (第7章 沿岸〉水路告示〉東海〉竹嶋の正位置).

쓰시마번사 스야마 쇼에몽(陶山庄右衛門)과 조일관계

송 휘 영

1. 머리말

17세기말 조선과 일본 사이에 울릉도 영유권을 둘러싼 외교적 교섭이 동래부와 쓰시마 사이에 전개되고 있었다. 조선이 해금정책을 실시하여 울릉도에 조선인의 출입을 금지하는 동안 일본 서해안의 어민들이 막부의 허가를 받아 70여년간 울릉도에 왕래하였다. 그러나 정부의 해금정책에도 불구하고 조선 어민들도 울릉도로 건너갔는데 1693년 4월 안용복과 박어둔이 일본 호키슈(伯耆州) 상인들에 의해 납치되는 사건이 발생한다. 이를 계기로 '울릉도 쟁계(=죽도일건, 竹島一件)'[1]라는 6년에 걸친 외교 분쟁이 펼쳐지게 되었다. 이러한 과정에서 일본의 대조선 외교의 독점적 창구 역할을 하던 쓰시마번(對馬藩)이 교섭에

---

[1] 이것을 두고 한국에서는 울릉도 쟁계(鬱陵島爭界), 일본에서는 죽도일건(竹島一件), 즉 '다케시마잇켄'이라 부른다. 이하에서는 일본의 자료 분석이라는 측면에서 「죽도일건」이라 지칭하는 것으로 한다. 또한 여기서 죽도(竹島), 즉 다케시마란 지금의 독도를 지칭하는 것이 아니라 울릉도를 가리키는 말이다. 당시 일본에서는 울릉도를 기죽도(磯竹島, 이소타케시마) 또는 죽도(竹島, 다케시마)로 독도를 송도(松島, 마츠시마)로 불렀으며 이러한 명칭은 19세기 후반까지 사용되었다.

나섰고 울릉도를 탈취하려는 쓰시마 측의 계책으로 인하여 교섭은 교착상태에 놓이게 되었다. 이러한 죽도일건의 교섭 과정에서 사자로 파견된 다다 요자에몽(多田與左衛門, 橘眞重)과 함께 스야마 쇼에몽(陶山庄右衛門)2)이 중요한 역할을 하게 된다. 그는 1693-98년에 걸친 '죽도일건'이라는 외교적 문제로 수차례 부산 초량왜관과 에도를 오가며 쓰시마번의 외교관으로서 조정 역할을 하게 된다.

본고는 죽도일건의 해결 과정에서 쓰시마의 울릉도 획책을 비판하고 강격노선을 철회하도록 한 쓰시마번의 유력 번사 스야마 쇼에몽에 대해 고찰하고자 한 것이다. 현재 국내의 연구에서는 죽도일건 해결에서 쓰시마측의 주장에 대해 소론계 남구만의 강경노선이 효과를 거두어 쓰시마측이 철회한 것으로 알려져 있지만, 일본 내부에서도 정부의 외교 노선에 반대하고 반성하는 분위기가 일기 시작하였다. 이러한 주장을 한 사람은 스야마로 그가 어떠한 이유로 쓰시마의 외교정책을 비판하게 되었는지 그의 사상적 측면에서 살펴보도록 하겠다.

제2절에서는 우선 스야마의 생애에 관하여 개관한 다음, 그의 사상과 대조선관에 대하여 살펴보고자 한다. 제3절에서는 임진왜란·정유재란의 경험에서 쓰시마번의 대부분의 관료들이 무위(武威)로써 강경하게 조선을 협박하며 죽도일건의 교섭에 맞서고 있었을 당시, 그의 저서『죽도문담』을 통하여 다음의 과제를 검토하고자 한다. 우선 제1항에서는 당시 인삼과 은의 무역에서 조일 양측의 정책적 제한 과정 속에서 많은 잠상이 발생하게 되는데 사상가로서의 그의 대조선 무역관을 고찰할 것이다. 제2항에서는 죽도일건의 교섭과정에서 은퇴한 번사 가시마 효스케(賀島兵助)와 주고받은 문서『죽도문담』을 통해 그의 대조선관과 조일관계에 대해 밝힐 것이다. 이러한 스야마의 대조선 인

---

2) 이하 스야마라 한다.

식은 지금의 독도 문제를 둘러싼 한일 양국 간의 교섭에 우리가 역사
적 교훈을 바탕으로 어떻게 대응해야 하는가 하는 점뿐만 아니라 무역
관계에서 파생하는 문제에 임하는 경제정책가로서의 그의 대응과 사
상은 우리에게 많은 시사점을 제공할 수 있을 것이다.

2. 쓰시마번사 스야마 쇼에몽의 생애와 사상

1) 스야마 쇼에몽의 생애와 저술 활동

스야마(陶山庄右衛門, 1657-1732)는 일반적으로 에도 중기의 유학자
(儒者), 농정가로서 알려진 사람이다. 이름은 나가로우(存), 통칭은 쇼
에몽(庄右衛門)이고, 돈오(鈍翁), 시도(士道), 도츠앙(訥庵)은 그의 호
로써 보통 스야마 돈오나 스야마 도츠앙으로 부르는 경우도 많다.3) 조
일무역이 활발히 전개되던 시기인 1657년(메이레키 3) 11월 28일 쓰시
마번(對馬藩)의 유의(儒醫)의 아들로 후츄(府中)에서 태어났다.4) 간분
(寬文) 기간(1661-1673) 교토와 에도로 나가 기노시타 준앙(木下順庵)
의 문하생이 되어 사사받고 주자학을 배웠다. 그 후 야마토(大和=奈
羅)에서 유교·불교·신도를 융합한 심학(心學)을 수학하였다. 1673(엔
호 1)년 쓰시마로 귀향하여 번(藩)을 섬겼으며 이후 교토에서 학업을
계속하다가 1677년(엔호 5) 다시 쓰시마로 돌아왔다. 1680년(엔호 8)에
는 가독(家督)을 이어받아 마회역(馬廻)5)으로 100석을 지행(知行)하였

---

3) 그 외에도 서구노부(西丘老夫), 해우소생(海隅小生)이라는 호를 가지고 있다.

4) 그의 부친은 쓰시마 소씨(宗氏)의 의사로 일하는 스야마 겐이쿠(陶山玄育, 1629-1682)
   이며 그의 적자로 태어났다. 그의 전기적 시사를 아는 엿볼 수 있는 것으로 古藤
   文庵의 『訥庵先生記事』 및 唐坊邸泓의 『陶山先生事狀』이 있다. 『日本經濟叢書』
   卷13을 참조할 것.

다. 1685년(쿄쿄 2) 번의 지시로 히라타 나오에몽(平田直右衛門), 가노 코노스케(加納幸之助)와 함께 『宗氏家譜』의 편찬 작업에 종사하기도 하였다. 여기서 소씨 역대의 문서를 열람하고 학술관으로서의 경험을 쌓았다. 한 때 유학자(儒者)의 생활을 떠나 가업인 의사를 이었으나 쓰시마 농업의 진흥을 위해 기여하는 일을 하고자 하여 1690년(겐로쿠 3) 가업을 그만두게 된다.

1681년(덴나 1)에 조선통신사 초빙의 사자로 조선에 건너가게 되는데 이는 이미 조선의 정세에 밝아 4회나 조선에 건너간 경험을 가졌기 때문이다. 1682년(덴나 2) 츠나요시(德川綱吉) 습직을 축하하기 위해 조선통신사가 내일하였을 때 유관으로 응접하며 에도까지 일행을 수행하기도 하였다. 조일(朝日)간에 죽도일건이 발생하자 1695년(겐로쿠 8) 4월 다다 요자에몽(多田與左衛門)을 보좌하는 사자의 한사람으로 조선 동래부에 파견되어 조선과의 외교교섭을 담당하였다.

그러나 교섭이 잘 이루어지지 않아 쓰시마로 귀도하였지만 쓰시마 번내에서는 대조선 강경론과 현실론의 둘로 나뉘어져 그 대책이 검토되고 있었다. 이때 죽도의 건(竹島一件)에 대해 시골에서 유배 중이던 가시마 효스케(賀島兵助)[6]와 상의하였는데, 그 왕복서한이 『죽도문담

---

5) 전국시대 무가 직제의 하나로 기마무사로 대장의 말 주변을 호위하며 전령이나 결전병력이 되기도 하였다. 주인을 호위하며 사무를 보조하면서 측근으로서의 임무를 수행하기도 하였다. 에도 시대에는 번(藩)의 직제의 하나로 다이묘(大名)의 경호를 맡았다. 권오엽 · 오니시 니시테루 편주, 『고문서의 독도 죽도문담』, 한국학술정보, 2010, 39쪽.

6) 가시마 효스케(賀島兵助, 1645-1697)는 쓰시마번정사에 이름을 남긴 후츄(府中) 번사로 청렴결백한 행정가이기도 했다. 1675년 부대관(副代官)으로 히젠국(肥前國) 다시로(田代)로 가서 식림, 치수, 양잠 등을 추진하였다. 쿄쿄(貞享) 4년(1687) 그의 치적을 인정받아 오오메츠케(大目付)가 되었으나 제출한 의견서가 번주의 화를 불러 이나군의 고시타카무라로 유배(幽閉)되었다. 이후 귀양지에서 11년간 외롭게 지내다가 1697년 5월 이곳에서 병사하였다. 이름은 세이하쿠(成白), 호는 쿄켄(怒軒)이라 하였으며 향년 53세였다. 『デジタル版 日本人名大辞典+Plus』 (http://kotobank.jp/word/).

(竹島文談)』이다. 그러한 가시마의 의견을 듣고 그의 입장을 결정하여 소신을 갖고 번론을 주도하게 되었다. 같은 해(1695) 10월 전 번주 소 요시자네(宗義眞)의 에도참근(江戶參觀)을 수행하여 아메노모리 호슈(雨森芳洲) 등과 에도로 출발하였으나 도중에 병을 얻어 교토에서 요양을 해야만 했다. 그 사이에 번주와 에도의 도시요리(年寄)들이 상담하여 방침을 결정하였고 여기서 「죽도일건」의 교섭은 일대 전환의 국면을 맞아 해결방향이 보이기 시작하였다.7)

겐로쿠 9년(1696) 1월에 「죽도도해금지령」이 내려지고 그것에 대한 조선의 감사장이 겐로쿠 11년(1698) 6월에 에도로 도착하였다. 그리하여 6년에 걸쳐 교착 상태가 지속되었던 죽도일건은 종결을 보게 되었다. 그해 7월에 죽도일건의 결착을 계기로 스야마는 아메노모리 호슈와 함께 대조선 외교관인 조선방좌역(朝鮮方佐役)에 부임하게 되었다.

이후 그는 쓰시마번의 방비(防備)와 농정개혁을 도모하기 위해 1700년부터 멧돼지 피해 구제에 노력을 기울였는데 10년 만에 멧돼지를 섬멸하는 커다란 성과를 거두게 된다. 이로써 쓰시마의 농업 진흥과 대조선 교역의 증대에 공헌하였다. 1708년 군봉행을 사퇴하고 같은 해 3월 은퇴하여 저술활동에 전념하였다. 1732년(교호(享保) 17) 6월 24일 병으로 사망하여 쓰시마 후츄의 슈센암(修善庵)에 묻혔다.

그가 남긴 저술은 번정을 도모하는 농정가로서의 저술과 실학적 유학자로서 쓰시마번의 문제들을 해결하기 위한 많은 저술을 남겼는데 『노농유어(老農類語)』3卷, 『농정문답(農政問答)』, 『수리문답(水利問答)』

---

7) 에도 막부는 독자적으로 죽도(竹島)의 형편을 조사하였는데 요나고 상인들이 소속된 돗토리번(鳥取藩)에 조회를 하였다. 로쥬(老中) 아베 붕고노카미(阿部豊後守)가 7개의 질의서를 내리는데, 돗토리번의 답서에서 "죽도(울릉도)와 송도(독도)는 호키·이나바의 어느 쪽에도 속하는 섬이 아니다"라고 명언한다. 여기서 막부는 새로 알게 된 송도(독도)에 대해서도 그 위치와 소속, 도해의 상황 등에 대해 추가 질문을 보내는데 같은 양상의 답변이었다. 鳥取縣 編, 『鳥取藩史』 第六卷 「事變史」, 171-172쪽.

등이 있으며 『춘추대의(春秋大義)』 12卷, 『통감강목대의(通鑑綱目大義)』 32卷, 『간지설(艮止說)』 2卷, 『재용문답(財用問答)』 2卷, 『도츠앙잡록(訥庵雜錄)』(6卷) 등 많은 현실의 번정과 구민에 관한 것을 비롯하여 120여 권의 저서를 남겼다.

2) 스야마 쇼에몽의 사상: 유학자 · 행정가로서의 공적

스야마는 쇼에몽의 업적은 ①번정의 행정가로 농업진흥과 빈민구제, 실학적 심학사상의 현실적용에 관련되는 부분, ②경세제민을 주창하여 「주종제론(主從制論)」과 「잠상론」으로 대변되는 정치 · 경제 사상, ③대조선 외교관으로서 죽도일건 등 교섭업무에 관련된 외교사상 등으로 구분할 수가 있다. 기노시타 준앙(木下順庵) 문하에서 유학을 수학하였고 교토와 나라에서 심학을 수행한 그는 특히 백성들에게 도움을 줄 수 있는 실천적 사상을 몸소 체득하였다. 쓰시마 번유(藩儒)로서 그리고 군봉행이라는 행정가로서 그의 치정은 이러한 유학 사상을 배경으로 하고 있다. 특히 그의 농정론과 쓰시마 농업개혁을 크게 평가받고 있기도 한데, 농정가로서의 그의 활동에서 경세제민(經世濟民)에 관한 주장은 불교와 유교, 신도의 독특한 이해에 바탕을 둔 그의 심학적 사상에 뿌리를 두고 있는 것이었다. 이를 두고 스야마농정(陶山農政)[8]이라고 후세에서 부른다.

우선 쓰시마 번사로서 번정을 도왔던 행정가로서의 스야마는 번정의 기본 과제를 자급적이고도 집약적인 쓰시마농업을 확립하는 데 있다고 생각하였다. 당시 쓰시마는 고바작(木庭作)[9]이라고 불리는 조방

---

8) 佐久間正, 「經世濟民と心學-陶山訥庵の硏究」, 長崎大学教養部, 『長崎大学教養部紀要人文科学編』 第24卷 第1號, 1983.7, 40-42쪽.

적 화전농업과 멧돼지의 피해로 인해 농업 생산력이 날로 피폐해 있었다. 그리하여 생산력을 저해하는 해수(害獸)인 멧돼지를 퇴치하고 조방적인 화전농업인 고바작을 금지하여 전작지로의 전환을 우선 추진하고자 한다. 쓰시마는 섬의 대부분을 차지하는 임야지에서 멧돼지가 과다하게 증식하여 그 피해가 심각하였기 때문이다. 이렇듯 스야마는 농서 특히『농업전서(農業全書)』에서 배운 농업에 대한 기본적 기술을 보급하고자 하였고, 선진지역의 경험으로부터 배운 쓰시마의 자연조건에 대한 지식에 근거한 개혁이었던 것이다. 여기에는 그의 실험정신과 과학적이고도 합리적인 태도조차 보인다고 할 수 있다.

농정의 제1단계로 그가 군봉행(郡奉行)으로 부임한 이듬해인 1700년(겐로쿠 13) 전도민을 모아 실행에 옮기게 된다. 쓰시마 최대의 해수(害獸)였던 멧돼지 퇴치 작업은 16세에 결심하여 43세가 되어서 비로소 현실화한 것이다. 마을단위로 조직을 정비하고 조총을 나누어 주어 계획적 소탕작전을 펼치게 된다. 이를 위해 1705년(호에이 2)에는 오사카 사카이(界)로부터 이입한 기술로 조총제작소를 설치하여 번내의 조총을 정비하였다. 이것을 전제로 하여 쓰시마방위계획을 입안하였다. 이는 쓰시마의 지리적 조건으로 말미암아 과거 원나라(元賊)의 침략 등의 경험을 바탕으로 전도민을 주체로 하는 주도면밀한 방위체제를 구축하고 농병을 훈련키는 작업이기도 하였다. 그러나 츠나요시(綱吉) 통치하에 「생명을 소중히 여기는 명령(生類憐み令)」[10]이 내리고 있어서 다분히 위험성을 내포하고 있었으나[11] 확고한 결의 속에 퇴치작

---

9) '고바사쿠(ごばさく)'라 하여 쓰시마식 화전농법을 지칭한다.

10) 에도 막부의 5대장군 도쿠카와 츠나요시(德川綱吉)가 죠쿄(貞享) 4년(1687)에 살생을 금지하는 법령을 제정하여 공포하였음.

11) 아울러 조총을 도입하여 방비를 위해 무장하게 될 경우, 막부로부터 반란의 의혹을 부를 수 있었다. 그러므로 멧되지 '섬멸'이 아닌 '퇴치(追詰)'라는 명목으로 실행하였으며, 내면에 숨겨진 쓰시마 방비 대책이 막부에 알려질 경우 처형이 될 수도

업을 실시하였다. 이러한 멧돼지 퇴치(殲猪)는 1700년(겐로쿠 13)에서 1709년(호에이 6)까지 10년에 걸친 대사업으로 전개한 결과 성공적으로 수행하였다. 스야마는 쓰시마의 자립을 조선무역에 의한 이익에만 의지한다는 강한 위기감을 가지고 있었다. 그리하여 농업생산의 향상을 통한 섬의 자립을 이루고자 했다. 그가 목적한 것은 그것만이 아니었다. 섬의 경제적 자립 구상과 함께 섬의 군사적 자립 구상도 가지고 있었다. 이 섬나라를 도민 스스로의 힘으로 지킬 생각이었던 것이다.12)

그리하여 제2단계로써 고바(木庭)라고 불렸던 화전농법을 금지하고자 하였다. 쓰시마 농민의 구태의연한 영농자세의 물리적 기반을 타파하고 쓰시마 경제를 회생하기 위해서는 불가결하다고 판단하여 화전금지령(木庭下知)으로 정책화하였다. 그러나 쓰시마 농업의 기술수준의 저위성은 조방적 화전농법인 고바(木庭)를 되풀이하게 하였던 것이었으나, 스야마로서는 화전금지의 긴요성을 강조하면서도 전작으로의 이행에 대한 배려가 결여되어 결국 스야마농정의 한계성을 보이기에 이르렀고 쓰시마농업 생산력 수준의 저위성을 완전히 극복하지 못한 채 화전금지령은 결국 성공하지 못하였다. 또한 협애한 쓰시마 농민의 지적 기술적 세계에 새로운 바람을 일으키기 위해 다른 지방과 쓰시마의 선진 사례를 소개하거나 농업기술의 계몽을 목적으로 『農業全書約言』, 『老農類語』 등을 직접 저술하여 마을 단위로 백성들에게 보급하였다. 그러나 쓰시마의 백성들은 섬이라는 제한된 범위에서 살아왔으므로 새로운 전작법 등을 생각대로 받아들이지 못하였다. 어떤 의미에서 화전작이란 쓰시마의 자연조건에 적응하여 정착한 것이었으므로 쉽게 파타하지 못하였던 것이다. 스야마가 농서를 수용함에 있어 단적

있었으므로 죽을 각오로 시책을 진행하였다고 한다.

12) 권오엽·오니시 토시테루, 『죽도문담』, 한국학술정보, 2010, 72-73쪽.

으로 나타나는 정신은 유학의 실천성에 입각한 '실험적 정신'이었으며 그런 의미에서 스야마는 『농업전서(農業全書)』의 뛰어난 수용자였다고 할 수 있다. 53세가 되던 해에 군봉행을 은퇴하게 되는데 76세의 일기로 생을 마감하기까지 부단히 저술 등을 통해 이론과 정책을 주장하였으며 그 일부는 실제 정책화하였다. "농정을 실시하는 것에 국가의 영구한 길이 있는 것이고, 영구한 길이 막히는 것은 농정을 행하지 않는 것에 있다"[13]고 주장하듯 농정을 통해 경제자립을 이루는 것은 스야마의 경세제민 사상의 근본이라 할 수 있으며 쓰시마 백성을 위한 집정자의 길을 완주함으로써 지금까지도 '쓰시마의 성인'이라 칭송되고 있다.

3. 『죽도문담』 및 『잠상론』에서 보는 대조선관

1) 조일관계와 스야마 쇼에몽의 『잠상론』

바다를 두고 변경의 섬이었던 쓰시마는 번정의 주된 수입을 조선과의 무역에 의존하고 있었으나 임진왜란 이후 전후 처리 문제로 국교 회복 교섭은 난항을 거듭하였다. 쓰시마에서는 재정 핍박을 해소하기 위해서는 하루라도 빨리 조선과의 무역을 재개해야 했었기 때문이었다. 쓰시마의 노력으로 1607년(게이쵸 12) 다시 조선과 국교가 회복되었는데 조선 측에서는 여우길(呂祐吉)을 정사로 하는 회답 겸 쇄신사와 일본측에서는 도쿠가와 이에야스 히데타다(德川秀忠) 정권과의 강화였다.

---

13) 陶山鈍翁, 『讀增田開地記』 卷4, 639쪽.

이와 같이 국교 재개를 앞당기는 데는 조선과 일본 사이에 위치한 쓰시마의 역할이 컸으나 그 이유는 무엇보다도 양국의 내부사정 때문이었다. 조선으로서는 전란을 수습하고 사회를 재건하기 위해 남방의 안전을 도모할 필요가 있었고, 쓰시마는 쌀이 부족하여 주로 외부로부터 조달하지 않으면 안되었고 그 대상은 주로 조선이었다. 단절된 무역의 복구는 쓰시마인들의 사활이 걸린 문제였기 때문에 그들은 조선과의 국교 재개에 혼신의 힘을 기울였다. 심지어 전란 이후 양국의 교섭과정에서 주고받은 국서(國書)를 위조[14]하는 행위까지도 쓰시마는 서슴치 않을 정도였다. 이렇게 해서 양국관계는 왜구와 같이 물자의 조달을 폭력적 방법에 의존하던 약탈의 시대에서 평화적인 통교의 시대로 전환하게 된 것이다.

쓰시마는 대조선 통상의 독점적 창구로 막부로부터 인정받아 부산 두모포(頭毛浦)에 외교상의 창구인 왜관(倭館)[15]을 설치했다. 이 왜관에서 인삼, 쌀, 비단 등이 조선을 대표하는 상품이었으며 일본을 대표하는 상품은 은이었다. 조선이 수입한 은은 일본에서는 화폐로 통용되던 은화였다. 일본에서 들여온 은화는 중국에서 물품을 조달할 때 중요한 결제수단이기도 했다.[16] 쌀은 주로 쓰시마인들의 식량으로 소비

---

14) 이 국서개찬 사건을 두고 일본에서는 야나가와 일건(柳川一件, 야나가와잇켄)이라 한다. 쓰시마의 번주 소 요시나리(宗義成)와 야나가와 시게오키(柳川調興)가 에도 막부와 조선간에 주고받은 국서를 둘러싸고 대립한 사건이다. 1605년, 1617, 1624년 3차에 걸친 조일간 국교 교섭 국서를 쓰시마번이 함부로 개찬하여 1609년에는 무역협정인 기유약조(己酉約條)를 체결하게 된다. 당시 국서를 담당했던 야나가와(柳川)가 이 사실을 막부에 고발하였다. 그러나 에도 막부로서는 조일무역을 계속 쓰시마번에 맡기는 것이 유리하다고 판단하여 소(宗義成)를 무죄로 하고, 야나가와를 츠가루로 유배를 보냄으로써 결착이 났다. フリー百科事典『ウィキペディア』(http://ja.wikipedia.org/wiki)를 참조.
15) 부산왜관은 1873년 메이지시대까지 지속되는데, ① 절영도 임시왜관 시대(1603-1607, 5년간), ② 두모포 왜관 시대(1607-1678, 75년간), ③ 초량 왜관 시대(1678-1873, 195년간)에 걸쳐 1873년 메이지정부에 왜관이 접수되기까지 270년이나 지속되었다.
16) 정성일, 「조선 인삼과 일본 은」, 한일관계사학회 편, 『한일관계 2천년-보이는 역사

되었고 인삼은 일본의 장군들과 막부 관료들이 최대 수요자였다. 조선 국왕이 파견하는 통신사가 일본에 갈 때마다 250근가량의 인삼을 가지고 가서 막부의 인사들에게 예물로서 전달하곤 하였다. 17세기 중반까지만 해도 교토와 오사카가 주요 소비처였으나 17세기 말 이후에는 막부가 위치한 에도가 주요 소비시장이 되었다. 조선 인삼은 예물로 지급되는 경우 외에도 정부가 지정한 상인들이 사적으로 거래하는 경우도 있었으며 양국인들에 의한 밀무역(潛商)도 끊이지 않았다. 인삼은 부피가 작고 고가여서 통신사에 의한 밀무역도 많았다.

이러한 밀무역 즉 잠상(潛商)은 에도막부의 은의 해외유출 통제라는 무역 제한 정책과 1695년 은화개주(銀貨改鑄)로 인하여 거래량이 줄어들게 됨으로써[17] 당시 다발하던 행위이기도 했다. 즉 일본은(日本銀)은 원래 순도 80%의 양질의 것이었는데 1695년부터 65%의 은으로 일본국내에서 통용되었기 때문에 거래량이 제한을 받게 된 것이다. 이러한 무역의 감소로 쓰시마로서는 곡물조달의 어려움에 봉착하게 되고 당시 횡행하던 잠상은 상당히 일반적으로 이루어지고 있었다. 그러나 조일간의 협정에서 그 행위의 범법자에 대한 처벌은 엄벌을 내리기로 하여 효수형(梟首刑)에 처하기로 되어 있었다.

17세기 후반 조일 무역은 정품, 정량의 관영무역에 비해 개시무역(사무역)에서는 특정 금지 품목을 제외하고는 거래품목이나 수량에 제한이 없었지만 개시무역의 참가자, 매매 장소, 특정 물품의 매매 등 일정한 제한이 따르기도 했다. 당시 잠상의 형태는 다양한 양상을 띠고

보이지 않는 역사-』, 경인문화사, 2006, 127-138쪽.

17) 은의 개주(改鑄)로 순도 80%에서 64%로 떨어뜨린 것은 막부의 재정수입을 조달하기 위한 화폐정책의 하나였다. 거듭된 화폐 개주는 막부의 재정수입을 늘이는 역할을 하였지만 일본 은화에 대한 국제적 신인도의 추락을 가져왔으며 인삼-은의 조일무역도 17세기 후반을 피크로 점차로 쇠퇴해가기 시작하였다. 정성일, 앞의 논문, 2006, 130-134쪽.

있었다. 크게 세 가지 부류로 나뉘어 지는데 ① 조선통신사의 도일이나 도해역관사(渡海譯官使)의 쓰시마 도해에 편승하여 사행원과 일본인 사이에 일어난 잠상이 있고, ② 왜관에 체재하는 일본인과 조선인 사이의 잠상, ③ 일본이 발선(拔船)[18] 위선(僞船) 등으로 지칭하는 밀무역으로 일본인이 막부의 쇄국령(해외도항금지령)을 어기고 조선 연안에 도항하여 조선인과 밀무역을 하는 것이 있었다.[19]

조선의 왜관 내외에서 이루어지는 잠상은 합법적 개시무역의 장을 이용해 관리의 눈을 피해 부정한 거래를 하거나 금제품을 은밀하게 관내로 반입시키거나 혹은 왜관 밖에서 거래를 하는 식의 형태가 주류를 이루었고 때로는 조선측 관리나 쓰시마번측 관리가 이러한 잠상에 가담하는 등 그 방법은 다양하였다. 이러한 밀무역을 하는 자와 이 자금 조달을 위해 금고털이를 하는 경우도 종종 일어났다. 쓰시마에서는 이 두 경우 모두 처형하고 있었다. 그러나 잠상(潛商)을 둘러싼 사후 취급을 두고 쓰시마의 지배층에서는 논의('잠상론')가 대두되었던 것이다. 다른 번과는 달리 쓰시마번의 존립이 막부로부터 공인을 받은 조선 무역의 독점적 경영에 있었으므로 그 통제 및 위반자 색출이 중요한 문제였음은 두말 할 나위가 없다.

1721년(교호 6)에 발생한 잠상 당사자의 처벌에 관해서『潛商之儀被仰上書』에서 잠상 문제의 대처와 번정의 방향에 대한 스야마의 기본적인 사고를 보면 다음과 같다.

첫째, 잠상은 금지령을 위반한 범죄이므로 그 죄는 가볍지 않으나 금고털이(御蔵破り)와 같은 죄라고는 할 수 없다고 보고 있다.

둘째, 왜냐하면 일본의 은에 의해 조선인의 인삼을 구입하는 것은

---

18) 에도시대의 밀무역선으로 누케부네(拔船)라고 하였음.

19) 윤유숙,「조선 후기에 한일간 밀무역은 어떻게 처리되었나」, 한일관계사학회 편,『한일관계 2천년-보이는 역사 보이지 않는 역사-』, 경인문화사, 2006, 151-152쪽.

번에서도 행하고 있는 일로서, 단지 번이 막부의 허가를 얻어 실시하고 있는 것에 반해 잠상은 금령(御禁令)을 위반한 것에 지나지 않기 때문이다.

셋째, 따라서 잠상을 금고털이와 같이 사형에 처하는 것은 두 가지 죄의 경중의 구분이 생기지 않는다는 것이다. 다시 말해 잠상이 금고털이의 죄과보다 가벼운 것이라고 주장하였다.

넷째, 잠상과 같이 이익을 얻기 위해 금지령을 어기는 일은 동서고금을 통해 진귀한 일은 아니며 금령을 어기는 자가 생기지 않는 일이 거의 없다는 것은 명군현주(名賢君主)가 덕으로 지배하던 시대뿐이다. 덕이 없는 시대는 이익을 얻기 위해 금령을 어기는 자가 속출하였다.

다섯째, 그와 같은 시대에 있어서 엄중한 조사(取調)와 가혹한 처벌(處罰)을 시행할 경우 금령을 위반한 자의 수는 확실히 줄어든다. 그러나 통치의 방법이라는 근본적인 면에서 보면 위반자가 반드시 감소하지는 않지만 완화된 조사와 관용스런 처벌이 항상 행해지는 경우에 비하면 좋은 방법이 아니라고 보았다. 여기서 스야마는 법의 자의적 운용을 비판하여 법 운용의 공평성을 주장하고 있다.

여섯째, 왜냐하면 정치가 구석구석까지 충분히 스며들지 않고 백성의 생활이 불안정한 상황에서는 엄중한 조사와 가혹한 처벌에 의해 금령을 범하여 이익을 얻고자 하는 것이 불가능해진다고 하면 빈민의 궁핍함은 더욱더 심화되어 생활이 불가능한 사람조차 발생하게 된다. 자신의 이익을 좇아가는 위정자가 인민의 이익 추구를 박탈하는 것은 천도(天道)에도 맞지 않고 나라의 명맥은 축소되고 만다. 엄격한 법치가 이루어졌으나 불과 2대로 멸망한 중국 진나라의 전철을 밟는 일과 다를 바 없기 때문이라는 것이다. 스야마는 잠상의 죄과가 보다 가볍기 때문에 그 형벌을 가볍게 하여 사형이 아니라 유배를 주장하고 있다.[20)

이와 같이 잠상을 행하는 자는 하층민의 빈민으로서 생활을 하기 위해 어쩔 수 없이 하는 필요악과도 같은 것이었지만 거의 묵인하지 않을 수 없는 것으로 간주하고 있었다. 백성을 소중히 여기는 민본주의적인 스야마의 면모도 엿보이지만 잠상이라는 범죄의 사회적 배경에 대한 그의 통찰력을 볼 수 있는 것이다. 즉 법의 준수보다 백성 생활의 안정을 우선시하는 그의 통치관이라 할 수 있다. 그리고 백성 생활의 안정을 강조하고 있는 것은 항상 위정자나 현실의 정치에 대한 불만과 비판을 포함하고 있는 것이었다.

그러나 이 점에 대하여 아메노모리 호슈(雨森芳洲)의 견해는 엄벌을 주장하는 중과주의(重科主義)로 스야마와 정반대의 입장이었다. 법의 현실적이고도 직접적인 효과를 생각하는 호슈(芳洲)의 관점에서 보면 스야마의 생각은 요원한 것이었을 것이다. 사람들은 어진 마음을 갖고 있으므로 죄인이라도 목숨만은 살리고자 하는 점에서 여러 가지 의견이 나올 수도 있지만, 군주는 이것에 현혹되어서는 안된다고 한다. 하지만 사형된 역관의 죽음을 가엽게 여기면서도 국체(藩)를 세우는 일이 중요하다고 하는 호슈의 주장과는 달리 스야마는 정반대의 논의를 하고 있었다.

현실의 번정 사정으로부터 보더라도 공의(公儀, 막부)와 도노사마(殿樣, 번)의 수준을 구별하고 있으며, 금고털이가 번 수준의 범죄인 것에 비해 잠상은 막부와 조선간의 국가적 수준의 범죄이기 때문에 죄가 더 무겁다고 보는 것이었다. 이 논리는 당시의 일본 막부제 사회의 지배 편제에 부합한 생각이었으므로 스야마의 주장보다 현실적 정당성을 가지고 있는 것이었다. 여기서 주목할 것은 스야마의 주장에 대해 '잠상에 대한 것을 번정에 채택하여 시행한다고 하더라도 오히려

─────────────────────

20) 陶山鈍翁, 「潛商之儀被仰上書」, 『日本經濟論叢』 卷13, 日本經濟學會, 1915, 155쪽.

사태는 악화될 뿐이다'고 호슈는 말한다.[21]

2) 『죽도문답』에서 나타난 죽도일건의 해결 과정

1693년 어부 안용복과 박어둔이 40명의 어민과 함께 울릉도로 갔을 때 호키국(伯耆國) 요나고무라(米子村)의 상인들도 이곳에서 어로활동을 하고 있었다. 서로 경합을 벌인 이들 사이에 마찰이 발생하였고, 결국 조선어민 가운데 안용복과 박어둔을 연행하여 일본으로 데리고 갔다. 호키국(伯耆國)과 이나바국(因幡國)을 지배하던 톳토리번주는 이 사건의 보고와 안용복 처리에 관해 막부에 문의하였다. 막부는 안용복 등을 나가사키(長崎)로 이송토록 지시하였으며 쓰시마는 이들을 인도받아서 1693년(겐로쿠 6) 11월에 쓰시마의 사자 다다 요자에몽(多田與左衛門, 橘眞重)을 보내어 조선으로 송환하도록 하였다. 일행이 부산 절영도에 도착한 것이 1693년(겐로쿠 6) 11월 1일이었고 죽도일건의 1차 교섭이 시작되었다. 같은 해 12월 10일 다다(多田)는 동래부사 홍중하와 교섭하면서 안용복을 조선측에 인도하고 쓰시마번주 소 요시츠구(宗義倫)의 서계를 전달하였다. 그 서계에는 중대 사안이 기재되어 있었다. 작년에 이어 조선의 어민들이 일본의 죽도(竹島=울릉도)에 함부로 들어와 어렵을 했으므로 그 어민 2명을 구속해 증거를 위한 인질로 삼았다고 하였으며, 막부의 명에 따라 그 어민을 돌려보내고 앞으로는 조선인이 죽도에 왕래하지 않도록 요구하고 있는 것이었다.

이 소식을 접한 조정에서는 여러 가지 대책이 논의되었다. 그러나 임진왜란의 경험이 있는 조정에서는 처음의 답서에서는 일본과의 충

---

21) 陶山鈍翁, 「潛商議論」, 『日本經濟論叢』 卷13, 日本經濟學會, 1915, 207-208쪽.

돌을 우려하여 울릉도가 조선영토인 것만을 암시하고 어민의 출어를 금지시키는 정도의 답서를 작성하기로 하였다. 2도 2명책을 궁리해서 회답서에 '폐경지울릉도(敝境之鬱陵島)' 구절을 넣은 답서를 보냈다. 이를 받은 쓰시마에서는 '폐경지울릉도'를 거론한 조선측의 의도가 어디에 있는지 의혹을 나타내는 한편, 이 문구가 삭제가 되지 않으면 쓰시마도주가 막부로부터 중죄를 면치 못하니 죽도만 기재하고 울릉도는 삭제해줄 것을 요구하였다. 그러나 조선 조정에서는 쉽사리 이 요구를 들어줄 리가 없었다. 그러자 1694년 2월 22일 다다 요자에몽(多田與左衛門)은 쓰시마로 돌아갔다.

쓰시마에서 중신들과 대책을 논의한 다다(多田)가 1694년 5월 13일 재차 초량왜관에 도착하였다. 그러나 그는 처음 다시 조선에 파견된다는 소식을 접하고 가지 않으려고 했다. 그때는 조선에서 갑술옥사로 소론계 정권이 들어선 후 시종 강경하게 대일정책을 주장하고 있던 남구만(南九萬)이 울릉도를 일본에 양보해서는 안된다고 진언하였기 때문이었다. 대마도가 '폐경지울릉도'라는 문구를 삭제해줄 것을 요구하는 진의가 일본의 울릉도 점거에 있다고 판단하여 지난번의 답서를 되찾아와서 일본인의 울릉도 도해를 문책할 것을 숙종에게 건의하였다. 게다가 장한상을 삼척첨사로 삼아 울릉도에 파견하여 진을 설치하기 위한 조사를 하도록 지시하게 된다.[22] 이러한 논의를 주장하는 소론계의 남구만 등이 정권을 잡으면서 일본에 대한 유화책 대신 강경책으로 대응하였던 것이다.

---

22) 장한상에 의한 울릉도 수토는 울릉도 영유권을 둘러싼 이런 상황에서 이루어졌다. 1694년 9월 조정에서는 장한상을 삼척첨사로 임명하여 울릉도를 조사하게 하였다. 남구만은 당초 울릉도 조사를 건의할 때, 섬의 형편을 살펴 백성을 모아 거주하게 하고 진을 설치하여 일본의 침탈을 막을 계산이었다. 그러나 장한상의 보고를 듣고 진 설치가 불가능함을 인식하고 1~2년 간격으로 수토할 것을 숙종에게 건의하게 된다. 유미림,『한국외교사논총』제31집 1호, 2009, 148쪽 참조.

접위관 유집일(俞集一)과 다다 요자에몽이 교섭을 하였던 2차교섭에서도 조선측 답서의 개찬 작업은 다다의 짐작대로 순탄하지 못하였다. 조선은 첫 번째 답서를 취소하기로 하고 1694년 8월 예조참판 이여(李畬)의 명의로 두 번째 답서를 작성하였다. 죽도와 울릉도는 1도 2명이고 조선땅이라는 내용을 담아 다다(多田)에게 넘겼다. 이 두 번째 답서는 첫 번째 답서에 비해 대단히 강경해진 것으로 울릉도는 조선의 섬으로 울릉도와 죽도는 원래 하나의 섬이며 일본인의 울릉도 도해와 어로 금지를 요청한 것이었다. 그러나 교섭이 미진한 사이 같은 해 9월 27일 병약했던 번주 요시츠구(義倫)가 사망함으로써 조선과의 교섭은 새로운 전개의 단서조차 보이지 않았다.

그렇게 하여 쓰시마 측은 이듬해인 1695년 5월 스기무라 우네메(杉村采女)를 정사로, 스야마(陶山庄右衛門)를 부사로 조선에 파견[23]하여, 2차 답서에 대한 4개조의 의문점을 동래부에 제시하여 5월 30일까지 회답을 요구하였다. 그러나 결국 진전을 보지 못하고 6월 10일 왜관을 떠나 귀국하였다. 이로써 조선측 답서 개찬을 요구한 2차 교섭이 끝났다.

2차 교섭이 실패로 끝나자 쓰시마 번내에서는 교섭 관련 집정관들 사이에 강경파와 온건파로 갈라졌다. 강경파로 다다 요자에몽은 임진왜란과 같은 전화가 재발할 수 있다며 무위로써 개찬요구를 하였으며

---

23) 이때 죽도일건의 사지로 동래부를 방문한 참판사(參判使)는 다음과 같은 멤버로 구성되어 있었다. 정관(正官) 스기무라 우네메(杉村采女), 부관(副官) 이쿠타비 로쿠에몽(幾度六右衛門), 도선주(都船主) 스야마 쇼에몽, 봉진역(奉進役) 기테라 도시베에(木寺利兵衛). 여기서 정관은 지금의 대사에 해당되며 부관은 공사, 도선주는 일행의 선단장으로 실무책임자, 봉진역은 회계책임자였다. 이들은 1695년 2월에 임명되어 4월말 총 74명의 교섭단으로 4월말 후츄(府中)를 출발하여 5월 11일에 초량왜관으로 들어갔다. 이후 동래부와는 한 달에 걸쳐 외교교섭을 계속하게 된다. 스야마는 외교교섭의 최전선에 있었으며 6월 10일 귀도하기까지 조선의 역관들과 엄하게 대치하면서 교섭에 임하였다. 권오엽·오니시 토시테루, 앞의 책, 2010, 267-268쪽.

초량왜관에서 난출사건을 일으켜 동래부청 앞에서 시위를 벌이기도 했다. 그때 집정관 4명 중 스야마가 유일하게 조선에 대해 무위로 위협하는 식의 강경책은 득책이 아니며 성신의 예로써 죽도(울릉도)의 상황을 바르게 에도 막부가 인지하도록 에도측에 정보를 올릴 것을 주장하였다. 현실론에 입각한 온건파는 스야마 한 사람뿐이었다. 또한 그 후 죽도일건 교섭의 사자로 파견되기도 하였고 죽도교섭의 중심적 역할을 하고 있었던 가로(家老) 스기무라 우네메(杉村采女)가 스야마의 의견에 귀를 기울여 주는 정도였다.

에도 막부의 명령에 대해 쓰시마번이 최소한의 결과를 제출하고자 하였던 죽도일건은 교착상태가 계속되었다. 그런 가운데 1695년(겐로쿠 8) 10월에는 막부에 대한 경과보고와 협의를 위해 에도행을 하게 된다. 죽도 문담은 이 교착상태에서 비밀리에 가시마 효스케(賀島兵助)와 주고받은 서신이었던 것이다. 여기서 소수의 온건파인 자신의 소신에 대해 확고한 결정을 하게 되고 결국 10월의 에도참조에서는 지금까지 수집된 조선과의 왕복문서 및 사료 등을 가지고 에도로 가게 된다. 이때 같은 쓰시마의 유학자로 스야마와 친교가 두터웠던 아메노모리 호슈(雨森芳洲)도 전 태수인 소 요시자네(宗義眞)의 에도 참근의 일행으로 수행하였다.

1695년 11월 25일 쓰시마 가로 히라타(平田)는 로쥬(老中)의 가신들과 면담을 하였고, 소 요시자네(宗義眞)의 구상서와 조선과의 왕복 문서,『동국여지승람』과『지봉유설』등을 증빙서류로 제출하였다. 이에 막부는 독자적으로 죽도(울릉도)에 대해 조사를 하게 된다. 이로써 죽도일건 교섭이 전환을 보게 된다. 여기에는 쓰시마번에서 조선에 대해 강경노선에 대해 반성하고 정당한 부분을 주장해야 한다는 스야마의 설득과 주장이 결국 에도막부에 전달 되게 되었다.

1695년 12월 24일 로쥬(老中) 아베붕고노카미(阿部豊後守)는 돗토리번의 에도 번저에 죽도(울릉도)에 대한 7개조의 질문을 하게 된다. 여기서 돗토리번의 답서에서 '죽도·송도는 호키·이나바 양국에 부속한 섬이 아니다'고 대답하였다. 이 질의 과정에서 막부는 송도(독도)라는 새로운 섬의 존재에 대해 듣게 되었고 두 섬 모두 일본의 소속이 아님을 확인하게 된다.[24)]

1696년 1월 28일 로쥬들이 모인 자리에서 소 요시자네(宗義眞)에게 「죽도도해금지」의 각서가 전달되었다. 쓰시마번에 조선 어부의 출어를 금지하게 하라고 명령했던 에도의 입장이 정반대로 전환된 것이었다. 같은 해 2월 9일 돗토리번(鳥取藩)에 내린 막부의 「죽도도해허가증」도 반납되었다고 한다. 그러나, 쓰시마는 조선과의 무역 교섭 등에서 조건을 유리하게 하기 위해 이 봉서를 바로 조선측에 전달하지 않았고 9개월이 지난 1696년 10월 16일 소 요시자네는 변동지와 송판사를 불러 구두로 막부의 결정을 전달하였다. 이에 대해 쓰시마는 공적을 내세우며 조선측에 감사의 답서를 요구하였다. 결국 1698년 6월 10일 조선측 답서가 히라타 나오에몽에 의해 에도에 전달되면서 로쥬 아베붕고노카미(阿部豊後守)에게 전달되었다. 이로써 장기간을 끌어온 죽도일건은 결착이 나게 되었다.

『죽도문담(竹島文談)』이란 17세기말 조선과 일본 사이의 죽도일건의 교섭이 교착상태를 거듭하던 때, 조일 외교교섭의 상담역(副使)으로 활동했던 스야마(陶山庄右衛門)가 은퇴한 번사 가시마 효스케(賀島兵助)와 주고받은 왕복문서이다. 이 죽도문담은 스야마가 1695년(겐로쿠 8) 7월 8일에 보낸 서한과 같은 해 7월 13일 가시마의 답신으로 구성되어 있다. 스야마는 1695년 4월 울릉도 영유권을 둘러싸고 조선측

---

24) 에도 막부가 돗토리번에 질의한 구체적 내용에 대해서는 송휘영, 「일본의 독도에 대한 "17세기 영유권 확립설"의 허구성」, 『민족문화논총』 제44집, 2010, 57-59쪽을 참조.

답서의 개찬을 요구하는 2차 교섭 도중에서 정사 스기무라 우네메(杉村采女)[25]와 함께 부사로 조선 동래부로 건너간다. 그는 이미 조선통신사의 내일을 수행하기 위해 4차례나 조선을 건너간 적이 있었으므로 조선의 정보에 밝았고, 규슈 일원에서 상당히 알려진 유학자이기도 하였다.

서로 일본의 죽도, 조선의 울릉도라는 주장이 팽팽하게 맞서 서로 양보하지 않았다. 이러한 교착 상태에 빠져있는 죽도일건의 해결책을 찾아 고민하고 있을 때 교환된 것이 바로 이 왕복서한이다. 대마번 내 대부분의 집정관이 강경론을 일관하고 있을 때, 이 서한에 제기된 제안 즉 막부에게 제안한 것이 복잡한 문제에 대한 실마리가 되었던 것이다.

같은 1695년(겐로쿠 8년)에 막부에서 은의 개주가 이루어졌다. 그때까지 통용되어 왔던 게에쵸은(慶長銀) 80%에서 겐로쿠은(元祿銀) 65%로 낮아졌다. 막부가 화폐개혁을 단행하여 인플레이션 대책으로 내놓은 정책이었다. 품질이 떨어진 겐로쿠은은 당연히 조선측이 수취를 거부하였고 무역에 대한 악영향은 당연한 귀결이었다. 쓰시마는 당시 보유하고 있던 게이쵸은을 조선과의 결제에 충당하였다. 그러나 그것도 곧 바닥났다. 수입의 대부분을 조선과의 무역에 의존하는 쓰시마로서는 더 이상 조선무역을 줄이는 일은 있을 수 없었다. 죽도일건으로 지금 이상의 분규를 일으켜 무역에 나쁜 영향을 초래하게는 할 수 없었다. 그러한 상황인 1695년(겐로쿠 8) 여름에 두 사람이 상담을 나누게 된다.

---

25) 스기무라 우네메(杉村采女)는 당시 쓰시마번의 가로(家老)로 도시요리(年寄)라고도 하였는데, 쓰시마번에서 가장 높은 지위의 인물이었다. 이름은 신켄(眞顯)으로, 아버지는 스기무라 우네메토모히로(杉村采女智廣)는 에도시대에 유일하게 서울을 방문한 인물이다. 스기무라가(杉村家), 히라타가(平田家), 후루카와가(古川家)를 쓰시마 후츄(對馬府中)의 3가라 한다.

막부의 의향에 따르면서도 조선과의 교섭결렬을 피해 생명줄인 무역을 지속하지 않으면 안되었기 때문에 있는 그대로의 현상을 막부에 전달하지 않으면 안된다고 스야마가 소 요시자네(宗義眞)에게 진언하였다.[26] 소 요시자네도 번의 어려움을 알 정도로 심각한 곤경에 처해 있었다. 그리고 요시자네가 막부와 상의하기 위해 1695년 가을에 에도로 출발하였다. 결국 1696년(겐로쿠 9)에 쓰시마번은 출비를 반감하는 절약령을 내렸고 번사한테 녹을 빌리기까지 하였다. 조선과의 무역도 결국 겐로쿠은은 1698년(겐로쿠 11) 11월에 27%를 할증하는 것으로 결착을 보았다.[27] 쓰시마번은 이러한 경제적 배경 속에서 조선과의 죽도일건 교섭을 지속하고 있었던 것이다.

1695년 6월 2차 교섭이 실패로 돌아가고 쓰시마 내에서 죽도일건의 외교 대응으로 5명의 집정관이 머리를 맞대어 방향을 모색한다. 가로(家老) 스기무라 우네메(杉村采女)를 책임자로 하여 사이산지(西山寺)[28]의 주지(住職), 가노 고노스케(加納幸之助), 다키 로쿠로에몽(瀧六郎右衛門), 히라타 시게자에몽(平田茂左衛門) 등 4명의 집정관으로 구성되어 있었다. 이 네 명 가운데 스야마를 제외한 사람들이 대조선 강경론자들로서 일본의 무력을 배경으로 죽도(울릉도) 영유권 주장을 강압적

---

26) 권오엽·오니시 토시테루, 앞의 책, 2010, 41-55쪽.

27) 조선과의 무역 교섭에 대해서는 1697년 말에 대조선 무역의 베테랑인 하시나베(橋邊半五郎)와 세키노 진베에(関野甚兵衛)를 조선에 파견하여 순도 64%인 겐로쿠은을 무역대은으로 하는 교섭을 시작하였다. 이 은의 교환을 둘러싸고 논쟁이 심하였다. 서로가 은의 함유량을 조사하였으나 상호 함유률의 통계가 달랐다. 결국 27% 할증으로 합의를 하게 되었다. 권오엽·오니시 니시테루 편주, 앞의 책, 2010, 41-55쪽.

28) 사이산지(西山寺)는 쓰시마에서 상당히 오래된 임제종 사찰로 교토 오산(五山=5대 사찰)의 석학승이 윤번으로 이곳 사이산지의 이테이앙(以酊庵)에 파견하여 쓰시마가 취급하는 외교문서를 열람하게 하였다. 여기서는 사이산지의 학승을 말하는 것으로 당시의 주지는 우메야마 겐죠(梅山玄常)였다. 1671년(간분 11) 부산왜관의 이전교섭 때에는 조선에 가는 사자로 요청을 받아 건너가기도 했다.

으로 주장한 사람들이다.

[A-①] 그래서 4월 15일에 이 일건 전체를 그대로 장군에게 보고하고 조선이 나오는 것을 보시는 것이 제1의 방책이라고 말씀드렸습니다. 즉 사건의 전체를 보고 이제 삼가 달라고 말씀 드렸습니다. 미리 장군을 찾아뵙고 방침대로 움직이지 않으면 안 되는 단계에 이르렀습니다.

지금까지 두 번이나 조선에서 한문의 답장이 도래했습니다. 그때마다 그러한 보고가 이루어지지 않았습니다. 그것을 생각하시겠지만 지금까지 우리 번의 처리에 잘못은 없었습니다. 그것을 장군에게 말씀하여 주세요. 또 알고 싶다고 생각하는 정보가 착착 모아졌으니 그것을 기재한 보고서를 바치고 싶다고 생각합니다. 그것을 보시면 명쾌하게 되었다고 판단하시면 앞에서 말씀 드린 대로 장군에게 보고할 것을 결단해 주세요. 이처럼 제일의 방책을 말씀 드렸습니다.[29]

[A-②] 그리고 제2의 방책으로 저를 조선에 도해시켜 달라고 말씀요자에몽 드렸습니다. 그리고 요자에몽님을 수하로 불러들이는 일을 하지 말아야 한다는 것입니다. 님을 이 일건을 처리하는 것이 좋다고 생각합니다. 조선국 측이 일본과의 교제를 끊는 것과 같은 일은 있을 수 없다고 생각합니다. 이쪽에서 의견을 말하고 행동을 하고 장군에게 보고할 수 있는 답을 이끌어 내는 일은 가능하다고 생각합니다. 만일 저쪽이 무분별하게 개정을 거부할 것 같으면 요자에몽님은 숙배소 근처에서 할복하여 자살하실 것입니다. 저도 요자에몽님의 상담역으로 건너가는 이상 요자에몽님과 함께 할복자살에 동행하겠습니다. 그렇게 된 다음에 현재의 답서를 장군에게 바쳐 교섭이 좋지 않게 끝난 것을 보고하면 될 것입니다. 만약 그렇게 되면 장군 자신이 움직이기 시작하기 때문에 조선 측도 곤혹스럽겠지

---

29) 「四月十五日此一件之全體公儀へ被仰上候上にて, 朝鮮之方を御極め被遊候段第一之策に御座候, 全體を御窺被遊段御遠慮に被思召, 前以御伺不被遊候て不叶時分兩度迄缺居候を, 御氣遺被遊儀に御座候得共, 其段御誤に不被成樣被仰分候, 存寄段々御座候間致書載差上可申候, 御覽被遊埒明候と被思召候はゞ, 先公儀を御極め被遊候得かしと申上」; 陶山鈍翁, 「竹島文談」, 『日本經濟論叢』 卷13, 日本經濟學會, 1915, 428쪽.

요. 그러한 좋지 않은 사태는 양국을 위해 결코 도움이 되지 않기 때문에 이르지 않으리라고 생각합니다. 이처럼 그 자세한 것을 하나하나 말씀 드렸습니다.[30]

그러나 교섭의 과정에서 울릉도가 일본의 부속이라는 근거를 거의 찾을 수 없었고, 다만 ①과거 울릉도를 도해하였다가 표류한 표민을 송환하였을 때 조선측이 '월경의 항의'가 없이 이들을 돌려보내 준 점을 트집 잡았으며, ②예조참판 권개(權瑎)가 작성한 첫 답서에서 '귀계 죽도' '폐경지울릉도'라고 언급한 것을 빌미로 하여 무리한 강압책을 더 이상 쓰는 것은 사태를 타결시키지 못한다는 것을 스야마는 충분히 인식하고 있었다. 따라서 애당초 에도 막부의 명령이 죽도(울릉도)의 상황을 잘 모르고 하명한 것이므로 제1의 방법은 막부에게 이 사건의 전반적 상황을 솔직하게 보고하여 상의하는 방법을 제시하는 것인데, 다른 집정관들은 동의하지 않는 부분이므로 가시마 효스케(賀島兵助)에게 2가지의 방법을 두고 자문을 구하고 있다(A-①).

그렇게 일이 잘 진척되지 않을 경우, 제2의 방법으로 현재 초량왜관에 머물며 교섭을 계속하고 있는 다다 요자에몽(多田與左衛門)을 교섭의 정사로 그대로 두고 온건파인 자신을 조선에 보내어 최선의 노력을 해서 실패할 경우, 즉 개찬의 답서를 닫아오지 못한다면 할복하여 순직하는 방법으로 사태를 수습할 수밖에 없다고 생각할 만큼 비장한 각

---

30) 「二策は某を朝鮮へ被差渡, 與左衛門殿を御引せ不被成, 與左衛門殿を以て此一件御極め被遊候へかし, 朝鮮國より日本との絶交を可被致とさへ不被在候はゞ, 此方より申懸候仕懸を以て, 公儀へ被仰上候程之御返簡には必定改り可申と被存候, 萬一彼方無分別候て改不被申候はゞ與左衛門殿は肅拜所の邊にて御切腹被成候にて可有御座, 某儀も與左衛門殿之御相談之爲, 被差渡候上は, 與左衛門殿之御相伴可仕, 左樣に被成候上にて只今之御返翰を公儀へ被差上, 御不首尾に罷成候儀有之間敷と奉存候由」; 陶山鈍翁, 「竹島文談」, 『日本經濟論叢』 卷13, 日本經濟學會, 1915, 428쪽.

오로 임하고 있었다(A-②). 이러한 생각 속에서 가시마의 의향을 듣고 자신의 결심을 굳히고자 했던 것이다. 집정관 중에는 대부분 후자의 강경책을 힘으로 밀어붙이자는 생각을 가지고 있었기 때문이었다.

[A-③] 죽도의 위치는 일본땅에서 떨어지기를 164리이고, 조선땅에서는 수목이나 물가까지 보일 정도로 가깝습니다. 그야말로 조선에 속하는 것이지요. 지도나 서적의 논고는 말로 변론할 필요가 없을 정도로 널리 알려진 것입니다. 조선이 세 번의 표류민을 돌려 보내주었을 때, 모두 (영토 침범의 서류를) 첨부하여 돌려보낸 것은 아닙니다. 그러나 그 같은 제의를 하지 않았다고 해서 그것을 탓하는 것은 구실이 아니겠습니까. 또한 최초의 답서에 귀계의 죽도라고 기록했다고 해서, 그것을 구실로 삼아 그 섬을 영구히 일본의 속도로 결정지어 버리려고 하는 것은 가령 그 일이 성사되었다고 해도 타국의 섬을 억지로 빼앗아서 일본의 장군에게 바친 것이 되어 불의라고 해야 할 것입니다. 그러한 행위는 충공이라고는 결코 말할 수 없습니다. 조선에서는 선조 이래 은혜를 입어 유지해왔습니다. 억지로 그 섬을 일본의 부속으로 해버리는 것 등은 정말로 불의라는 것이 됩니다.[31]

이와 같이 지금까지 조사한 자료로 보아 죽도(울릉도)는 지리적으로 보더라도 분명히 조선땅이라는 것이 그의 객관적 인식이었고 이는 13통의 문서(왕복문서와 조선측 사료)를 다 검토해본 가시마 효스케의 생각도 같은 인식이었다(A-③). 80년 전에 울릉도를 일본의 부속으로

---

31) 「竹島之儀日本之地を去る事百六拾四里, 朝鮮之地よりは樹木磯際迄相見へ, 誠に朝鮮に属候段, 地圖書籍之考言語辨論之勞無く相知申たる事に御座候, 三度之漂民を被送還候時之付屆無之候と申所を言立, 初度之返翰に貴界竹島と書き付被申たる所を言立にして, 彼島を永く日本之属島と極め候樣仕度と被申候段, 假令其事成り候ても, 日本之公儀に他邦之島を無理に取りて被差上たるにて候故不義とは申候, 而も忠功とは被申間敷候, 朝鮮よりは御先祖樣以来恩遇を御受被成たる事に御座候處, 無理に彼方之島を御取被成, 日本に御附被成候段誠に不仁不義なる事にて可有御座と存候」; 陶山鈍翁, 「竹島文談」, 『日本經濟論叢』 卷13, 日本經濟學會, 1915, 431쪽.

하였다고 주장하는 것도 이쪽에 그 증문으로 제출할 만한 것이 없으며, 다만 서계를 주고받음에 있어서 조선이 이쪽 논리에 말려들어 있을 뿐이라는 것을 가시마도 간파하고 있었다. 그리고 스야마가 제시한 두 가지 대처방안에 대해서 제1의 방법이 대의를 생각해서도 올바른 방법임을 답문에서 언급하고 있다. 즉 죽도교섭에서 스야마의 기본적 생각과 성신의 태도로 인국 조선 접하여야 하며, 강경파의 의견처럼 하나의 섬을 두 개의 섬으로 하여 결착을 지울 경우 향후 두 나라 사이의 화근이 됨을 조언하고 있다.

이 가시마와의 문담의 결과 스야마는 자신의 대처방법에 대한 소신을 굳혔으며 그해 1695년 10월 아메노모리 호슈(雨森芳洲) 등과 에도로 갈 때 다른 집정관을 설득하여 있는 그대로의 실상을 에도 장군에게 보고한다는 방침으로 굳혀갔다. 에도행 도중 그는 비록 병을 얻어 교토에서 요양하게 되지만 아메노모리 호슈가 에도의 로쥬들과 상담에 나섰고, 호슈는 막부 소장의 조선 고문서를 확인까지 하면서 스야마의 의향대로 에도와 협의를 하게 된다. 그 결과 에도가 독자적 확인 작업을 마친 후 처음 쓰시마에 명령을 하달했을 때와는 정반대의 결론으로 죽도 교섭 즉 죽도일건은 결착을 보게 되었다.

4. 맺음말

쓰시마번이 죽도의 영유를 주장하는 상황에서 이는 성신의 인교를 방해하는 것이며 그렇게 무리하게 타국의 영토를 취하는 것은 바른 일이라고 할 수 없다며 쓰시마번의 관료들 설득하려 했던 유학자 스야마(陶山庄右衛門)의 주장에는 우리가 정립해야 할 정당성의 논리가 고스란히 포함되어 있다. 독도 영유권을 두고 300년 전 쓰시마번에 의한 울릉도 침탈 책략과 비슷한 상황에 놓여 있다. 『조선왕조실록』과 『비변사등록』을 비롯한 우리의 고문서 기록의 빈틈을 지금 일본 시마네현의 죽도문제연구회와 일본외무성이 비집고 들어와 교묘하고도 치밀하게 마치 독도가 일본의 고유영토인 것처럼 논리를 전개해 가고 있다. 이는 조선 측의 답서에서 애매하게 얼버무린 '귀계죽도' '폐경울릉도'라는 대응이 쓰시마가 이전부터 식량부족으로 울릉도 개척을 기도하여 왔으며, 죽도일건에서는 마침내 에도 막부의 의도인 것처럼 과장하여 영토 침탈 책략을 제공한 것과 무관하지 않다고 하겠다.

본고에서 검토한 점들을 요약하는 것으로 마무리에 대신하고자 한다.

첫째, 현재의 독도영유권 문제에 대해서도 70년간 울릉도 도해를 빌미로 죽도 경영을 주장하는 것은 작은 구실을 가지고 영토를 탈취하고자 하는 의도라는 점에서 300년 전 죽도일건과 일맥상통하는 점이 많다고 할 수 있다. 원래 기죽도(磯竹島)라고 부르던 울릉도의 명칭이 '울릉도 쟁계'의 해결 과정에서 죽도라는 명칭으로 변화하여 죽도 영유권 주장으로 이어진 것과 1905년 죽도(독도)편입 사건을 앞두고 전통적인 독도의 일본 명칭인 송도가 리양코-루도로 변화한 것과 무관하지 않다. 다시 말해 영토 침탈에 대한 '계획된 의도'가 다분히 엿보인다는 것이며 이는 다시 후대의 연구자에 의해 치밀하게 재구성되었다고 하는 가설32)이 추출된다.

둘째, 그러나 울릉도와 다른 죽도라는 명칭으로 교묘하게 울릉도 침탈을 위한 계책을 벌이고 있었음에도 스야마나 가시마와 같은 당시의 양심적인 지식인이 있어 성심의 도의로써 대국적 해결책을 찾고 있었

---

32) 예를 들어 『죽도고』를 저술한 오카지마 마사요시(岡嶋正義), 『죽도의 역사지리학적 연구』를 저술한 가와카미 겐죠(川上健三)의 논저에서 찾아볼 수가 있다. 이 점에 관해서는 별도의 논고에서 다룰 것이다.

다는 것은 현재 일본의 독도 영유권 주장에 시사하는 바가 크다.

셋째, 죽도일건은 조일간 영토를 둘러싼 외교 교섭으로 막부의 힘에 의존하면서도 지방정부의 새로운 영토개발이라는 실익을 챙기고자 하는 침탈의도가 저의에 깔려있었던 사건이었으며 쓰시마번이 조선정부와 막부정권 사이에서 창구역할을 담당했었다. 당시의 막부로서는 크게 외교적 위험 부담을 안고 타국의 영토를 탈취할 유인이 적었었던 것이다. 그러나 오늘날 독도 영유권을 두고 시마네현이 똑같은 전철을 되밟고 있는데, 오키섬을 비롯한 시마네현 연해 어민들의 어업적 가치가 지방정부의 실익으로 작용하고 있다는 점에서 비슷한 양상을 띠고 있기도 하다. 그러나 일본정부가 감지하는 미래의 자원적 가치가 함께 어우러져 300년 전의 과오를 독도에서 되풀이 하고 있다. 하지만 분명한 것은 오늘날 독도문제의 해법을 이 죽도일건 과정에서 나타난 두 사람의 지식인의 인식과 대응이 제시하고 있을지도 모른다.

지금의 한국 측의 '조용한 외교', '조용한 연구'에 대해『죽도문담』에서 나타나는 논리는 일본의 영유권 주장에 앞으로 어떻게 대응해야 하는가 하는 시사점이 크다고 할 것이다. 치밀하게 조작된 일본의 독도 영유권 주장의 논리도 이러한 일본 측 고문서의 철저한 주해와 고찰을 필요로 한다. 독도가 일본 고유의 영토라고 주장하는 일본측 학자들의 논리와 역사 왜곡을 무너뜨리기 위해서는 일본 고문서의 분석을 제대로 해야 할 것이다.

최근 들어『죽도고증(竹島考證)』『은주시청합기(隱州視聽合記)』,『죽도고(竹島考)』,『죽도기사(竹島紀事』등 일부 일본 고문서의 번역이 이루어지고 있는 것은 일본 측 사료의 철저한 분석의 단초를 제공하고 있다는 측면에서 고무적이라 할 수 있다. 본 연구는 일본측 문서를 통하여 보는 독도문제의 간접적 접근의 하나이지만 아직 우리나라에서는 이러한 연구가 막 시작단계에 와 있다고 하겠다. 향후 일본측의 당

대 사회경제적 틀, 한일관계사의 맥락에서 연구를 심화시켜갈 필요가
있다고 하겠다.

[참고문헌]

권오엽·오니시 니시테루,『고문서의 독도 죽도문담』, 한국학술정보, 2010.

박병섭,「안용복 사건과 돗토리번」,『獨島硏究』 제6호, 영남대학교 독도연구소, 2010.

송휘영,「일본의 독도에 대한 "17세기 영유권 확립설"의 허구성-일본 외무성의 죽도 홍보 팸플릿의 포인트 3, 4 비판-」,『민족문화논총』 제44집, 영남대학교 민족문화연구소, 2010.

유미림,「장한상의 울릉도 수토와 수토제의 추이에 관한 고찰」,『한국정치외교사논총』, 제31집 1호, 한국정치외교사학회, 2009.

윤유숙,「조선 후기에 한일간 밀무역은 어떻게 처리되었나」, 한일관계사학회 편,『한일관계 2천년-보이는 역사 보이지 않는 역사-』, 경인문화사, 2006.

이 훈,「조선 후기의 독도(獨島) 영속 시비」, 한일관계사연구회 편,『독도와 대마도』, 지성의 샘, 1996.

정성일,「조선 인삼과 일본 은」, 한일관계사학회 편,『한일관계 2천년-보이는 역사 보이지 않는 역사-』, 경인문화사, 2006.

하우봉,「한국인의 대마도 인식」, 한일관계사연구회 편,『독도와 대마도』, 지성의 샘, 1996.

川上健三,『竹島の歷史地理学的研究』, 古今書院, 1966.

陶山鈍翁,「潛商議論」,『日本經濟論叢』 卷13, 日本經濟學會, 1915.

______,「潛商之儀被仰上書」,『日本經濟論叢』 卷13, 日本經濟學會, 1915.

______,「竹島文談」,『日本經濟論叢』 卷13, 日本經濟學會, 1915.

本庄榮治郎,「近世中期の經濟思想」, 京都帝國大學經濟學會,『經濟論叢編』, 第49卷 第6號, 1939.

鳥取縣 編,『鳥取藩史』 第六卷 「事變史」, 1971.

佐久間正,「経世済民と心学-陶山訥庵の研究」, 長崎大学教養部,『長崎大学教養部紀要人文科学編』 第24卷 第1號, 1983.

일본의 독도 이름 개칭에 관한 연구
松島에서 竹島로의 개칭에 대한 고찰을 중심으로

김 화 경

1. 머리말

일본은 에도시대(江戶時代)부터 조선의 독도와 울릉도를 '마쓰시마(松島)'와 '다케시마(竹島)'로 불러왔다. 그렇지만 메이지정부(明治政府)에 들어서 독도를 강탈할 때에는 마쓰시마 대신에 다케시마란 이름을 붙였다. 바꾸어 말하면 일본 측은 그 전까지 울릉도를 지칭했던 다케시마라는 명칭을 갑자기 독도를 가리키는 이름으로 변경했다는 것이다.

이러한 독도 명칭의 개칭은 1905년 1월 28일의 내각회의(內閣會議) 결정문에 그 바탕을 두고 있다. 곧 그들은 "북위 37도 9분 30초, 동경 131도 55분, 오키도(隱岐島)에서 떨어져 서북으로 85리에 있는 무인도는 다른 나라에서 이를 점령했다고 인정할 만한 형적(形跡)이 없다."[1]는 것을 전제로 하였다. 그리고 "이 계제에 소속 및 섬 이름을 확정할 필요가 있으므로 당해(當該) 섬을 다케시마라고 명명하고 지금부터 시

---

[1] 『公文類聚』 第29編 卷1 1906年 竹島編入の閣議決定文.

마네현 소속 오키도사(隱岐島司)의 소관으로 하려고 한다.[2]"는 것을 결정했다. 이로써 독도에 대한 일본에서의 공식 명칭은 다케시마로 고착하게 되었다.

그러나 내각회의에서의 이러한 결정은 분명하게 그들의 전통적인 호칭을 무시한 처사였다. 이렇게 전통을 무시한, 섬 이름의 변경은 독도를 강탈하기 위한 의도적인 조처였을 가능성이 짙다. 그 때문에 일본의 학자들은 이와 같은 의문을 불식시키기 위하여 일찍부터 이 문제의 해명에 많은 노력을 경주해왔다. 그런 사람들 중의 하나인 다보하시 기요시(田保橋潔)는 1931년에 발표한 「울릉도 그 발견과 영유」라는 논고에서 아래와 같은 해명을 하였다.

> 금일 울릉도의 명칭을 마쓰시마, 리양쿠르도의 별명을 다케시마라고 하는 것은, 영국 해군의 관용에 따른 것이라고 믿어진다. 영국 해군 수로지에 다쥬레 섬(Daagelet 島)의 본명을 마쓰시마라고 하고, 프랑스의 지리학자 루이 비비안 드 세인트 마르틴(Louis Vivian de Saint-Martin)도 역시 이것에 따라, 그 대저 『신찬 세계지명대사전(新撰世界地名大辭典)』에 다쥬레 섬의 일본 이름을 마쓰시마로 하고 있다. 리양쿠르도에 대해서는 그 일본 이름을 들지 않았으나, 이미 울릉도의 별명이 마쓰시마(松島)로 규정된 이상은, 다케시마(竹島)가 리양쿠르도의 별명으로 된 것도 자연스러운 도리이다.[3]

다보하시는 이처럼 섬 이름의 혼란 책임을 영국의 해군 수로지(水路誌)의 탓으로 돌렸다. 그리하여 그는 울릉도에 다쥬레 섬이라는 이름과 함께 일본의 명칭인 마쓰시마를 병기함으로써 울릉도가 마쓰시마로 불리게 되었으므로, 프랑스에서 리양쿠르도라고 한 곳은 다케시마

---

2) 『公文類聚』第29編 卷1 1906年 竹島編入の閣議決定文.
3) 田保橋潔, 「鬱陵島 その發見と領有」『靑丘學叢』 3, 靑丘學會, 1931, 3쪽.

로 명명되는 것이 자연스러웠다는 것이다. 이와 같은 그의 주장은 그 뒤의 연구에 상당한 영향을 미쳤다고 할 수 있다. 다시 말해 일본에서 이루어진 독도에 대한 섬 이름의 개칭에 관한 연구들에서는 다보하시의 이러한 견해가 그대로 수용되었다는 것이다. 그 결과, 그들은 섬 이름 혼란의 책임을 외국인들에게 전가하는 논리를 개발하기에 이르렀다. 이런 연구의 하나가 아키오카 다케지로(秋岡武次郎)의 「일본해 서남의 마쓰시마와 다케시마」란 글이었다.

우리나라에서는 에도시대의 모든 지도에서 이 마쓰시마, 다케시마의 위치와 명칭을 옳게 기술하고 있었고, 그 위에 메이지 전반기에도 이것을 답습한 올바른 지도가 많았다. 하지만 한편으로 ① 메이지 후반기에는 구미 지도상의 마쓰시마의 잘못된 이름 영향을 받았기 때문인지, 또는 우리나라에 있어서 자연스러운 실수 때문인지, 혹은 두 가지의 이유가 함께 작용했는지 알 수 없으나, 울릉도를 마쓰시마의 이름으로 부르는 자가 생기게 되었으며, 뒤에는 그러한 지도도 간행되었다. 지도의 예는 생략하고 이 섬 이름의 혼란한 예도 들어본다면, 메이지 유신 후반이 아닌데도 이 섬에 대해서 마쓰시마 개척론이라는 것이 주창되고 있다. 그러나 이것은 군함 아마키에 의해 마쓰시마 즉 울릉도인 것이 판명되어 이 의론은 중단되었다. 그렇지만 그 후에도 일본은 역시 울릉도에 마쓰시마의 표목을 세우고 몰래 살았으므로, 조선정부에서는 메이지 14년 이후 일본 외무성에 위 건의 엄격한 방지를 교섭하였다. 이것 등에 의해 울릉도가 조선 령인 것은 메이지정부에 의해서도 확인되었다.

한편 이에 대해서 우리나라 입장에서 예로부터의 ② 마쓰시마는 조선으로서는 전연 이것에 관여하지 않았고, 또 조선 측의 손으로 된 여러 종류의 지도에도 이 섬을 표시하고 있는 것은 하나도 발견되지 않는, 완전한 일본의 도서였다. 단지 이미 기술한 것처럼 유럽인이 이 섬을 바라보고, 그들의 지도에 리양쿠르 혹은 호넷트라고 한 것이었다. 그런데 구미 제작 및 우리나라 제작 지도에 있어서 울릉도를 마쓰시마라고 기술하기에 이르렀기 때문에, 이 섬의 존재가 우리나라 자신에 있어서까지 무시되어, 현금의 우리나라 제작의 여러 종류의 지도에도 그 존재를 표시하고 있는 것은 적다.

아키오카의 이러한 해명은 독도가 한국의 섬이란 사실을 부정하기 위한 것이었다. 왜냐하면 ②에서와 같이 울릉도에서 건너다보이는 독도를 조선과는 관계가 없는 섬이며, 완전한 일본의 도서였다는 논지를 전개하고 있기 때문이다.

그러나 이와 같은 그의 주장은 1905년 1월 28일의 내각회의 결정문과도 상치되는 것이었으므로, 일본의 독도 강탈이 사리에 어긋난다는 것을 증명해주고 있다. 환언하면 아키오카의 주장대로 완전한 일본의 도서였다고 한다면, 굳이 일본 영토로 편입하는 절차를 거칠 하등의 이유가 없었다. 그럼에도 그들이 편입 조처를 취했다는 것은, 편입 그 자체가 정당하지 못한 처사였음을 말해주는 것이다.

그런데 아키오카는 ①에서 보는 것처럼, 섬 이름의 혼란 원인으로 세 개의 가능성을 들었다. 즉 구미(歐美) 지도상의 잘못된 이름 영향을 받았을 가능성과 일본에서의 자연스러운 실수일 가능성, 그리고 이 두 가지 이유가 함께 작용했을 가능성이 그것이다. 하지만 그가 지적한 이들 세 가지의 가능성들은 일본의 섬 이름 개칭에 타당성을 부여하기 위한 구차한 변명에 지나지 않는다.

그렇지만 그가 일본에서 울릉도를 마쓰시마라고 부르는 사람들이 있었다는 것을 지적한 것은 그 나름의 의의를 가진다고 하겠다. 일본인들의 이와 같은 명칭 변경은 울릉도 자원 탈취 문제와 불가분의 관계를 가지고 있다. 그리고 이렇게 바꾸어진 명칭은 그들이 독도 점취(占取)를 '무주지 선점(無主地先占)'이라고 주장하는데 이용되었다는 점에서 그 전말을 면밀하게 검토하지 않으면 안된다.

그러나 지금까지 이 문제에 대한 논의는 거의 이루어지지 않고 있다. 이것은 일본 측 주장에 대한 검토마저 제대로 행하지 않고 있는,

한국 독도 연구의 실태를 그대로 반영하는 것이 아닐까 한다. 그래서 본고에서는 일본 측의 독도에 대한 섬 이름의 변경이 외국인들 때문에 일어난 것이 아니라, 울릉도의 자원을 탈취하고 독도를 강탈하겠다는 저의에 의해서 자행되었다는 것을 구명하려고 한다. 이러한 연구는 일본 측의 섬 이름 개칭은 일본인들의 의도적인 처사였다는 사실을 해명함으로써, 그들의 독도 점취가 제국주의적인 영토 팽창의 일환으로 이루어졌음을 증명하는데 그 목적이 있다는 것을 밝혀둔다.

2. 섬 이름 변경의 경위

일본 측의 독도에 대한 섬 이름의 변경이 의도적이었다는 사실을 구명하기 위해서는, 먼저 그 과정부터 고찰하지 않으면 안된다. 앞에서도 지적한 것처럼, 일본은 그들이 독도를 강탈하기 이전에는 이 섬을 마쓰시마라고 불러왔었다. 그러다가 1905년에 독도를 점취하면서 갑자기 그 이름을 다케시마로 바꾸었다. 이렇게 명칭을 변경하면서, 일본 측에서 취했던 조처는 당시 시마네현의 내무부장이었던 호리 신지(堀信次)가 오키도사(隱岐島司)에게 아래와 같은 문의를 한 것이 고작이었다.

〈자료 1〉
서제 1073호
스키군 사이고정 나카이 요사부로로부터 영토 편입 및 대여의 건을 별지와 같이 출원한 건에 대해 현재 조사 중에 있는바 마침내 소속을 정하는 경우에 있어 오키도청(隱岐島廳)의 소관으로 해도 지장이 없다고 생각합니까? 또 도서(島嶼)의 명명에 대해서도 의견을 듣고 싶어 이 건을 조회합니다.

메이지 37년 11월 15일
시마네현 내무부장
서기관 호리 신지
오키도사 아즈마 후미스케 님[4]

이 문서를 통해서 이런 질의를 하기에 앞서, 일본정부에서는 이미 독도를 강탈하여 그 관할을 오키도청으로 한다는 것이 정해져 있었음을 확인할 수 있다. 하지만 그런 조처는 시마네현의 내무부장 수준에서 결정할 문제가 아니었다. 다른 나라 영토의 점취는 중앙정부가 직·간접적으로 관여하지 않고는 불가능한 일이었다. 그러므로 중앙정부의 지시에 따라, 시마네현의 내무부장이 이 문서를 오키도청에 보냈다고 보는 것이 순리일 것이다.

그리고 이 문서에서 또 한 가지 문제가 되는 것은, 호리(堀)가 그 당시까지 마쓰시마라고 불러왔던 독도에 대해 어떤 이름을 붙여야 하는가 하는 것을 물었다는 점이다. 이런 형식을 취한 것은 한국으로부터 독도를 빼앗기에 앞서, 이 섬이 이름이 없는 무주지(無主地)였다는 사실을 드러내기 위한 술책이 아니었을까 한다.

이와 같은 내무부장의 문의에 대해 오키도사 아즈마 후미스케(東文輔)는 그 달 30일에 다음과 같은 회신을 하였다.

〈자료 2〉
을서 152호
본월 15일 서제 1073호로 도서의 소속 건에 대해 조회하신 뜻을 승낙하고, 우(右)[5]는 우리 영토로 편입하는 이상 오키도 소관에 속하게 하는 것에 아무런 지장이 없으며, 그 섬 이름은 다케시마(竹島)가 적당하다고 생

---

4) 川上健三, 『竹島の歷史地理學的硏究』, 古今書院, 1966, 47-48쪽에서 재인용.
5) 원문이 세로로 쓰여 있기 때문에, 우(右)라고 적었다는 것을 밝혀둔다.

각합니다.

원래 조선의 동쪽 해상에 마쓰시마(松島)·다케시마 두 섬이 존재하는 것은 일반의 구비로 전해지는 바인데, 종래 당 지방으로부터 초경업자들이 왕래하는 울릉도를 '다케시마'라고 통칭하였지만, 사실은 마쓰시마라고 하는 것은 해도(海圖)에 의해서도 요연(瞭然)한 바가 있습니다. 좌(左)와 같이 이 새로운 섬에 있어서는 달리 '다케시마'에 해당시킬 수밖에 없습니다. 따라서 종래에 오칭(誤稱)하던 것을 전용하여 다케시마의 통칭을 새로운 섬에 붙이는 것이 옳다고 생각하여, 이에 회신을 올립니다.

메이지 37년 11월 30일
오키도사 아즈마 후미스케
시마네현 내무부장
서시관 호리 신지 님[6]

이 회신에 의하면, 오키도사가 불과 보름 사이에 섬의 이름을 결정한 것으로 되어 있다. 하지만 이처럼 짧은 기간 내에 결정된 섬 이름이란 것이 재래의 전통적인 명칭이 아니라, 해도(海圖)에서 울릉도를 마쓰시마라고 하니 마쓰시마라고 불러오던 독도는 다케시마로 해야 한다는 것, 곧 종래에 오칭하던 것을 전용하여 다케시마로 하는 것이 고작이었다.

오키도사의 이와 같은 회신에 대해, 가와카미 겐죠(川上健三)는 아래와 같은 견해를 제시하였다.

종래 울릉도를 다케시마라고 칭했던 것을 오칭(誤稱)한 것이라고 한 것은 위에서 진술한 섬 이름의 역사적 경위[7]를 충분히 이해하고 있지 않는 것에 의한 것이지만, 그것은 어쨌든, 이 답신이 기초가 되어 메이지 38년

---

6) 川上健三, 앞의 책, 1966, 48쪽에서 재인용.
7) 가와카미가 그의 저서 『다케시마의 역사지리학적 연구』 제1장 역사적 배경에서 '섬 이름의 혼란'을 설명하면서, 시볼트의 잘못된 지도 때문에 일본에서 명칭의 혼란이 야기되었다는 견해를 밝힌 것을 말한다(川上健三, 위의 책, 9쪽, 19쪽).

(1905년)에 동 섬을 시마네현 오키도사의 소관에 편입함에 있어, 정식으로 이것을 다케시마(竹島)로 명명하여, 여기에 고래의 마쓰시마·다케시마의 섬 이름이 완전히 전도되는 결과로 되었던 것이다.[8]

이것을 보면 가와카미마저도 독도에 다케시마란 이름을 붙인 것은 "섬 이름의 역사적 경위를 충분히 이해하고 있지 않은 것"이었다고 했을 정도로, 독도에 대한 섬 이름의 개칭 문제는 과거의 역사를 송두리째 무시한 조치였음이 확실하다. 그럼에도 불구하고 가와카미는 "이것을 다케시마로 명명하여, 여기에 고래의 마쓰시마·다케시마의 섬 이름이 완전히 전도되는 결과로 되었던 것"이라고 하여, 명칭의 전도 그 자체를 기정사실로 받아들이는 자세를 취했다.

그러나 이와 같은 그의 설명은 섬 이름의 전도가 의도적으로 자행되었다는 사실을 부정하기 위한 변명이었다. 이런 지적을 하는 까닭은 중앙 부처의 지시를 받아 행해지고 있던 독도의 강탈 과정에서 그 이름의 역사적 경위를 조사하지 않았다고 하는 것은 있을 수 없는 거짓말이 명백하기 때문이다. 이런 의미에서 나이토 세이츄(內藤正中)의 아래와 같은 언급은 좋은 참고가 된다.

오키도사는, 역사적 배경을 완전히 무시하고 울릉도를 다케시마라고 부르고 있는 것은 오칭(誤稱)이라고 하며 해도(海圖)에 보이는 것처럼 마쓰시마라고 한다면, 새 섬[新島]은 다케시마로 명명하는 것이 좋다고 회답한 것이다. 도사는, "조선의 동쪽 해상에 마쓰시마·다케시마 두 섬이 존재하는 것은 일반의 구비로 전해지는 바인데"라고 하고 있으면서, 거기에서 울릉도를 마쓰시마라고 한다면 새 섬은 다케시마가 된다고 하고 있지만, 에도시대에는 오랫동안 울릉도를 다케시마라고 불러오고 있던 것에는 아무런 고려도 하지 않고 있는 것이다. 다케시마를 둘러싼 역사를 알고 있다면, 새 섬은 마쓰시마라고 명명했어야만 했다.

---

8) 川上健三, 위의 책, 49쪽.

이 새 섬의 명명에 대해서는, 시마네 현청(縣廳) 안에서도 이론(異論)이 없이 도사의 회답대로 다케시마라고 하는 것으로 내무성에 보고되어, 그대로 각의에서 결정된 것이다. 새 섬 죽도에 대해서의 인식이, 본 고장에서도 얼마나 희박했던가를 알 수가 있는 것으로, 그러한 것을 고유영토라고 말할 수 없는 것은 분명하다.[9]

나이토는 여기에서 오키도사의 답변이 역사적인 사실, 곧 에도시대에 울릉도를 다케시마라고 불렀던 것을 전혀 고려하지 않은 것이었으며, 그 역사를 알고 있었다면 당연히 독도는 마쓰시마로 명명되었어야 한다는 것을 지적하고 있다. 그러면서 그는 오쿠하라 헤키운(奧原碧雲)이 그의 저서 『독도와 울릉도』에서 언급한 의문을 인용하여 그 부당성을 입증하려고 하였다.

수로지 및 해도 중에 이미 울릉도를 마쓰시마라고 명명한 이상은, 다케시마에 해당되는 섬은 리앙코도를 두고 다른 데서 찾을 수가 없다고 하면서, 그리하여 다케시마라고 명명하게 되었다는 것이다. (여기에서) 단지 우리가 의심을 품을 수밖에 없는 것은, 수로부에 있어서 어떠한 사료(史料)에 의해 울릉도 일명 마쓰시마라고 명명한 것인지 이것이 근본적인 문제이다. 이 의문만 풀어진다면 다케시마의 명명은 가만히 있어도 저절로 해결될 것이다. 이 점이 내가 세상의 식자들에게 간절히 가르침을 청하는 바이다.[10]

나이토는 에도시대부터 사용되어 오던 울릉도의 명칭이 왜 마쓰시마로 바뀌었는지를 알 수가 없다는 의미에서, 오쿠하라의 이와 같은 견해를 인용한 것이 아닌가 한다. 오쿠하라는 독도의 강탈에 대하여, "지리상으로

---

9) 內藤正中, 「竹島の領土編入は無主地先占といえるのか」, 『鄕土石見(74)』, 石見鄕土硏究懇談會, 2007, 13-14쪽.
10) 奧原碧雲, 『竹島及鬱陵島』, 報光社, 1907, 33쪽.

혹은 경영상으로 보더라도, 또한 역사상으로 논하더라도 당연히 우리 영토로 편입해야 하는 것임에 이론(異論)의 여지가 없다는 것은 분명하다."[11]고 주장한 사람이었다. 이런 사람까지도 울릉도를 마쓰시마라고 한 이유를 알 수 없다고 했다는 것은 그들의 명칭 전도는 이해가 되지 않는 처사였다고 할 수 있다.

3. 시볼트의 「일본도」와 섬 이름의 혼란

이런 의문에 대해 보다 명확한 해명을 시도했던 사람이 바로 가와카미 겐죠(川上健三)였다. 그는 이승만 대통령이 1952년에 「대한민국 인접해양의 주권에 대한 대통령 선언」을 하자, 독도를 연구하여 1953년에 『다케시마의 영유』[12]라는 것을 프린트 판으로 출판하였고, 1966년에는 이것을 증보하여 『다케시마의 역사지리학적 연구』를 간행하였다. 그가 이 책을 통해서 독도가 일본의 영토라는 이론적 틀을 마련함으로써, 그 후에 수행된 일본의 독도 연구는 이것을 보완하는 형태를 취하고 있는 실정이다.

이렇게 일본의 독도 강탈을 합리화하려고 한 가와카미는, 독도에 대한 섬 이름의 혼란 책임을 전적으로 시볼트(Philipp Franz von Siebold)의 실수에 의한 것으로 보았다.

일본의 제 문헌과 지도에 오키도와 조선반도 사이의 일본해(日本海, 동해를 가리킴: 인용자 주)에 일본 근처에 마쓰시마, 조선 근처에 다케시마라고 하는 두 개의 있다는 것을 안 시볼트는, 다른 유럽 지도에는 같은 해역에 일본 근처에 다쥬레 섬(Island Dagelet), 조선 근처에 아르고노트 섬

---

11) 奧原碧雲, 위의 책, 32-33쪽.
12) 川上健三, 『竹島の領有』, 外務省條約局, 1953.

(Island Argonaute)이라고 하는 두 개의 섬이 그려져 있는 것으로부터, 다쥬레 섬을 마쓰시마로, 아르고노트 섬을 다케시마(Takasima)로 비정하여, 그것을 그의 지도에 기입하였다. 이것이 종래 다케시마(또는 이소다케시마(磯竹島))라고 부르고 있던 울릉도가, 마쓰시마로 불리는 오류를 범하는 단서가 되었던 것이다.

이에 대해 보다 자세하게 말한다면, ① 울릉도가 잘못하여 다쥬레와 아르고노트라고 하는, 마치 두 개의 섬인 것처럼 지도상에 기재되게 된 뒤, 1854년에 이르러 러시아의 군함 팔라다호(Pallada)가 울릉도의 위치를 정확하게 측정했다. 그 결과 전에 콜넷트(James Colnett)가 아르고노트라고 불렀던 울릉도의 위치로 보고된 경위도가 부정확했다는 것을 알았다. 그 때문에 ② 그 후의 구미 제작의 지도 가운데에는 아르고노트 섬을 점선으로 나타내기도 하고, "현존하지 않는다(nicht vorhanden)"고 주로 기록한 것 등이 나타나게 되어, 드디어 아르고노트라고 하는 섬 이름은 지도상에서 그 모습을 감추게 된 것이다.[13]

이상과 같은 가와카미의 주장에는 쉽사리 납득하기 어려운 점이 있다. 시볼트가 그린 지도에는 한국과 일본 사이에 분명하게 다케시마(울릉도)와 마쓰시마(독도)가 존재하는 것으로 명시되어 있다. 그런데도 이 지도에 표기된 영문 명칭 때문에 섬 이름의 혼란이 야기되었다고 하는 것은 수긍이 가지 않는다.

아래에 제시하는 시볼트의 지도에서 보는 것처럼, 한국과 일본 사이에 존재하는 두 섬의 위도와 경도가 잘못 표기된 것은 사실이다.[14] 하지만 그 섬들의 이름은 분명하게 'Takasima(I. Argonaute)'와 'Matsusima (I. Dagelet)'로 표기되어 있다. 그리고 여기에서 'Takasima'가 다케시마 곧 울릉도를 지칭하고, 'Matsusima'는 마쓰시마 곧 독도를 지칭한다는 것은 누구나 다 인정하지 않을 수 없는 사실이다.

---

13) 川上健三, 앞의 책, 1966, 11-12쪽.
14) 川上健三, 위의 책, 12쪽.

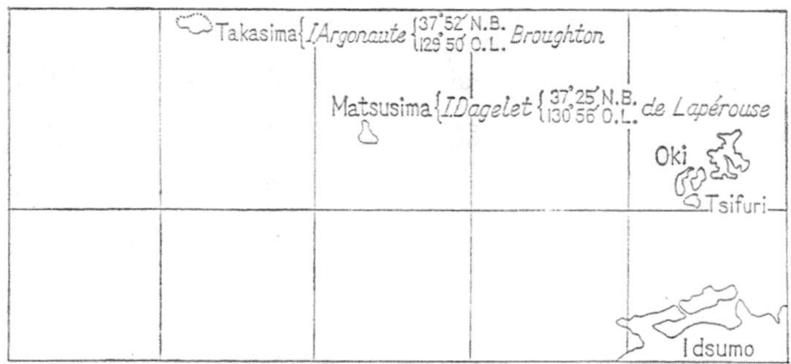

〈지도 1〉 시볼트의 일본도(1840년)

그렇지만 가와카미는 이것이 "종래 다케시마라고 부르고 있던 울릉
도가, 마쓰시마로 불리는 오류를 범하는 단서가 되었던 것"이라고 하
였다. 이와 같은 그의 지적은 일본어 명칭이 앞에 표기되어 있는데도,
그것을 읽지 않고 굳이 괄호 안에 있는 영문 표기의 지명을 읽음으로
써 혼란이 일어났다는 것이다. 곧 다케시마의 영문 표기인 아르고노트
섬(I. Argonaute)이란 명칭 때문에 일본에서 다케시마라고 불러오던 울
릉도에 마쓰시마란 명칭이 사용되는 오류의 원인이 되었다는 식으로
사실을 호도하였다.

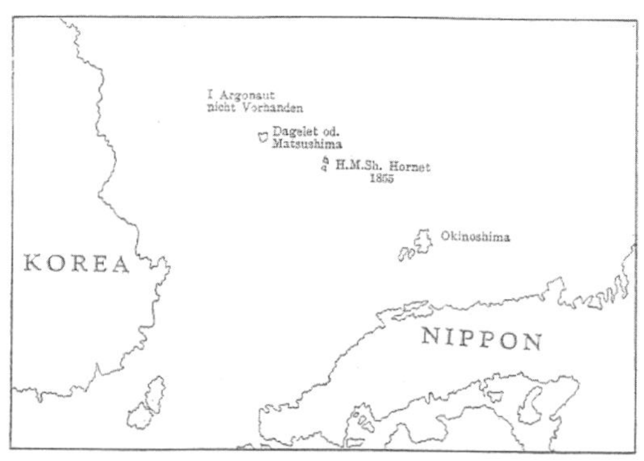

〈지도 2〉 페리 제독의 「일본 근역도(1856)

그러나 이러한 궤변은 밑줄을 그은 ①에서 보는 바와 같이, 1854년에 러시아의 군함 팔라다호(Pallada)가 울릉도의 위치를 정확하게 측정한 바 있고, 그에 따라 콜넷트(James Colnett)가 아르고노트라고 불렀던 울릉도의 위치로 보고된 경위도가 부정확했음이 알려지게 되었다는 것과 정면으로 상치된다. 특히 가와카미가 ②에서 지적한 것처럼, 아르고노트 섬은 점선으로 표기되기도 하고 또 "현존하지 않는다(nicht Vorhan- den)"로 기록되어, 이미 지도상에서 그 자취를 감추어 버렸다. 그럼에도 불구하고 이 지도가 일본에서의 섬 이름이 혼란되는 단초가 되었다고 한 것은 그 책임을 외국인에게 전가하는, 교묘한 말장난이라고 할 수밖에 없다.[15]

그 때문인지는 확실하지 않지만, 가와카미는 아래와 같은 설명을 하면서 페리 제독(M. C. Perry)이 『일본 원정기(日本遠征記)』에 실었던 「일본 근역도(日本近域圖)」를 제시하였다.

이들 지도에는 조선반도와 오키도(隱岐島) 사이의 북서쪽에서 남동쪽을 향해 3개의 섬이 그려져 있고, 북서부의 제1도를 아르고노-트, 중앙의 제2도를 다쥬레 또는 마쓰시마, 남동부의 제3도는 섬 이름을 들지 않고 영국 군함 호네트, 1855라고 적고 있다. 또 아르고노트에 대해서는 "현존하지 않는다"라고 주기(注記)하고, 섬의 형태를 그리지 않은 것이 주목된다.

1879년(메이지(明治) 12년) 및 1894년(메이지 27년)의 스탠포드의 일본도(Stanford's Library Map of Japan, 1879. Stanford's Map of Eastern China, and Japan and Korea, the Seat of War in 1894) 등도 이것과 같은 계통의 것으로, 아르고노트, 다쥬레, 호네트의 세 섬이 그려져 있다. 다만 1879년 지도에는 다카시마, 마쓰시마, 리앙쿠-르 락스로 되어 있고, 1894년 지도에는 아르고노트 섬(다카시마), 다쥬레 섬(마쓰시마), 호네트 제도(410피트)라고 되어 있다.

하지만 1872년(메이지 5년)의 A. Peterman Gotha의 「China Korea and

---

15) 川上健三, 위의 책, 13쪽.

Japan」의 지도나, 또 1880년(메이지 13년)의 J. Rittau 편찬의 「Topographische Karte von Japan」 등의 지도가 되면, 이미 아르고노트의 이름은 지도상에서 그 자취를 감추고 다쥬레(마쓰시마)와 리앙쿠르(호네트 락스) 두 섬만 남게 된다.

이렇게 해서 1900년대가 되면 구미 제 지도에서는 일반적으로 다쥬레 또는 마쓰시마. 리앙쿠르 또는 호네트라고 하는 2개의 섬만 기재하게 되어, 옛날 우리나라에서 다케시마 또는 이소다케시마(礒竹島)로 알려졌던 울릉도는 다쥬레 또는 송도라는 이름으로 바뀌게 된다.[16]

하지만 이와 같은 가와카미의 지적은 사실을 구명하려고 한 것이 아니라, 일본에서 일어난 섬 이름의 혼란 책임을 외국인들에게 떠넘기려고 한 것 같은 인상을 주고 있다. 그 이유는 이미 페리에 의해 그려진 지도 2에서 아르고노트 섬은 존재하지 않는다고 하면서 섬의 형태도 그려지지 않았다. 그런데도 그 후에 제작된 지도들이 "아르고노트, 다쥬레, 호네트의 세 섬이 그려진 것"도 있고, 또 "다쥬레, 리앙쿠르 두 섬만 남게 되었다"고 한 것은 지도 제작자들의 지리적인 인식 부족을 드러내는 것이지, 일본에서 일어난 섬 이름 혼란의 원인이 되었다고 볼 수는 없기 때문이다.

그리고 일본인들이 전통적으로 불러오던 다케시마(울릉도)와 마쓰시마(독도)라는 이름이, 일반에게 널리 알려지지도 않았던 서구 지도의 영향을 받아 전도되었다는 것은 누가 보더라도 납득이 가지 않는다. 바꾸어 말하면 일본의 관리들이 재래의 자국 지도를 제쳐두고, 잘못된 서양 사람들 제작의 지도를 참조하여 섬 이름의 혼란을 초래했다고 볼 수는 없다는 것이다. 특히 어떤 섬을 새로운 영토로 편입하기 위해서는 엄밀한 역사적 사실의 검토가 선행되어야 한다. 그럼에도 시볼트가 마쓰시마(다쥬레)로 표시했던 독도를 울릉도의 옛 명칭인 다케시

---

16) 川上健三, 위의 책, 13-15쪽.

마로 명명했다는 변명이 통용될 수 없다는 것은 너무도 자명한 이치가
아닐까 한다.[17]

4. 일본인들의 울릉도 이름 변경

일본인들이 처음으로 울릉도를 '마쓰시마(松島)'라고 지칭했다는 것
은 이규원(李奎遠)의 울릉도 검찰 복명에서 그 흔적을 찾을 수 있다.

〈자료 3〉
　울릉도 검찰사 이규원을 소견(김見)하였다. 복명하였기 때문이다. …중
략… 하교하기를, "① <u>서계(書契)와 별단(別單)은 이미 열람했고 지도(地
圖)도 보았다.</u> 산 위에 있는 나리동(羅里洞)이 넓기는 넓은데 단지 물이
없는 것이 흠이다. 그 속에 나무들이 하늘이 안 보이게 꽉 들어서 있던
가?"라고 하니, 이규원이 아뢰기를, "나리동 산 위에 따로 넓은 평지가 펼
쳐져 있어 이른바 천부(天府)의 땅이라 할 수 있습니다. 그러나 산기슭에
서부터 얼마 멀지 않은 곳에 있는 크고 작은 냇물들이 모두 복류(伏流)인
것이 하나의 큰 흠이었습니다. 나무들이 하늘을 찌를 듯이 꽉 들어서서
종일 걸어도 햇빛이 새들어오는 것을 볼 수 없었습니다."라고 하였다.
　하교하기를, "② <u>일본인이 푯말을 박아놓고 송도라고 한다는데, 그들에
게 말을 하지 않을 수 없다</u>"라고 하니, 이규원이 아뢰기를, "그들이 세워놓
은 푯말에는 송도리고 히였습니다. 송도라고 한 데 대해서는 이전부터 서
로 말이 있었습니다. 그러니 일차로 하나부사 요시타다(花房義質)에게 공

---

17) 그러나 일본의 시모죠 마사오(下條正男)는 태정관에서도 이 잘못된 지도를 근거로
하여, "다케시마 외 1도는 우리나라와 관계가 없다"는 결정을 내렸다고 주장하고
있다. 그러나 이런 주장은 태정관의 우대신 이와쿠라 도모미(岩倉具視)가 지도 한
장을 제대로 구분하지 못하는 바보였다는 주장이라는 것을 밝혀둔다(下條正男,
「竹島の日 條例から二年」, 『竹島問題に關する調査研究-最終報告書』, 竹島問題研
究會, 2007, 4쪽 ; 김화경, 「끝없는 위증의 연속」, 『독도연구(3)』, 영남대독도연구
소, 2007, 4-16쪽).

<u>문을 보내지 않을 수 없으며 또한 일본 외무성에 편지를 보내지 않을 수 없습니다</u>”라고 하였다.

하교하기를, “이 내용을 총리대신과 시임 재상들에게 이야기하여 주어라. 지금 보니 한시라도 등한히 내버려둘 수 없고 한 조각의 땅이라도 버릴 수 없다”라고 하니, 이규원이 아뢰기를, “이 전교를 일일이 총리대신과 시임 대신들에게 알려주겠습니다. 설사 한 치의 땅이라도 그것은 바로 조종의 강토인데 어떻게 등한히 내버려둘 수 있겠습니까?”라고 하였다.[18]

이 기사의 ①에는 이규원이 고종을 알현하기에 앞서 미리 별단을 제출했었다는 사실이 드러나 있다. 그리고 이 별단에는 ②에서와 같이, 이규원이 일본인들이 울릉도에 푯말을 세우고 송도(松島), 곧 마쓰시마라고 했다는 것을 보고하였으며, 고종 역시 이런 사실을 매우 무겁게 받아들이고 있었다는 것을 확인할 수 있다.

그러나 이와 같은 기사만으로는 표목에 새긴 글귀의 구체적인 내용을 정확하게 알 수가 없다. 하지만 이규원의『울릉도 검찰일기』계초본에는 “(5월) 6일 장작지포에서 통구미로 향했는데, 해변 돌길 위에 서 있는 표목이 길이 6척 넓이 1척으로 ‘대일본국 마쓰시마(松島) 쯔키노타니(槻谷) 메이지 2년 2월 13일 이와자키 다카데라가 세우다.’라고 쓰여 있어서, 과연 왜인과 문답한 바와 같았습니다.”[19]라는 기록이 남아있다.

여기에서 당시에 울릉도에 건너왔던 일본인들이 전통적으로 사용해 오던 다케시마란 명칭을 사용하지 않고, 마쓰시마라는 이름의 표목을 세웠었다는 것은 상당히 많은 것을 시사해준다. 우선 문제가 되는 것이 울릉도를 다케시마라고 부른다는 것을 알고 있었으면서도, 왜 마쓰시마란 호칭을 사용하였는가 하는 것이다.

---

18)『高宗實錄』高宗 19年 6月 己未(5日) 條.

19) 이혜은 · 이형군,『만은 이규원의 울릉도 검찰일기』, 독도연구센터, 2006, 206쪽.

이러한 호칭의 사용이 섬 이름의 혼란 때문에 야기된 것은 아니었을 것이다. 더욱이 그 당시에 울릉도에 건너왔던 일본인들이 서양의 지도를 가지고 다녔을 가능성은 거의 없었다고 보아야 한다. 왜냐하면 일본인들이 항해를 위해 지도를 이용하였다면, 그것은 서양의 지도가 아니라 자기들에게 전해오던 전통적인 지도였을 것으로 추정되기 때문이다.[20]

이 경우에 1836년 12월에 처형된 아이즈야 하치에몽(會津屋八右衛門) 사건을 상기하지 않을 수 없다. 두루 알다시피 숙종 때에 일본의 에도막부(江戸幕府)는 조선과 울릉도의 영유권·어업권을 둘러싸고 분쟁을 벌인 적이 있었다. 이것을 한국에서는 '울릉도 쟁계(鬱陵島爭界)'라고 하고, 일본에서는 '다케시마 일건(竹島一件)'이라고 하는데, 그 결과는 막부가 일본 어부들에게 울릉도 도해(渡海)를 금지하는 것으로 일단락되었다.

그 후에 막부는 일본인들의 울릉도 도항을 철저하게 금지하고 있었다. 그러므로 정상적으로는 울릉도에 도해할 수가 없었다. 그러던 중에 1836년에 '아이즈야 하치에몽의 밀무역 사건'이 발생했다. 이때에 하치에몽은 하마타번(浜田藩)의 회계였던 하시모토 산베(橋本三兵衛)와 더불어 울릉도에 건너와서 일본도(日本刀)와 같은 무기를 거래하다가 발각되어 사형에 처해졌다.[21] 이 사건을 계기로, 막부는 다시 '덴보 다케시마 도해 금령(天保竹島渡海禁令)'을 내려, 일본인들의 다케시마(울릉도) 도해를 엄금하였다. 다케시마(울릉도)가 일본의 판도 바깥이라는 정치적 확인이 에도 막부에 의해 거듭 확인되었던 것이다.[22]

---

20) 실제로 이 당시에 시마네(島根)와 돗토리(鳥取) 지방의 어부들은 울릉도를 다케시마(竹島)로 칭하고 있었다고 한다(奧原碧雲, 『竹島及鬱陵島』, 報光社, 1907, 44쪽).

21) 藤原芳男 編, 『竹島事件史, 會津屋八右衛門』, 浜田市觀光協會, 1988, 12쪽.

22) 池內敏, 「近世日本の西北境界」, 『史林(90-1)』, 京都大學史學科, 2007, 124쪽.

따라서 시마네현을 비롯한 일본 서해안 일대의 주민들은 이 사실을 너무도 잘 알고 있었을 것으로 상정된다. 환언하면 조선의 영토인 다케시마(울릉도)에 건너가면 처벌을 받는다는 사실이 널리 알려져 있었다는 것이다. 하지만 이 섬에는 많은 자원이 있어 돈을 벌 수 있는 곳이었다. 그렇기 때문에, 기회를 노리다가 금지령을 무릅쓰고 울릉도에 도해를 감행하는 사람들도 생겨나게 되었을 것으로 보인다.

그때에 그들이 생각해낸 것이 도해 금지령을 내린 곳은 다케시마라고 부르던 울릉도였기 때문에, 이 섬을 다케시마가 아니라 마쓰시마(松島)인 줄 알고 도해를 했다고 하는 것이 아니었을까 한다. 다시 말해 울릉도에 건너온 일본인들은 '도해 금지령 위반'의 처벌을 모면하기 위해서, 의도적으로 이 섬을 마쓰시마라고 지칭했다는 것이다.

이러한 추정은 위에서 언급한 아이즈야 하치에몽의 진술을 통해서도 그 타당성을 입증할 수가 있다. 그의 공술(供述) 내용은 1990년 도쿄대학(東京大學) 부속도서관에 소장되어 있던 『다케시마 도해 일건기(竹島渡海一件記) 전』이 발견됨으로써 그 대강이 밝혀졌다.

〈자료 4〉
　오카다 타노모(岡田賴母) 님의 허락을 받아 도해할 수 있도록, 하시모토 산베(橋本三兵衛)에 부탁해 두었던 바, 정월 18일 에도(江戶) 근무의 무라이 슈에몽(村井荻右衛門) 님으로부터 제 앞으로 편지가 왔다. 다케시마는 일본의 땅이라고 결정하기 어려우므로, 도해 계획을 포기하라는 것이었다. 예상에 반하는 회답이어서 유감스럽지 않았으나, 하시모토 산베에게 이 편지를 지참하고 (가서), 다시 오카다 타노모 님의 허락을 받도록 부탁해두었다. 얼마 있다가, 하시모토 산베에게 형편을 물으러 갔더니, 에도 사무소로부터의 전언(傳言)은 ① "다케시마는 그만두고 마쓰시마에 도해를 시도해보면 어떨까?" 하는 것이었다. ② 마쓰시마는 작은 섬으로 예정에 없었으나, 에도 사무소에는 마쓰시마에 (간다)라는 구실을 남겨두고, 다케시마에 도해를 시도해보면 어떨까? 만일 다른 사람들로부터 (이 도해

<u>가) 누설되었을 때는 표류하다가 도착(漂着)한 것으로 가장하자는 등, 세세한 상의를 하시모토 산베와 하고 빨리 도해하기로 하였다.[23]</u>

그의 공술은 어디까지 진실이고 어디까지가 거짓인지를 구분하기가 쉽지 않다. 문맥상의 내용으로는, 그가 ①의 전언을 들은 곳은 에도 근무의 무라이 슈에몽인 것 같다. 하지만 처벌자 명단에 무라이가 보이지 않는 것으로 보아,[24] ②에서와 같은 변명을 하기 위해 일부러 무라이를 끌어들였을 수도 있다.

만약에 이러한 추정이 사실이라고 한다면, 아이즈야 하치에몽은 당시 일본에서 다케시마라고 부르던 울릉도에 건너가 자원을 수탈하고 밀무역을 하기 위해서 의도적으로 그 이름을 바꾸려고 했다는 것을 알 수 있다. 곧 울릉도인 다케시마에 건너가면서도, 독도인 마쓰시마에 건너간다고 했다는 것이다. 따라서 그의 이런 의도적인 섬 이름의 전도는 그 후에 다케시마라고 부르던 울릉도를 마쓰시마로 바꾸어 부르는 단초가 되었다고 보는 것이 사리에 맞을 것 같다.

이와 같은 상정은 1876년(明治 9년) 7월에 무토 헤이가쿠(武藤平學)란 자가 일본 외무성에 제출하였던 「마쓰시마 개척에 대한 안건」을 통해서 더욱 확실한 확증을 얻을 수 있다.

〈자료 5〉

① 우리나라 오키의 북쪽에 있는 마쓰시마는 대략 남북으로 5~6리, 동서로 2~3리 정도가 되는 하나의 고도(孤島)로서 해상에서 본 바 한 채의 인가도 없는 섬입니다. ② 이 마쓰시마와 다케시마는 모두 일본과 조선 사이에 있는 섬들인데, 다케시마(竹島)는 조선에 가깝고 마쓰시마(松島)는 일본에 가깝습니다. ③ 마쓰시마의 서북쪽 해안은 높은 암벽으로 되어 있

---

23) 森須和男, 『八右衛門とその時代』, 浜田市敎育委員會, 2002, 19-20쪽.
24) 藤原芳男 編, 앞의 책, 1988, 19-20쪽.

어, 깎아지른 듯한 절벽이 즐비하므로 나는 새가 아니면 가까이 갈 수 없는 곳입니다. 또 남쪽 해안은 산맥이 바다 쪽으로 향할수록 점차 낮아져서 평탄한 곳을 이루었으며, 산꼭대기 조금 밑에서부터 폭이 수백 간이 되는 폭포수가 떨어지므로 평지에 전답을 만들어 경작하기에 편합니다. 또 해변 여기저기에 작은 만(灣)이 있으므로 배를 댈 수 있습니다. 이에 더하여 그 섬은 소나무가 울창하여 늘 검푸른 것을 볼 수 있습니다. 광산도 있다고 합니다. …중략… 특히 ④ 지난 메이지(明治) 8년(1875년) 11월에 블라디보스토크에 도해했을 때, 그 섬의 남쪽에서 폭풍을 만났고, 밤이 되자 배가 마쓰시마와 충돌할지도 모른다는 두려움에 배에 있던 사람들이 천신만고하였는데, 어두운 밤이었고 또 비바람이 심하게 치고 많은 눈이 내리기도 하여 더더욱 그 섬이 보이지 않았으므로 어찌될지 몰라 배안의 모든 사람들이 한마디 말도 없이 한숨만 크게 내 쉰 적도 있었으니, 우선 그 섬에 신속히 등대를 설치해주시기를 청원합니다.

메이지 9년 7월 무토 헤이가쿠[25]

무토가 이와 같은 개척원을 제출하면서 내세운 것은 국가에 대한 충성과 국익을 위한다는 명분이었다. 이런 명분 아래서 개척을 희망한 곳은 바로 한국의 울릉도였다. 그는 밑줄을 그은 ②에서 "이 마쓰시마와 다케시마는 모두 일본과 조선 사이에 있는 섬들인데, 다케시마는 조선에 가깝고 마쓰시마는 일본에 가깝습니다."라고 하여, 다케시마를 울릉도, 마쓰시마를 독도로 인식하고 있는 듯한 태도를 취했다.

그러나 무토는 ①에서 "우리나라 오키의 북쪽에 있는 마쓰시마는 대략 남북으로 5~6리, 동서로 2~3리 정도가 되는 하나의 고도(孤島)로서 해상에서 본 바 한 채의 인가도 없는 섬입니다."라고 한 것과, ③에서 "마쓰시마의 서북쪽 해안은 높은 암벽으로 되어 있어, 깎아지른 듯한 절벽이 즐비하므로 나는 새가 아니면 가까이 갈 수 없는 곳입니다. 또 남쪽 해안은 산맥이 바다 쪽으로 향할수록 점차 낮아져서 평탄한 곳을

---

25) 北澤正誠, 『竹島考證(下)』 東京, エムティ出版 復刻板, 1966, 173-181쪽.

이루었으며, 산꼭대기 조금 밑에서부터 폭이 수백 간이 되는 폭포수가 떨어지므로 평지에 전답을 만들어 경작하기에 편합니다. 또 해변 여기저기에 작은 만(灣)이 있으므로 배를 댈 수 있습니다. 이에 더하여 그 섬은 소나무가 울창하여 늘 검푸른 것을 볼 수 있습니다. 광산도 있다고 합니다"라고 한 곳은, 그들이 전통적으로 불러오던 마쓰시마, 곧 송도(松島)가 아니었다.

여기에서 무토 헤이가쿠가 울릉도를 자기들에게 가까운 마쓰시마라고 한 것은, 외무성 당국자를 속여서 개발의 허가를 얻기 위한 의도적인 섬 이름의 전도였다. 이러한 단정은 그가 섬 이름을 일부러 바꾸어 지칭한 것이 명확하기 때문이다.

따라서 이와 같은 명칭의 전도는 다음과 같은 효과를 기대한 처사였을 것으로 추정된다. 곧 정부 당국이 금지하고 있는 울릉도의 개발 허가를 얻기 위해서, 다케시마가 아닌 마쓰시마라는 이름을 사용하였다. 그리고 이렇게 해도 개발 허가를 얻지 못하고 도해를 하였다가 발각이 되는 경우에, 그 섬이 금지의 대상이라는 사실을 몰랐었다는 변명이 가능하다고 생각했다는 것이다.

이런 상정을 할 수 있는 것은 앞에서 소개한 자료 4에서 밑줄을 그은 ② 때문이다. 여기에서 무토는, "마쓰시마는 작은 섬으로 예정에 없었으나, 에도 사무소에는 마쓰시마에 (간다)라는 구실을 남겨두고, 다케시마에 도해를 시도해보면 어떨까? 만일 다른 사람들로부터 (이 도해가) 누설되었을 때는 표류하다가 도착한 것으로 가장하자는 등, 세세한 상의를 하시모토 산베와 하고 빨리 도해하기로 하였다."라고 한 공술을 한 것은 그들이 갔던 곳이 금지의 대상이었던 다케시마(울릉도)가 아니라 마쓰시마(독도)였다고 하여 그 죄를 모면하려고 하였다는 것을 확인할 수 있다.

그런데 이와 같은 추정을 하면서, 무토가 울릉도에 표착한 적이 있었던 것 같은 기술을 했다는 점에 주목할 필요가 있다. 이런 흔적이 발견되는 곳은 밑줄을 그은 ④의 문장이다. 여기에서는 1875년 11월에 블라디보스토크로 도해를 하다가 폭풍을 만났는데, 밤이 되자 배가 마쓰시마와 충돌할지도 모르는 두려움을 느꼈다고 표현하고 있다. 이것은 섬에 아주 가깝게 접근했었다는 것을 말해준다. 그리고 위의 인용문 그 앞에는 마쓰시마에 "집 한 채도 없고 한 필지의 경작지도 없습니다"라고 하여, 실제로 자기가 확인을 한 것처럼 표현을 하였다.

만약에 이렇게 무토 일행이 울릉도에 상륙한 적이 있었다고 한다면, 그가 이 섬에 대해 「마쓰시마 개척에 대한 안건」을 제출한 것은 자신의 도해 책임을 모면하기 위한 수단으로, 의도적으로 섬 이름을 변경했다고 보아도 무방하지 않을까 한다.

5. 독도 이름 개칭의 저의

위에서와 같이 민간에서 섬 이름을 바꾸어 불렀다는 것이 정부 당국에 어떤 영향을 미쳤는가 하는 것을 구명하기란 그렇게 쉬운 일이 아니다. 하지만 어떻게 하여 정부에서 민간들 사이에서 이루어진 섬 이름의 변경을 수용하였는가 하는 문제를 해명할 수만 있다면, 일본정부가 의도적으로 섬 이름을 전도시켰던 저의를 어느 정도 파악할 수가 있을 것이다.

그래서 먼저 이러한 섬 이름의 혼란과 그 과정을 연도별로 정리하면 다음 표와 같다.[26]

---

26) 이 표를 만들면서 참고한 자료는 아래와 같다.
　　신용하, 『독도의 민족영토사 연구』, 지식산업사, 1996, 139-240쪽 ; 신용하 편저, 『독도 영유권 자료의 연구(3)』, 독도연구보전협회, 2000, 224-231쪽 ; 송병기, 『울릉

울릉도와 독도 명칭의 변화 과정

연월 사항	관련사항	비고
1836년 12월	아이즈야 하치에몽 다케시마(울릉도)에서의 밀무역 발각으로 사형	
1837년	에도 막부 재차 다케시마(울릉도) 도해 금령 하달	
1874-1878년	내무성 지리국 편찬의 『일본지지제요(日本地誌提要)』에는 다케시마(울릉도)와 마쓰시마(독도)로 명기	
1869년 2월	이와자키 다카데라 울릉도에 마쓰시마란 표목 건립	
1876년 9월	무토 헤이가쿠 마쓰시마(울릉도) 개척에 대한 안건을 외무성에 제출	
1877년 3월	시마네현 다케시마(울릉도) 외 1도 지적 편찬에 관한 질의서 내무성에 제출	
1877년 3월	태정관 우대신 이와쿠라 도모미 위의 질의에 대한 회신	
1881년 8월	기타자와 세이세이 외무성의 명을 받아 조사한 『다케시마(울릉도) 고증』 제출	
1881년 8월	기타자와 세이세이 『다케시마(울릉도) 판도 소속고』 외무성에 제출	
1904년 9월	나카이 요사부로 「양코도(독도)영토편입 및 대여원」 내무성과 외무성, 농상무성에 제출	
1904년 11월	시마네현 내무부장 호리 신지 오키도사에게 섬 이름 명명에 대한 질의	
1904년 11월	오키도사 아즈마 후미스케 내무부장에게 다케시마(독도)로 할 것을 회신	
1905년 1월	내각회의 다케시마(독도)로 할 것을 결정	
1905년 2월	시마네현 다케시마의 영토 편입을 결정	

이 표를 보면, 일본정부에서 독도를 '다케시마'로 명명했던 이유를 어느 정도 유추할 수 있다. 1836년 아이즈야 하치에몽이 "마쓰시마(독도)는 작은 섬으로 예정에 없었으나, 에도 사무소에 마쓰시마에 (간다)라는 구실을 남겨두고, 다케시마에 도해를 시도"하려고 한 다음, 민간

도와 독도』, 단국대출판부, 1999, 133-167쪽 ; 송병기 편, 『독도영유권자료선』, 한림대 아시아문화연구소, 2004, 136-156쪽 ; 奧原碧雲(1907), 44쪽.

에서는 울릉도를 마쓰시마라고 지칭하였다. 하지만 에도막부와 그 뒤를 이은 메이지(明治) 정부에서는 일관되게 울릉도를 다케시마로 불러왔었다. 특히 일본인들의 불법적인 울릉도 도항이 조선과 일본 사이의 외교 문제로 비화되자, 외무성이 기타자와 세이세이(北澤正誠)에게 의뢰하여 울릉도의 소속 문제를 조사·보고하게 하였는데, 그것이 『다케시마 고증(竹島考證)』으로 출판된 1881년에도 울릉도를 '다케시마'하고 지칭했었다는 것이 명확하게 드러나 있다.

그러나 1904년 9월 나카이 요사부로(中井養三郎)가 이 섬을 영토로 편입하여 대여해달라고 하는 원서를 제출했을 때에는, 마쓰시마라고 불리오던 독도의 이름이 느닷없이 '양코도'로 바뀌었다. 여기에서 나카이가 영토 편입원 및 대여원을 제출한 것은 당시 관리들의 사주에 의한 것이었음을 상기할 필요가 있다. 두루 알다시피 나카이는 독도의 대여를 대한제국 정부에 청원하여 독점적인 어업권을 확보하려고 했었다.27) 그렇지만 농상무성 수산국장인 마키 나오마사(牧朴眞)가 반드시 한국 령에 속하지 않을지도 모른다는 의심을 가지게 만들었고, 해군 수로국장 기모쯔키 가네유키(肝付兼行)는 이 섬이 완전히 소속이 없다는 주장을 하였으며, 외무성 정무국장 야마자 엔지로(山座圓次郎)는 러일전쟁의 시국으로 볼 때 영토 편입이 급하게 필요하다고 하였다. 이처럼 제국주의의 영토 탈취에 앞장섰던 관리들의 사주를 받아, 나카이는 독도의 영토 편입 및 그 대여원을 제출했던 것이다.28)

그러므로 독도의 영토 편입은 일본의 국가권력에 의해 자행된 대한제국 국토의 강탈이었다고 할 수 있다. 이렇게 나카이를 앞세워 독도를 점취하면서, 그들은 재래의 호칭인 마쓰시마란 이름을 그대로 사용

---

27) 신용하 편저, 『독도영유권자료의 탐구(2)』, 독도연구보전협회, 1999, 262쪽.

28) 김화경, 「동해해전과 독도의 전략적 가치」, 『대구사학(103)』, 대구사학회, 2011, 152-156쪽.

한다는 것은, 무주지 선점론(無主地先占論)이라는 그들의 대의명분을 크게 그르칠 우려가 있다고 판단했을 것이다. 그리고 전통적으로 불러오던 마쓰시마를 새로운 영토로 편입한다는 것은 대한제국의 영토를 빼앗았다는 인상을 줄 수도 있다고 생각했을 것이다.

특히 일본인들이 울릉도를 다케시마, 독도를 마쓰시마로 지칭해왔다는 것은 후자가 전자에 부속된 섬이었다는 것을 인정하는 것이었다. 그 까닭은 그들이 전통적으로 마쓰시마를 독립된 섬으로 보지 않고 다케시마에 부속된 섬으로 보아왔기 때문이었다. 바로 이러한 예의 하나가 시마네현이 내무성에 보냈던 「일본해(동해) 내 다케시마 외 1도의 지적편찬에 관한 질의」였다. 여기에서 그들이 말한 다케시마(울릉도) 외 1도는 마쓰시마(독도)가 분명했다.[29]

따라서 한국의 영토였던 독도를 점취하기 위해서는 그에 따른 새로운 명분의 축적이 필요했다. 그래서 고안해낸 것이 시마네현으로 하여금 그 명칭을 조회하도록 하는 조처였을 것이다. 거듭 말하지만 새로운 영토의 취득은 국가의 중대사였다. 그럼에도 불구하고 불과 20여년 전까지 사용해오던 마쓰시마란 호칭에 대해 역사적인 검증을 실시하지 않았다. 그 대신에 시마네현 내무부장이었던 호리 신지(堀信次)로 하여금 오키도사(隱岐島司) 아즈마 후미스케(東文輔)에게 섬 이름을 조회하도록 한 것이 고작이었다.

이 과정에서 오키도사였던 아즈마가 독도를 마쓰시마라고 지칭해왔다는 사실을 몰랐을 리가 만무하다. 그곳은 1881년까지 마쓰시마라고 불렸던 곳이었다. 그런데도 그러한 사실을 전혀 고려하지 않았다는 것은 말이 되지 않는다.[30] 게다가 아즈마 후미스케가 자신이 관할하는

---

29) 김화경, 『독도의 역사』 영남대 출판부, 2011, 257-265쪽.
30) 1906년 3월에 실시된 독도와 울릉도의 시찰단으로 오키도사였던 아즈마 후미스케가 참석했음에도 불구하고, 『독도와 울릉도』를 저술한 오쿠하라 헤키운은 그들이

오키도의 주민들에 의해 다케시마로 호칭되다가, '도해 금지령'의 위반으로 야기될 처벌을 피하기 위하여 마쓰시마라고 부르는 섬이 울릉도였다는 사실을 알지 못하고 있었다는 것도 이해가 되지 않는다.

그러므로 일본정부가 시마네현의 내무부장 호리 신지로 하여금 오키도사 아즈마 후미스케에게 그 명칭을 조회하는 형태를 취하도록 한 것은 전통적으로 사용해오던 이름을 버리고, 새로운 영토의 취득이라는 명분을 충족시키는 이름의 개칭을 위한 절차에 지나지 않는 처사였다고 할 수 있다. 이러한 추정이 사실이라고 한다면, 독도에 대해 전통적으로 불러오던 마쓰시마란 이름 대신에 다케시마란 이름을 사용한 것은 서구의 잘못된 지도 탓이 아니라, 정부 당국의 계획에 따른 의도적인 조처였다고 할 수 있다.

6. 맺음말

일본은 에도시대부터 독도를 마쓰시마, 울릉도를 다케시마로 불러왔었다. 하지만 1905년 그들이 독도를 강탈할 때에는 여기에 다케시마란 이름을 붙였다. 이러한 섬 이름의 개칭은 대한제국의 영토를 탈취하기 위한, 의도적인 조처였을 가능성이 짙다. 그렇지만 일본의 학자들은 이러한 사실을 호도하기 위해서 서구 사람들, 특히 시볼트의 잘못된 「일본도(日本圖)」 때문에 섬 이름의 혼란이 야기되었고, 이러한 혼란으로 인해 독도에 다케시마란 이름이 붙여졌다고 하여 그 책임을 시볼트에게 전가하고 있다.

본 연구는 이러한 일본 학자들의 왜곡된 주장을 바로잡기 위해서 마

점취한 독도를 '신 다케시마(新竹島)'로 기술했다는 것은 아즈마가 이 섬의 명명과 관계가 없었음을 시사해주는 것이어서 주목을 끈다(奧原碧雲, 앞의 책, 1907, 43쪽).

련되었다. 그리하여 논의를 전개해오면서 얻은 성과를 간단하게 요약한다면 아래와 같다.

첫째 가와카미 겐죠가 시볼트의 잘못된 지도로 인해 야기된 섬 이름의 혼란 때문에, 독도에 다케시마란 이름이 붙여지게 되었다고 한 주장은 허구라는 사실을 구명하였다. 시볼트의 지도에는 분명하게 울릉도를 다케시마, 독도를 마쓰시마라고 하고 있었다. 단지 그 위도와 경도의 표시에는 오류가 있었다는 것은 분명한 사실이었다. 그런데도 앞에 있는 일본어 명칭을 읽지 않고, 일부러 괄호 안에 있는 영어 지명을 취함으로써, 섬 이름에 혼란이 초래되었다고 하는 주장은 설득력이 떨어진다는 것을 밝혔다.

둘째 그 뒤에 동해에 아르고노트와 다쥬레, 호네트 세 섬이 그려진 지도가 서구에서 제작되었다는 것을 지적하였으나, 이것은 서구 사람들의 부족한 지리적 인식을 반영하는 것에 지나지 않는다는 견해를 제시하였다. 이러한 추정은 이미 1856년에 페리의『일본 원정기』에 첨부된「일본 근역도」에 아르고노트 섬이 존재하지 않는다는 사실이 명시되어 있었을 뿐만 아니라, 섬의 형체도 그려지지 않았다는 데에 근거를 둔 것이었다. 그리고 이렇게 잘못된 지도가 영토의 편입과 같은 국가의 중대사에 이용될 수 없다는 것은 너무도 자명한 이치라는 것도 아울러 구명하였다.

셋째 일본인들이 울릉도를 마쓰시마라고 부른 것은 상당히 의도적인 것으로 보았다. 이러한 사실은 1836년 아이즈야 하치에몽(會津屋八右衛門) 사건에서 그 단서를 찾을 수 있었다. 하치에몽은 막부의 도해금지령을 위반하고 울릉도에 건너와 밀무역을 한 혐의로 체포되어 사형에 처해졌다. 이렇게 사형에 처해진 그는 심문과정의 공술에서 예정에 없는 마쓰시마(독도)에 간다는 핑계를 대고 실제로는 다케시마(울릉도)에 가려고 했었다고 하였다. 이 과정에서 일어난 섬 이름의 전도는 다케시마라고 부르던 울릉도에 건너왔다가 발각이 되는 경우에 받을 가능성이 있는 처벌을 피하기 위한 수단이었음이 분명하다는 것을 해명하였다.

넷째 하치에몽의 이러한 의도적인 명칭 전도는 그 후에 다케시마라고 하던 울릉도를 마쓰시마로 바꾸어 부르는 단초가 되었을 것으로 상정하였다. 실제로 1876년 무토 헤이가쿠(武藤平學)란 자는 「마쓰시마 개척에 대한 안건」을 외무성에 제출하였는데, 그가 여기에서 말한 마쓰시마는 명확하게 울릉도였다. 그런데도 이것을 마쓰시마라고 한 것은 개척의 허가를 받기 위한 수단이었다는 점에서, 하치에몽의 발상과 같은 것이었다고 간주했다. 특히 그의 이 안건에는 자신이 울릉도에 상륙을 했던 것 같은 표현을 한 곳이 있었다. 따라서 그가 개척에 대한 안건을 제출한 것은 자신에게 내려질지도 모르는 처벌을 면하기 위한 방안이었을 가능성도 있다는 것을 지적하였다.

다섯째 일본정부는 1881년까지 울릉도에 다케시마란 공식적인 명칭을 사용하고 있었다. 그러다가 나카이 요사부로(中井養三郎)가 영토 편입 및 대여원을 제출할 때에는 양코도라고 하였다는 점에 유의하였다. 나카이의 이 원서 제출은 당시 해외 영토의 확장에 앞장서고 있던 관리들, 곧 농상무성 수산국장 마키 나오마사(牧朴眞)와 해군 수로국장 기모쯔키 가네유키(肝付兼行), 외무성 정무국장 야마자 엔지로(山座圓次郎) 등의 사주를 받은 것이었으므로, 섬 이름의 변경 역시 이들의 교사에 의한 것이었을 가능성이 있다는 견해를 제시하였다.

여섯째 일본은 독도를 강탈하면서, 시마네현 내무국장인 호리 신지(堀信次)가 오키도사에게 섬 이름을 조회하였고, 오키도사 아즈마 후미스케(東文輔)는 울릉도를 마쓰시마라고 부르고 있다면 새로운 섬은 다케시마로 해야 한다는 회신을 얻었다. 하지만 이러한 회신은 섬의 역사에 대한 조사를 제대로 하지 않았다는 점에서 문제가 있었다. 새로운 영토의 취득을 위해서는 그에 대한 역사적 사실을 엄밀하게 조사할 필요가 있는 것은 두 말할 나위도 없다. 그런데도 그러한 조사가 이루어지지 않았다는 것은 어떤 명분을 충족시키기 위한 절차상의 요건만 갖추는데 그쳤다는 것을 말해주는 것으로 상정하였다.

일곱째 그래서 그들이 찾으려고 했던 명분이 무엇일까 하는 것을 규명하려고 하였다. 여기에서는 그들이 재래의 마쓰시마란 이름을 그대로 사용하여 영토로 편입하는 것은 대한제국의 영토를 빼앗았다는 비판을 받을 우려가 있었다. 이러한 우려를 불식시키기 위한 방법이 마쓰시마라고 부르던 독도에 새로운 이름을 붙이는 것이었으며, 그리하여 붙인 이름이 다케시마였다는 것이다. 다시 말해 일본인들이 울릉도에 도해했다가 받은 처벌을 피하기 위해서 울릉도를 마쓰시마로 불렀다는 것을 감안하여, 울릉도의 이름이었던 다케시마를 독도의 이름으로 바꾸었다는 것이다.

마지막으로 이러한 호칭의 전도를 통해, 그들은 마치 동해에 임자가 없이 있었던 섬을 새롭게 자기 나라의 영토로 취득한 것처럼 호도하였던 논리, 곧 무주지 선점론이라는 명분을 충족시킬 수 있다고 보았을 것이라는 상정을 하였다.

[참고문헌]

『高宗實錄』
『公文類聚』
김화경, 「끝없는 위증의 연속」『독도연구(3)』, 영남대독도연구소, 2007.
______, 「동해해전과 독도의 전략적 가치」, 『대구사학(103)』, 대구사학회, 2011.
김화경, 『독도의 역사』, 영남대출판부, 2011.
송병기 편, 『독도영유권자료선』, 한림대 아시아문화연구소, 2004.
______, 『울릉도와 독도』, 단국대출판부, 1999.
신용하 편저, 『독도 영유권 자료의 연구(2)』, 독도연구보전협회, 1999.
______ 편저, 『독도 영유권 자료의 연구(3)』, 독도연구보전협회, 2000.
______, 『독도의 민족영토사 연구』, 지식산업사, 1996.
이혜은·이형군, 『만은 이규원의 울릉도 검찰일기』, 독도연구센터, 2006.

內藤正中, 「竹島の領土編入は無主地先占といえるのか」, 『鄕土石見(74)』, 石見鄕土硏究懇談會, 2007.
北澤正誠, 『竹島考證(下)』東京, エムティ出版 復刻板, 1996.
森須和男, 『八右衛門とその時代』, 浜田市敎育委員會, 2002.
奧原碧雲, 『竹島及鬱陵島』, 報光社(2005年 復刻板), 1907.
藤原芳男 編, 『竹島事件史, 會津屋八右衛門』, 浜田市觀光協會, 1988.
田保橋潔, 「鬱陵島 その發見と領有」『靑丘學叢』3, 靑丘學會, 1931.
川上健三, 『竹島の領有』, 外務省條約局, 1953.
______, 『竹島の歷史地理學的硏究』, 古今書院, 1966.
秋岡武次郎, 「日本海西南の松島と竹島」, 『社會地理』27, 日本社會地理協會, 1940.
下條正男, 「竹島の日 條例から二年」, 『竹島問題に關する調査硏究-最終報告書』, 竹島問題硏究會.

일본의 독도 '고유영토설' 비판

김 호 동

1. 머리말

1905년 2월 22일, 일본은 '시마네현 고시 제40호'를 통해 일본의 영토로 편입하였다고 하지만 그 결정은 아래와 같은 각의 결정문을 통해 일본 내각회의에서 결정된 것이다.

> 별지 내무대신 청의 무인도소속에 관한 건을 심사해보니, 북위 37도 9분 30초, 동경 131도 55분, 隱岐島를 踞하기 서북으로 85리에 있는 이 무인도는 타국이 이를 점유했다고 인정할 형적이 없다. … 明治 36년 이래 中井養三郎이란 자가 該島에 이주하고 어업에 종사한 것은 관계서류에 의하여 밝혀지며, 국제법상 점령의 사실이 있는 것이라고 인정하여 이를 本邦所屬으로 하고 島根縣所屬 隱岐島司의 소관으로 함이 무리 없는 건이라 사고하여 請議대로 閣議決定이 성립되었음을 인정한다.[1]

일본 각의가 독도를 "무인도로서 타국이 이를 점유했다고 인정할 형적이 없다"고 하여 '無主地 先占論'을 내세워 자국의 영토로 편입하는

---

[1] 『公文類聚』 第29編 卷1.

조처를 취하였지만 시마네현을 통해 고시하였을 뿐이다. 그리고 이듬해 시마네현의 관리들이 사전 절차도 밟지 않은 채 독도를 거쳐 울릉도에 나타나 슬그머니 독도를 자국의 영토라고 운운하였다. 그 100년을 기념하여 2005년에 시마네현 의회가 조례를 통해 2월 22일을 '竹島의 날'로 정하기도 했지만 일본정부는 달리 무주지선점론 대신에 독도가 '일본의 고유영토'라고 주장한다.

1905년 일본 각의가 무주지선점론을 내세워 자국의 영토로 편입하는 조처를 폈음에도 불구하고 일본정부가 고유영토설을 내세우는 것은 1905년의 무주지선점론이 설득력이 없음을 스스로 자인하는 꼴이다. 일본의 독도에 대한 '고유영토설'의 대표적 연구는 이승만 대통령의 평화선 선포 이후 한일 정부 간의 독도문제를 둘러싼 공방이 벌어졌을 때인 1953년 7월의 '다케시마에 관한 일본정부의 견해'와 1954년 2월의 일본 외무성의 외교문서에 이미 담겨져 있다.[2] 당시 일본정부의 독도영유에 관한 견해를 총괄 작성하는 역할을 한 외무성 조약국의 사무관인 가와카미 겐조(川上健三, 1953, 1966)를 비롯해 다가와 코조(田川孝三, 1954, 1989) 등에 의해 제기되어 다무라 세이자부로(田村淸三郎, 1965), 오쿠마 요시카즈(大熊良一, 1968), 쓰카모도 타카시(塚本孝, 1983, 1985, 2002), 시모죠 마사오(下條正男, 1999, 2004) 등에 의해 계승되어 주장되었다.[3] 이러한 연구 성과에 힘입어 일본 역사교과서

---

2) 한국외무부, 『독도관계 자료집(Ⅰ): 왕복외교문서(1952~1976)』, 1977, 16-17쪽.
3) 무주지선점론과 고유영토설에 관한 일본의 연구에 대해서는 현대송 편, 『한국과 일본의 역사인식』, 나남, 2008, 35-40쪽에 정리되어 있다. 그가 정리한 고유영토설 관련 논문은 다음과 같다.
   川上健三, 『竹島の領有』外務省條約局, 1953 ; 『竹島の歷史地理學的硏究』, 古今書院, 1966 ; 田川孝三, 「竹島領有に關する歷史的考察」, 『東洋文庫書報』 20, 1988, 6-52쪽 ; 田村淸三郎, 『島根縣竹島の新硏究』, 報光社, 1965 ; 大熊良一, 『竹島史稿』, 原書房, 1968 ; 中村榮孝, 「竹島の歸屬問題に寄せて」, 『日鮮關係史(上)』, 吉川弘文館, 1970 ; 森田芳部, 吉澤淸次郎監修, 「竹島問題」, 吉澤淸次郎監修, 『日本外交史第28卷: 講和後の外交(Ⅰ)』, 鹿島硏究所出版會, 1973 ; 塚本孝, 「サソフランシスコ

의 우경적 서술을 선도하고 있던 새역모가 2002년도판 중학교 공민교과서에서 독도를 일본의 고유영토라고 언급하기 시작한 이래 2006년도 고등학교 일본사 교과서 두 종에서 독도가 일본의 고유영토임을 주장하는 내용이 등장하기 시작하였다.[4]

마침내 2008년 2월, 일본 외무성은 일본이 17세기에 독도에 대한 영유권을 확립하였다고 주장하면서 독도에 대한 '고유영토설'을 공식화하였다.[5] 외무성의 竹島 홍보 팸플릿은 1905년의 '無主地先占論' 대신에 '17세기 영유권 확립설'을 내세우고 있다. 왜 일본은 외무성 홈페이지를 통해 '17세기 영유권 확립설'을 내세우면서 1905년의 시마네현 고시를 통해 다케시마의 영유 의사를 재확인하였다고 하는가? 그것은 일본의 독도 '고유영토설'과 '무주지선점론'이 서로 상충되기 때문이다. 외무성의 고유영토설은 7월 14일의 문부과학성의 '학습지도요령해설서'에도 명시됨으로써 중·고등학교의 교과서에서도 독도가 일본의 고유영토라는 주장이 예외 없이 기술되고 있다. 그런 점에서 일본의 독도 고유영토설에 대한 이해와 그에 대한 새로운 연구방향의 설정은 물론 교육방안에 대해서도 진지한 검토가 필요하다.

條約と竹島」『レフアレンス』33-6, 1983 ; 塚本孝,「平和條約と竹島」(再論)」,『レフアレンス』44-3, 1994 ; 塚本孝,「竹島領有權問題の經緯」, 國立國會圖書館 ISSUE BRIEF NUMBER 244, 1994 ; 下條正男,『日韓·歷史克服への道』, 展轉社, 1999 ; 下條正男,『竹島は日韓どちらのものか』, 文春新書, 2004.

4) 신주백,「한국과 일본 역사교과서의 독도에 관한 기술의 변화」,『독도연구』8, 영남대학교 독도연구소, 2010, 61-62쪽.

5) 일본 외무성 아시아 대양주국 북동아시아과, '竹島 다케시마문제를 이해하기 위한 10의 포인트'. 이 竹島 홍보 팸플릿은 3월 8일 외무성 '竹島' 사이트에 3개 국어(일본어·한국어·영어)로 게시되다가 현재 10개 국어로 게시 홍보되고 있다.

2. 일본의 '고유영토설' 주장의 내용과 비판

야마베 겐타로(山辺健太郎)의 연구에 의하면, 이토 미요지(伊藤巳代治)의 『帝國版圖』란 문서가 있다. 이것은 帝國憲法을 제정할 때에 헌법이 시행되는 法域에 대하여 조사한 것인데, 그 가운데 '고유의 영토'에 관한 정의가 있다고 한다. 이에 따르면, "제국의 '고유영토'는 신화에 있는 대로, 혼슈(本州)와 규슈(九州), 시코투(四國), 아와지 섬(淡路島)이라고 명확하게 기록되어 있다"는 것이다.[6] '고유영토(inherent territory)'란 국가가 성립할 당시에 그 국가의 성립요소인 영토로, 이는 그 국가가 성립된 이후에 취득된 '취득영토(acquired territory)'와 구별되기 때문에[7] 신화에 있는 '고유영토'를 주장한 것으로 볼 수 있다. 그 논리대로 말한다면 제국헌법이 말하는 '고유영토'의 법역 속에 독도가 포함되지 않는다는 점은 명백하다.[8] 마찬가지로 한국의 연구자나 혹은 인터넷 사이트 등에서 독도가 한국의 고유영토라고 주장하면서 512년 독도를 우산도라고 불렀다고 하는 주장 역시 문제가 있다. 독도문제는 일본과 국제사회를 설득하기 위해 사료가 증명하지 않은 견강부회한 논리를 펼치는 것은 아무런 도움이 안된다.

최근 일본의 독도에 대한 고유영토설이 어떤 내용인가를 일본 외무성의 '竹島' 홍보사이트의 '竹島問題'에 게시된 「竹島의 영유권에 관한 우리나라의 일관된 입장」을 통해 먼저 살펴보기로 한다.

---

6) 山辺健太郎, 「竹島問題の歴史的考察」, 『コリア評論(7-52)』, 民族問題研究所, 1965, 4쪽.
7) 김명기, 「이사부의 우산국 복속에 의한 독도의 고유영토론 검토」, 『삼척 동해왕 이사부 역사문화축전 기념 2011년 전국해양문화학자대회 전체회의 발표 자료집』, 2011.8.4, 122-133쪽.
8) 김화경, 「독도 교육의 내용과 방향을 위한 제언」, 『독도연구』 8, 2010, 18쪽에서 재인용.

　1. 竹島는, 역사적 사실에 비추어 보더라도, 또 국제법상으로도 분명하게 우리나라의 고유의 영토입니다.

　2. 한국에 의한 竹島의 점거는, 국제법상 아무런 근거가 없이 행해지고 있는 불법 점거이며, 한국이 이러한 불법 점거에 근거를 두고 竹島에 대하여 행하는 어떠한 조처도 법적인 정당성을 가지는 것은 아닙니다.

　※ 한국 측에서는, 우리나라가 竹島를 실효적으로 지배하고, 영유권을 확립한 이전에, 한국이 동 섬을 실효적으로 지배하고 있었다는 것을 나타내는 명확한 근거는 제시되지 않았습니다.[9]

　2008년에 게시된 외무성의 견해에 의하면 독도는 역사적으로나 국제법적으로 일본의 고유영토라는 것이다. 일본 외무성의 독도 고유영토설은 2008년 7월 14일의 '중등학교 사회 교과목 학습지도요령해설서'에 그대로 반영되어 나타난다.

　우리나라(일본 지칭)는 사면이 바다로 둘러싸인 국토이기 때문에 직접 타국과 육지를 접하지 않은 점을 느끼게 한다. 또 국경이 갖는 의미에 대해 생각하게 한다. 따라서 우리나라가 정당하게 주장하고 있는 입장에 기초, 당면한 영토문제와 경제수역 문제 등을 생각하게 하는 것도 중요하다.

　그런 점에서 북방영토가 고유영토라는 점 등 우리나라의 영역을 둘러싼 문제도 생각하도록 해야 한다. 북방영토(하보마이, 시코탄, 구나시리, 에토로후섬)와 관련, 그 위치와 범위를 확인시킴과 동시에 북방영토가 우리나라 고유의 영토이지만 현재 러시아에 의해 불법 점거돼 있기 때문에 반환을 요구하고 있다는 점 등에 대해 정확하게 다룰 필요가 있다. 또한 우리나라와 한국과의 사이에 다케시마(독도)를 둘러싸고 주장에 차이가 있다는 점 등에 대해서도 북방영토와 마찬가지로 우리나라의 영토·영역에 관해 이해를 심화시키는 것도 필요하다.

　위 '학습지도요령해설서'의 경우, 러시아와 영토분쟁이 되고 있는 북

---

9) http://www.mofa.go.jp/mofaj/area/takeshima/index.html.

방영토가 일본의 고유영토이지만 현재 러시아에 의해 불법 점거되고 있으며 이의 반환을 요구하고 있다는 점을 부각시킨 후 독도문제를 언급하면서 우회적으로 북방영토와 마찬가지로 우리나라의 영토·영역에 관한 이해를 심화시키는 것도 필요하다고 하였다. 여기에서 독도를 고유영토라고 못 박지는 않았지만 독도 역시 북방영토와 마찬가지로 일본의 고유영토이며, 한국이 불법 점거하고 있다는 것을 교묘하게 천명한 셈이다. 일본은 '학습지도요령해설서'의 발표에 즈음하여 '학습지도요령'에 기술하지 않고, '해설서'에 기술한 것을 마치 한국에 대한 배려인양 보도하였지만 일면 "역사적으로 양국 간에 영유권을 둘러싼 대립이 존재하고 있다는 사실마저 한국에서는 무시되고 있으며", "국제적으로 영토문제에서 대립하는 한쪽의 나라가 자국의 학교 교육에서 자국의 공식 입장을 자국민에게 가르치는 상식적인 일이 한국에서는 '절대 용서할 수 없다'는 것으로서 외교 문제화되는 이례적 상황이 되고 있다"는 점을 부각하였다.[10]

일본 문부과학성은 2009년 12월 25일, 고등학교 '학습지도요령해설서'를 발표하였을 때 '독도'라는 표현을 제외하였으나, "중학교에서의 학습을 바탕으로"라고 하여 보다 교묘하게 독도 고유영토설을 내세웠다. 당시 일본의 동태에 대해 촉각을 세웠던 한국 정부는 '독도'라는 표현이 없었다는 점에서 소극적 대응을 하였다. 이런 한국의 대응 때문인지 모르지만 2009년 3월 30일, 일본 문부과학성은 초등학교 사회 교과서 5종 모두에 독도를 일본의 경계 속에 넣은 지도를 담은 검정 결과를 발표하였다. 그 책이 2011년 현재 배포되어 교육현장에서 교재로 사용되고 있다.

2008년의 중학교 '학습지도요령해설서' 지침에 의해 교과서 집필이

---

10) 김호동, 「일본의 북방영토 문제와 독도 문제의 차이점」, 『독도연구』 8, 2010.

이루어졌고, 그 중학교 교과서 검인정 통과가 2011년 3월 30일, 다음 〈표 1〉과 같이 이루어졌다.

〈표 1〉 일본의 교과서 관련 기술(한겨레. 2011.3.31)

일본 교과서 검정통과본 독도 관련 기술

	지리교과서	공민교과서	역사교과서
기존	• 6종 가운데 6종 독도 관련 내용 기술 • 불법점거 표현 없음	• 8종 가운데 4종 독도 관련 내용 기술 • 8종 가운데 1종 불법점거 표현	• 9종 가운데 독도 관련 내용 기술 없음
검정 통과본	• 4종 가운데 4종 모두 독도를 일본 고유의 영토로 기술 • 4종 가운데 1종이 불법 점거 표현	• 7종 가운데 7종 모두 독도를 일본 고유의 영토로 기술 • 7종 가운데 3종이 불법 점거 표현	• 7종 가운데 1종 독도를 일본 고유 영토로기술
주요 내용	• 일본해상의 다케시마는 일본 고유의 영토이지만. 한국이 점령하고 있어 대립이 계속되고 있다. —동경서적 • 일본과 한국과의 사이에도 시마네현의 다케시마를 둘러싼 영토 문제가 있다. (…) 1952년 이후 한국정부가 불법점거를 계속하고 있다. —교육출판	• 시마네현 근해의 다케시마는 한국도 그 영유권을 주장하고 있다. —일본문교출판 • 시마네현 오키제도 북서에 위치하고 있는 다케시마는 일본 고유의 영토이다. 1954년부터 한국에 의한 다케시마 점거는 국제법상 아무런 근거없이 행하여 불법점거인 바, 일본은 엄중히 항의하는 바이다.국제사법재판소에 부탁할 것을 제안하였지만. 한국은 이것을 받아들이지 않고 있다. —이쿠호사	• (…)북방영토와 함께 다케시마와 센카쿠열도도 일본 고유의 영토이다. (…)한국과의 사이에 영유를 둘러싸고 주장에 차이가 있고 미해결 문제가 되고 있다. —교육출판

이 검정 결과에 의하면 지리교과서와 공민교과서 14종 모두가 독도를 일본의 '고유영토'라고 표기하고 있다. 검정 통과된 淸水書院의 새 공민교과서의 경우 "竹島는 어채지로 17세기 중엽에는 일본이 영유권을 확립"하였다고 하였고, 自由社의 공민교과서의 경우 다음과 같이 더 구체적으로 기술하고 있다.

〈에도시대부터 우리나라가 영유〉竹島는 대나무가 무성했던 섬으로 사람은 살 수 없지만 주변은 해류의 영향으로 풍부한 어장이 되고 있다. 에도시대에는 돗토리번의 사람이 막부의 허가를 받아 어업을 행했다.[11]

---

11) "대나무가 무성했다"는 등의 기술은 사실 울릉도에 관한 내용이다. 自由社의 공민 교과서 집필자들은 역사적 안목이 전혀 없는 자의 견해에 불과하다. 에도시대 때

1905(메이지38)년, 국제법에 따라 우리나라 영토로 하고 시마네현에 편입, 이후 실효지배를 해왔다. 전후에는 일본영토를 확정한 국제법인 샌프란시스코 강화조약에서 일본영토로 확인되었다.

〈실력으로 점거〉 그러나 대일강화조약이 발표되기 직전에 한국 이승만 정권은 일방적으로 일본해에 '이승만 라인'을 설정하여, 竹島를 자국령으로 편입하고 이를 위반했다고 하는 일본 어선에 총격, 나포, 억류 등을 실시했다. 1954년에는 연안경비대를 파견하고, 竹島를 실력으로 점거했다. 현재도 경비대원을 상주시켜 실력지배를 강화하고 있다.

〈한국정부의 견해〉 한국이 竹島의 영유를 주장하는 이유는 ① 竹島는 한국명 독도로, 고유의 영토이다, ② 일본은 힘으로 일본령으로 편입했다, ③ GHQ의 지령으로 한국영토로 간주되고 있었다 등을 들고 있다.

〈국제사법재판소에의 제소〉 ①의 주장에 대해 우리나라는 독도와 竹島는 다른 섬이라는 것은 역사문헌으로도 명백하고, 다른 2개의 주장은 사실과 국제법에 비추어 성립되지 않는다고 반론을 하고 있다. 그리고 문제를 평화적으로 해결하기 위해 1954년 이후 국제사법재판소에 회부하는 것을 제안하고 있으나, 한국정부는 응하지 않고 있다.

위 〈에도시대부터 우리나라가 영유〉 항목의 기술은 울릉도와 독도에 관해 전혀 알지 못하는 문외한의 기술이지만 어쨌든 에도시대부터

일본은 울릉도를 '竹島'라고 하였고, 독도를 '松島'라고 하였다. 메이지시대 이후 '竹島'를 '松島'라고 일각에서 부르기 시작하였고, 독도를 일본정부에서 공식적으로 칭한 것은 1905년 이후의 일이다. 그런 것도 모른 채 지금의 '竹島' 명칭에 근거하여 '대나무가 무성했다'고 한 기술 등, '竹島' 관련사료로서 에도시대부터 독도를 일본의 영토로 영유했다는 주장은 어불성설에 해당한다. 일본의 경우 독도에는 나무가 없고, 1905년의 영토 편입 이후 독도에 소나무를 심었다고 한다. 필자가 독도 의용수비대의 일원인 이필영으로부터 미군의 독도 폭격 때 소나무 밑에 숨어 있었다고 한 증언을 들은 바가 있다. 그러다보니 독도의 소나무는 일본에 의해 심어진 것으로 흔히들 여기지만 독도를 '송도'라고 부른 것은 에도시대 때 소나무가 있었기 때문일 것이다. 일본의 경우 울릉도를 대나무가 많기 때문에 '竹島'라고 하였기 때문에 '松竹'이 흔히들 함께 거론되는 용어이기 때문에 '松島'라고 하였다는 설을 주장하기도 하지만 신빙성은 없다. 독도에 소나무 화분이 발견되고 있다. 그 소나무 화분의 연대 측정이 이루어진다면 독도를 '松島'라고 불렀던 데 대한 해명이 가능하리라고 본다.

일본이 영유하였다고 한다. 그러다보니 다른 교과서가 1905년의 일본의 독도 강탈에 관한 주장이 고유영토설과 어긋난다는 것을 인식하여 1905년의 독도 문제를 언급하지 않은 데 반해 이 교과서는 '1905년, 국제법에 따라 우리나라 영토로 하였다'고 내세우는 잘못을 범하고 있다.

〈에도시대로부터 우리나라가 영유〉하였다는 自由社의 공민교과서의 경우 일본 외무성의 '竹島' 홍보 사이트의 기술에 따른 것이다. 따라서 외무성의 '竹島' 홍보사이트를 통해 일본의 독도의 고유영토설이 어떤가를 살펴볼 필요가 있다.

일본 외무성의 '竹島' 홍보 팸플릿은 독도가 역사적으로나 국제법적으로 일본의 영토라고 하였다.

「竹島-다케시마 문제를 이해하기 위한 10의 포인트」

1. 일본은 옛날부터 다케시마의 존재를 인식하고 있었습니다.
2. 한국이 옛날부터 다케시마의 존재를 인식하고 있었다는 근거는 없습니다.
3. 일본은 울릉도로 건너갈 때의 정박장으로 또한 어채지로 다케시마를 이용하여, 늦어도 17세기 중엽에는 다케시마의 영유권을 확립했습니다.
4. 일본은 17세기말 울릉도로 건너갈 때의 울릉도 도항을 금지했습니다만, 다케시마 도항은 금지하지 않았습니다.
5. 한국이 자국 주장의 근거로 인용하는 안용복의 신술내용에는 많은 의문점이 있습니다.
6. 일본정부는 1905년 다케시마를 시마네현에 편입하여, 다케시마 영유 의사를 재확인했습니다.
7. 샌프란시스코 평화조약 기초과정에서 한국은 일본이 포기해야 할 영토에 다케시마를 포함시키도록 요구했으나 미국은 다케시마가 일본의 관할하에 있다고 해서 이 요구를 거부했습니다.
8. 다케시마는 1952년 주일 미군의 폭격훈련구역으로 지정되었으며,

일본영토로 취급되었음은 분명합니다
9. 한국은 다케시마를 불법점거하고 있으며, 일본은 엄중하게 항의를 하고 있습니다.
10. 일본은 다케시마 영유권에 관한 문제를 국제사법재판소에 회부할 것을 제안하고 있습니다만, 한국이 이를 거부하고 있습니다.

일본 외무성의 '竹島' 홍보 팸플릿은 '17세기 중엽 영유권 확립설'을 내세우고 있다. 그 전제로서 첫째, 일본은 옛날부터 독도의 존재를 인식한데 반해 한국이 독도를 인식하였다는 근거는 없다는 것을 먼저 내세운다. 둘째, 1905년의 무주지선점론을 내세운 일본 각의의 결정과 시마네현 고시 제40호의 경우 1905년 無主地였던 독도를 일본의 영토로 편입하였다는 '무주지선점론'을 부정하고, '다케시마의 영유 의사를 재확인하였다'고 한다. 그렇지만 이 주장은 일본 각의 결정에서부터 시마네현 고시 제40호 공포 과정 전후의 사건을 적은 문건 어디에도 없는 날조된 주장에 불과하다. 2011년 3월 30일 문부과학성에 의해 검정 통과된 自由社의 중학교 공민교과서는 외무성의 '竹島' 홍보 팸플릿의 내용을 그대로 옮겨 놓은 것이다.

일본 외무성, 문부과학성 등의 정부기구는 독도의 고유영토설을 주장하고 있지만 '고유영토(inherent territory)'란 국가가 성립할 당시에 그 국가의 성립요소인 영토로, 이는 그 국가가 성립된 이후에 취득된 '취득영토(acquired territory)'와 구별된다는 것을 인지하지 못한 채 17세기 중엽에 독도 영유권을 확립했다고 주장하고 있다. 그런 점에서 17세기 중엽에 독도 영유권 확립을 주장하는 일본의 고유영토론은 많은 문제점을 갖고 있다.

17세기 중엽에 독도 영유권을 확립했다는 일본의 주장은 정당한 것인가? 일본은 그 근거로서 울릉도로 건너갈 때의 정박장 혹은 어채지였다는 점을 내세우고 있다. 그렇다면 일본 외무성은 독도뿐만이 아니라 울릉도에 도항하여 어채지로 활용하였다는 점을 내세워 울릉도에 대한 영유권을 주장하여야 함에도 불구하고 독도 영유권 주장만을 내세운다. 그것은 왜일까? 1693년에 울산, 부산, 전라도 배 3척에 탄 조선 어부 42명이 울릉도로 건너갔다. 그때 안용복·박어둔 두 명이 일본 어부들에 의해 납치된 것을 계기로 일본은 울릉도 영유권을 주장하는 '울릉도쟁계(일본에서는 '竹島一件'이라고 한다)'를 일으켰다. 그렇지만 일본 에도막부가 정부 차원에서 조선의 땅으로 인정하였기 때문에 울릉도를 자국의 영토로 내세우지 못하는 것이다. '울릉도쟁계'에 관해서는 외무성의 '竹島' 홍보사이트에 게시된 '竹島問題'의 '鬱陵島로의 渡海禁止' 에서 〈소위「竹島一件」〉항목에서 다음과 같이 언급하고 있다.

1. 막부로부터 울릉도로의 도해를 공인받은 요나고의 오야와 무라카와 양가는 약 70년에 걸쳐 외부로부터 방해받는 일없이 독점적으로 사업을 하였습니다.

2. 1692년 무라카와家가 울릉도를 방문하였을 때 다수의 조선인이 울릉도에서 고기잡이를 하고 있었음을 발견하였습니다. 또한, 다음 해 오야家 역시 많은 수의 조선인을 발견하였으며, 이 때 안용복과 박어둔 두 사람을 일본으로 데려가게 되었습니다. 또한 이 당시에 조선왕조는 자국의 국민들의 울릉도로의 도항을 금지하고 있었습니다.

3. 상황을 알게 된 막부는 쓰시마번(강호시대, 조선과의 외교·무역의 창구였음)을 통하여 安과 朴의 두 사람을 조선으로 돌려보낼 것과 조선 어민의 울릉도로의 도해금지를 요구하는 교섭을 개시하도록 명령하였습니다. 그러나 이 교섭은 울릉도의 귀속 문제를 둘러싼 의견의 대립으로 인하여 합의에 도달하지 못하였습니다.

4. 쓰시마번으로부터 교섭결렬의 보고를 받은 막부는 1696년 1월 '울릉도에 일본 사람이 거주하고 있는 것은 아니며, 또한 울릉도까지의 거리로 보아 이 섬은 조선령으로 판단된다. 쓸모없는 작은 섬을 둘러싸고 이웃 나라 간의 우호를 잃게 되는 것은 득이 되는 정책은 아닐 것이다. 조선이 울릉도를 빼앗아 간 것은 아니므로 단지 도해를 금지하는 것으로 한다'라

는 조선과의 우호관계를 존중하여 일본인의 울릉도로의 도해를 금지시키는 결정을 내렸으며, 이를 조선측에 전달하도록 쓰시마번에게 명령하였습니다.

이상의 울릉도의 귀속을 둘러싼 교섭의 경위는 일반적으로 '竹島一件'이라고 합니다.

일본 외무성의 '竹島一件' 설명에서 보다시피 일본 에도막부는 1696년 1월, "울릉도에 일본 사람이 거주하고 있는 것은 아니며, 또한 울릉도까지의 거리로 보아 이 섬은 조선령으로 판단된다"고 하여 울릉도를 조선의 땅으로 인정했다. 그 논리에 의한다면 조선의 땅인 울릉도에서 독도까지의 거리가 오키섬에서 독도까지의 거리가 훨씬 가깝다는 것을 인지하였고, 독도 역시 일본 사람이 거주하고 있는 것이 아니기 때문에 독도가 일본의 땅이 될 수 없는 것이다. 그럼에도 불구하고 일본 외무성은 '10포인트'에서 "일본은 17세기말 울릉도로 건너갈 때의 울릉도 도항을 금지했습니다만, 다케시마 도항은 금지하지 않았습니다"라는 궁색한 주장을 내세운다. 그 주장을 내세우는 근거는 '松島渡航禁止令'이 없기 때문이라고 한다. 당시 일본이 울릉도를 자기네 땅이라고 주장하다가 조선의 땅임을 인정하여 '竹島渡航禁止令'을 내렸기 때문에 '松島渡航禁止令'을 별도로 내릴 이유가 없다.

일본의 연구자들은 '울릉도쟁계'의 논의과정에서 조선정부가 독도를 조선의 땅이라고 주장한 적이 없다는 것을 내세워 조선의 경우도 독도를 조선의 땅이라고 보지 않았다고 한다. 이때 일본이 독도영유권을 주장한 것이 아니라 울릉도 영유권을 주장한 것이기 때문에 조선정부에서 독도에 대해 이러쿵저러쿵 할 필요가 없다. 위 사료에서 보다시피 "조선이 울릉도를 빼앗아 간 것은 아니므로"라고 한 것과 마찬가지로 '일본이 독도 영유권을 제기한 것이 아니므로' 독도가 조선의 땅이라고 일본에게 굳이 말할 필요가 없었다. 조선에서 이 사건을 '울릉도

쟁계'라고 부르고 일본에서도 '竹島一件'이라고 한 것도 그 때문이다.

조선정부는 1693년, 일본 어부들에 의해 안용복, 박어둔 등이 납치되었다는 것을 경상감영의 보고를 통해 이미 파악하고 있었고, 그에 대한 조사를 진행하였다. 다음 사료에 드러나듯이

> 계유년(1693) 9월, 竹島에서 붙잡힌 두 사람을 데려오는 일로 奉行差倭가 배를 타고 바람을 기다린다는 일을 알리는 先文頭倭가 나온 일을 장계하였다.
>
> 回啓하기를 "이른바 竹島에서 붙잡혔다고 하는 것은 요전에 경상감사의 장계 중에 蔚山의 뱃사람 두 명이 표류하다가 蔚陵島로 들어가서 왜인에게 붙잡혔다고 하는 것을 이르는 듯 합니다만, 그 섬은 우리나라의 땅이니, 간혹 뱃사람의 왕래가 있었다고 하더라도 원래 일본이 금할 수 있는 곳이 아닙니다. 奉行差倭는 결코 접대하기에 마땅하지 않다는 뜻으로 館守倭에게 엄한 말로 꾸짖고 타일러야 합니다"라고 하였다. [竹島의 일은 울릉도조에 보인다.]
>
> 回啓하기를, "奉行差倭가 이미 出來하였으니, 交隣의 도리로 접대하지 않을 수 없으므로 접위관을 선발하여 내려 보내시고, 어민들이 자주 武陵島와 다른 섬에 왕래하면서 큰 대나무를 베거나 또한 鰒魚를 잡는다고 하니, 비록 모두 금하여 단절시키기는 어렵겠지만, 저들[일본]이 이미 科條를 엄하게 세워 禁斷한다는 말을 하니, 우리나라의 도리에 있어서도 금하지 않을 수 없습니다. 지금부터 뒤로는 각별히 경계하여 이들로 하여금 가벼이 나갈 수 없도록 하시고, 접위관도 이러한 뜻으로 말을 만들어 대답함이 옳은 일입니다"라고 하였는데, 傳敎가 있으셨다(『邊例集要』 권1, 「別差倭」 1693년 9월).

조선정부는 일본이 '竹島' 영유권을 일으키기 위해 조선에 나온다는 소식을 접하고 조사를 통해 '竹島'가 무릉도, 즉 울릉도임을 파악하였고, 바닷가 어민들이 자주 무릉도와 다른 섬, 즉 독도에 왕래하면서 대나무도 베어오고 전복도 따오고 있었다는 것을 이미 인지하고 있었다. 그 점을 부각시킬 필요가 있다. 안용복 사건이 있었던 숙종조의 다음

기록을 살펴보면

> 강원도 어사 趙錫命이 영동 지방 바다 방어[海防]가 허술한 상황을 논하였는데, 대략 이르기를, "浦人의 말을 상세히 듣건대, '平海·蔚珍은 鬱陵島와 거리가 가장 가까워서 뱃길에 조금도 장애가 없으며, 울릉도 동쪽에 섬이 서로 마주 보이는데 (이 섬이) 왜와의 경계[倭境]에 접해 있다'라고 했습니다. 무자년과 임진년에 모양이 다른 배가 高城과 杆城 지경에 표류해 왔으니 倭船의 왕래가 빈번함을 알 수 있으며, 朝家에서는 비록 嶺海를 사이에 두고 있어 걱정할 것이 없다고 하지만, 후일의 변란이 반드시 영남에서 말미암지 않고 영동으로 말미암을지 어떻게 알겠습니까? 방어의 대책을 조금도 늦출 수 없습니다" 하니, 廟堂에서 그 말에 따라 강원도에 신칙하여 軍保를 단속할 것을 청하였다.[12]

강원도 어사 조석명이 浦人 사람들로부터 "울릉도 동쪽에 섬이 서로 마주 보이는데 (이 섬이) 왜와의 경계[倭境]에 접해 있다"라고 한 것을 들었다는 것에서 독도를 조선의 영토로 민간에서 인식하고 있었다는 점을 알 수 있다. 그렇기 때문에 '울릉도쟁계'에 독도에 관한 이야기가 없다고 해서 당시 조선에서 독도 영유권 의식이 없었다는 논리는 설득력이 없다.

일본 외무성의 '竹島' 홍보 사이트의 경우 〈소위 「竹島一件」〉에서 "막부로부터 울릉도로의 도해를 공인받은 요나고의 오야와 무라카와 양가는 약 70년에 걸쳐 외부로부터 방해받는 일없이 독점적으로 사업을 하였습니다"라고 하고, 또 안용복과 박어둔이 1693년 납치될 당시에 "조선왕조는 자국의 국민들의 울릉도로의 도항을 금지하고 있었습니

---

12) 『肅宗實錄』 補遺正誤編 肅宗 40年(1714, 甲午) 7月 辛酉(22日)條. "江原道御史趙錫命 論嶺東海防疎虞狀. 略曰 詳聞浦人言 平海, 蔚珍 距鬱陵島最近 船路無少礙, 鬱陵之東 島嶼相望 接于倭境. 戊子, 壬辰 異樣帆檣 漂到高 杆境, 倭船往來之頻數 可知. 朝家雖以嶺海之限隔 謂無可憂, 而安知異日生釁之必由嶺南, 而不由嶺東乎. 綢繆之策 不容少緩. 廟堂請依其言 飭江原道 團束軍保."

다"라고 하였지만 이 지적은 잘못된 것임을 위 사료를 통해 알 수 있다. 그런 점에서 17세기 일본의 영유권 확립설을 공박하기 위해서는 이 시기에 우리나라에서 울릉도와 독도에 어로활동을 꾸준히 나갔음을 사료를 통해 확인하는 것이 필요하다. 그것을 통해 안용복이 우산도, 즉 독도가 우리나라 땅임을 말할 수 있었음을 드러내준다면 이케우치 사토시가 안용복의 활동으로 확인되는 것은 '울릉도를 지켰다'는 사실이라고 단정하는 데 대한 반론이 됨은[13] 물론 일본 외무성이 안용복의 진술은 사실에 맞지 않은 바가 많다고 한 것에 대한 반론이 될 것이다.

조선인들이 울릉도와 독도에 어로활동을 꾸준히 하였음을 보여주는 사료는 위 『변례집요』의 기록 외에 다음의 사료를 통해 확인할 수 있다.

① 이번 11월 13일 대신과 비국 당상을 인견하여 입시하였을 때에 좌의정 睦來善이 아뢰기를 "방금 동래부사의 장계를 보니 사명을 봉행하는 差倭의 말씨가 꽤 온순하여 별로 난처한 사단은 없을 것이라고 하였습니다. 경상도 연해의 어민들은 비록 풍파 때문에 武陵島에 표류하였다고 칭하고 있으나 일찍이 연해의 수령을 지낸 사람의 말을 들어보니 바닷가 어민들이 자주 무릉도와 다른 섬에 왕래하면서 대나무도 베어오고 전복도 따오고 있다 하였습니다. 비록 표류가 아니라 하더라도 더러 이익을 취하려 왕래하면서 漁採로 생업을 삼는 백성을 일체 금단하기는 어렵다고 하겠으나 저들이 기왕 엄히 조항을 작성하여 금단하라고 하니 우리 도리로는 금령을 발하여 신칙하는 거조가 없을 수 없겠습니다" 하고, 우의정 閔黯은 아뢰기를 "接慰官이 돌아와 봐야 자세히 알 수 있겠으나 우리나라 해변의 주민들은 어채로 업을 삼고 있으니 아무리 엄금하려 해도 어쩌지 못하는

---

13) 池內敏, 「安龍福英雄傳說の形成·ノート」, 『名古屋大學文學部研究論集』 史學55, 2009 ; 「일본 江戶時代 竹島·松島 인식」, 『독도연구』 6, 영남대학교 독도연구소, 2009.6, 205-218쪽.

형편입니다. 오직 적발되는 대로 금단할 수밖에 없습니다." 하니, 임금이 이르기를 "바닷가 어민들은 날마다 이익을 따라 배를 타고 바다로 들어가야 하니 일체 금단하여 살아갈 길을 끊을 수는 없는 형편이나 이 뒤로는 특별히 신칙하여 경솔하게 나가지 못하게 하고 접위관도 이런 뜻으로 措辭하여 대답하는 것이 좋겠다" 하였다.(『비변사등록』 숙종 19년 11월 14일)

② 대신들과 비변사 당상들을 引見하여 입시했을 때, 우의정인 閔黯이 아뢴 것은, "竹島의 일은 이미 收殺하여 그 이른바 犯越한 죄인들을 마땅히 照勘해야 할 일이나, 연해의 백성들은 본래 고기잡이로 생계를 유지하므로, 법으로 금함을 무릅쓰고 이익을 탐하여 늘 먼 바다를 왕래하여 이와 같은 事端이 생기는 근심이 있게 되었으니, 각별히 엄하게 다스림이 마땅할 듯합니다. 이제 이 죄인들을 만약 가벼운 법률로써 (은혜를) 베푼다면, 뒷날에 일어날 폐단을 막기 어려울 것입니다"라고 하는 것인데, 영의정인 權大運이 말하기를, "각각의 사람들이 비록 먼 바다로 나가는 죄를 저질렀으나, 어리석은 백성은 꼭 엄하게 다스릴 필요는 없으니, 刑推하고 풀어주는 것이 옳을 듯합니다."라고 하였다. 좌부승지인 李玄紀가 말하기를, "동해 가에 사는 백성들은 田土가 척박하여 농사를 지을 수 없으므로 오직 고기잡이만을 합니다. 비록 날로 엄하게 타일러 경계시키더라도 먼 바다로 나가지 않을 리가 만무합니다"라고 하였다. 閔黯이 말하기를, "일이 邊境에 관계되는 일이니, 느슨하게 다스릴 수 없습니다. 首從을 분별하여 船主와 沙工은 徒年으로 정배하고, 그 나머지는 刑推하고 풀어주는 것이 옳을 듯합니다"라고 하니, 상께서 말씀하시기를, "그대로 시행하라"라고 하셨다(『승정원 일기』 355책 숙종 20년 3월 3일).

③ 申汝哲이 말하기를, "신이 마침 魚臺에 가서 그 섬을 바라보니, 그 사이의 거리가 그리 멀지 않아 南山처럼 가까운 곳을 보는 듯 하였습니다. 고기 잡는 사람들에게 묻기를, '너희가 저곳에서 고기를 잡느냐?'라고 하니, 대답하기를, '저곳엔 큰 고기가 많이 있으므로 이따금 가서 고기를 잡습니다. 또한 그 위에 하늘을 찌를 듯한 큰 나무가 있으며, 대나무의 크기가 장대와 같으며, 땅도 비옥합니다'라고 하였습니다. 저들이 만약 살 만하다는 것을 알고 와서 근거지로 삼는다면, 그 부근의 삼척과 강릉 등의 지방은 반드시 많은 피해를 입을 것이니, 매우 염려가 됩니다'라고 하였다.

④ 이 섬(울릉도; 필자 주)으로부터 북쪽에 섬이 있는데 3년에 한번 國

主의 용도로 전복 채취를 갑니다. …중략… 우리들이 저 섬에 건너간 것은 별도로 숨겨서 말씀드릴 것도 아닙니다. 작년에도 울산 사람이 20명 정도 건너갔고, 또한 公儀로부터 이를 지시받았다고 할 수도 없고 자기들 마음대로 건너간 것입니다(『竹島紀事』 元祿 6(1693)年 9月 4日).

⑤ 올해도 그 섬에 벌이를 위해 부산포에서 장삿배가 3척 나갔다고 들었습니다. 한비치구라는 이국인을 덧붙여 섬의 형편이나 모든 것을 해로에 이르기까지 자세히 지켜보도록 분부했으므로 그 자들이 돌아오는 대로 추후에 아뢰겠으나 먼저 들은 바에 대해여 별지 문서에 적겠습니다.

'두렵게 생각하면서도 적은, 口上의 각서'

1. 부룬세미의 일은 다른 섬입니다. 듣자하니 우루친토라고 하는 섬입니다. 부룬세미는 우루친토보다 동북에 있어, 희미하게 보인다고 합니다.

1. 우루친토 섬의 크기는 하루 반 정도면 돌아볼 수 있는 크기라고 합니다. 높은 산이며 논밭이나 큰 나무가 있다고 듣고 있습니다.

1. 우루친토는 강원도 에구하이란 포구에서 남풍을 타고 출범한다고 듣고 있습니다.

1. 우루친토에 왕래하고 있는 건은 재작년부터임에 틀림없습니다.

1. 우루친토로 왕래하고 있는 일은 관아에서 모르고 있고, 자기들 생계를 위해 나가고 있습니다. 다른 것들은 한비차구가 돌아오는 대로 물어 다시 상세한 것을 아뢰겠습니다(『竹島紀事』 元祿 6年 5月 13日).[14]

⑥ 작년에도 이 섬(竹島)에 외국인이 있어 다시 이 섬으로 건너와 어렵을 하는 일은 절대로 안된다고 야단치고 협박하면서 여러 번 말했는데도, 또 금년에도 와서 어렵을 하고 있어서, 이 후에는 섬에서 어렵을 할 수 없습니다. 성가신 줄은 압니다만 외국인이 오시 말도록 말해주어야 된다고 생각해, 그 외국인 두 사람을 데리고 4월 18일에 竹島를 떠나 오키국의 후

---

14) 겐로쿠 6년(1693) 6월에 쓰시마 현지의 家老인 스기무라 우네메(杉村采女)는 부산의 왜관에 체재하고 있던 역관 나카야마 가헤에(中山加兵衛)에게 조선에서 부룬세미라고 부르는 섬이 다케시마인가? 그리고 다케시마는 조선의 어느 방향에 있고, 어디에서 어느 방향의 바람을 타며, 해로는 어느 정도이며, 섬의 크기는 어느 정도인지 등을 친하게 아는 조선인에게 은밀히 물어보도록 하였다. 그에 대한 나카야마의 회답이 사료 ⑤이다.

쿠우라에 20일에 도착했습니다.[15]
　　⑦ 막부, 다케시마로의 도해를 금지한다.
오오야·무라카와는 겐로쿠 5년(1692; 숙종 18)부터 조선인 때문에 본업을
방해받고 어찌할 바를 몰라 이를 자주 한탄하고 호소했다. 번의 지시를
받고 겐로쿠 7(1694)년과 8년(1695)에 배를 다케시마로 보냈으나 조선인이
먼저 건너와 있었으며 해마다 그 수는 증가하여 후에는 이 쪽에 30명, 저
쪽에 50명의 무리가 형성되어 방어를 엄중히 하고 있으니, 만약 이쪽의 배
를 억지로 착륙할 때에는 큰 일을 피할 수 없을 듯싶어 어쩔 수 없이 후퇴
하고 …하략.[16]

위 ①~⑦의 한일 사료에서 나타나듯이 임진왜란에서부터 숙종 19년
안용복이 울릉도에 출어하기까지 울릉도는 일본이 주장하듯이 그들만
이 고기잡이를 독점해온 것은 아니었다. 다만 조선의 경우 울릉도로
들어간 사람들이 '海禁'으로 인해 몰래 들어갔기 때문에 사료에 그간
노출되지 않았을 뿐이다. 그러다가 상업적 활동을 하는 안용복이 울릉
도에 들어오면서 오야(大谷)·무라카와(村川) 양 家와의 사이에 울릉
도의 상행위를 주도하고자하는 다툼이 일어나게 되었고, 그 다툼이 안
용복의 납치로 이어져 결국 울릉도쟁계로 발전하였다고 보아야 한
다.[17] 특히 사료 ⑦에서 보다시피 1692년에서부터 1695년까지 오야·무
라카와 가문이 매년 울릉도에 온 것으로 기록되어 있다. 1693년 오야
가문이 보낸 일본 어부들이 안용복·박어둔을 납치하여 '울릉도쟁계'
가 발생하였음에도 불구하고 1694년과 1695년에 울릉도에 조선과 일본
에서 어로활동을 한 것으로 나온다. 1696년 1월에 '울릉도도해금지령'

---

15) 「元祿六年 竹島より伯州に朝鮮人連返り候趣 大屋九郎右衞門船頭口上書」, 『島取
　　藩史』 제6권, 469쪽 『因府歷年大雜集』.
16) 오카지마 마사요시, 『竹島考』, 1828 ; 박병섭, 「안용복 사건에 대한 검증」, 한국해
　　양수산개발원, 2007, 74쪽에서 재인용.
17) 김호동, 「조선 숙종조 영토분쟁의 배경과 대응에 관한 검토-안용복 활동의 새로운
　　검토를 위해-」, 『대구사학』 94, 2009, 57-90쪽.

이 내렸지만 실상 그것이 오야·무라카와 두 가문에 전달된 것은 8월 1일에 전달되었기 때문에 일본 어부들이 울릉도 도해를 감행하였다고 보아야 한다. 다만 뒤에 도해금지령이 내려진 것을 알고 도해한 사실을 숨겼다고 보아야 할 것이다. 그럼에도 불구하고 일본은 이 해에 일본 어부들이 울릉도에 가지 않았다고 하면서 안용복이 울릉도와 독도에서 일본 어부들과 조우하였다는 진술을 거짓말로 몰고 간다. 오야, 무라카와 가문은 이때 많은 거짓말을 하여 돗토리번과 에도막부를 속였다. 그 거짓말에 놀아난 에도막부가 쓰시마에 '竹島'에 조선인이 건너오지 못하도록 교섭하라는 지시를 내렸던 것이다.[18]

1693년 안용복 사건으로 인해 촉발된 '竹島一件'의 결과로 1696년 울릉도 도항이 금지되었지만 독도도항은 금지된 것이 아니라고 일본은 주장한다. 이러한 논리가 먹혀들기 위해서는 우선 일본이 1696년 이후, 즉 수토제도가 확립된 이후에 일본이 독도만을 목표로 하여 건너와 어로 활동을 한 적이 있었는가에 대한 자료가 제시되지 않으면 안된다. 아직 일본 측으로부터 이에 대한 자료 제시가 없다. 독도에서의 어로 활동은 울릉도를 근거지로 하여 이루어졌다. 그래서 일본 자료(大谷家문서)에서 '竹島(울릉도) 내의 송도(독도)'(竹嶋內松嶋), '竹島 근변의 송도'(竹島近邊松嶋) 등으로 기록될 수밖에 없다. '울릉도쟁계'로 인해 울릉도가 조선의 땅임이 분명한 이상 일본 어부들은 '독도' 만을 대상으로 해서 항해하지 않았다. 우리는 이를 부각시켜 나갈 필요가 있다. 울릉도에 들어가 일본 어부들을 쫓아내고, 그 길로 일본에 건너가 울릉도와 독도가 우리 땅임을 입증하였다는 안용복의 진술이 『숙종실록』에 나오지만, 앞의 '10포인트'에서 보다시피 안용복의 공술을 일본이

---

18) 오카지마의 『竹島考』의 분석을 통해 그것을 확인할 수 있다. 이에 관해서는 필자의 「『竹島考』분석」(『인문연구』 63, 영남대학교 인문과학연구소, 2012.12 간행 예정) 참고 바람.

전적으로 부정하고 있다. 이것을 극복하기 위해서는 일본 측 자료를 통해 안용복의 공술이 엉터리가 아니라는 점을 인식시켜야만 한다.

「元祿九 丙子年 朝鮮舟着岸一卷之覺書」에 의하면 안용복은 강원도에 속해있는 울릉도가 일본에서 말하는 '竹島'라고 설명하면서 소지하고 있던 조선팔도지도를 꺼내 울릉도가 표시돼 있음을 보여줬다. 또 松島(독도)도 '子山'이라고 불리는 섬으로 강원도에 속해 있다면서 지도에 표시되어 있다고 설명했다. 특히 이 기록에서 안용복은 "竹島(당시 울릉도의 일본 이름)와 조선은 30리, 竹島와 松島(현재의 독도)는 50리"라고 하였다. 이 문서의 끝부분에는 경기도 등 '조선8도[朝鮮之八道]'가 적혀있고 강원도에는 주석으로 "이 道에는 다케시마와 마쓰시마가 속한다[此道中竹嶋松嶋有之]"고 기록되어 있다. 이 기록에 의하면 자산도가 독도이며, 이것을 일본 측에서 '松島'로 부르며, 그것을 조선 영토로 인식하고 있음을 보여주고 있다.

일본의 '17세기 영유권 확립설' 주장의 최대 걸림돌은 '安龍福'의 활동이다. 위 竹島 홍보 팸플릿에서 '포인트 5'를 통해 "한국이 자국 주장의 근거로 인용하는 안용복의 진술내용에는 많은 의문점이 있습니다"라고 못 박은 것은 그런 이유 때문이다. 일본 외무성이 안용복의 진술을 문제삼는 이유는 그간 한국에서 '울릉도쟁계'를 통해 한국과 일본 국가 사이의 치열한 외교적 논쟁을 통해 일본이 울릉도와 독도를 조선의 영토로 인정했다는 사실을 충분히 부각하지 못하고 안용복 개인에게만 초점을 두고 연구해온 결과이다.

일본의 경우 '17세기 영유권 확립설'을 주장하는 최대의 걸림돌이 안용복이므로 안용복을 '거짓말쟁이'로 모는 것은 당연하다. 일본의 입장에서 '안용복' 개인에만 초점을 두고 논쟁하려고 하겠지만 한국의 경우도 '안용복'에만 초점을 두는 것은 문제가 있다. 더욱이 안용복을 '장군'으로 떠받들고 긍정적 평가로 일관하는 태도는 버려야만 할 것이다.

안용복은 일본과 조선에서 심문을 받으면서 살기 위해 몸부림을 친 하나의 인간으로서 볼 적에 안용복의 실상을 정확히 파악할 수 있을 것이다. 특히 1693년의 안용복의 일본행을 '渡日'이라는 단어를 사용하기보다는 일본 어부들이 조선의 영토를 침범하여 조선인 두 명, 즉 안용복과 박어둔을 총칼로서 위협하여 납치한 '국제적 납치사건'으로 부각할 필요가 있다.[19]

안용복 사건의 본질은 안용복이 에도에 갔는가 아닌가 하는데 있는 것이 아니라 남구만이 지적한 것처럼 "(일본이) 이번에 보내온 서계 가운데 죽도를 귀국의 지방이라 하여 우리나라로 하여금 漁船이 다시 나가는 것을 금지하려고 하였고, 귀국 사람들이 우리나라 지경을 침범해와 우리나라 백성을 붙잡아간 잘못은 논하지 않은 것"에 있다. 남구만의 회답서에 대해 "倭差가 보고서 '침범해 오다[侵涉]'와 '붙잡아 갔다[拘執]' 등의 語句를 고치기를 청했으나 유집일이 들어주지 않았다"고 한 것에서 보다시피 이때 강호행의 여부 보다 일본 어부들의 국경 침범과 조선의 영토에서의 조선인들의 납치사건이 보다 근본적인 문제인 것이다.[20] 그런 점에서 현재 한국의 연구자들이 1693년의 안용복·

---

19) 김호동, 「독도 영유권 공고화와 관련된 용어 사용에 대한 검토」, 『대구사학』 98, 2010, 77-78.

20) 『숙종실록』 권27 숙종 20년 8월 14일, 「대개 安龍福과 朴於屯이 처음 일본에 갔을 적에 매우 대우를 잘하여 의복과 호초(胡椒)와 초[燭]를 주어 보냈고, 또한 모든 섬에 移文하여 아무 소리도 못하게 했는데, 長碕島에서 침책하기 시작했다. 對馬島主의 書契에 '竹島'란 말은 곧 장차 江戶에서 공을 과시하기 위한 계책이었는데, 유집일이 안용복에게 물어보자 비로소 사실을 알았다. 그제야 倭差를 꾸짖기를, "우리나라에서 장차 일본에 글을 보내 안용복 등을 침책한 상황을 갖추어 말한다면, 모든 섬들이 어찌 아무 일이 없을 수 있겠는가?" 하니, 왜차들이 서로 돌아보며 실색하고 비로소 스스로 굴복하였다. 이에 이르러 남구만이 전일의 回書를 고치기를, "우리나라 강원도의 蔚珍縣에 속한 울릉도란 섬이 있는데, 本縣의 東海 가운데 있고 파도가 험악하여 뱃길이 편리하지 못하기 때문에, 몇 해 전에 백성을 옮겨 땅을 비워 놓고, 수시로 公差를 보내어 왔다갔다하여 搜檢하도록 했습니다. 本島는 峰巒과 수목을 내륙에서도 역력히 바라볼 수 있고, 무릇 山川의 굴곡과 지

박어둔 납치사건을 안용복의 '1차 渡日'이라고 하는 것은 일본 외무성이 '竹島' 사이트의 [소위 竹島一件]에서 영토 침입에 따른 조선인의 납치를 "안용복과 박어둔 두 사람을 일본으로 데려가게 되었습니다"라고 표현한 것과 다르지 않은 표현이다. 향후 안용복에 대한 연구에서는 안용복과 박어둔 납치사건임을 부각한다면 일본의 '17세기 영유권 확립설'을 효과적으로 비판할 수 있을 것이다.

또 안용복 혼자만이 독도영유권을 지키는데 기여하였다는 태도를 버리고 안용복의 납치사건으로 인해 촉발된 '울릉도쟁계(竹島一件)'를 통해 한일 양국이 외교적으로 치열한 논쟁을 거친 결과로 인해 일본에도 막부가 조선의 울릉도 영유권을 인정하였다는 점을 강조하면서, 그 속에 독도가 포함되었음을 부각할 필요가 있다. 역사의 담당 주체자를 개인, 하나의 영웅으로 보려는 시각을 버리고 '울릉도쟁계(竹島一件)'에 관한 일련의 과정을 한일 양국의 사료의 수집, 분석을 통해 정밀하게 연구할 필요가 있다. 1696년 1월 이미 울릉도 도항이 금지되었

형이 넓고 좁음 및 주민의 遺址와 나는 土産物이 모두 우리나라의 『輿地勝覽』이란 서적에 실려 있어, 역대에 전해 오는 사적이 분명합니다. 이번에 우리나라 해변의 어민들이 이 섬에 갔는데, 의외에도 貴國 사람들이 멋대로 침범해 와 서로 맞부딪치게 되자, 도리어 우리나라 사람들을 끌고서 江戸까지 잡아갔습니다. 다행하게도 귀국 大君이 분명하게 사정을 살펴보고서 넉넉하게 路資를 주어 보냈으니, 이는 交隣하는 인정이 보통이 아님을 알 수 있는 일입니다. 높은 의리에 탄복하였으니, 그 감격을 말할 수 없습니다. 비록 그러나 우리나라 백성이 漁採하던 땅은 본시 울릉도로서, 대나무가 생산되기 때문에 더러 竹島라고도 하였는데, 이는 곧 하나의 섬을 두 가지 이름으로 부른 것입니다. 하나의 섬을 두 가지 이름으로 부른 상황은 단지 우리나라 서적에만 기록된 것이 아니라 貴州 사람들도 또한 모두 알고 있는 것입니다. 그런데 이번에 온 서계 가운데 죽도를 귀국의 지방이라 하여 우리나라로 하여금 어선이 다시 나가는 것을 금지하려고 하였고, 귀국 사람들이 우리나라 지경을 침범해 와 우리나라 백성을 붙잡아간 잘못은 논하지 않았으니, 어찌 誠信의 도리에 흠이 있는 일이 아니겠습니까? 깊이 바라건대, 이런 말뜻을 가지고 東都에 轉報하여, 귀국의 변방 해안 사람들을 거듭 단속하여 울릉도에 오가며 다시 사단을 야기하는 일이 없도록 한다면, 서로 좋게 지내는 의리에 있어 이보다 다행함이 없겠습니다" 했었는데, 倭差가 보고서 '침범해 오다[侵涉]'와 '붙잡아 갔다[拘執]' 등의 語句를 고치기를 청했으나, 유집일이 들어주지 않았다.

기 때문에 1696년 안용복이 일본에 건너간 것은 '울릉도쟁계(竹島一件)'의 해결에 영향을 준 것은 없다. 그렇지만 1696년의 안용복 활동으로 인해 독도가 조선의 땅임을 안용복이 주장했고, 그로 인해 일본 역시 그것을 인지하였다는 점에서 안용복의 활동은 의미있는 일이다. 이때의 안용복 활동이 안용복에 의해 알려지면서 안용복의 신화가 서서히 만들어지기 시작했다. 그에 관한 후대의 사료를 통해 안용복의 영웅화 과정을 연구해볼 만한 가치가 있다.

3. 맺음말

한국의 국정과 검인정 교과서들에서 공통적으로 기술되고 있는 독도에 대한 언급들은 아래와 같이 정리할 수 있다.[21]

    (1) 독도는 삼국시대 이래 우리나라의 영토였다.
    (2) 숙종 때 안용복이 일본에 건너가 울릉도와 독도가 조선의 영토란 사실을 확약 받고 돌아왔다.
    (3) 독도가 한국의 땅이란 사실은 주변 국가들, 특히 일본도 인정하고 있었다.
    (4) 일본의 독도 병합은 불법적인 탈취였다.

한국의 경우 역사적으로나 국제법으로나 독도는 한국의 고유영토라고 주장하면서 숙종 때 독도를 지킨 인물로서 '안용복'을 부각시켜 '민간외교가'라거나 '장군'으로 칭송하고 있다. 안용복의 역할은 크지만 숙종조 한국과 일본정부 사이에 '울릉도쟁계(竹島一件)'가 해결되었다

---

21) 김화경, 「독도 교육의 내용과 방향을 위한 제언」, 『독도연구』 8, 영남대 독도연구소, 2010, 11쪽.

는 내용으로 교과서를 다시 집필할 필요가 있다. 일본의 입장에서 볼 때 안용복 개인으로 사건을 호도하려고 하겠지만 한국에서는 '독도를 지킨 사람'으로서의 안용복을 내세우기보다 안용복·박어둔의 납치사건으로 인해 국가와 국가 사이에서 '울릉도쟁계'가 일어났고, 결국 일본이 조선의 울릉도 영유권 주장에 승복하였다는 점을 부각할 필요가 있다. 그리고 독도가 한국의 땅이라는 사실은 일본도 인정하고 있었다는 논리보다도 일본의 독도 영유권 주장이 어떤 내용인가를 비판하는 시각에서 교과서 집필이 이루어질 필요가 있다.

또 한국의 역사교과서는 일본의 침략과 대한제국의 국권피탈을 연관시키는 대목에서 독도문제와 간도영유권 문제에 관해 언급하는 경향이 일반화되어 있고,[22] 일본의 독도 병합은 불법적인 탈취였다는 점을 부각하고 있다. 그것은 '교육과정 해설서'에서도 확인된다. 2007년 2월 28일에 고시된 '개정 교육과정' 및 '해설서'를 살펴보면 초등학교 5학년 『사회』 '해설서'에 '새로운 문물의 수용과 민족운동'의 항목에서 "특히, 일제가 러·일 전쟁 중에 독도를 불법적으로 일본 영토에 편입시킨 사실을 이해하도록 한다"고 하였고, 6학년 『사회』 '해설서'에서 '아름다운 국토' 항목에서 "우리나라의 고유영토인 독도를 지도를 통해 확인하고 일본의 영유권 훼손 시도의 부당성을 깨닫게 한다"고 하였다. 또 중3의 해설서에서 '근대국가 수립운동'의 항목에서 "열강의 침략에 맞선 주권 수호 운동의 흐름을 파악한다. 또한, 일제는 러·일 전쟁 중에 독도를 불법적으로 일본 영토에 편입시켰음을 이해한다."고 하였다. 그렇지만 2011년 3월 30일에 검정된 일본 교과서에서 독도는 일본의 고유영토이며, 그 영유권 확립이 17세기에 이루어졌다고 하였으므로 이에 대한 반론을 제기할 필요가 있다. 그 경우 안용복 개인이

---

22) 신주백, 「한국과 일본 역사교과서의 독도에 관한 기술의 변화」, 『독도연구』 8, 영남대 독도연구소, 2010, 58쪽.

영토문제를 해결하였다는 식은 지양되어야만 할 것이다. 그럼에도 불구하고 2010년에 교육과학기술부는 '해설서'에 언급된 독도문제를 '교육과정'에 언급하기로 하였지만 여전히 '근대 국가 수립 운동과 일본 제국주의의 침략' 항목에 넣어 일제에 의한 독도 불법 편입을 강조하고 있다. 일본의 고유영토론을 비판하는 내용이 교과서에 담길 수 있도록 '교육과정'과 '해설서'를 손볼 필요가 있다.

[참고문헌]

김명기, 「이사부의 우산국 복속에 의한 독도의 고유영토론 검토」, 『삼척 동해왕 이사부 역사문화축전 기념 2011년 전국해양문화학자대회 전체회의 발표 자료집』, 2011.

김화경, 「독도 교육의 내용과 방향을 위한 제언」, 『독도연구』 8, 2010.

김호동, 「조선 숙종조 영토분쟁의 배경과 대응에 관한 검토-안용복 활동의 새로운 검토를 위해-」, 『대구사학』 94, 2009.

______, 「독도 영유권 공고화와 관련된 용어 사용에 대한 검토」, 『대구사학』 98, 2010.

박병섭, 「안용복 사건에 대한 검증」, 한국해양수산개발원, 2007.

신주백, 「한국과 일본 역사교과서의 독도에 관한 기술의 변화」, 『독도연구』 8, 영남대학교 독도연구소, 2010.

현대송 편, 『한국과 일본의 역사인식』, 나남, 2008.

川上健三, 『竹島の領有』, 外務省條約局, 1953

________, 『竹島の歴史地理學的研究』, 古今書院, 1966.

山辺健太郎, 「竹島問題の歴史的考察」, 『コリア評論(7-52)』, 民族問題研究所, 1965.

田川孝三, 「竹島領有に關する歴史的考察」, 『東洋文庫書報』 20, 1988.

田村清三郎, 『島根縣竹島の新研究』, 報光社, 1965.

大熊良一, 『竹島史稿』, 原書房, 1968.

中村榮孝, 「竹島の歸屬問題に寄せて」, 『日鮮關係史(上)』, 吉川弘文館, 1970.

森田芳部, 吉澤清次郎 監修, 「竹島問題」, 『日本外交史 第28卷: 講和後の外交(Ⅰ)』, 鹿島研究所出版會, 1973.

塚本孝, 「サソフランシスコ條約と竹島」, 『レフアレンス』 33-6, 1983.

______, 「平和條約と竹島」(再論)」, 『レフアレンス』 44-3, 1994.

______, 「竹島領有權問題の經緯」, 國立國會圖書館 ISSUE BRIEF NUMBER 244, 1994.

下條正男, 『日韓 歴史克服への道』, 展轉社, 1999.

————,『竹島は日韓どちらのものか』, 文春新書, 2004.
池內敏,「安龍福英雄傳說の形成・ノート」,『名古屋大學文學部硏究論集』史學55, 2009
池內敏,「일본 江戸時代 竹島・松島 인식」,『독도연구』6, 영남대학교 독도연구소, 2009.

한국의 울릉도·독도 개척사에 대한 일본의 조작행위*

최 장 근

1. 들어가면서

현재 일본은 「죽도」(한국의 독도에 대한 호칭에 대해 「죽도」라고 표기함)가 역사적으로나 국제법적으로 일본영토라고 주장한다. 오늘날 일본이 이처럼 「죽도」 영유권을 주장하는 근본적인 원인은 어디에 있다고 할 수 있을까? 연구자들 중에는 영토를 침탈하기 위해, 자원을 확보하기 위해, 국제사법재판소에 갖고 가기 위해 등등 다양한 의견을 그 요인으로 제시하고 있다. 그런데 필자는 그와 다른 의견을 갖고 있다. 일본이 영유권을 주장하는 근본 요인은 독도문제의 본질에 대한 일본정부의 착오에 의한 것이라 생각한다. 일본정부가 착오를 불러 온 근본적 요인은 다음 두 권의 선행연구에 있다. 그 하나는 1966년에 집필한 가와카미 겐조(川上健三)의 『竹島의 歷史 地理学的 研究』[1]이고,

---

* 본장은 '최장근, 〈한국의 울릉도, 독도 개척사에 대한 일본의 조작행위 -가와카미 겐조와 다무라 세이자부로를 중심으로〉, 한국일본문화학회, 『일본문화학보』 51, p.407, 2011.11.30 발행'을 수정보완한 것임.

1) 川上健三, 『竹島の歴史地理学的研究』, 古今書院, 1966. 『竹島の領有』(川上健三,

또 하나는 1965년에 집필한 다무라 세이자부로(田村清三郎)의『島根県竹島의 새로운 研究』[2]이다. 가와카미는 이 책자에서「죽도 도해금제와 그 후의 송도」라는 큰 제목과「한인의 울릉도 통치」,「한인과 송도(독도)」,「독도 명칭의 유래」,「한국인의 송도(독도) 도항」이라는 소제목으로 한인의 울릉도, 독도 통치를 부정하고,「일본인과 송도」라는 소제목으로 일본인의 울릉도, 독도 통치를 강조했다. 한편 다무라는 본 책자에서「죽도의 영토편입과 관리」,「죽도에 관한 어업행정」,「죽도경영의 실태」,「죽도의 광업권」이라는 제목으로 일본의 죽도경영을 과장 확대하는 방법으로 울릉도와「죽도(독도)」의 영토적 권원을 조작하여 한국의 고유영토인 독도에 대해 역사적으로나 국제법적으로 일본영토라고 주장한다. 이는 필자들의 당시 직무가 중앙정부인 외무성 관리와 지방정부인 시마네현 관리라는 사실만으로도 충분히 국익을 위해 논리를 조작했음을 알 수 있다. 또한 일본국적자로서 역사학을 연구하는 학자이면서 독도 영유권문제에 관심을 갖고 있는 학자들은 모두가 한결같이「죽도영토」는 없고,「독도영토」만 있다는 결론을 내리고 있는 것으로도 충분히 알 수 있다. 이런 측면에서 이들 논리의 조작성과 왜곡성을 규명하는 것은 매우 중요하다. 따라서 본 연구의 목적은 이들 두 도서에 의해 조작된 일본적 논리를 분석하여 일본의「죽도」영유권 주장이 얼마나 모순에 찬 것인가를 밝혀내려는데 있다.

일본의 독도의 영유권 조작 계보는 평화선 조치 이후 가와카미 겐죠(외무성)/다무라 세이자부로(시마네현)에서 조작된 논리는 최근에는 극우인사 시모조 마사오(타쿠쇼쿠대학 교수)의「죽도는 일한 어느 나라의 것인가」[3]에 의해 그 망령이 되살아나고 있다. 시모조의 영토적

1953) 죽도의 영유를 보완함.

2) 田村清三郎,『島根県竹島の新研究』, 島根県総務課, 1965.『島根県竹島の研究』(田村清三郎, 1954)를 보완한 것임.

권원조작에 대해서는 별고에서 다루기로 한다.

　본 연구는 1880년 이후부터 시작된 한국의 「울릉도·독도 개척사」에 대한 조작된 부분을 집중적으로 조명하려고 한다. 이는 곧 일본의 '다케시마' 영유권 주장의 모순성을 규명하고 한국영토로서의 독도 영유권논리를 보강하는데 일조하리라 생각한다.

2. 근대조선의 울릉도·독도 재개척의 실체

(1) 울릉도 재개척 이전의 독도에 대한 영토주권 인식

　전근대 조선의 동해에는 세종실록과 동국여지승람에 울릉도와 우산도 2개섬이 존재한다고 기록되어있다. 1667년 「은주시청합기」를 보면 일본의 서북경계는 오키도로서, 일본쪽의 바다에 존재하지만, 조선쪽의 바다에 죽도(울릉도)와 송도(우산도, 지금의 독도)가 존재한다고 기록하고 있다. 즉 조선 동해에 2개의 섬이 존재한다는 인식은 조선에서나 일본에서나 마찬가지이다. 그런데 조선에서는 세종실록지리지와 동국여지승람 등으로 울릉도와 우산도를 조선영토로 인식하고 있다는 기록이다. 또한 숙종실록에도 안용복이 울릉도와 우산도가 조선의 영토임을 일본의 지방정부와 중앙정부에 따졌다는 기록이었다. 안용복의 주장에 대해 숙종실록에서 조정은 조선영토가 아니라고 기록하지 않았다. 오히려 안용복의 주장을 당연하게 받아들였던 것이다. 그러나 일본에서는 죽도와 송도가 일본영토로 인식하지 않았고, 무라카와 오타니 두 가문의 어부가 영유권을 주장한 것에 대해 적극적으로 일본영토로 인식했다는 기록은 없다. 물론 중앙, 지방정부가 영유권 의식은

---

3) 下条正男, 『竹島日韓どちらのものか』文春親書377, 文藝春秋, 2004, 1-188쪽.

갖고 있지 않았지만, 두 가문의 어부들이「죽도(당시 조선의 울릉도)」
에 내왕할 때「송도(당시 조선의 우산도)」를 이정표로 삼았기 때문에
송도의 형상에 관해서는 상세히 알고 있었던 것이다.4) 그러나 섬에 대
한 영유의식은 전혀 존재하지 않았다. 그런데 대마도번에서 이 사건이
계기가 되어 죽도(울릉도)가 일본영토라고 주장했던 것이다. 결국 대
마도의 주장은 막부에 의해 수용되지 못했고 조선영토로 인정되었던
것이다. 여기서 일본에서 말하는 송도에 대한 영유권 주장은 중앙정부
의 막부, 지방정부의 돗토리현, 한일 간의 외교를 담당했던 대마도에
서도 하지 않았다. 영유권 인식을 갖지 못했던 것이다.

 독도에 대한 영유권 인식은 조선에서만 울릉도와 더불어 우산도가
조선영토로 인식되었던 것이다. 조선이 특히 우산도에 대해 영유권 인
식을 갖게 된 것은 특별히 우산도에 있어서의 경제적 가치 때문은 아
니었다. 일찍이 대마도번이 울릉도에 대한 영유권을 주장하였기 때문
에 영토수호 차원에서 동해도서였던 우산도에 대한 영유의식이 생겨
났던 것이다. 그러나 조선조정에서는 울릉도를 비웠을 때는 독도에 대
한 영유의식을 갖고 있었지만 울릉도에서도 쉽게 확인할 수 없었던 섬
이었기에 섬의 형상에 대해 구체적으로 알지 못하고 있었던 것이다.

 울릉도는 조선 개국이후 도민을 보호하기 위해 섬을 비우고 관리했
다. 섬을 비운 사이에 1592~1598년 임진왜란 이후 일본인들이 침입하
기도 했고, 대마도번은 2번에 걸쳐 조선에 대해 울릉도의 영토주권을
주장하기도 했다. 그때마다 조선조정은 조선영토임을 명확히 하여 울
릉도를 영토로서 관리하여 영토주권을 수호해왔다.

---

 4)「송도」라고 하였으나, 이는 송도가 사람이 거주할 수 있는 섬도 아니고 2개의 암
    초로 된 섬임에도 불구하고 영유권을 주장하는 것은 죽도가 조선영토이면 송도는
    일본영토이다라고 하는 관념적인 주장에 불과하다. 당시는 일본 측에서「송도」에
    대한 영유권을 주장할 만한 가치를 발견하지 못했기 때문이다.

요컨대 조선조정은 울릉도와 더불어 우산도에 대해서도 영토의식을 갖고 있었다. 일본에서도 울릉도에 대한 영유권을 주장할 입장이 못 된다는 것을 확인하고 울릉도의 영유권이 조선에 있음을 인정했다. 더불어 송도에 대한 영유권은 주장하지 않았다. 당시 일본에서는 조선 측의 동해에 죽도와 송도가 존재한다고 인식하고 있었기 때문에 두 섬은 국적을 달리할 수 있는 별개의 섬이라는 인식은 없었고 국적을 같이하는 부자 섬 또는 형제 섬 정도로 인식하고 있었던 것이다. 그래서 죽도(울릉도)의 영유권을 한국에 있다고 인정했을 때 송도의 영유권도 한국에 있다고 인정했던 것이다. 이러한 인식은 후술하지만 메이지정부도 동일하게 계승했던 것이다.

(2) 울릉도 재개척을 위한 고종의 독도 영토인식

일본은 명치정부를 설립하여 국가목표였던 부국강병을 달성하기 위해 대외진출을 본격화했다. 조선에 대해서는 강화도 조약을 강압한 이후 일본인들의 한반도 진출이 본격화되었고 예외없이 울릉도에도 다시 침입하기 시작했다.

일본들의 울릉도 침입사실을 확인한 조선조정은 울릉도 개척을 시작했다. 조선조정은 이규원을 관찰사로 파견하여 울릉도를 비롯한 동해도서를 조사하도록 하였다. 이때 조선조정은 동해의 모든 도서를 조사하여 영토로서 관리하겠다는 것이었다. 다시 말하면 동해의 도서는 조선영토라는 인식을 갖고 있었다. 이들 도서를 지금 관리하지 않으면 일본의 침입으로 영토를 수호하지 못할 수도 있다는 인식 때문이었다. 이규원의 조사보고에 따라 울릉도에 개척민을 파견했다. 그 이후 일본인들의 울릉도 침입은 부산영사관의 지원을 받으면서 더욱 과감해졌다.

고종황제가 이규원으로 하여금 울릉도조사를 파견하였을 때 울릉도, 송죽도, 우산도의 존재를 확인할 것을 요청했다. 즉 동해에 울릉도 이외의 섬이 존재한다는 사실을 알고 있었다. 이는「세종실록지리지」, 「동국여지승람」의 울릉도와 우산도의 존재를 알 수 있었을 것이다. 동국여지승람의 삽입지도인「八道總圖」를 보면 울릉도와 우산도가 거의 동일한 크기의 섬으로 그려져 있다. 여기서 고종은 우산도도 울릉도와 버금가는 큰 섬으로 인식하고 있었다고 하겠다. 그리고「만기요람」군정편(1808년)에서「우산도는 일본에서는 송도라 호칭한다. 우산도와 울릉도 모두 우산국의 영토이다.」「증보동국문헌비고」(1792년)[5]에서 「여지지에서 이르기를 울릉과 우산은 모두 우산국 땅인데 우산은 곧 왜가 말하는 바의 송도이다」를 통해 울릉도와 우산도 이외에 일본사람들이 부르는 죽도 또는 송도라는 명칭이 존재한다는 것을 알고 있었다. 게다가 박석창의「울릉도도」(1711년)와 김정호의「청구도」를 통해 울릉도의 부속섬이「소위 우산도」로 표기되어 있다는 사실도 확인했을 것이다. 여기서「소위 우산도」라고 하는 섬은 울릉도와 또 다른 섬이 아니고 울릉도 주변의 부속 섬에 불과한 것이었다. 그래서 여기서 고종황제는 동국여지승람의 동해의 2섬 울릉도와 우산도 이외에「소위 우산도」로 표기되는 또 다른 작은 섬이 울릉도의 부속 섬으로 존재한다는 사실을 확인했던 것이다. 고종은 세종실록지리지와 동국여지승람에 등장하는 우산도와 박석창의 울릉도도의「소위 우산도」가 동일한 섬이 아니라는 것을 확인했던 것이다. 즉 섬 명칭의 오류를 확인했던 것이다.

그렇다면 울릉도와 그 부속도서인「소위 우산도」, 즉 지금의 죽도, 그리고 또 다른 세종실록과 동국여지승람의「우산도」, 즉 지금의 독도의 존재를 명확히 알고 있었던 것이다. 당시 고종을 비롯한 조선조정

---

5)『增補文獻備考』(1908년 간행)는 원래「增補東國文獻備考」(1792년)에서 인용한 것임, 신용하,『독도의 민족영토사 연구』, 지식산업사, 145쪽, 231쪽 참조.

에서는 울릉도 이외의 섬에 대한 영토의식이 존재했다. 다시 말하면 독도가 조선영토가 아니라는 인식은 없었던 것이다.

그러나 이규원은 동해도서를 조사할 때 업무태만으로 독도가 엄연히 존재함에도 불구하고 이에 대해서 고종황제에게 보고하지 않았던 것이다. 당시 메이지정부에서도 독도가 일본영토라는 인식을 갖고 있지 않았다. 오히려 울릉도와 더불어 외 1도는 일본영토가 아니라는 인식이었던 것이다.[6]

고종황제는 동해에 3개의 섬이 존재한다는 생각을 하고 있었기 때문에 동해에 2개의 섬밖에 존재하지 않는다고 보고한 이규원의 주장을 전적으로 신뢰하지 않았던 것이다. 그것은 「황성신문」에서 보이듯이 1899년 동해의 도서를 조사하도록 한 것으로 확인된다.

(3) 울릉도개척민의 독도영유권 인식과 칙령 41호 「石島」의 생성

중앙에서 파견된 이규원은 울릉도를 조사할 때 울릉도 주변의 바위만 조사했던 것이다. 독도에 대해서는 조사하지 않았다. 그때 조사한 바위와 섬이름은 섬의 크기순으로는 (1) 큰바위(大巖) (2) 무지개바위(홍암 :虹巖) (3) 竹島 (4) 島項 순이었다. 그 외에 촉기암, 형제암, 시어머니바위(老姑巖), 종바위(鐘巖), 장군바위(將軍巖), 투구바위(주암; 胄巖), 꽃바위(華巖), 봉바위(鳳巖) 등을 표기했다.[7] 이들 섬들은 모두 울릉도 주변에 산재된 암초이다. 암초가 아닌 섬으로서는 竹島와 島項이 있었는데 이들 명칭은 전래되어오던 명칭으로 판단되고 그 이외의 섬

---

6) 영토인식은 실제적인 상황을 두고 이야기하는 것이지 잘못된 지도를 가지고 언급하는 것은 아니다. 동해에 2개의 섬밖에 존재하지 않음에도 불구하고 3개의 섬이 존재한다고 메이지정부에서 인식했다고 하는 것은 영토인식을 갖고 있었다고 해석되지 않는다. 이러한 내용으로 송도와 죽도가 바뀐 경위를 설명하는 일본영토론자들의 주장은 설득력이 없다.

7) 이규원 관찰사가 그린 「울릉외도」를 참고함.

명칭은 전래되어오던 명칭이거나 명칭이 없을 경우는 직접 형상을 보고 지은 명칭일 수도 있다.

울릉도민이 독도에 조업을 나갔다는 구체적인 기록이 남아 있지 않다고 해도 전혀 이상할 것이 없다. 기록문화가 발달되지 않은 당시로서는 어민들의 독도조업 상황을 기록할 리가 없다는 것은 너무나 당연하기 때문이다. 지금도 특별한 경우를 제외하고 조업일지를 남기는 어부는 없을 것이다. 독도를 어느 정도 영토로서 인식했느냐는 문제는 1900년 칙령 41호에서 「석도」라는 이름으로 행정관할구역에 포함시켜 통치했다는 것이 증거이다. 섬의 형상을 보고 지은 이름이 「석도」인 것이다. 독도를 가지 않았다면 어떻게 「석도(돌로 된 섬)」라는 사실을 알 수 없을 것이다. 그리고 행정관할에 포함시킬 정도라면 타국의 영토라는 인식이 전혀 없었다는 것이다. 그것은 사실 1905년 일본은 편입조치를 취하기 이전에 독도에 대한 영토주권을 주장한 적이 없었다.

1903년부터 나카이 요사부로가 독도에서 강치잡이를 했다고 한다. 그때에 한국영토라고 생각되어 한국정부에 대여권을 제출하려고 했다고 한다. 1903년 시점의 산음지방 일본인들 사이에는 일본영토는 분명히 아니라는 생각을 했고, 이 섬이 한국영토로 인식되었던 것이다. 그것은 한국인이 관리하고 있었기 때문이었을 것이다. 그렇지 않으면 사람이 살수 없는 2개의 암초로 된 무인도임에도 불구하고 나카이가 어떻게 조선영토로 생각된다고 했을까?

중앙정부차원에서 군함 니이타카호가 울릉도를 조사하면서 독도를 조사하였는데, 「울릉도사람들은 량코도를 「독도」라고 쓴(書)다」라고 보고했다.[8] 대한제국의 공문서상에는 칙령 41호에서는 「석도」라고 기

---

8) 일본군함의 보고는 매우 중요하다. 당시 울도군의 독도인식을 의미한다. 독도라는 이름으로 영토의식을 갖고 있었다는 것을 의미한다. 본군함의 보고의 신뢰성을 의심할 수는 없을 것이다.

록되어 있지만, 울도군에서는 「독도」라는 호칭으로 공문서에 기록하여 일반적으로 통용되고 있다는 것을 의미한다.[9] 다시 말하면 울릉도 사람들이 독도를 어장으로서 활용하여 생활환경이 되어있다는 것이다. 이는 이미 울릉도에서는 독도라는 명칭이 정착되었다는 것을 의미한다. 2년 후 1906년 심흥택 군수가 방문한 일본인으로부터 독도침탈 소식을 접하고 중앙정부에 보고했을 때 「본군 독도」라고 한 것으로 충분히 증명된다. 이러한 일련의 사료들로 미루어볼 때 1900년 칙령 41호로 울도군의 행정관할 조치된 「석도」가 울릉도에서는 「독도」였음을 알 수 있다. 조선시대의 중앙관청 호칭으로는 「우산도」였다. 칙령 41호에서 우산도로 사용하지 않은 이유는 박석창의 「울릉도도」에서 우산도를 「죽도」에 비견하는 잘못을 범하여 그 후 청구도계통의 지도에서도 이를 답습하여 오류를 범하고 있었기 때문이다. 그래서 칙령 41호에서 「석도」 대신에 「우산도」라는 명칭을 사용할 수 없었을 것이다. 만일 사용했더라면 청구도나 박석창의 지도에 의해 「우산도」는 지금의 「죽도(댓섬)」으로 오인할 수 있기 때문이다. 이를 명확히 하기 위해서라도 칙령에서는 「석도」라는 명칭을 사용했던 것이다. 즉 울릉도민들이 독도의 형상을 보고 지은 「석도」라는 명칭을 사용했던 것이다. 석도라는 명칭은 울릉도민들의 「돌섬」「독섬」을 공문서형식으로 만들어 붙인 이름이다. 이에 비해 「독도」라는 명칭은 울릉도민들이 순수하게 부르던 돌섬 혹은 독섬에서 진화되어 정착된 호칭이다.

심흥택군수는 독도가 외향 100리에 위치하고 있다고 했다. 황성신문 1906년 7월 13일에 의하면 대한제국 내부는 독도영토를 수호하기 위해 동해의 영토범위를 동서 60리 남북 40리 합이 200리라고 하여 통감부

---

9) 울도군에서 독도라고 호칭하여 영토로서 관리하고 있다는 사실을 명확히 확인하게 하는 사료이다. 이처럼 울도군에서 독도를 관리하고 있었다고 증명된다. 이를 부정한다면 타국의 영토를 침략하겠다는 행위로 간주할 수밖에 없다.

에 항의했다. 따라서 칙령 41호의 석도가 독도임에 의심의 여지가 없다.

이러한 독도에 대해 일본은 강치를 남획해간 것을 가지고 실효적으로 섬을 관리한 것으로 해석하는 것 자체가 제국주의적 영토침탈 행위이라고 할 수 있다.

1882년 재개척으로 울릉도에 일본인과 조선인이 혼재하고 있을 때 독도의 존재가 부각되기 시작했던 것이다. 이때 조선에서는 독도의 경제적 가치보다는 영역의 일부라는 영토로서의 상징적 가치가 더욱 컸기 때문에 독도에 대한 영유권 의식의 발생했던 것이다. 고종황제는 1899년 두 차례에 걸쳐 다시 울릉도 이외의 또 다른 섬 독도의 존재에 대한 조사를 보냈다.

사실 울릉도민들에게 있어서는 울릉도 동남쪽에 독도가 존재한다는 사실을 명확히 이해하고 있었다. 이는 울릉도에서 독도가 보인다는 것으로도 확인할 수 있고, 또한 일본인들에 의해 울릉도 도항 도중에 그 존재가 확인되어 수탈의 대상이 되고 있었기 때문이다. 울릉도민들의 독도도항은 점차로 빈번해지기 시작했고, 일본인들의 울릉도에 대한 약탈적인 행위가 독도에 대한 영토의식도 강하게 했던 요인이 되었다.

독도는 역사적 권원에 의거해서 보면 섬의 소유자는 한국임에 분명하다. 이는 부정할 수 없다. 이를 부정한다면 그 자체가 침략적 행위이다. 그런데 일본은 한국 몰래 독도에서 강치잡이를 했다고 하여 실효적으로 관리했다고 주장한다. 그렇다면 사람이 자주 왕래할 수 없는 섬인데, 주인이 없는 사이를 이용하여 몰래 그 섬에 들어가 이용했다고 해서 그 섬이 몰래 들어간 사람의 섬이 될 수 있을까?

이처럼 섬에 대한 도적행위도 오랫동안 방치하면 섬을 포기한 것이나 다름없게 된다. 그런데 일본이 독도를 몰래 편입했을 때 조선의 지방정부와 중앙정부가 항의를 한 것은 타자에게 섬의 소유를 인정하지 않겠다는 것이었다. 1905년 일본의 '죽도'편입조치는 한국이 알 수 없는 상태에서 은밀히 조치한 것이기 때문에 무효이다. 일본은 조치 후 1년 뒤 1906년 울도군수에게 간접적인 방법으로 편입조치사실을 알렸을 때 한국은 이에 대해 일본 통감부에 항의했다. 이는 영토주권에 대한 수호차원이므로 실효적으로 관리했다고 할 수 있다. 그런데 이와 같은 영토주권 수호를 위한 항의를 무시하고 강제적으로 점유를 시도했다면 이것 또한 무효가 되겠다.[10]

1904년 외무성이 나카이에 대해 영토편입원을 제출할 것을 요구하였을 때, 일본내무성은 「한국영토로 보이는 섬을 일본이 편입조치를 취하면 침략의도가 보여짐으로 부적절하다」고 한 것으로 보더라도 당시 일본정부 내에서도 독도가 한국영토라는 인식이 팽배했던 것이다.

당시의 독도는 경제활동을 위한 지역이 아니었다. 한국에 있어서는 독도가 비록 무인도이지만, 국토의 일부라는 경계로서의 상징성에서 영유의식을 갖고 있었던 것이다. 일본은 이러한 한국의 영유의식을 알고 있으면서도 몰래 무인도였던 독도에서 강치를 남획하였던 것이다. 나카이는 불법 남획에서 한국정부로부터 정식허가를 받아서 강치잡이를 하려고 했는데, 일본외무성은 무인도라는 것을 악용하여 「무주지」 선점론으로 영토침탈을 시도했던 것이다.

일본은 영토편입을 정당화하기 위해서는 1905년 영토편입이전에 한국이 영토로서 인식하거나 관리한 적이 없다고 강변하고 있다. 조선의 영유의식에 관해서는 일본 측의 여러 문건에도 등장하고 있다. 그런데 일본은 이를 부정하기 위해 실제로 독도를 관리한 증거를 제시하라고 주장한다. 독도는 경제적 활동이나 행정적 조치를 취할 수 있는 유인도가 아니다. 무인도이기 때문에 당시로서는 그냥 한국영토의 일부라

---

10) 포츠담선언에 의해 무효가 되었다.

는 인식이 존재하는 것이 전부라고 하겠다. 이것만으로도 당시로서는 영토로서 관리한 것이 된다.

일본은 독도의 강치를 은밀히 남획하고 이를 영토관리의 증거라고 주장한다. 타국의 영토에서 침략적으로 강치를 남획하고 이를 영토관리의 일환이었다고 하는 것은 침략성을 상징하는 제국주의적인 발상에 불과하다.

3. 근대조선의 울릉도 재개척에 대한 일본의 조작행위

(1) 근대조선 이전의 울릉도 영유에 대한 일본의 조작

위에서 살펴본 바와 같이 일본은 2번에 걸쳐 대마도를 통해 울릉도에 대한 영유권을 주장했고 그때마다 조선조정은 울릉도를 영토로서 주권을 수호해왔다. 조선은 영토수호정책의 일환으로 공도정책을 행했기 때문에 일본 측의 울릉도에 대한 영유권 주장에 대응하여 영토를 수호했던 것이다. 그런데 일본영토론자들은 「조선조정은 울릉도를 공도정책으로 영토주원을 포기했다.」 「일본은 조선이 포기한 울릉도를 실효적으로 관리했기 때문에 일본영토로서 권원을 갖고 있다.」라고 한다.

대마도가 조선의 울릉도에 대해 영유권을 주장하다가 결국 막부에 의해 1696년 울릉도의 영유권을 포기하여 한국영토로 인정되었다. 그럼에도 불구하고 일본영토론자들은 100년간 실효적으로 지배했다고 주장하는 것은 사료조작행위이다. 또한 일본에서 제작된 지도들 중에는 일본지도의 윗부분에 울릉도 독도자리에 '죽도'와 '송도'를 그려둔 것이 있다. 이러한 지도를 가지고 울릉도와 독도가 일본영토라는 증거라고 주장한다. 이는 영유권을 조작하는 행위이다. 예를 들면 나가쿠보 세

키스이가 제작한「日本輿地路程全圖」, 하야시 시헤이가 그린「삼국통
람도설」 등이 여기에 속한다.

독도에 대해 일본영토론을 주장하는 자들은 과거 일본제국주의시대
에도 그러했듯이 조선의 영토였던 울릉도에 불법적으로 도항하여 약
탈한 것에 대한 문제의식을 전혀 갖지 않고 오히려 이를 울릉도에 대
한 일본의 영토적 권원이라고 주장한다.[11] 이러한 것을 전혀 문제시하
지 않고 아주 당연한 것처럼 생각한다. 이는 일본제국주의의 영토침략
행위와 전혀 다를 바가 없다.

(2) 근대조선의 울릉도개척에 대한 川上健三의 조작논리

울릉도는 조선조정이 영토로서 단 한 번도 방기한 적 없이 영토로서
관리하여 그 정통성을 이어받아 한국정부가 한국영토로서 관리하고
있는 곳이다. 가와카미는 울릉도에 대한 한국의 영토적 권원이 결여되
어 있다고 사실을 조작하는 방법으로 독도에 대한 한국 측의 영토적
권원이 없다고 논리를 조작하고 있다. 다시 말하면 울릉도도 한국영토
로서 권원이 부족한데 어떻게 독도를 한국영토라고 할 수 있는가라는
논리를 조작하기 위한 것이다.

가와카미는「울릉도 통치」라는 제목으로 조선조정의 울릉도 지배에
는 많은 문제점을 갖고 있다고 주장한다.

첫째로 안용복사건 이전의 울릉도 통치에 대해서는「이조 초기 이
래 울릉도에 대해 '공도정책'이 취해지고 있었던 것은 앞에 말한 대로
이지만, 당시로서는 때에 따라 이 섬의 존재가 어떻게 상기되거나 또
이 섬에 도주한 본국 인민을 쇄환하거나 하는 것에 지나지 않아 실제
로는 방기와 마찬가지이다. 말하자면 외지로의 도피를 단속한다는 의

---

11) 10포인트에서 울릉도를 실효적으로 지배했다고 하는 부분이다.

미가 강해 '공도정책'이라는 것 자체가 오히려 적당하지 않은 상황이었다.」라고 하여 울릉도를 방기한 것이라는 주장이다.

이는 올바른 지적이 아니다. 섬을 영토로서 포기한 정책이 아니라, 인민을 보호하기 위한 정책이다. 타국이 울릉도에 대해 영유권 주장할 때 그것을 인정했다면 포기한 것이라고 할 수 있다. 쓰시마번이 15세기 울릉도에 대해 영유권을 주장하였을 때 영토주권 표시를 명확히 하여 쓰시마의 요구를 수용하지 않았던 것이다.[12] 이를 보더라도 울릉도를 포기한 정책이 아니라는 것을 알 수 있다.

둘째로 안용복사건 이후에 대해서는 「그것이(섬을 방기하였다가-필자주) 이 섬을 자국의 판도로 인식하고 실질적인 의미의 '공도정책'이 취해지게 된 것은 겐로쿠(1688-1703; 필자주) 연간에 죽도(울릉도)영유를 둘러싼 쓰시마번과의 교섭이 개시되면서부터이다. 즉 이 섬의 영유 문제에 대한 교섭이 계속되었던 1694년(숙종 20년, 겐로쿠 7년)에 조선 정부는 이 섬에 관리를 파견하여 조사하게 했고, 이어서 1697년(숙종 23년, 겐로쿠 10년), 즉 막부가 죽도(울릉도)의 도항을 금지한 그 다음 해에는 2년에 1회, 강원도 연해에 있는 각 군이 윤번으로 울릉도를 순검하게 하는 제도가 확립되었다. 이에 관해『숙종실록』은 다음과 같이 기록하고 있다. (중략) 그 후 이 제도는 언제부터 인지(숙종말년 혹은 영조초년) 3년에 1회(영조실록 권40 을묘11년 정월 갑신,『국조보감』권61, 영종 을묘11년 춘정월) 혹은 5년에 1회(『文獻撮錄』권10 울릉도 사밀)라는 것으로 되었으나, 어쨌든 공도정책은 계속되어 인민의 울릉도 입도가 금지되어 있었던 것만 아니라 이 섬에서의 어획도 엄히 금지되어 있었다.」라고 하여 공도정책이라는 이름으로 울릉도를 영토로서 관리하였지만, 안용복 사건 당시는 2년에 1번이었으나 시간이 자나

---

12) 신용하 연구 참조.

면서 5년에 1번도 제대로 관리하지 않았다. 또한 조선인들은 입도도 할 수 없었지만 어업자체도 금지되었기 때문에 제대로 영토로서 관리하지 않았다는 주장이다.

여기서 중요한 것은 쓰시마번에 울릉도의 영유권을 주장하여 조선 조정이 일본의 중앙정부인 막부와 외교교섭을 통해 조선영토임을 확인받았던 것이다. 그 이후 일본이 울릉도의 영유권을 주장하지 않았고, 또한 실질적으로 울릉도에 침범한 자도 없었기 때문에 5년에 1번으로도 충분하였다면 그것으로 영토관리가 충분했던 것이다. 이러한 사실마저 문제를 삼는다면 그것은 울릉도의 영토적 권원을 조작하려는 행위라고 말할 수밖에 없다.

근대조선의 울릉도 이주정책 실행에 대해서는 「이 같은 공도정책이 바뀌어 사람들이 이 섬에 입식하려고 의도한 것은 19세기 말엽 이태왕 중기 이후의 일에 속한다. 즉 1881년(이태왕 18, 메이지 14)년에 전례에 따라 수토관이 심검하기 위해 울릉도에 가본 결과 일본인 7명이 벌목에 종사하고 있는 것을 발견하고 조선국정부가 우리 외무성에 항의했는데, 그것이 계기가 되어 조선국 정부로서는 이 섬을 공광으로 버려두면 오히려 멀어지는 것을 우려하여 부호군 이규원을 울릉도 관찰사로 임명하여 다음 해 1882년(이태왕 19년) 봄에 들어가 조사를 하게 되었다.」라고 하여 일본인이 먼저 울릉도에 들어가 개척하는 것을 보고 이에 자극을 받아 조선이 후발로 개척을 시작하였다고 주장한다.

울릉도는 조선영토이었음에도 불구하고 일본인들이 은밀히 잠입하여 약탈행위를 자행했던 것이다. 이러한 일본인들의 도적행위에 대한 비판도 전혀 없고 오히려 일본인의 영향으로 울릉도를 개척하기 시작했다고 한국 측의 영토적 권원을 조작하고 있다.

근대 조선의 울릉도에 대한 행정조치에 대해서는 「이어서 그해 8월에는 이 섬에 관리를 설치할 필요가 대두되어 도장(島長)을 두기로 정했으나 얼마 안 있어 이를 울릉도 개척관으로 고치고 또 1884년(이태왕 21년) 3월에는 첨사로 정하고 삼척영장에게 겸임시켰다. 그 이후 1888년(이태왕 25) 2월에는 다시 도장으로 고쳐 평해군 소속의 월송만호를 겸임시켜서 때에 따라 왕래하며 검찰하게 했다. 이렇게 하여 그 명칭은 도장, 개척관, 첨사 등으로 자주 바뀌었지만 어쨌든 종래의 공도정책을 바꾸어 울릉도에 대한 인민의 입식을 실시하여 이와 같은 관리를 임명하기에 이르렀던 것이다. 그것도 조선국정부가 이를 계기로 이 섬의 개발을 적극적으로 꾀한 것이 아니라 관리도 상주시키지 않고 삼척 혹은 평해 등 연해의 각 군이 겸임하여 때때로 왕래하는 것에 지나지 않았다. 훗날에 이르러 강원도 평해군이 관리(吏校)를 이 섬에 상주시키게 되었으나 관리(收斂)의 폐가 심해 입식의 실적이 늘지 않아 1894년(31년) 정월에는 부세요역을 일체 면제하는 입식을 적극적으로 장려하는 정책도 취하게 되었다.」라고 하여 조선조정이 울릉도 개척을 실시했지만 청일전쟁 이전까지는 사실상 관리가 항시 상주한 것이 아니라 삼척과 평해 등의 연안지역 군관이 필요시마다 왕래하는 방식으로 소극적으로 개척에 임했다는 주장이다.

조선조정의 울릉도 관리정책이 소극적이든 적극적이든 그것으로 영토주권이 변동되는 것은 아니다. 가와카미는 울릉도에 대한 한국 측의 영토적 권원을 흠집 내기 위해 울릉도 관리에 소극적이었다는 논리를 조작하고 있다.

청일전쟁 이후 조선의 울릉도 관리에 대해서는 「이래서 울릉도의 개발은 일청전쟁 이후 드디어 본격적으로 진행되게 되어 1901년(광무 5, 메이지 34)에는 종래의 島長제도를 폐지하고 처음으로 독립된 군을 설치하고 군수를 두게 되었다. 그 군청은 처음에 서면 태하동에 두었으나 1903년(광무 7, 메이지 36) 이것을 남면 도동으로 옮겼다. 그 후 1908년(융희 2, 메이지 41)에는 강원도에 속해 있던 이 섬을 경상남도에 편입하고 '일한합병' 후의 1914년에는 군을 바꾸어 도(島)로 하여 경상북도에 소속시켰다.」라고 하여 한국 측이 울릉도를 적극적으로 관리한 것은 청일전쟁 이후라는 것이다. 그리고 한일합병 이후는 郡을 道로 바꾸어 울릉도 관리에 소홀했다는 주장이다. 한일합병 이후는 일본제국주의가 울릉도를 침탈하기 위해 행정을 개편한 것으로 한국이 영토로서 울릉도 관리를 소홀히 한 것은 아니다.

가와카미는 위와 같이 사실을 조작하여 한국 측의 울릉도개척 사실에 대해 「이것을 요약하면 막부의 죽도(울릉도) 도해금제 이후, 조선국정부는 이 섬을 자국영토로 인식하고 공도정책을 유지하기 위해 약 200년에 걸쳐 정기적으로 순검하였다. 이태왕 중기에 이르러(1800년 말), 그 정책을 바꾸어 이민의 입식을 장려하여 개발을 꾀하였으나 성적은 쉽게 오르지 않았다. 이 섬에 정착하는 자가 약간 증가하기에 이르렀어도 초기의 많은 도민은 농업을 주로 하여 어업에 대해서는 거의 어채를 채취하는데 그쳤다. 바다에 출어하는 것과 같은 일은 없었다, 그것이 1903년(광무7, 메이지 36)에 일본인이 근해에서 좋은 오징어 장을 발견하고 어획을 시작하자 도민이 그것을 보고 배워 이 섬 근해에서 어업을 행하게 되었으나 그 시기는 1907년(융희 원년, 메이지 40년)의 일이었다」[13]라고 하여 조선은 울릉도 개발에 소극적이었고, 사실상 울릉도 개발은 농업에 그쳤고, 어업행위는 1905년 일본이 시마네현에 '죽도'를 편입한 이후 시작된 일본 어업을 배워서 1907년 이후부터 시작되었다는 주장이다.

이러한 주장은 한국 측이 일찍이 울릉도를 개척하였지만 독도에 대한 영토적 관리는 없었다는 논리를 만들기 위한 것이다.

사실 거리상으로 보면 조선본토에서 울릉도에 도항하는 거리보다

---

13) 川上健三, 「竹島の歴史地理学的研究」, 권오엽 역, 『일본의 독도논리』, 백산자료원, 188-191쪽.

울릉도에서 독도에 항하는 거리가 짧다. 본토에서 울릉도에 도항한 사람은 농업을 위해 도항한 것이 아니다. 섬에서 거주한다는 것은 어업을 위한 도항이다. 조선본토에서 울릉도에 도항해온 사람이 그 보다 더 가까운 독도도 도항하지 않았다는 주장은 설득력이 없다. 그리고 울릉도 사람들이 독도에 도항했다는 기록이 없다고 하여 도항하지 않았다고 단정하는 것은 사실관계를 조작하는 행위다. 그것을 현재 울릉도에서 독도가 보이지만 울릉도에서 독도가 보인다는 기록이 없기 때문에 울릉도에서 독도가 보이지 않는다고 주장하는 것과 별반 차이가 없다. 따라서 울릉도 거주민들이 어업에는 종사하지 않고 농업에만 종사했다고 주장하는 것은 독도에 대한 한국 측의 영토적 권원을 조작하는 행위이다.

(3) 근대조선의 울릉도 개척에 대한 田村淸三郞의 조작논리

다무라는 「조선수로지에서 관계되는 부분을 발췌하면 다음과 같다.」라고 하여 조선수로지를 인용하여 울릉도에 대한 한국영토로서의 권원을 부정하고 있다.

조선의 울릉도 공도정책에 대해서는 「"○울릉도 일명 송도: 오키도에서 북서 3/4서, 약 140리, 조선동해안에서 80리 해중에 고립되어 있다. 전도가 험악한 원추산이 모여서 수목이 울창하고 번성하다. 그리고 그 중심(북서 37도 30분, 동경 130도 53분)에 높이 4,000척의 봉우리가 1개 있다. ○ 이 섬 주위는 18리로 그 형태는 반원형이다. ○ 섬 해안은 험하다. 단지 날씨가 온화할 때는 해변에서 겨우 오를 수 있다. 봄, 여름 우기에는 조선인들이 이 섬에 와서 조선식의 배를 만들고 또 다량의 介蟲을 수집 건조한다. 단 조선인은 배를 제조할 때 철침을 사용하지 않고 모두 나무로 결합하여 마른 나무를 사용할 줄 모르고 반드시 생나무를 사용한다." 이상의 수로지 기록에 관해서 흥미로운 것

은 울릉도에 대한 조선의 공도정책의 영향을 남기고 있고, 본토에서 봄과 여름 우기에 조선인이 울릉도에 온다는 것이다.」라고 하여 조선 수로지는 조선이 공도정책으로 섬을 비웠는데 조선인들은 봄과 여름 우기에만 울릉도에 왕래했다는 것이다. 즉 조선이 울릉도를 상시적으로 관리하지 않았다는 주장이다. 울릉도를 관리하지 않았다는 것은 울릉도에 가까운 독도도 관리했다고 할 수 없다는 논리를 조작하고 있다.

반면 조선이 공도정책으로 섬을 방기했을 때 오히려 일본인이 울릉도를 관리했다는 주장이다. 그 증거로서 다음과 같은 예를 들고 있다. 즉 「大島幾太郎著의 浜田町史에는 天保의 八右衛門사건의 후일담으로서 다음과 같이 언급하고 있다. "竹次郎는 성장 후 大阪에서 浜田屋 安兵衛라는 이름으로 메이지 15년경 붉은 샤츠를 입고 갑자기 집으로 돌아와 아버지가 고생한 항로를 조금이라도 체험해보고 싶어서 배와 뱃사람을 고용하여 松原湾을 출발하여 죽도에 가서 돌아오는 길 5월 18일 폭풍을 만나 동행한 浦藤九郎의 배 住福丸은 침몰하여 山口亀之助, 竹林徳太郎 외 10명이 익사했다. 그러나 浜田屋安兵衛가 탄 배는 구사일생으로 松原浦에 귀항했다. 安兵衛는 재산을 나누어 뱃사람들의 수고를 위로했고, 이번 일로 아버지의 고생을 알게 되었다고 만족하여 오사카로 돌아갔다"라고 기술하고 있다. 하지만 사실과 상당히 다르다고 생각한다. 浜田시 松原의 心覺寺에는 원래 八右衛門의 묘가 있고, 竹次郎의 묘도 현존하지만 이 절이 과거를 기록한 장부에 "明治 15년 4월 2일 山口亀之助, 竹林徳太郎, 大沼金五郎 외 9명 익사, 죽도 가다"라고 기록되어 있다. 옆에 "5월 15일 市木屋 某"라고 명시해 놓았다. 下浦문서에 의하면 5월 17일 萩沖조난이라고 되어 있다. 浜田町史에는 5월 18일과도 부합하고 인원수도 동일하다. 竹次郎가 죽도에 갔다고 하는 것은 사실일지는 몰라도 町史에는 下浦에서 가져간 住福丸로 되었지만, 下浦藤九郎의 배가 아니라 오사카의 片山常雄가 히로시마에서 빌린 배이고, 울릉도에서 목재를 오사카에 운반하는 도중 야마구치현 하기 앞바다에서 침몰한 것이다. 浜田町史의 浜田屋 安兵衛의 기록은 정확하지 않고 모두 신용할 수 없다. 下浦藤九郎가 大倉喜八朗에게 보낸 편지를 보면 (중략)」라고 하여 메이지 14년경에 大倉喜八朗는 울릉도의 목재를 취급하는 일에 종사하여 浜田 松原의 下浦藤九郎를 중개자로 하여 울릉도 개발에 종사했다. 메이지 14~15년 울릉도 항로는 浜田 日御碕 隱岐 울릉도 루트이다.」라고 하여 메이지 14~15년(1881-1882)에 일본인이 목재벌목을 위해 울릉도에 도항했다는 주장이다. 이는 사실상 조선영토인 울릉도에 대한 불법적인 약탈행위였다.

또한 「메이지 16년(1883년) 7월 조인된 재 조선국 일본인 통어장정 및 해관세목 제 41款에 "일본국 어선은 조선국 전라, 경상, 강원, 함경의 4도 해변에 왕래하여 어업을 한다는 것을 정했다." 메이지 22년(1889년) 11월 조인된 일본 조선 양국 통어규칙에 의해 그에 관한 상세한 내용이 규정되었다. 시마네 어민은 공연하게 조선연안 어업에 종사하게 되었다. 울릉도에 항해자도 증가했다.」라고 하여 1883년 이후에는 '재조선국 일본인 통어장정 및 해관세목'을 조인하여 일본인들의 공식적인 울릉도 도항이 증가했다고 주장한다. 이는 조선영토에 대한 불법침입에 속한다. 영토적 권원과는 무관하다.

이처럼 다무라는 울릉도에 대한 불법 도항마저도 일본이 울릉도를 실효적으로 관리했다는 것으로 일본 측의 영토적 권원이라고 주장한다.

4. 대한제국의 독도 개척사에 대한 일본의 조작행위

(1) 독도개척사에 대한 川上健三의 조작논리

가와카미는 1905년 일본이 시마네현에 '죽도'를 편입하기 이전에 한국 측이 독도를 관리하지 않았다고 하기 위해 전술한 바와 같이 한국은 울릉도 개척에도 소극적이었고, 게다가 농업에만 종사하였고 어업에는 종사하지 않았다고 논리를 조작했다.

이번에는 「한인과 송도」라는 제목으로 가와카미는 다음과 같은 논리로 한국 측이 독도를 직접 관리한 적이 없다고 주장한다. 즉「죽도 도해금제 이후의 울릉도에 대한 조선국 정부의 통치와 경영이 상술한 대로라면 그 공도정책이 행해졌던 시기에 이 섬보다 아득한 동방의 바다에 있는 오늘의 죽도(당시의 송도)까지 한인이 항해했다고는 상식적으로 생각할 수 없다는 것은 앞에서도 지적한 대로이지만, 한인이 공도정책을 바꾸어 울릉도 개발을 행하게 된 이후에도 그들이 오늘의 죽도까지 가서 그것을 개발 경영하고 있었다는 증거는 찾아낼 수 없을 뿐만 아니라, 당시의 한인이 그것을 인지하고 있었다고 입증할 수 있는 것도 없다.」[14]라고 하여 한국 측의 독도관리 및 경영 그리고 영토 인식 자체를 전적으로 부정하고 있다.

독도는 작은 2개의 암초로 되어있다. 따라서 독도를 영토로서 관리했다는 의미는 반드시 그곳에서 경제활동을 했다는 것만은 아니다. 중앙정부가 역사지리서에 포함시켜서 영토로서 인식하여 타국이 영유권을 주장할 때 영유의식을 분명히 하는 것이 독도와 같은 무인암초에 대한 영토관리방법이다. 일본이 말하는 것처럼 독도에 서식하는 강치를 잡아 멸종시키는 행위가 영토관리방식이라는 주장은 설득력이 없

---

14) 川上健三, 「竹島の歴史地理学的研究」, 권오엽 역, 『일본의 독도논리』, 백산자료원, 191쪽.

다.

가와카미는 「독도」명칭의 유래에 대한 한국 측 주장에 대해 다음과 같이 반박한다.

먼저 최남선의 주장에 대해서는 「원래 조선 측에서는 한국인이 지금의 죽도를 '독도'라고 부르고 있는 것 자체가 이미 이 섬을 인지하고 있었다는 증거라며 다음과 같이 논하고 있다. (중략) 그러나 최남선씨는 전게한 『鬱陵島와 獨島』 중에서 '독도'의 명칭에 대해 "근세 부근 거주민 사이에 섬의 형태가 독(甕)과 같다고 하여 보통 '독섬'이라고 부르는 것이다(울릉본도의 아주 부근에도 또 별도의 독섬이 있다). 근래 獨島라는 字는 독의 取音일 뿐이요, 獨의 字意에는 아무 관계가 없는 것이다."라고 설명하고 있는데, 전술한 한국정부의 견해가 반드시 정설이 아니라는 것을 나타내고 있다.」라고 하여 한국의 저명한 역사학자인 최남선의 견해와 한국정부의 공식적인 견해 사이에 차이점이 있다는 것이다. 그러나 오늘날은 독도라는 명칭은 돌섬이라는 의미의 음을 취한 것이라는 설이 정착되어 있다. 학자에 따라 견해는 다를 수 있다. 정부입장에서도 역사학의 발전에 따라 종래에 입장에 잘못되었다면 올바른 인식으로 수정할 수 있는 것이다.

신석호의 주장에 대해서는 「고려대학교 신석호 교수는 그의 저서 「독도의 내역」(한국잡지 「사상계」 1960년 8월호 게재논문)에서 "독도 명칭의 유래에 대해서는 울릉도 사람 가운데 어떤 사람은 이 섬이 동해의 한복판에 외로이 있기 때문에 독도라고 하였다는 사람도 있고, 어떤 사람은 섬 전체가 바위 즉 돌로 성립되어 있고 경상남도 방언에 돌을 독이라고 하기 때문에 돌섬이라는 뜻에서 독도라고 하였다는 사람도 있어 그 어떤 것이 옳은지 알 수 없으나」라고 논하는 것과 동시에 '독도'라는 명칭이 한국문헌에 나타나기 시작한 것을 1906(광무 10, 메이지 39)으로 보고 아마도 1881(고종 18년, 메이지 14)에 울릉도를 개척한 이후 울릉도의 주민이 이같이 명명한 것 같다고 기술하고 있다. 가령 신교수의 전기논문을 전제로 한다고 해도 기록적으로는 광무 10년까지밖에 거슬러 올라갈 수 없어 그 이전의 것은 단순한 추정으로 울릉도 개척 이후 한국인이 오늘날의 죽도를 '독도'라고 부르고 있었다고 하는 적극적인 증거가 있는 것은 아니다. 다만 신 교수가 지적하고 있는 1906년(광무 10, 메이지 39)이라는 해에는 우리나라의 문헌에도 오늘날 죽도에도 한국인이 '독도'라고 부르고 있었다는 기사가 있기 때문에 한국 측 문헌에 그것이 있었다고 해도 결코 불가사의한 것은 아니다. 즉 메이지 39년(1906)의 『지학잡지』(제18권 제210호)에 게재된 다나카 아카마로(田中阿歌麿)씨의 "오키국 죽도에 관한 지리학상의 지식"이라는 논문에 "한국인은 이것을 獨島라고 쓰고 우리나라의 어부들은 일반적으로 '리안코'도라고 부른다"라고 있다. 또 1907년(메이지 40)년에 간행된 수로부편의 「조선수로지」에도 "이를 (오늘의 죽도) 獨島라고 쓰고, 본방(일본) 어부는 리얀코도라고 말한다"라는 기사가 있다.」라고 하여 신교수의 견해에 동조하면서도 1906년에 한국 측 문헌에 「獨島라고 쓴(書)다」라고 하는 것은 한국영토로서의 근거가 될 수 없다고 주장한다. 그 이유는 일본문헌에도 있기 때문이라는 것이다. 그런데 이는 사실을 조작한 것이다. 일본문헌에서 최초로 「獨島라고 쓴(書)다」라는 기록이 등장하는 곳은 1904년에 기록한 니이타카호의 군함일지이다. 1905년 일본이 시마네현에 편입하기 이전에 이미 한국에서는 「이 섬을 독도라고 쓴다」는 사실이 일본에도 알려져 있었다는 것이다. 일본이 1905년 시마네현의 영토편입 당시 독도가 「무주지」였다고 한 것은 논리 조작행위임을 알 수 있다.

　가와카미는 이처럼 일본이 시마네현에 '죽도'라는 이름으로 편입조치를 취하기 전에 이미 한국이 영토로서 관리하고 있었던 사실을 숨기고 1905년 「무주지 선점론」에 의한 일본의 영토편입의 정당성을 주장하고 있다. 즉「이 일(1906년경에 한국인들이 '獨島라고 쓴(書)다')에 대해서는 일본인이 울릉도를 근거로 지금의 죽도에 출어하게 된 1904년 무렵부터 울릉도에 살고 있는 한국인을 어부로 해서 여러 차례 이 섬에 동반했기 때문에 그 이후에 한국인도 이 섬을 인식하게 되고 그것을 '독도'라고 부르게 되었다고 보는 것이 가장 타당하다고 생각된다. 이렇게 보는 것으로 메이지 39년 이후의 문헌에 '독도'라는 명칭이 실려 있는 것도 충분히 이해가 된다.」[15]라고 하여 1906년경에 한국이 獨島라고 쓰게 된 것은 1904년부터 일본인이 한국인을 고용하여 독도에서 강치조업을 한 일본인의 영향에 의한 것이라는 주장이다. 이는 1905년 일본의 불법적인 편입조치에 대한 합법성을 내세우기 위해 조선이 그 이전부터 영토로서 관리해온 사실을 부정하기 위한 것이다.

실제로는 한인은 '獨島라고 쓴(書)다'라고 한 출처는 1904년의 군함 니이타카호의 일지에 기록되어 있는 것이다. 이미 1904년 이전부터 독도라고 부르고 있었다는 것을 의미한다. 거슬러 가면 1882년에 울릉도에 이주한 거주민들이 독도를 알게 되어 그 이후부터 1904년 사이에 독도라는 명칭을 사용하고 있었다는 것을 의미한다. 1905년 일본이 '죽도'라는 명칭으로 편입하기 이전에 한인들이 독도를 영토로 인식하여 활용하고 있었음을 보여주는 증거이다.

가와카미는「한국인의 송도 도항」에 대해 아래와 같은 논리로 1907년 이후 일본인어부에 고용되어 처음으로 독도에 들어가게 되어 독도를 알게 되었다고 하여 독도에 대한 한국영토로서의 권원을 부정했다.

즉「울릉도에 주재하고 있는 일본인이 강치잡이를 위해 한국인을 대동해 오늘날의 죽도(당시의 송도)에 갔다고 하는 사실은 나카이 요사부로(中井養三郎)의 강치잡이에 관한 오키도사에 대한 보고에 실려

---

15) 川上健三,「竹島の歴史地理学的研究」, 권오엽 역,『일본의 독도논리』, 백산자료원, 191-193쪽.

있다. 이 보고에 의하면 1903년(메이지 36)에는 강치잡이를 위해 오늘의 죽도에 온 것은 앞서 나온 나카이 요사부로 외에 오키에서 온 이시바시 마쓰타로(石橋松太郎) 일행뿐이었지만, 다음해 1904년에는 나카이 요사부로, 이시바시 마쓰타로 외에 오키에서 온 이구치 류타(井口竜太), 가토 시게나리(加藤重造)도 참가했다. 그 외에도 야마구치현 출신의 이와사키(岩崎) 아무개가 울릉도 즉 군함 쓰시마가 죽도를 실제로 조사한 것은 메이지 37년(1904) 11월로, 38년(1905) 8월 8일의 폭풍으로 가옥이 완전히 떠내려가기 이전이었기 때문에 이 죽도 어렵회사의 소옥을 볼 수 있었을 것이므로『수로지』의 기사는 이것과 부합한다. 오히려 다나카씨는 전게 논문의 첫머리에서 군함 쓰시마의 조사도 참조해서 이것을 기록한 취지를 기술하고 있기 때문에『수로지』의 기사를 한층 구체적으로 설명한 것이라고 말할 수 있을 것이다.」라고 하여 일본인은 1903년부터 강치잡이를 위해 실질적으로 독도에 도항하였지만 한국인은 이들 일본인에 고용되어 1906년부터 도항하기 시작하여 처음으로 독도를 알게 되었다고 논리를 조작하고 있다.

일본인의 독도도항에 대해서는「신 교수는 군함 쓰시마가 조사한 1904년에는 아직 한 사람의 일본인도 울릉도에 거주하지 않았다고 기술하고 있는 것도 잘못이다. 메이지시대 이후 울릉도의 일본인 도항과 오늘날의 죽도 개발사정에 대해서는 다음 장에서 상술하기 때문에 여기서는 주요한 사실에 대해 그 개략을 지적하는 것에 그치지만, 일본인이 울릉도로 도항하게 된 것은 아직 조선정부가 이 섬에 공도정책을 취하고 있던 시대부터이다. 즉 1881년(메이지 14)에 7명이 울릉도에서 벌목을 하고 있는 것이 발견되었기 때문에 조선정부가 우리 외무성에 대해 항의하게 되었다는 것은 앞에서 기술한 대로이지만, 1883년(메이지 16)에는 당시 이 섬에 재류하고 있던 일본인 전원 254명의 귀환이 실시되었다. 그 후 1889년(메이지 22) 11월에 일한 통어규제가 성립되고 울릉도도 그 통어근거지가 되었으나, 1900년(메이지 33)의 재부산일본영사관이 이 섬을 실지조사하여 보고한 것에 의하면 이 섬에는 1891년(메이지 24) 이후 일본인이 거주하였고, 조사 당시에는 100명 내외의 사람이 재류하고 있었다는 것이 보고되었다.

이들 울릉도 재주자 중에는 나카이 등이 메이지 36년부터 강치잡이를 개시하기 이전에 울릉도에 도항하는 도중 또는 울릉도를 근거로 지금의 죽도에 출어한 자가 있었던 것은 현재의 울릉도 도항 관계자 내지는 그 자손에 대해 조사한 것으로도 알 수 있다. 이것이 대해서는 후술 하겠다. 이에 관련하여 신 교수는 전게 논문에서 울릉도 개척 당시에 강릉에서 이주했다는 울릉도의 노인 홍재현(洪在現)의 말이라며, "울릉도 개척 당시 울릉도 사람은 곧 이 섬을 발견하고 혹은 다시마, 전복을 따기 위해 혹은 가재를 잡기 위해 많이 獨島로 출어하였다고 하여 홍씨 자신도 십수 차례 왕래하였다고 말했다."라고 기술해서 마치 한국인이 일찍부터 지금의 죽도개발을 하고 있었던 것처럼 주장했다. 하지만 홍씨 한 개인의 이러한 증언으로는 아무런 객관성이 없고 한국인이 정말로 울릉도 개척 당시에 지금의 죽도에 갔었는지 어떠했는지 심히 신빙성이 부족하다. 설령 홍씨가 말한 것처럼 한국인이 이 섬에 갔다 해도 개척당시라는 것은 언제를 가리키는 것인지, 도민만으로 갔는지, 일본인에게 동반되었는지, 어떠한 수단으로 갔는지 잘 알 수 없다. 오히려 전게의 『韓國水産誌』를 보면 울릉도 도민은 당초에는 농업을 주로하고 어업은 겨우 김 미역의 채취 정도에 그치고 전복은 일본인의 채집에 맡겨져 도민이 이에 종사하는 자는 없었다고 하기 때문에 개척당시 도민이 먼 바다까지 출어했는지 어떠했는지는 매우 의심스럽다. 특히 홍씨가 말했듯이 전복을 채집하기 위해 지금의 죽도에 출어했다는 것은 사실에 반하는 것일 것이다. 그들이 울릉도의 먼 바다에서 어업을 하게 된 것은 일본인이 도민에게 오징어 어업을 가르친

후의 일로 그 시기는 1907년(메이지 40) 이후이기 때문에 그 무렵의 죽도는 이미 시마네현에 편입되어 있었던 것이다.」라고 하여 한국은 울릉도 재주 일본인들이 한국인들에게 오징어잡이를 가르친 이후 1907년 독도에 들어가게 되었지만, 일본은 1883년에 254명의 일본인들이 울릉도에 거주하고 있었기 때문에 이들 일본인들이 일본본토에서 울릉도에 도항하는 과정에 독도를 기항지로 활용했거나 울릉도 거주 일본인들이 독도에 왕래했다. 그러나 한국인은 독도까지 갈 이유가 없었다는 주장이다.

물론 일본인들이 1883년부터 울릉도에 도항을 하면서 독도를 확인한 것은 사실일 것이다. 그것과 영토주권과는 무관하다. 일본이 「무주지 선점이론」으로 독도를 편입한 것이 1905년이라면 그 이전에 한국이 독도에 대한 영토의식을 갖고 있었나 하는 문제가 중요하다. 1904년에 이미 한국이 '독도라고 쓴다'는 기록이 일본 측 문헌에 등장하고 있고, 또한 1900년 칙령 41호로 '석도'라는 이름으로 독도를 행정적으로 관리되고 있었다는 사실만으로도 한국영토로 인식하고 관리하고 있었다는 증거가 된다.

반면 가와카미는 「일본인과 송도」라는 제목으로 다음과 같은 논리로 일본인은 한국인 보다 먼저 독도를 영토로서 인식했다고 논리를 조작했다.

즉 「울릉도에 대해 공도정책을 취하던 시대는 물론 공도정책이 바뀐 후에도 지금의 죽도(당시의 송도)를 한국인이 경영하고 있었다는 어떠한 명백한 증거도 찾아낼 수 없다는 것은 상술한 대로이지만, 한편 1696년(겐로쿠 9년) 막부의 죽도도해금제 이후 메이지 초기에 이르기까지 지금의 죽도를 일본인이 계속 경영하고 있었다는 것을 적극적으로 입증하는 것도 곤란하다. 단 죽도도해가 금지된 후에도 송도(지금의 죽도)에 도해가 금지된 것이 아니었다는 것은 겐로쿠 9년 정월

28일자의 죽도 도해금지에 관한 봉서에 "향후 죽도의 도해를 금제한다
는 내용의 명이 있었습니다. 운운"이라고 하여 송도에 대해서는 아무
런 언급도 없었다는 것으로도 알 수 있다. 이것을 더욱 뒷받침하고 있
는 것이 에쓰야(絵津屋) 하치에몬(八右衛門)의 죽도 밀무역사건이다.
하치에몬은 해상운송 중개업자의 아들로 금제를 범하고 죽도(울릉도)
에 건너가 밀무역을 했다는 죄로 1836년(天保7) 6월에 오사카초 부교
(大阪町 奉行)의 손에 잡혀 12월 23일에 사형을 선고받은 사건이 있었
으나 이 사건의 판결문 중에 하마다번의 가로(家老)였던 오카다 라이
보(岡田頼母)의 부하 하시모토 산베에(橋本三兵衛)가 하치에몬에 대해
"가장 가까운 송도에 항해한다는 명목으로 죽도에 건너가 이익을 보는
자가 있는 이상 더욱더 늘어날 것으로 이를 계획하는 자도 있다"라고
말한 취지가 기록되어 있다. 이 사건이 당시에도 송도도항은 아무런
문제가 없었다는 것을 나타내는 증거라 할 수 있을 것이다. 이 경우
'송도'가 지금의 죽도에 해당한다는 것은 하치에몬을 심문할 때 그의
공술에 근거하여 그린 『竹島方角圖』를 보아도 확실하다.」라고 하여
일본인의 독도에 대한 도항은 조선이 울릉도 공도정책을 실시했을 때
부터 시작되었다고 주장한다. 그 증거로 하치에몬사건 때 송도도해를
명목으로 울릉도에 도해했다고 주장하였는데 그때 송도는 일본영토였
기에 문제가 되지 않았다는 주장이다.

이는 사실이 아니다. 하치에몬사건 당시의 『竹島方角圖』에는 송도
(독도)와 죽도(울릉도)가 그려져 있는데 울릉도와 독도를 같은 색으로
채색하여 일본영토가 아니고 한국영토임을 분명히 했다. 도항금지령
은 중앙정부의 정책에 의한 것이므로 당시 중앙정부의 영토인식이었
다고 할 수 있다. 또한 이번 도항사건에서 막부가 송도도항에 대해 아
무런 말을 하지 않은 것은 1696년 울릉도 도해금제를 내릴 때 송도도
해를 금지하지 않았기 때문이다. 그 이유는 당시의 송도는 2개의 암초

로 되어 있었기 때문에 도해면허를 할 만한 가치 있는 섬이 아니었기 때문이다.

또한 가와카미는 안용복사건 이후 독도가 일본영토였다는 증거로 다음과 같이 일본의 고문헌을 제시하고 있다. 즉「앞에서 지적했듯이 죽도도해금제 후의 저작인 호레키(宝歷) 연간(1751-1763)의 가타조노 쓰안(北園通菴) 편저『竹島圖說』에는 송도를 가리켜「오키국 송도」나「오키의 송도」등으로 기록되어 있고, 또 1901년(亨和원년) 야다 타카마사(矢田高当)의『長生竹島記』에도 송도를 "本州의 서해 끝이다"라고 기록하고 있는 것은 당시 송도가 일반적으로 오키국의 일부로 간주되고 있었던 증거로 여겨지고, 또 1828년 (文政11)에 에세키료(江石梁)가 편술한『竹島考』에서는 지금의 죽도에 관한 묘사가 그때까지의 문헌에 비해 한층 상세하게 기술되어 있는 것도 이 시대에 이 섬에 대한 지식의 계승과 발전을 나타내고 있다고도 생각할 수 있다.」[16]고 했다.

그러나 일부 민간인이 저술한 책자에서 중앙정부의 인식과 달리 송도를 일본영토로 표기하였다고 하여 그것으로 인해 일본 측의 영토적 권원이 발생하는 것은 아니다.

가와카미는 다음과 같은 논리로 전근대에 독도에 한해서는 일본에서 영토의식을 갖고 있었기 때문에 이를 바탕으로 일본은 국민국가가 성립된 근대초기까지도 독도를 일본영토로 인식했다고 주장한다.

즉「이처럼 죽도도해금제로부터 메이지 초년에 걸쳐서 송도(지금의 죽도)로의 우리 국민의 도항은 아무런 문제가 없었을 뿐만 아니라 죽도에 대한 지리적 식견도 계승되고 있었던 것이지만, 죽도 개발의 사실에 관해서는 적극적인 증거를 내세우기가 곤란하다. 그것은 죽도 도해금제에 관해 오야, 무라카와 등 당시로서는 실로 이례적이라고 말할

---

16) 川上健三,「竹島の歷史地理学的研究」, 권오엽 역,『일본의 독도논리』, 백산자료원, 199쪽.

만한 행사도 없었고 단지 바위 하나의 무인도에 지나지 않는 송도에 때때로 강치잡이를 나간 일밖에 없었다. 따라서 특히 송도(지금의 죽도)경영에 관해서는 기록이나 문헌에 남겨질 만한 것이 없었기 때문이라 생각된다. 그러나 송도의 소재를 알고, 또한 울릉도 정도는 아니더라도 그곳이 전복이나 강치의 어장으로서 가치가 있음을 알고 있었던 오키도민 등이 때에 따라 이곳을 이용 개발하고 있었다는 것은 결코 무리한 추측은 아니라고 생각한다.」[17]라고 하여 작은 암초에 단지 전복이나 강치잡이 정도로 이용되었기 때문에 기록으로 남겨진 증거는 없지만 오키도민이 이용했다고 추측된다는 것이다.

여기서 일본 측 고문헌에 등장하는 '일본의 송도'라는 기록은 일부 민간인들의 영토인식이고 중앙정부나 지방정부의 인식은 아니다. 일부 어부들의 인식에 불과하다. 그런데 이를 일본영토로서 관리한 적극적인 증거라고 주장한다. 반면 한국 측의 관찬문헌에서 동해에 2개의 섬인 울릉도와 우산도(독도)가 존재한다는 기록이 있어서 중앙정부가 독도를 영토로서 인식했다는 사실을 부정하고 있다.

(2) 독도개척사에 대한 田村淸三郎의 조작논리

다무라는 메이지정부의 '죽도' 영유권인식에 대해 「메이지유신 후 다시 해외도항의 기운이 일어나 죽도, 송도에 대한 관심이 높아지는 한편, 오키도 사람들을 비롯해서 울릉도에 어민이 진출하기에 이르렀고, 1881년(메이지 14년) 日鮮(일본과 조선) 양국정부의 외교교섭에 의해 일본어선의 울릉도 도항이 금지되고 울릉도가 조선영토임을 확인했던 것이다.」[18]라고 하여 울릉도는 1881년 양국의 교섭으로 한국영토

---

17) 川上健三, 「竹島の歷史地理学的研究」, 권오엽 역, 『일본의 독도논리』, 백산자료원, 197-199쪽.

18) 田村淸三郎, 「島根県竹島の新研究」, 28쪽.

로 인정되었지만, 송도는 한국영토로 인정하지 않았다는 주장이다. 그러나 사실 1869년의 「조선국교제시말내탐서」에서 「죽도와 송도가 조선영토가 된 시말」, 1877년 태정관문서의 「죽도외 1도가 일본영토와 무관함을 숙지할 것」등에 의하면 메이지시대의 일본정부는 독도는 울릉도와 더불어 일본영토가 아니라는 인식을 갖고 있었다.

다무라는 「조선수로지에서 관계되는 부분을 발췌하면 다음과 같다.」라고 하여 조선수로지를 인용하여 독도에 대한 한국영토로서의 권원을 부정하고 있다.

독도에 대해 「ㅇ리앙쿠르트 열암 : 이 열암은 서기 1849년 프랑스선박 '리앙쿠르트'가 처음 발견해서 선박명을 취했다. 그 후 1854년 러시아의 「프레캇트」형 함대 「파라스」가 이 열암을 「메나라이」 및 「오리브츠아」 열암이라고 명명했다. 1855년 영국함대 「호르넷」은 이 열암을 탐험해서 「호르넷」 열암이라고 명명했다. 이 선장 「호루시이스」의 말에 의하면 이 열암은 북위 37도 14분, 동경 131도 54분에 위치하는 2개의 불모 암초로서 항상 물새의 분뇨가 섬 위에 쌓여 섬의 색이 흰색이다. 그리고 북서에서 서까지, 남동에서 동까지의 길이는 약 1리, 2섬간의 거리는 약 2케이블반이다. (중략) 리앙쿠르트암의 측정은 미국수로부의 고지 제43호(1902년; 明治 35년 10월)에 의하면 미국군함 '뉴욕'호는 일본해를 항해했을 때 경도와 위도를 측정하여 리앙쿠리열암의 위치를 확정했다. 그 결과 이 열암의 위치는 북위 37도 9분 30초, 동경 131도 55분 0초였다.」라고 하여 19세기 중반에 프랑스, 영국, 러시아, 미국 함대가 독도를 발견하여 도명을 정했다. 이처럼 한국이 독도를 발견하여 관리하기 이전에 유럽인에 의해 먼저 발견되었다는 것이다. 이는 독도에 대한 한국 측의 영토적 권원을 부정하기 위한 논리조작이다.

또한 메이지 27년(1894년) 1월 14일 산음신문에서는 "오키국 4국 공유하는 어선 改良丸"를 "地夫郡 宇賀村 真野鉄太郎가 客歳로 빌렸다

(借受)" "조선국 울릉도(또는 죽도라고도 함)에 항해하려고 어부 2명이 승선"하여 도항한 사실을 전했다. 그해 2월 18일 이 신문은 "松江 佐藤 狂水 生投"의 "조선 죽도 탐험기"를 연재했다. 그 내용 중에 "죽도는 오키에서 서북 80여리 바다 가운데 외로이 위치하고 배를 타고 50여리에 도달했을 즈음에 한 개의 외로운 섬이 있었다. 일명 리양코도라고 한다. 그 둘레는 약 1리 정도이다. 2개의 섬으로 되어 있다. 이 섬에 강치가 서식하여 그 수는 수백 마리에 달한다. 그 우는 소리는 짐승이 싸우는 것처럼 울부짖었고, 그 근해는 고래 떼가 노는 곳으로 고래잡이 장소이다. 고래의 종류는 충분히 조사하지는 않았지만 아마 장수좌두가 될 것이다. 이를 잡으려면 원양어업 방식으로 기선 또는 바람을 이용하는 범선을 활용하지 않으면 불가능할 것이다. 여기에서 30여리 떨어져서 竹島가 있다. 해류는 리양코도가 한랭해류의 경계선이다." "이 섬은 8道 중의 하나인 강원도에 속하는 도서로서 본명은 울릉도라고 한다. 일본인은 죽도라고 부른다."라고 하여 울릉도를 죽도라고 부르고 있다.」라고 하여 다무라는 1894년의 산인신문이 울릉도를 조선영토로서 인정하면서도 울릉도도항 도중에 발견한 리양코도에 대해서는 조선영토가 아닌 무주지라고 게재했다고 주장한다. 이것 또한 영토적 권원을 결정하는 중앙정부의 인식이 아니고 지방신문의 인식에 불과하다. 이러한 근거없는 신문사설을 영토적 권원으로 활용하고 있다.

또한 小泉憲貞가 저술한 「隱岐誌後編」 제49철(메이지 36년 9월 25일 간행)에 "죽도(지금의 한국령 울릉도를 말함)에 도해하는 출발지는 隱岐国 穩地郡 北方村 福浦항(메이지의 울릉도 출발점은 地夫郡 宇賀村 宇物井항이었다.)으로 이미 寬永 연중에 죽도도해업자가 도항한 적이 있었는데, 그곳에서 가져온 좋은 재목으로 福浦湾의 작은 한 섬에 건립된 신사가 지금도 현존한다. (중략) 죽도는 조선국 강원도에 속하는 한 개의 작은 섬으로 송도 서쪽에 있다. 한바퀴 10리 정도로 조선본토에서 약 40리, 우리 오키국에서 1백여 리 떨어진 곳에 위치한다(옛날의 측량). 그리고 죽도는 송도까지 40여 리 정도의 거리에 위치하는데, 이는 순전히 조선영토로서 우리와 관련이 없는 영역에 속한다."라고 인용하여 「울릉도는 옛 명칭이 죽도이지만 이는 전적으로 조선영토가 되었지만, 리양코도인 송도는 일본영토에 속한다는 것은 의심의 여지가 없다.」[19]라고 했다. 小泉憲貞라는 사람처럼 당시 일본 측의 민간인들 중에는 죽도가 일본영토라는 영토의식을 갖고 있는 사람도 있었다. 그러나 중앙정부 차원에서 본다면 한국정부도 독도를 한국영토로 인식하고 있었지만, 일본정부에서는 일본영토로서 인식하지 않았던 것이다. 그럼에도 불구하고 다무라는 한국 측의 영토인식을 전적으로 무시하고 민간인 일개인의 영토인식을 가지고 일본 측의 영토적 권원이라고 조작하고 있다. 당시 일본에서는 신영토를 비롯한 영토확장의 붐이 조성되어 동해안을 왕래하던 일본인들 중에는 조선영토였던 울릉도조차 영토개척을 주장하는 자가 속출할 정도였다. 이처럼 다무라는 독도와 관련되는 기사라면 무조건적으로 일본영토로서의 권원이라고 해석하는 방법으로 독도의 영토적 권원을 조작하고 있다는 사실을 알 수 있다.

다음으로는 한국의 독도영유권 주장에 대해 반박하여 다음과 같은 논리를 조작하고 있다.

독도의 역사적 권원에 대해서는 「한국은 죽도가 조선인에 의해 발견되어 점유되었으며 한국영토로서 영유할 의도를 가지고 역대 한국정부가 행정조치를 취했다고 하는 것은 전적으로 사실무근이다. 이에 대해 일본의 죽도경영은 후술하는 것처럼 그 역사적 연혁을 가령 논하지 않는다고 하더라도 근대국제법의 통념으로 보더라도 완전하고 정

---

19) 田村淸三郎, 「島根縣竹島の新硏究」, 35-37쪽.

당하며 합법적으로 행해진 것이다. 메이지 39년(1906년) 당시 울릉도의 한인은 전혀 어업을 모르고 미역 채취밖에 하지 않았다는 사실도 기억해야할 것이다. 전복과 강치의 어장인 죽도는 울릉도의 한인에게는 전혀 인연이나 관계가 없는 섬이었던 것이다.」라고 하여 역사적 권원은 물론이고 1905년「무주지 선점」에 의한 일본의 국제법적 영토조치가 지극히 합당하다는 것으로 1905년 이전에 한국이 독도를 관리했다는 증거가 없다고 논리를 조작하고 있다. 이는 일본의「무주지선점론」에 의한 영토편입을 정당화하려는 것으로 사실과 전혀 다르다. 독도의 역사적 권원에 대해서는 실제로는 일본영토에 관한 증거는 전혀 없고, 한국영토에 관한 증거만 존재한다.[20]

독도가 일본보다 한국이 더 가깝다는 지리적 근접성에 대해서는 「한국은 지리적으로 울릉도-죽도 사이의 거리가 49해리인데, 이에 비해 일본은 죽도-오키 사이는 86리라고 하여 마치 한국영토인 것처럼 주장하지만 그것은 무의미하다. 울릉도 자체를 공도화하려고만 했는데 조선영토와 죽도사이의 거리가 무슨 문제가 될 수 있겠는가? 사람이 거주할 수 없는 암초를 발견하여 이용한 자가 농민인가, 어민인가가 아니고 단순히 거리만으로 문제를 삼는 것은 넌센스이다.」라고 하여 울릉도와 독도가 서로 바라볼 수 있어서 울릉도사람들이 영토적 관념을 갖고 있었다는 사실은 언급하지 않고 단순히 거리만으로 영토적 권원을 논할 수 없다는 것이다. 오히려 일본은 거리상으로는 한국 측보다 멀지만 강치조업으로 독도를 실제로 관리했다고 강조하고 있다. 1903년 이후 일본이 독도에서 강치조업을 했다고 주장하지만 그것이 사실이라면 타국영토에 대한 약탈해 해당된다. 영토관리와는 전혀 무관하다.

---

20) 신용하 독도연구서와 송병기연구서, 그리고 최신 발굴의 독도관련사료 참조.

당시 독도가 한국영토라고 말한 中井養三郎의 영토인식에 대해서는 「시마네 현지(縣誌)의 中井養三郎가 이 섬을 조선영토라고 말했다고 하는데, 근거 없는 후세 사람들의 기록이고, 1904년 9월 25일 조선정부로부터 이 섬을 빌리기 위해 허가를 내려고 농상무성에 신청한 적이 없다. 9월 29일 리양코섬이 예로부터 일본영토라고 믿고 있었음에도 불구하고 소속이 정해지지 않은 섬인 것을 깨닫고 정식으로 일본영토임을 확인하고 섬 전체를 빌리기 위해 내무, 외무, 농상무성의 3대신에게 '영토편입 및 대하원'을 제출한 것이다. 그 부속설명 중에도 이 섬을 예로부터 일본인이 인지하고 경영해 왔다는 사실을 언급하고 있다.」라고 하여 실제로 존재하는 나카이관련사료를 아무런 논증 없이 후세가 임의로 조작한 것이라고 단정하는 것은 독도의 영토적 권원을 조작하고 있다.

일본정부측이 간행한 「朝鮮沿岸水路誌」에 독도가 포함되어 있는 것에 대해서는 「군함 対馬의 건은 『朝鮮沿岸水路誌』(1933; 昭和8)에 의한 것으로 생각되는데, '조선연안 部分'에 죽도가 있는 것은 행정적으로 조선총독의 소속을 의미하는 것이 아니라, 조선동해안으로 항해하는데 관계되기 때문에 거기에 있는 것이다. 『本州沿岸水路誌』에서는 '隱岐列島 및 竹島'라고 기록되어 있다. 그러므로 한국 측의 주장은 근거가 없다. 다음 기사는 고의인지 모르지만 잘못 인용한 것이다. "울릉도의 주민은 여름마다 이 섬(독도)에 상륙하여 천막을 치고 부근에서 어업에 종사했다"라는 것은 対馬호의 보고가 아니고, 수로지 편찬자의 기술이어서 울릉도의 조선인이라고 기록되지는 않았다. 사실상 죽도에서 어업을 한 것은 島根縣지사로부터 허가를 받은 강치조업자들뿐이었다.」라고 하여 일본영토론에 불리한 내용은 수로지편찬자의 오류에 의한 것이라는 방식으로 한국 측의 영토적 권원을 부정하고 있다. 먼저 『朝鮮沿岸水路誌』(昭和8)와 『本州沿岸水路誌』 모두는 일본제국시대에 출간된 것으로 1905년 '죽도편입'을 의식한다면 조선연안에 포함되어서는 안됨에도 불구하고 조선연안에 포함되어 있다면 1905년 이전의 영유권 인식을 그대로 반영한 것이라고 해석된다. 그리고「울릉도주민」을 임의로「강치조업자들(일본인에 고용된 울릉도 조선인)」로 해석하는 것은 독도의 영토적 권원을 조작하는 행위이다.

조선이 1905년 이전에 독도를 영토로서 관리했다는 것에 대해 "1904-1905년 당시 울릉도를 근거로 죽도에 도항하여 강치를 포획한 사람은 일본인뿐이었다는 사실이다. 그들은 隱岐 섬에서 돈을 벌기 위해 온 어부들이었다는 사실을 기억해야 할 것이다. 앞에서 언급했듯이 당시 울릉도 한인들은 미역밖에 다른 것은 채취할 줄 몰랐던 것이다"라고 하여 독도에 도항하는 목적이 강치조업만을 위한 것이고, 강치조업은 일본인만 한 것으로 조선인은 미역밖에 채취할 줄 몰랐다는 것이다. 그 때문에 조선인은 독도에 대해서 알지 못했다고 하는 조작된 논리로 조선인의 독도도항을 부정하고 있다.

일본제국시대에 일본인 학자가 독도를 한국지리지에 포함시킨 것에 대해「樋畑雪湖씨의『역사와 지리』기술은 메이지 이전의 죽도가 울릉도를 지칭했다는 사실도 전혀 모르고 기술하고 있는 것이다. 樋畑씨 개인의 무지를 나타내는 것에 지나지 않고, 그 논문이 발표된 1930년(소화5)에「죽도」는 시마네현에 속해 있고 결코 강원도에 속하지 않았으며 울릉도 자체도 경상북도에 속해 있어서 강원도에 속하지 않았다. 이 같은 잘못된 엉터리 논문은 아무런 논거가 될 수 없다. 조선수산지의 기록도 마찬가지로 문제가 없다. 樋畑씨처럼 죽도와 울릉도를 혼동한 잘못된 논리도 많이 있다. 문학사 遠藤万三는 1905년(메이지 38)의 松陽新報에 "시마네현 죽도는 일찍 구 번시대부터 죽도라고 불렸고, 出雲번에 속하게 되어 죄인들을 보내었지만 후에 내정이 혼란하면서 이 섬은 무주지처럼 되었다.」라고 근거없는 이야기를 하는 것도 있다.

죽도의 명칭의 혼란은 별도로 언급하지만 목재를 생산하고 사람이 거주하는 죽도라는 것은 모두 울릉도를 말하는 것이다. 최근 메이지 시대에 죽도에 거주하였다고 보도된 것은 모두 울릉도 거주자의 기사인 것처럼 이와 같은 혼동이 적지 않다.」[21]라고 하여 '죽도' 명칭에 대한 혼란을 겪고 있는 일본학자들을 비판했다. 이는 일본의 저명한 지리학자가 울릉도와 독도의 명칭에 대해 혼란을 초래했다는 것은 일본영토로서의 인식이 없었기 때문이라고 할 수 있다.

5. 맺으면서

이상으로 살펴볼 때 1966년에 집필한 가와카미 겐조(川上健三)의 『竹島의 歷史 地理学的 研究』와 다무라 세이자부로(田村清三郎)의 『島根県 竹島의 新 研究』가 한국의 고유영토인 독도 영유권을 왜곡하여 역사적으로나 국제법적으로 일본영토라는 논리로 사실을 조작하였다는 것이 규명되었다. 이들의 조작된 논리는 전후 일본정부, 우익 단체나 우익 정치가들에게 있어서 '죽도' 영유권을 주장하는 데 이용되고 있다. 본연구의 요지를 정리하면 다음과 같다.

첫째로, 독도의 본질적인 면을 보면, 조선은 개국 이래 동해에 2개섬 우산도와 울릉도를 영토로서 관리해왔다. 여기서 울릉도는 사람이 거주하는 섬이라서 관리했었고, 우산도는 실제로 사람이 거주할 수없고 울릉도에서도 날씨가 청명하고 바람이 불지 않는 날이면 보이지 않기 때문에 조선조정이 울릉도에 대해 공도정책을 실시하는 기간에는 우산도를 실제로 관리하는 일은 없었다. 그 이유는 지금의 독도인 우산

---

21) 田村清三郎, 「島根県竹島の新研究」, 153-155쪽.

도는 당시로서 경제적 가치도 없었을 뿐만 아니라, 영유권을 주장하는 상대국도 없었기 때문에 관념적인 영토로서 관리했다고 할 수 있다.

둘째로, 일본은 많은 사료에서 확인되는 것처럼 울릉도가 역사적으로 한국영토임에 분명하지만 이러한 지위를 흠집 내기 위해 한국이 울릉도를 실효적으로 관리하였다는 사실에 대해 부정하거나 소극적이었다고 조작했고, 또한 일본이 오히려 울릉도를 실효적으로 관리하였다고 조작했다. 그 이유는 일본의 오키섬에서는 독도가 보이지 않지만, 한국의 울릉도에서는 독도가 보인다. 보인다는 것은 보이지 않는다는 것보다 영토로서 관리할 개연성이 크다는 것은 의심할 수 없다. 그래서 한국이 울릉도를 실효적으로 관리하지 않았다고 부정함으로써 독도의 관리도 하지 않았다는 논리를 조작하기 위한 것이다.

셋째로, 일본은 시마네현 고시 40호의 「무주지선점론」에 의한 「죽도영토편입조치」를 정당화하기 위해 수많은 사료에서 확인되는 것처럼 한국 측이 관리해온 독도에 대한 영토적 권원을 부정하고 오히려 사료해석을 조작하는 방법으로 독도의 영토적 권원이 일본 측에 존재했다고 사실을 조작했다.

마지막으로 본 연구를 통해 일본이 독도에 대한 한국 측의 영토적 권원을 왜곡하여 일본영토라는 논리를 조작하는 행태를 볼 때 지금이라도 영토주권이라는 것은 실효적인 관리를 소홀히 한다면 얼마든지 타국에게 침탈당할 수 있다는 사실을 재차 확인할 수 있었다.

[참고문헌]

權五曄 · 大西俊輝注釈,『獨島의 原初記錄: 元禄覺書』, 제이앤씨, 2009.

김병렬 외 5명 편,『독도자료집1』, 동북아의 평화를 위한 바른역사정립기획단, 2005.

김병준 편,『독도논문번역선1』, 동북아평화를 위한 바른 역사 기획단, 2005.

나이토 세이추(内藤正中) 저 · 곽진오 · 김현수 역,『한일간 독도 · 죽도논쟁의 실체』, 책사랑, 2008.

나이토우 세이쮸우 저 · 권오엽 · 권정 역,『獨島와 竹島』, 제이앤씨, 2005.

독도연구보전협회 편,『獨島領有權과 領海와 海洋主權』, 독도연구보전협회, 1998.

송병기 편,『독도영유권자료선』, 한림대학교아시아문화연구소, 2004.

신용하,『독도의 민족영토사 연구』, 지식산업사, 1996.

최장근,『일본의 독도 · 간도침략구상』, 백산자료원, 2010.

______,「근대 한국의 독도관할과 통감부의 인식 -‘석도=독도’ 검증의 일환으로-」,『일어일문학연구』72집 2권, 한국일어일문학회, 2010년 2월.

______,『독도관련연구경향(1948-현재: 역사학)』, 동북아역사재단, 2007.

호사카 유지,『일본의 古지도에도 독도없다』, (주)자음과모음, 2005.

池内敏,「安竜副と鳥取藩」,『鳥取地域史研究』第10号, 2008.2.

奥原福市,『竹島及鬱陵島』, 1907.

______,「竹島沿革考」,『歴史地理』第8巻 第6号.

川上健三,『竹島の歴史地理学的研究』, 古今書院, 1966.

下条正男,『「竹島」その歴史と領土問題』, 竹島 · 北方領土返還要求運動島根県民会議, 2005.

______,『竹島は日韓どちらのものか』文春親書377, 2004.

田村清三郎,『島根県竹島の新研究』, 島根県総務部総務課, 1965年 10月.

竹島問題研究會 編,「竹島問題に関する調査」, 最終報告書, 2007.

______________,『竹島問題に関する調査研究ー最終報告書ー』, 竹島問題研究会, 2007 참조.

内藤正中 · 金柄烈,『歴史的検証独島 · 竹島』, 岩波書店, 2007.

______ · 朴炳涉, 『竹島＝独島論争』, 新幹社, 2007.
堀和生, 「1905年日本の竹島領土編入」, 『朝鮮史研究会論文集』 24, 1987.
山辺健太郎, 『日韓併合小史』, 岩波新書, 1966.
동북아역사재단 독도연구소, http://www.dokdohistory.com/(검색일; 2011.3).
Web竹島問題研究所, http://www.pref.shimane.lg.jp/soumu/(검색일; 2011.3).

제2부

환동해문화권 속의 독도와 울릉도

조선시대 울릉도 독도로 건너간 사람들

김 수 희

1. 머리말

우리나라 해역은 섬과 섬이 연결된 다도해 지역으로 연안어업이 발달하였지만 바다를 보는 단절된 시각과 어민들의 생활을 이해하지 못하는 학문적 편견으로 인하여 어업사 연구는 여전히 정체 상태이다. 어민들은 자신들의 생활을 기록으로 남기지 않았고 최소한의 현실적 기록조차도 전무한 상태여서 과거를 바탕으로 한 역사적 연구는 매우 어렵다. 그런데 수토사를 정기적으로 파견하여 거주를 금지했던 울릉도 어업사 연구는 어민들의 활동을 증명해 줄 수 있는 구체적인 자료가 없고, 설령 있다 하더라도 단편적인 기록에 불과하여 어민들이 언제부터 울릉도에 갔고 개척령 이후 울릉도에서는 어떤 어업이 전개되었는지에 대한 사실 조차 파악하지 못하고 있다.

이러한 연구 축척 부족으로 가와카미겐죠(川上健三)는 "한국인이 다케시마(竹島)의 존재를 안 것은 그들이 울릉도에 정착하게 되고 다케시마(竹島)로 출어하게 되면서부터이며 그 시기는 1904-1905년 이후이다"고 하였다. 이것은 독도가 무주지였음을 주장하는 것으로 독도가 자신들의 섬이라는 것을 나타내기 위한 것이었다. 최근 이케우치 사토시(池內敏)는 '석도(石島)는 독도인가?'에 의문을 던지며 칙령 제 41호 '석도'는 '독도'가 아니라고 주장하였다. 그는 '석도'가 '돌처럼 보인다', '돌과 같다'는 것은 현재적 사실을 역사에 도입한 것으로 1903년 이후 일본인 독도 도항으로 조선인이 독도를 알게 되었다고 주장하였다.[1]

이에 대해 한국은 독도가 울릉도의 가시거리에 있는 부속도서로 어민들의 생활 터전이었다고 주장하였다. 매년 울릉도로 건너간 전라도 어민들의 생활권역내에는 독도가 있어 독도는 당연히 한국 땅임을 주장하였다. 그들은 독도를 자신들의 언어로 '돌'을 '독'이라고 발음하여 '돌섬', '독섬'이라고 하였다. 그래서 독도가 처음 기록된 심흥택 보고서는 고문서의 첩정(牒呈)에 해당하는 문서였으므로 음차자(音借字)하여 '독도(獨島)'라고 기록하였다. 그리고 칙령 41호는 고문서의 교서(敎書)에 해당하는 문서였으므로 훈차자(訓借字)하여 '석도(石島)'라 하였다. 심흥택 보고서의 독도는 이두식 표기로 고문서 표기의 전통을 이은 것이었다는 것이다.[2]

따라서 본 연구에서는 일본측이 주장하는 '1903년 이후 울릉도민들은 독도를 알게 되었다'는 가와카미겐죠(川上健三)와 이케우치 사토시(池內敏)의 지적에 대해 개척령기 울릉도로 건너간 어민들의 어로 활동을 통해 검토하고자 하였다. 1787년 5월 27일 라페루즈 함대가 울릉도에서 배를 만들고 미역을 말리는 어민들을 목격한 후 이들의 활동을 어로사적 측면에서 분석한 것이다. 앞으로 더욱 자료 보강이 필요하겠지만 울릉도 어업을 주도하였던 거문도어민들이 울릉도에서 전복과

---

1) 池內敏,「竹島/獨島論爭とは何か―和解へ向けた知恵の創出のために―」,『中京大學歷史科學協議會 第44回報告』, 2010年 11月 20日.

2) 서종학,「'獨島'·'石島'의 地名表記에 관한 硏究」,『語文硏究』 36-3, 2008.

미역을 채취하고 '독도 나무를 이용하여 나무못으로 배를 만들었다'는 증언은 독도어장을 이용해 온 어민들의 실제 모습이라고 할 것이다.[3] 이러한 관점에서 전라도 어민들의 울릉도 어로 활동의 배경과 울릉도 어업의 실태, 개척령 이후 울릉도 어장과의 단절은 앞으로 독도 영유권 연구에 많은 시사점을 줄 것으로 생각된다.

2. 조선시대 거문도인들의 울릉도 어로 활동의 배경

1) 조선시대 거문도 사회구조

거문도는 땅이 메마르고 척박하여 평지는 거의 없다. 쌀은 생산되지 않았으며 보리, 조리, 귀리가 주식이었다. 1909년 보리 생산량이 500석 정도였다. 어업은 발달하여 1909년 거문도 총 호수 513호(2,229명) 중 어업자 인구는 119호(430명)로 전체 호수의 20% 이상이 어민들이었다.[4] 어획물은 고등어, 갈치, 전복, 해삼, 미역 등으로 근대 거문도 어업을 대표하는 멸치는 없었다. 거문도 주민들의 삶은 가난하여 1887년 영국이 거문도를 점령한 후 철수하자 "또다시 먹을 것이 없는 섬이 되었다"고 아쉬워할 정도로 식량이 부족하였다.[5]

조선시대 거문도는 궁중의 마필을 담당하는 사복시(司僕寺) 군마장으로 이용되고 있었으나 숙종기 궁방(宮房) 소속으로 변경되었다. 숙종27년(1701년) 사복시는 궁방이 거문도를 절수한 것에 대해 다음과

---

3) 이규태, 「이규태코너」, 『조선일보』(이예균·김성호, 『일본은 죽어도 모르는 독도 이야기 88』, 2005, 307쪽 재인용).
4) 農商工部水産局, 『韓國水産誌』 3卷, 1909, 227-228쪽.
5) 곽영보, 『거문도풍운사』, 삼화문화사, 1986, 88-91쪽.

같이 논핵하였다.

> 옛 목장인 흥양의 나로도는 새로 태어난 왕자방을 위해 절수되었습니다. 그러나 나로도 옆에 위치한 三島(거문도-주 김)는 절수에 포함되어 있지 않습니다. 그 중에 (거문도)城頭串은 지금 양마장을 만들고 있으나 궁가에 混屬할 수 없습니다. 그런데 차인배들이 임의로 점탈하고 있으니 그 범람한 죄를 징계하지 않을 수 없습니다. 三島를 모두 사복시에 돌려주십시오.[6]

조선후기 궁방들은 토지제도가 문란해진 틈을 타 점거하여 도서지역을 궁방지로 사유화하였다. 이에 대해 사신(史臣)은 "궁가에서 여러 섬을 억지로 빼앗아 갔으니 그 죄는 용서하기 어렵다"고 논핵하며 궁방의 사점을 반대하였다. 전라도 흥양현 도서 중 손죽도와 거문도는 궁방 소유지였다. 그 외 지역은 사복시나 수영(水營), 또는 민전지였다.[7] 조선 시대 궁방은 국가 소유지를 함부로 사점(私占)하여 각종 세금을 마음대로 징수하였다. 궁방의 폐해는 수세 기준이 없고 징세를 담당하는 궁차(宮差) 또는 도장(導掌)들이 자기 멋대로 세금을 거두어들이는 난봉(濫捧)이었다.

정조19년(1795년)호남어사 정만석이 올린 서계를 보면 좌수영 둔전이 있는 거문도와 초도는 민결보다 2배 이상의 세금이 부과되고 있었다.

> 애도(艾島) · 사량도(四梁島) · 초도(草島) · 죽도(竹島) · 지오도(之五島) · 평도(平島) · 거문도(巨文島) · 적이도(赤爾島)는 바로 좌수영(左水營)

---

6) 『肅宗實錄』 권35, 숙종 27년 3월 9일 병신.
7) 흥양지역 15개 도서의 각 소속처를 보면 사복시나 수영(水營)이 절수한 둔토는 절첩도 · 시산도 · 나로도 · 외나로도 · 평도 · 조도 · 사량도 7개 도서이고, 민전은 박일도 · 오동도 · 격금도 · 소도 · 잉초도 · 소여도 6개, 시산도와 소록도는 관영지 목장이었다. 궁방지는 손죽도와 거문도였다(김경옥, 『조선후기 도서연구』, 213-216쪽).

> 의 둔전(屯田)이 있는 곳인데 세금 납부 액수가 민결(民結)보다 배나 되는
> 데다가 감영(監營)의 비장(裨將)들이 함부로 거두어들이는 것이 매우 많
> 으니 바로잡는 일이 있어야 할 것입니다.

호남 암행어사 장만석은 거문도와 초도가 원래 납부해야 할 액수보
다 많은 세금을 내고 있으며 궁방의 차인이나 도장을 접대하는 것이
고질적인 폐단이라고 하였다. 이러한 궁방들의 수탈상은 18세기 거문
도 옆 청산도에 표류한 장한철의 『표해록』에서 확인된다.[8]

> 주인이 말하기를 "이 섬은 육지에서 멀리 떨어져 있어서 王化를 입지
> 못하고 있습니다. 그래서 北陸에 사는 사람들이 이 섬에 들어와 작폐하는
> 일이 많습니다. 어제 저녁에 (해남)梨津鎭의 아전 하나가 神恩한 사람을
> 거느리고 이 섬에 들어왔는데 里正을 몽둥이로 때리고 술과 음식을 억지
> 로 달라하여 먹고 남자 광대의 錢財를 마구 빼앗고, 심지어 섬주민의 농우
> 를 빼앗기까지 하였습니다. 조금 전에도 동녘 마을에 사는 과부가 자기
> 농우를 빼앗기고 길거리에서 다투고 있었습니다." 이때 나이가 열대여섯
> 살 된 과부의 아이가 달려와 박첨지에게 어떻게 하면 좋을지 하소연을 하
> 였다. 박첨지가 대답하기를 "차라리 빼앗기는 게 낫다. 만약 저들과 訟事
> 라도 벌어진다면 저 사람들이 너희들에게 반드시 보복할 것이다. 그러면
> 소 한 마리 잃은 정도에서 그치지 않을 것이니, 더 이상 입을 열지마라"라
> 고 하였다.[9]

청산도 주민들은 궁방의 차인이나 도장들이 이정(里正)을 몽둥이로
때리고 술과 음식, 심지어 소까지 빼앗아도 전혀 반항하지 않았다. 국
가 행정력이 미치지 못한 도서 지역 어민들은 여러 가지 명목으로 착
취를 당하여도 호소할 곳이 없었기 때문이었다.

조선시대 거문도는 마을의 중요 사항과 세금 납부와 같은 행정을 마

---

8) 김경옥, 『조선후기 도서연구』, 혜안, 2004, 302쪽.
9) 張漢喆, 『漂海錄』, 1977년 1월 10일.

을 촌장이 담당하였다. 거문도 동도와 서도에는 각각 2개의 마을이 있었는데 모두 4명의 촌장이 각 마을을 자치적으로 다스렸다.[10] 1887년 거문도를 조사한 미국 함선은 거문도의 지배체제를 다음과 같이 설명하였다.

> 세금은 중앙 관청에 바치고 있으나 행정권은 미치지 못하고 있는 듯하다. 주민은 철저한 가부장적 제도에 의해 질서가 유지되고 있다. 촌장은 나의가 많은 원로가 맡고 마을과 마을 간의 질서는 구별되어 촌장의 지도력이 따른다.[11]

각 마을 촌장들은 모든 일을 관장하였고 행정은 이들의 책임하에 운영되었다. 1854년 러시아 함장 푸차진이 거문도 개항을 요구했을 때 촌장들은 러시아 함선으로 올라갔다. 이후 이들이 정부에 보낸 보고서에는 "이양선단이 30리밖에 정박해 있어 선적은 알 수 없고 따라서 일체의 접촉이나 교섭 사실이 없었다"고 전하였다. 그리고 러시아 선장 푸차친이 어전대신 동해수사장군(御前大臣 東海水師將軍) 이름으로 정부에 보낸 '大羅西亞御前大臣東海水師將軍書告 大朝鮮地方官台下'도 알 수 없는 기행문(奇行文)이라고 하여 숨겨 보고하지 않았다.[12]

촌장은 마을의 모든 사무와 행정을 담당하였지만 보고는 형식적이었다. 이외에 군사 행정을 담당하는 삼도통제사의 인준을 받고 있는 별장(別將)이 있었으나 별장도 촌장과 마찬가지로 도민의 추천을 받은 후 삼도통제사로부터 인준을 받을 뿐이었다. 군사 담당자 별장(別將)도 마을 주민들의 자치적 선발이었다.

---

10) 곽영보, 앞의 책, 1986, 71쪽.
11) 삼산면지발간추진위원회, 『삼산면지』, 2000, 174쪽.
12) 곽영보, 앞의 책, 1986, 72쪽.

2) 조선시대 거문도의 경제구조

1887년 작성된 『巨文鎭誌』를 토대로 만든 〈표 1〉에서 보면 거문진에 소속된 도서는 거문도, 초도, 평일도, 생일도 4개이다. 각 호수는 거문도 390호, 평일도 490호, 초도 150호, 생일도 140호로 평일도가 가장 많다. 전답은 거문도 21결 5짐 5묶음, 평일도 84결 21짐, 초도는 19결 97짐 6묶음, 생일도 29결 72짐 9묶음으로 평일도와 생일도 다음으로 거문도 초도순으로 토지 결수가 적었지만 인구는 평일도, 거문도, 생일도 초도순이었다.[13] 다시 말하면 거문도진에서 평일도는 거문도보다 100호가 많고 토지는 4배 이상이었다. 또한 초도는 생일도와 인구호수가 같지만 결수는 10결이나 적었다. 거문도는 평일도보다 토지가 4배나 작고 인구가 2배나 많은 인구 과밀 지대였다.

〈표 1〉 19세기 거문도진의 인구와 결수 잡세 내역

	거문도	초도	평일도	생일도	합계
인구수	390호	150호	490호	140호	1,170호
결수	21결 5짐 5묶음	19결 97짐 6묶음	84결 21짐	29결 72짐 9묶음	154결 95짐 20묶음
船稅	201량 5전	88량	130량	16량	435량 5전
藿稅	18량	6량	5량 5전	-	29량 5전
海衣稅	-	20량	5량 5전	6량	31량 5전
鹽釜	-	-	38량	-	38량
浦稅	60량	13량	-	-	73량
浦保	-	-	72량(36명)	195량(95명)	267량
잡세 합계	279량 5전	127량	251량	217량	875량 5전

〈출전〉 『巨文鎭誌』 1887년.

---

13) 『巨文鎭誌』, 1887년.

그런데 〈표 1〉의 잡세 내역을 보면 이 두 지역은 평일도나 생일도보다 훨씬 많다. 거문도진 총 잡세 875량 5전 중 거문도가 279량 5전으로 전체의 32%, 초도 15%, 평일도 29%이다. 잡세 중 가장 큰 비중을 차지하는 어선세는 거문도가 201량 5전, 초도 88량, 평일도 130량, 생일도 16량이다. 또한 포구에서 활동하는 어민들에게서 징수하는 포세(浦稅)는 거문도 60량, 초도 13량으로 두 섬에서만 징세되고 있었다. 참고로 거문도 어선세를 주변 도서와 비교해 보면 청산진 42량, 소안도 53량, 여서도 44량으로 타 도서보다 약 2~5배가 많다.[14) 거문도는 다른 도서 지역에 비해 어선세(船稅)가 많고 포구세가 있었다. 거문도진 중 거문도와 초도의 생산 기반은 배를 타고 상업 활동에 종사하는 상선 활동이었고 이들의 활동 지역은 후술하겠지만 울릉도에 있었다.

어업과 관련된 세금으로는 미역세(藿稅)와 김세(海衣稅), 소금세(鹽釜)가 있다. 미역세는 거문도 18량, 초도 6량, 평일도 5량 5전, 김세는 초도 20량, 평일도 5량 5전, 생일도 6량, 소금세는 평일도 38량이었다. 거문도는 미역 어장, 초도는 김 어장, 평일도는 소금어장이었으나 선세나 포세, 포보에 비하여 매우 작은 액수에 불과하다.

이 이외에도 각 관아에 상납한 세금 중 거문도와 초도에서는 선혜청으로 납부하는 세금이 상당히 많았다. 〈표 2〉을 보면 봄과 가을 일 년에 두 번 납부하는 부역세는 거문도 2,954냥 5전 5푼, 초도 1,019냥 8전, 평일도 1,000냥, 생일도 300냥으로 거문도가 평일도에 비해 부역세가 3배나 많다.[15) 거문도와 초도는 다른 도서 지역에 비하여 토지가 적었

---

14) 19세기 청산진 소속 주민들의 잡세 내역

	선세	곽세	어장세	해의세	합계
청산도	42량	35량	1량 5전	6량	84량 5전
소안도	53량	51량 4전 8분	2량		106량 4전 8분
여서도	44량 5전	5량		4량	53량 5전
합계	139량 5전	91량 4전 8분	3량 5전	10량	244량 4전 8분

〈출전〉 김경옥, 『조선후기 도서연구』, 혜안, 2004, 292쪽 참조.

으나 선혜청이나 강흥창, 군자감에 많은 세금을 납부하였다.

<표 2> 각 관아에 상납한 京營上納秩

	거문도	초도	합계
선혜청	17섬1말8되4홉8작	15섬14말7되1홉2작	33섬1말5되6홉8작
광흥창	2섬12말1되1홉	2섬7말6되2홉8작	5섬4말7되3홉8작
군자감	1말3되9홉6작	4말6되4홉8작	6말4홉3작
三手양식	1섬10말7되2홉8작	1섬8말9되7홉1작2리	12섬6말4되2홉4작2리 중 평일도(6섬11말5홉2작), 생일도(2섬5말6되7홉4작8리)
결작미	1섬6말4되4홉	1섬2말9되7홉8작4리	9섬4말8되5리 중 평일도(5섬8되7홉)
진무영	1섬6말4되4홉	1섬4말9되7홉6작	1섬5말3되5홉5작 중 생일도(1섬14말7되2홉9작)
균역청	4냥2전8푼8리	4냥	31냥8푼8리 중 평일도(16냥8전5푼), 생일도(5냥9전5푼)
순영	6냥4전3푼2리	6냥	46냥6전2리 중 생일도(8냥9전2푼), 평일도(25냥2전5푼)

<출전> 『巨文鎭誌』 1887년.

3) 외양 항로 중심지 거문도

대한해협 길목에 위치한 거문도는 다도해의 최남단에 위치하여 제주도를 제외하면 본토에서 가장 멀리 떨어진 곳이다. 거문도는 제주와 여수 간의 중간 지점에 위치하며 여수까지는 59마일, 제주까지는 54마일 지점에 있다. 또한 부산까지는 123마일, 일본 고토(五島)까지는 100마일, 대마도는 105마일로 거리상으로 보면 오히려 일본과 가깝다. 이러한 지형적 위치로 거문도는 19세기 중반경부터 외국 어선들이 정박

---

15) 『巨門鎭誌』, 1887년.

지로 알려져 포터 해밀톤(Port Hailton)항으로 불렸다.[16]

임진왜란이 반발하자 선조 33년 좌의정 이항복은 거문도의 중요성을 다음과 같이 말하였다.

> 평상시에 우리나라를 침범하는 왜적 중 그 태반이 이 섬 사람이며 그들이 들어오는 길은 오도(五島)에서 동남풍을 타고 삼도(三島-거문도 주 김)로 와서 밤을 지내고 선산도를 지나 바로 고금도와 가리포로 들어오며 대마도에서 북동풍을 타고 연화도와 욕지도 사이에 이르러 밤을 지내고 곧장 남해와 미조 방답 등 지방으로 들어온다.[17]

조선초기 거문도는 일본인들이 어업근거지였다. 세종 23년(1441년) 대마도와 '고초도(孤草島) 약정'을 맺어 일본인 어업을 허락하였다. 세종24년 8월 약정에서는 '선척의 대·중·소와 승선 인원수를 명백히 구록(具錄)하여 문인(文引)을 발급하고, 경상도 거제땅 지세포에 만호의 문인을 개수하여 고초도에 나아가 조어하다가 마친 뒤에는 지세포에 회도하여 만호(萬戶)의 문인(文引)반납하는 조건'으로 허락되었다. 어세는 어선의 대·중·소에 따라 각각 500마리, 400마리, 300마리를 납부도록 하였다.[18] 그러나 일본인들은 거문도 조업을 빙자하여 이곳을 근거지로 하여 왜적 행위를 하였다.

임진왜란이 발발하자 이순신은 전라도로 진입하는 왜구들의 근거지 거문도 해역을 먼저 소탕하였고 별장과 능로군 460명을 두어 요새화하였다.[19] 이러한 남동해안 항로에 위치한 거문도는 궁방 소속이 된 이후 1711년 군정을 전라도 흥양군 발포진에서 80리나 떨어져 있는 삼도

---

16) 農商工部水産局, 『韓國水産誌』 3卷, 226-227쪽.
17) 『선조실록』 33년 2월 28일 계유.
18) 박구병, 『한국어업사』, 정음사, 1984, 185-200쪽.
19) 古島龍蛇之亂爲日人所占築埠駐丙李統制舜臣鑿之盡遁洒置別將一人能櫓軍四百六十名防守要害每年自統制營波遣將校檢察軍點.(『廬山志』)

수군통제영(三道水軍統制營) 통영으로 변경되었다.[20]

　이렇게 거문도가 조선 초기 일본인들의 조업 구역으로 허가되어 임진왜란기 왜구의 진입로가 된 것은 거문도 주변 해류가 동남쪽으로 연결되어 있었기 때문이었다. 거문도 주변 해류는 제주도해역에서 동쪽으로 올라오는 대마난류의 직접적인 영향을 받아 북동쪽으로 물이 낙조할 때 남서쪽으로 드는 물의 속력보다 빨라 이 조류를 타면 빠르게 동남쪽해역으로 드나들 수 있는 편리함이 있었다.[21] 다시 말하면 거문도보다 내륙에 위치한 고흥반도 남쪽과 소리도 부근 해상은 해류가 서쪽이나 북쪽으로 흐르거나 청산도 부근도 북동으로 확장하는 찬 연안수를 따라 북동 방향으로 흐르지만 거문도 부근은 남동해안 먼 외양으로 빠르게 나갈 수 있는 지리적 위치에 있었다.[22] 해류의 흐름으로 연안 가까이에 있는 섬들은 내륙을 향해서 조류가 흘러 외양으로 나가는 장거리 항로가 어렵지만 거문도는 쉽게 외향으로 나갈 수 있는 지점에 있었다. 임진왜란기 정부는 거문도의 중요성을 인식하여 먼저 거문도를 정벌하여 능로군 소속 수군을 집단 이주시켰고 이후 삼도수군통제영이 직접 관할한 것도 거문도가 일본인들이 쉽게 들어올 수 있는 지점에 위치하고 있었기 때문이었다.

　남동해안 항로에 위치한 거문도는 남동해안 물자를 서해안으로 운반하는 중간 지점에 있다. 남동해안으로 나가기 쉬웠고 어민들은 상선활동을 하며 생계를 유지하고 있었으므로 어선세와 포세등 각종 세금

---

20) 앞의 책, 『삼산면지』, 268쪽(숙종기 궁방 소속이 된 이후 통영에서는 거문도 목장에서의 군마를 확보하고 통영 진상품 자개를 확보하기 위해 거통영 소속으로 이전시켰을 것으로 짐작된다).
21) 추효상, 「하계 한국 남해의 해황 변동과 멸치 초기 생활기 분포 특성」, 『한국수산경영지』 35, 2002.
22) 고희종 외 2인, 「한반도 주변 해역 5개 정점에서 파랑과 바람의 관계」, 『한국지구과학회지』 26권, 2005.4.

이 많았다. 이들의 외양항로는 연도, 욕지도를 돌아 경상도에 진입한 후 평해에서 바람 등 항해 조건을 살핀 후 동해안과 울릉도로 갔다. 그리고 북동계절풍을 이용하여 장기곶을 거쳐 남해안의 섬과 섬 사이를 타고 돌아왔다.[23] 〈지도 1〉에서 알 수 있는 것처럼 관의 눈을 피하기 쉬운 섬과 섬을 돌며 남동해안으로 이동하였다. 이들의 울릉도 항로는 거문도 → 연도 → 욕지도 → 거제도 → 지세포 → 가덕도를 돌아서 부산 → 울산 → 장기 → 평해 → 울릉도였다.

〈지도 1〉 거문도주민들의 울릉도항해 항로

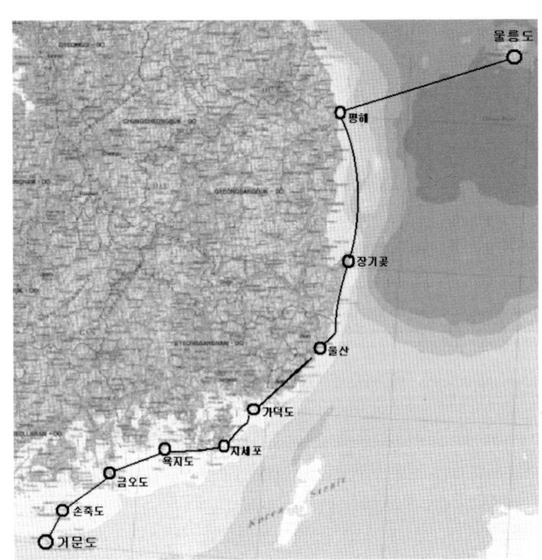

---

23) 앞의 책, 『삼산면지』, 27쪽.

3. 울릉도 어장 이용 실태

1) 울릉도의 어장 가치와 어민들의 도항

조선시대 해산물 가운데 가장 확실한 수입원은 미역이었다. 이로 인하여 미역 어장은 토지와 마찬가지로 배타적 소유 어장으로 사유화되어 소유·독점되었다. 경상도에서는 미역 어장을 토지와 같은 개념을 이용하여 곽전(藿田), 곽암(藿岩)이라고 하였다. 울릉도의 남양 어촌계에서는 동해안 강동 지역과 같이 미역 바위가 수면 위로 올라오지 않고 수면 밑에 평평하게 펼쳐져 있기 때문에 곽전이라고 하였다. 이것은 미역이 생장하는 연안의 바위(수중에 전부 잠겨 있거나 일부가 수면 위에 솟아 있는 바위)에 대해 육지의 토지와 같이 언제나 확정적이고 불변적인 개념으로 사용되었다. 미역 생산 장소는 항상 고정되어 있으며 생산되는 미역의 맛이나 빛깔 등에 따라 곽전의 품등이 매겨졌다.[24]

조선시대 미역을 가장 많이 생산한 곳은 제주도였고 그 다음으로 경상도 울산, 장기, 기장, 웅천이다. 호남 지역은 썰물과 밀물의 차이로 생산량이 일정치 않았으나 외양에 있는 거문도, 흑산도, 가거도, 진도, 추자도 등 도서 지역에서 미역 채취가 활발하였다. 『경세유표』에 의하면 호남 곽전은 사가(私家)에서 200~300냥을 징수하여 10여 무 지름의 주먹만한 돌이 200~300냥씩으로 매매될 정도로 소유 가치가 있었다.[25]

정조가 반포한 '자휼전칙(字恤典則)'에는 "유기한 아이를 留養하는 일에 있어서는 유랑하며 구걸하는 여인들 중에서 젖이 나오는 사람을

---

24) 이종길, 『조선후기 어촌사회의 소유관계에 관한 연구』, 서울대학교 대학원 박사학위논문, 1997.

25) 海藿以50條爲一束 五十束爲一同 每一同 折錢七兩有半 蔚山甘藿 其味甚佳 厥價顯節 每一同折錢十兩 『經世遺表』 第14卷 均役事目追議 藿稅條.

가리어 한 사람에게 두 아이를 맡긴다. 乳女에게는 하루 쌀 1되 4홉, 간장 3홉, 미역 3잎씩을 주어야 한다. 비록 유랑 구걸하는 것은 아니면서 만일 收養하기를 자원하는 경우 가난하여 젖을 주기가 어려운 자에 있어서는 한 아이만을 맡기되 매일 쌀 1되 장 2홉, 미역 2잎씩을 주어야 한다"고 하였다.[26] 국가는 항상 미역을 보유하여 흉년이 들면 먼저 산모와 어린이에게 나누어 주었고 미역죽을 끓여 구황 음식으로 이용하였다. 미역은 영양 보급 식품으로 정착되었고 출생 의식에 필요한 식품으로 인식되고 있었기 때문에 그 소비량은 대단하였다. 이렇듯 미역은 국가에서 진상이나 공상(供上)으로 거두어 구황식품으로 이용하고 출산의식에 이용함에 따라 그 상품적 가치는 아주 컸다.

<그림 1> 미역채취도구

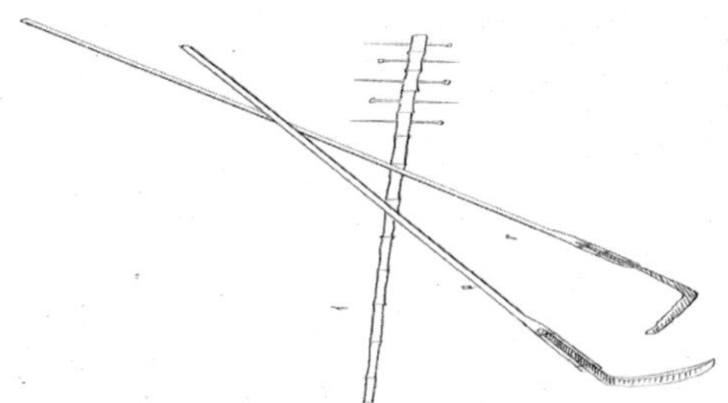

農商工部水産局, 『韓國水産誌』 권1.

한편, 서민들의 음식으로 보급된 미역과 달리 미역어장에 서식하는 전복은 왕실의 제례음식 중 하나로 지배층이 전유한 식품이었다. 왕실에서는 중국으로 보내는 조공품, 각종 찬거리, 왕이 신하에게 내리는 하사품으로 쓰면서 많은 전복을 거두었다. 정부는 전복을 전문적으로

---

26) 『正祖實錄』 7年 11月 任辰.

진상하는 어민 '포작(鮑作)'이라고 하며 매년 전복을 진상하도록 하였다.

그러나 임진왜란을 지나면서 '포작(鮑作)'들은 대부분 징발되어 목숨을 잃었다. 살아남은 자들은 먼 도해로 도망을 치거나 신분을 속여 어업을 하지 않았다. 따라서 전복 채취는 수군이나 특정 어민층에 의해 부분적으로 습득되었을 뿐 전복 채취 기술과 같은 잠수어업은 매우 퇴보되었다. 어민들은 전복 진상을 목적으로 먼 도서 지역으로 출어하였고 수량을 채우지 못하는 경우도 많았다. 수량을 채우지 못한 어민들은 관리에게 맞아 죽기까지 하였다.[27] 어민들은 전복 어장을 갈 때 '공문'을 받고 먼 도서지역인 제주도, 추자도 외양이나 소안도, 울릉도로 이동하였다.[28]

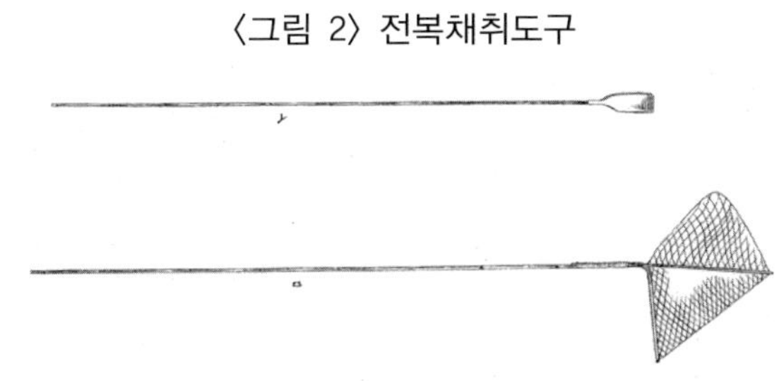

〈그림 2〉 전복채취도구

農商工部水産局, 『韓國水産誌』 권1

울릉도는 출어가 금지된 곳이었으나 전복과 미역이 많았다. 울릉도 전복은 크고 두텁고 그 맛이 아주 좋아 1742년(寬保 2년)『백기민담기 百耆民談記』에는 울릉도 전복 어장을 다음과 같이 극찬하였다.

---

27) 『正祖實錄』 정조 23년 5월 9일.

28) 제주의 외양에서 전복을 따는 자들은 으레 도회관의 공문을 받는데 간사한 백성들은 세금을 내는 것을 싫어하여 사사로이 사람을 시켜서 금하지만 배가 빠르고 사람이 많아 힘으로 당하지 못하고 혹은 의복을 약탈하고 혹은 몰래 죽여서 말을 못하게 합니다(肅宗實錄』 39卷, 30년 5월 5일 甲申).

> 이 섬의 전복은 매우 크며 이것을 꼬치전복으로 하면 그 맛에는 견줄만
> 한 것이 없다. 해안에 나란히 서 있는 대나무를 휘어서 물속에 담가 두었
> 다가 매일 아침에 그것을 끌어올리면 대마무의 가지에 전복이나 대합이
> 걸려있다. 마치 나무열매가 달려 있는…[29]

17세기 울릉도로 출어한 일본의 오야 가문과 무라카와 가문은 전복을 채취하였다. 『長生竹島記』에 '전복, 해삼을 잡았는데 돌산에서 돌을 줍는 것처럼 많았다'는 기록이 나오고, 『村川氏舊記』에 의하면, 도해시 필요한 경비를 돗토리번에서 빌려 귀향시 전복으로 정산했다고 하였고, 전복과 은의 환산비가 기록되어 있다. 또 현지에서 '말린 전복(丸干鮑)', '장에 절인 전복(腸漬鮑)', '소금에 절인 전복(鮑腸鹽辛)' 등을 만들어 가지고 돌아왔다고 기록되어 있다.[30]

이렇게 많은 전복이 생산되었던 울릉도로 전복잡이 어민들이 도항하였고 울산 병영에서는 '채복공문(採鰒公文)'을 발행하여 울릉도 도항을 묵인하였다.[31] '兵營의 採鰒公文'과 관련하여 다음 사료들이 주목된다.

> 이 섬(울릉도; 필자 주)으로부터 북쪽에 섬이 있는데 3년에 한번 國主
> 의 용도로 전복 채취를 갑니다. (중략) 우리들이 저 섬에 건너간 것은 별
> 도로 숨겨서 말씀드릴 것도 아닙니다. 작년에도 울산 사람이 20명 정도 건
> 너갔고, 또한 公儀로부터 이를 지시받았다고 할 수도 없고 자기들 마음대

---

29) 김병렬 · 니이토 세이츄, 『한일 전문가가 본 독도』, 다다미디어, 2006, 185쪽.

30) 스기하라 다카시, 「오오야가, 무라가와가 관계 문서 재고」, 『竹島問題に關する調査研究最終報告書』, 竹島問題研究會, 2007(김호동, 「울릉도 · 독도 어로 활동에 있어서 울산의 역할과 박어둔」, 『인문연구』 58, 2010.6 재인용).

31) 원춘도 관찰사 金載瓚이 장계하기를, "울산에 사는 海尺 등 14명이 몰래 鬱陵島에 들어가 魚鰒 · 香竹을 채취하였는데, 三陟의 포구에서 잡혔습니다. 그 섬은 防禁이 지극히 엄한데도 울산 백성이 번번이 兵營의 採鰒公文을 가지고 해마다 방금을 범하니, 그 兵使와 府使를 勘罪해야 하겠습니다" 하였다. 비변사에서 복주하여, 경상좌도 병마 절도사 姜五成과 울산 부사 沈公藝를 먼저 파직시키고 나서 잡아다 추국하기를 청하니, 윤허하였다(『정조실록』 권24, 정조 11(1787)년 7월 25일〈경인〉).

로 건너간 것입니다(『竹島紀事』 元祿 6(1693)年 9月 4日)

호키주(伯州)에서 용무를 마치고 다케시마로 돌아가 12척의 배에 물건을 고쳐 싣고, 6~7월경에 귀국하여 궁궐(殿)에 運上할 예정입니다(『元祿九 丙子年 朝鮮舟着岸一卷之覺書』)

위의 자료들은 안용복이 일본에 건너가 말한 내용으로 3년에 한번 울릉도의 북쪽에 있는 섬에서 '國主之用'으로 전복 채취하여 숨길일이 아니라고 표현하였고 울릉도 전복을 싣고 궁궐에 운상할 예정이라고 하였다.[32] 어민들은 수시로 울릉도 어장을 드나들며 봉진품 진상 어업을 하고 있었다.

2) 거문도인들의 울릉도 출어

거문도 관문인 돌팍목을 지나면 여객선이 제일 먼저 기항하는 곳에 서도리 마을이 있다. 이곳 남서쪽에는 음달산(해발 237m)이 웅장하게 솟아있고 토질과 물이 좋아 거문도에서 가장 먼저 개척된 곳이었다. 지금은 일본인 어민들에 의해 개발된 거문리가 거문도의 중심지이지만 그 전에는 서도리가 마을 중심지였다. 서도리로 마을 이름이 변경이 되기 전에는 장작리(長作里), 진짝지 또는 마을의 터가 길고 박식한 어른들이 많다고 하여 장촌리(長村里)라고 하였다. 이규원의 검찰일기에는 장작지포(長斫之浦, 사동)가 나온다.

왜인들의 판자집을 나와 포(浦)가로 내려오니 전라도 흥양 삼도(三島)에 사는 이경화(李敬化)가 격졸 13명을 데리고 천막을 치고서 미역을 따

---

32) 김호동, 「울릉도·독도 어로 활동에 있어서 울산의 역할과 박어둔」, 『인문연구』 58, 2010.6, 110-111쪽.

고 있었습니다. 장작지포에 이르니 흥양 초도(草島)에 사는 김내언이 격
졸 12명을 데리고 천막을 치고 배를 만들고 있었는데 날이 저물었기에 머
물러 묵었습니다.[33]

1882년 이규원은 9일간의 답사를 하는 동안 울릉도에 와 있는 본국
인 141명을 만났다. 141명을 출신 도별로 보면 전라도가 115명, 강원도
14명, 경상도 10명, 경기 1명이었다. 이 가운데 거문도 3단체 61명, 초
도 2단체 33명, 낙안 21명이 있었다. 이들은 봄에 울릉도에 들어와 배
를 만든 뒤 전복과 미역을 따서 전라도로 돌아갔다.

앞에서 설명했듯이 거문도은 토지가 거의 없고 인구가 많은 지역이
었다. 산업은 미역 채취업뿐이다. 그러나 어선세와 포구세 그 외 잡세
와 같은 세금도 매우 많은 것은 이들이 외양 항로를 이용한 상업 활동
을 하였기 때문이다. 그렇다면 이들은 어떤 방식으로 어떤 조직체를
구성하여 울릉도로 건너가 상업 활동을 했을까?

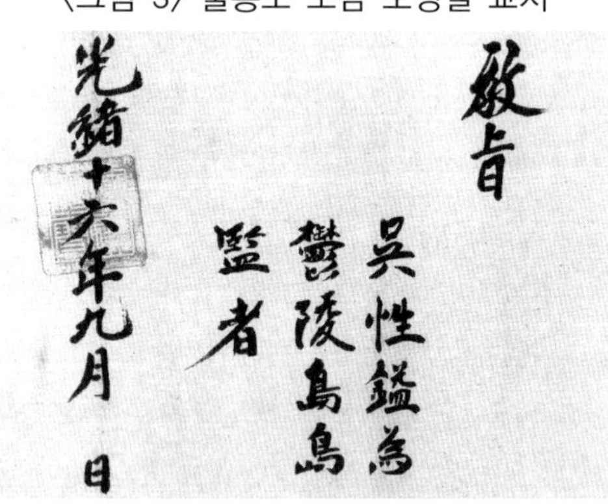

〈그림 3〉 울릉도 도감 오성일 교지

울릉도박물관 소장

---

33) 이규원, 『울릉도 검찰 계초본』.

1890년 9월 울릉도 도감인 된 오성일(吳性鎰)은 거문도 서도리 출신이다.[34] 그는 거문도 군정을 담당하는 '흥양 삼도 둔별장(興陽三島屯別將)'으로 촌장과 같은 마을 지도자였다. 그가 어민들을 조직하고 울릉도로 온 것은 확실하다. 전 근대시대 촌락 단위로 공동어업을 할 경우 (1) 어촌 내부의 자본가가 혼자서 조달 (2) 촌내 내부의 유력자가 공동으로 조달 (3)전 거주민이 평등하게 출자하여 조달하는 방법이 있으나 거문도에서는 (4) 객주와 같은 중간 상인이나 상인들의 자금 공급으로 오성일과 같은 마을의 지도자가 조직하여 함께 건너간 것으로 생각된다. 만일 (1)처럼 마을 유력자가 있어 어민을 모집하여 건너갔다면 『삼산면지(三山面誌)』와 같은 향토 자료에 부를 축척한 주민들이 있었겠지만 이에 관한 기록은 없다. 상선 활동을 주업으로 하는 도서지역 어민들처럼 상인으로부터 매년 자금을 빌려왔던 것으로 생각된다. 서도리에서는 제사가 7~8집이 같은 날 많은 것을 보면 배를 타고 함께 나가 활동한 어업공동체 마을이었음을 알 수 있다.[35]

거문도 서도리에는 울릉도 어업과 관련된 노동요가 남아있다. "울릉도로 나는 간다"라고 부르는 줄을 꼬을 때 부르는 '술비노래'와 경상도 연안에 있는 음금산·봉금산·찔룩지·주야산·꽁치산을 지칭하면서 부르는 '거미노래'가 있다.

> 간다 간다 나는 간다 울릉도로 나는 간다 오도록만 기다리소
> 울릉도를 가서보면 좋은 나무 탐진 미역 구석구석에 가득찼네…

---

34) 오성일은 1854년 6월 8일 삼산면 서도리 675번지에서 태어났다. 따라서 '吳性鎰爲鬱陵島島監者 光緒16年 9月(1890년 고종 27년)' 교지는 그의 나의 36세이고 1896년 고향 거문도로 돌아갔다(앞의 책, 『삼산면지』, 27쪽).

35) 현재 거문도에는 울릉도 전나무를 이용하여 건축된 집들이 상당수 있었는데 지금까지 남아 있는 대표적인 건물은 만회 김양록 선생의 생가였다고 전해지는 삼산면 서도리 669번지 목조 스레이트 건물이다. 김양록 선생은 서도리의 촌장으로 1900년 별세하였다(앞의 책, 『삼산면지』, 27쪽).

부귀 영화 누려보세[36]

이 술비노래는 수십 명이 함께 두꺼운 밧줄을 만들면서 부르는 노래이다. 이 노래에는 울릉도의 나무와 미역이 나오고 도항 목적이 나무와 미역이라고 알려주고 있다. 이들의 활동은 1787년 프랑스의 라페루즈탐험대가 울릉도에서 조선인의 선박 건조 과정을 목격한 것과 동일한 것으로 거문도인들의 울릉도 도항을 증명하는 것이다.[37]

4. 개척령이후 울릉도어장과의 단절

1) 일본 잠수기어선 진출로 인한 전복 어장 파괴

1881년 울릉도를 수토하던 관원이 무단 벌목을 하던 일본인 7명을 적발하였다. 이 일본인들은 벌채한 목재를 장차 원산과 부산으로 반출하려던 참이었다. 이 사실은 강원도관찰사 임한수(林翰洙)가 정부에 보고한 것으로 이 보고에 접한 통리기무아문에서는 일본인의 불법적 벌목을 엄히 금지시켜야 한다는 것, 다른 하나는 울릉도를 더 이상 빈 땅으로 버려 둘 수 없다는 원칙을 세웠다.[38]

---

36) 간다 간다 나는 간다 / 울릉도로 나는 간다 에이야아 술비야 / 오도록만 기다리소 에이야아 술비야
울릉도를 가서보면 에이야아 술비야 / 좋은 나무 탐진 미역 에이야아 술비야 / 구석구석에 가득찼네 에이야아 술비야/ 울고 간다 울릉도야 여기영차 배질이야/ 알고 간다 아릿역아 에헤에에 술비야 / 이물에 이사공아 고물에 고사공아/ 허리띠 밑에 하장이야 돛을 달고 닻감아라 / 어기영차 배질이야 술렁술렁 배질이야
진태중이 떠나간다 술렁술렁 배질이야/ 이 돈 벌어 뭐할거나 늙은 부모 봉양하고/ 어린자석 길러내서 먹고 쓰고 남은 놈은 / 부귀영화로 살아보세(삼산면지발간추진위원회, 『삼산면지』, 2000, 26쪽).
37) 이진명, 『독도, 지리상의 재발견』, 삼인, 2005, 53쪽.

이때 울릉도로 침입한 일본인들은 벌목뿐만 아니라 전복을 채취하는 잠수 어민들도 포함하고 있었다. 1878년 에노모토 다케아게(榎本武揚)의 처제로 울릉도로 도항한 치카마쓰 마쓰시로(近松松二郎)는 야마구치현 무카쓰쿠(山口縣 向津具) 반도 오오무라(大浦) 해녀와 야마구치현 미시마군(山口縣 見島郡) 미시마우라의 잠수부 15명을 데리고 왔다. 또한 1881년 8월 울릉도로 간 동경인(東京人) 도리우미 요조(鳥海要三), 쇼지 유지로(庄司勇二郎)도 벌목과 전복을 채취하였다. 검찰사 이규원이 심문한 에히메현 출신 우치다 히사나가(內田尙長)도 아사히구미조(旭組)의 잠수어민이었다.[39]

조선정부는 이들의 불법 침입을 알고 퇴거시켰으나 우치다 히사나가(內田尙長)를 비롯한 아사히조(旭組) 잠수어민은 울릉도어장을 떠나 부산·울산·거제도·안도·생일도·소안도·진도·흑산도 등과 같은 도서에서 잠수어업을 계속하였다. 러일전쟁기 이들은 '군용어부'로 활약하여 일본 정부가 건설한 거제도 장승포이주어촌에서 어선 70척, 잠수부 270명을 동원하여 군용 통조림을 제조하였다.

당시 일본정부의 명령에 의해 일본인들의 실태를 조사한 야먀모토 오사미(山本修身)는 '(1881년 조선인이) 매년 3백 명씩 도항하여 다시마를 따고 가을철에 이르면 본국으로 돌아간다'고 하였다. 이 숫자는 이규원이 보고한 141명보다 2배나 많은 숫자이다.[40] 이규원이 시찰할 때 강원도 지역 어민들은 미리 정보를 알고 가지 않거나 숨어있었을

---

38) 송병기, 『울릉도와 독도』, 2007, 135쪽.

39) 山本修身, 『復命書』, 『明治17年蔚陵島一件錄』, 山口縣文書館所藏.

40) 山本修身, 『復命書』『明治17年蔚陵島一件錄』, 山口縣文書館所藏(박병섭, 『한말 울릉도 독도어업』, 한국해양수산개발원, 2009, 12쪽). 일본인들은 미역을 다시마라고 말한 것을 보면 개척령 이전 일본인과 조선인들이 서로 다른 장소에서 거주하며 먼 곳에서 확인할 뿐 서로간의 교류가 없었던 것으로 보인다. 미역을 다시마로 잘못 기재될 수도 있지만 일본인들은 일본에서 거의 상품적 가치가 없는 미역을 다시마로 착각한 것으로 생각된다.

것으로 생각된다.

1886년 출판된 해군 수로부의 『환영수로지(寰瀛水路誌)』제 2권 제 2판에는 조선인 전복어업을 다음과 같이 기술하였다.

> 울릉도 일명 마쓰시마
> 봄에서 여름 사이에 조선인은 이 섬에 건너와 조선식 배를 만들어 이를 본국으로 보내고 또한 다량의 개충(介虫)을 채집하여 햇볕에 말린다. 조선인이 배를 만드는 데 쇠못을 사용하지 않고 모두 나무로 결합한다. 도구나 말린 목재를 사용할 줄 몰라 꼭 생나무를 쓴다는 것이다.

위의 자료에서 보면 조선인 어민들은 전복을 따고 있었다. 그러나 일본 연구자들은 조선인들이 전복을 따지 않았고 전복어장 독도로 가지않았다고 주장하였다. 거문도인들이 '독도로 건너가 전복을 땄는가?' 라는 질문에 답할 수 없지만 거문도는 전복 진상지였고 진상품 자개 조달지였다는 사실로 보아 잠수어업이 발달한 곳이다. 거문도인들은 전복잡이였고 전복 어장 독도가 이들의 생산 공간이었음이 확실하다.

그러나 이들의 어업 형태를 변화시킨 것은 일본인 어민의 진출이었다. 전복 채취를 목적으로 일본 잠수기선 어선이 울릉도에 나타난 것은 1888년이다. 1882년 조선은 일본과 '在朝鮮國日本人民通商章程'을 체결하여 전라, 경상, 강원, 함경 4도의 연안 어장을 개방하였다. 이때부터 일본 잠수기 어선들이 제주도를 비롯한 남해도서로 진출하여 전복과 해삼을 채취하였는데 가장 좋은 어장은 제주도였다. 이 때문에 제주어장은 일본인어민 진출과 동시에 파괴되어 제주도에서는 살상과 분쟁이 끊이지 않았다. 일본 잠수기 어선들이 제주에서 전복어장을 파괴함에 따라 제주해녀들은 제주도를 떠났고 그 일부분은 울릉도로 건너갔다.

제주도에서 일본인 어업 진출이 외교 분쟁으로 확산된 대표적인 사

건은 1884년 대마도(對馬國下縣郡) 출신 사족(士族) 후루야 리쇼 (古屋
利涉)가 통어권(通漁權)을 주장하며 조선 정부에 배상금을 요구한 사
건이다. 그는 제주 목사의 반대로 조업을 금지당하자 동년 8월 배상금
4,294원을 인천 일본 영사관을 통하여 요구하였고 이에 일본 영사관에
서는 이 사건을 인천감리(監理)에 조회하였다. 인천 감리는 통리교섭
통상사무아문(統理交涉通商事務衙門)에 건의 한 바 제주 통어는 통어
장정에 의해 시행한 것으로 무방하다고 하였다. 이를 통보받은 후루야
는 동년 10월 잠수기 12대를 탑재하고 다시 제주도 어장에 나타났다.
그러나 다시 제주 목사의 반대로 어업을 할 수 없게 되자 23,984엔에
달하는 거액의 배상금을 조선 정부에 요구하였다. 이 거액의 배상건을
두고 양국간 논의가 거듭된 결과 1886년 12월 6일 당시 독변교섭통상
사무(督辨交涉通商事務) 김윤식(金允植)과 일본 잠수기 회사 사장 후
루야 리쇼 (古屋利涉)사이에 약정이 이루어졌다. 이 약정의 골자는 ①
손해배상금은 6,600원으로 하고 ② 후루야 리쇼의 어선 14척에 대해서
는 1887년 3월부터 6개월간 조선정부 고용 명의로 제주도 연안어업을
허가하고 ③ 장차 조ㆍ일 양국간의 약정에 의하여 어업세를 징수하게
될 때에는 동어선 14척에 대해서는 5개년간 면제한다는 것이다.[41] 어
업조약을 체결한 조선 정부는 무능력하게도 '통어장정'에 근거하여 일
본 어민들에게 배상금을 지불하였고 일본 정부는 잠수기어선 어민 후
루야의 행동을 칭찬하여 포상금까지 지급하였다.[42] 이렇게 일본이 조
선 어장 침략 야욕을 드러내며 자국 어민들의 진출을 장려하며 잠수기
어민들의 만행을 옹호함에 따라 후루야는 1887년 제주도 모슬포에 나
타나 어민을 무참히 살해, 상해하고 163마리의 닭과 개 3마리, 돼지 1
마리를 훔치는 사건을 일으켰다. 이 사건으로 조선정부가 후루야를 살

---

41) 박구병, 「한ㆍ일근대어업관계연구」, 『부산수산대학연구보고』 7권 1호, 1967, 25쪽.
42) 박구병, 앞의 책.

해범으로 체포하려 하였으나 일본은 치외법권인 영사재판을 이용하여 후루야의 도주를 방조하였다.

그런데 1888년 후루야 잠수기회사 직원들이 울릉도에 나타났다.[43] 전년도 제주도에서 살상을 일으킨 사건으로 제주도에 들어갈 수 없게 되자 울릉도에 나타났다. 예측대로 울릉도 도장 서경수와 주민들이 반대로 전복 1,250근과 잠수기와 잠수복을 몰수당하자 이들은 제주에서와 마찬가지로 일본 정부에 배상금을 요구하였다. 1888년 11월 일본의 대리공사 곤도 신스케(近藤眞鋤)는 전복 몰수 사건에 항의하는 사건을 조병식에게 보냈다.

> 울릉도는 강원도의 관할 섬이며 통상장정 제41조에 비추어 봐도 분명히 왕래어업 구역 안에 존재하므로 우리 어민이 임의로 섬에 가서 고기잡이를 하는 것이 무슨 잘못인가. 지금 도장은 어떤 근거로 우리어선의 고기잡이를 금지하고 또한 무엇에 의하여 어획한 전복을 압수하는 것인가, 본관은 이해할 수가 없다.(생략) 연안에서의 고기잡이의 권리마저 빼앗는 것은 불합리하다. 게다가 우리 영사관의 심판을 받지 않고 우리 어민의 어획물을 압수한다면 이 또한 월권이다. 그 자를 파직하는 것이 도리가 아닌가.[44]

---

43) 古屋利涉는 대마도의 藩士로서 대마도와 肥前 어민 100여 명을 모아서 水潛社라는 회사를 설립하여 자신이 사장이 되어 제주 근해에서 잠수기 어선 어업을 하겠다고 선언하였다. 그리고는 1884년 4월 일본선 3척, 잠수기계 2기, 어민 수십 명을 거느리고 부산 총영사에게 신고하여 허가를 받고 제주도에 들어갔는데 제주 목사의 조업 금지 때문에 두 척의 배를 남겨 두고 인천 영사를 찾아가서 조업할 수 있도록 호소하였다. 古屋利涉는 1884년 9월에 다시 8척의 일본선에 8기의 잠수 기계를 싣고 어민 수십 명을 제주도로 보냈다. 古屋利涉 선단은 또다시 제주 목사의 거부로 아무런 성과 없이 대마도로 돌아오게 되었는데 古屋利涉는 그 동안의 손해에 대해 2만 8,000엔의 배상금을 조선 정부에 요구하였다(박찬식, 「개항이후(1876-1910) 일본 어업의 제주도 진출」, 『역사와 경계』, 2008, 155쪽).

44) 『구한국외교문서』 제1권(『日案』 1), 고려대학교, 1969, 문서번호 1229, 566쪽(박병섭, 앞의 책, 2009, 19쪽 재인용).

이들은 계획한 대로 몰수당한 전복을 전부 돌려받고 보상금까지 챙겨 현재 가치로 4,000만 엔을 얻었다.[45] 이후 계속해서 일본 잠수기 어선과 잠수 어민들이 울릉도로 진출한 결과 1900년 조사에 의하면 울릉도는 '기계선 1척 이상은 가망이 없다"고 할 정도로 전복이 난획되었다 (표 3 참조).[46]

<표 3> 울릉도에서 채취한 일본인 전복 수량

년도	수량(근)	금액(엔)
1897년	6,000	4,200
1898년	6,000	4,200
1899년	800	560
1900년		2,960
1904년	190	187
1905년	970	582
1906년		469
1907년		1,653
1908년		3,808

〈출전〉 赤塚正助, 「鬱陵島調査槪況」, 1900년(1897~1900년) ; 奧原壁雲, 『竹島及鬱陵島』(1900~1908년)(박병섭, 『한말울릉도독도어업』, 한국해양수산개발원, 2009, 29-45쪽 재인용)

1902년 자료에는 도동에서 잠수어선 8척과 저동에서 잠수어선 2척이 임시오두막을 짓고 섬 전체를 돌며 어로를 하였으나 이윤이 많지 않았다. 일본인 잠수어민들은 울릉도 어장에서 더 이상 많은 이익을 얻을 수 없게 되자 1902년 독도로 출어하였다고 한다. 그러나 독도에는 물이 없어 4~5일이 지나면 울릉도로 귀항하였다.[47]

---

45) 박병섭, 『한말 울릉도 독도어업』, 한국해양수산개발원, 2009, 22쪽.
46) 赤塚正助, 「鬱陵島調査槪況」, 1900년.
47) 外務省記錄616-10, 「鬱陵島報告書」, 『釜山領事館報告』, 명치 38년 12월.

2) 우용정 시찰이후 울릉도 어장과의 단절

정부가 울릉도를 행정 관제에 편입하고 입주자들을 모집한 것은 일본인들의 잠입·비행의 폐원을 막아보자는 의도였지만 이 과정에서 관리들의 가렴은 끊이지 않았다. 대종을 이룬 미역세는 전라도로부터 건너온 어민들이 납부하였고 입주자들에게는 요역이나 세금을 부과하지 않았다. 미역세는 매 100원에 5원이었는데 매년 징수액은 500~600원, 조선세는 1파(把)마다 5냥의 세금으로 1년에 10척 내외가 건조되었다. 따라서 전라도 어민들이 채취한 미역 금액은 10,000~12,000원이 되는 것으로 1897년~1899년 3년간 일본인이 채취한 평균 금액 4,160원보다 6,000원 또는 8,000원이나 많았다.[48] 어민들은 미역을 길이 4척(尺), 폭 6촌(寸), 두께 6분(分)으로 만들어 육지로 운송하였다.

한편 1896년경 울릉도 거주 일본인은 200명을 넘었다. 대부분은 벌목에 종사하는 자이거나 그 부속원으로 목재 반출과 물화 밀매에 종사하였다. 일본인들은 자신들의 뜻을 조금이라고 거스르면 곧 창·칼을 휘둘러 폭동하였다. 이러한 보고를 받은 정부는 울릉도의 삼림벌채권을 가진 러시아 항의도 있어 1899년 12월 내부시찰관(內部視察官) 우용정을 울릉도시찰위원에 임명하였다. 울릉도에 도착한 우용정은 도감이 수하에 한사람의 서기나 사환이 없이 일본인들은 물론 도민들의 비행 불법을 지휘 명령할 길이 없음을 깨닫고 1900년 10월 22일자로 의정부에 설군청의서(設郡請議書)를 제출하였다. 이에 대한제국은 10월 25일자 '칙령 제41호'를 『관보』에 게재하였는데 울도군을 '울릉전도와 죽도, 석도'로 하였다. 이 석도는 거문도인들의 생산 공간으로 조선 영토에 편입시키는 것은 당연하였다. 그런데 우용정은 도의 경비를 충

---

48) 송병기, 앞의 책, 2007, 185쪽.

당하기 위해 전라도 어민로부터 징수하는 미역세를 2배로 올려 10분의 1세로 증세하고 내외국인을 물론 나무를 베어 조선하는 것을 엄금하고 울릉도 물산은 정부가 구입한 개운환(開運丸)으로 해야 한다는 명령을 내렸다. 이후 거문도 출신 울릉도 도감 오성일을 비롯하여 거문도인들은 울릉도에 오지 않고 고향에 있었다. 그렇다면 거문도인들이 울릉도 어업을 그만두고 울릉도어장을 떠난 이유는 무엇일까? 여기서 이 점에 대해 짚어보기로 하자.

첫째, 1900년 6월 우용정이 울릉도민에게 내린 고시문 가운데 '본국인은 물론 외국인을 막론하고 나무를 베어 배를 만드는 자는 일체 엄금한다'는 것이 조선업을 하는 거문도인들에게 큰 타격을 주었다. 그들은 봄에 낡은 배를 타고 울릉도에 들어와 가을에 울릉도를 떠나가는 것이 관행이었다. 그런데 조선을 금지한 이 조치로 인해 울릉도 출어가 금지되었다.[49]

둘째, 정부 관원이 배치되면서 관리들의 횡포, 아전들에 의한 가렴주구가 나타났다. 정부는 개척 이후 5년간 제한되었던 부세와 요역의 면제를 5년이 지난 후에도 지속시키면서 거문도인들에게만 미역세와 조선세를 거두었다. 관원들의 작폐는 많았고 거문도인들에게는 심하였다. 1893년 울릉도를 시찰한 사토 교스이(佐藤狂水)는 「조선죽도탐험(朝鮮竹島探檢)」에서 울릉도 관리들의 모습을 다음과 같이 기술하였다.

> 매년 조선 내지에서 음력 3월부터 5월까지 관리를 파견한다. 이 관리는 미리 정부에 3개월간의 세금 중 얼마를 납부하고 섬에 도착한 다음에는 제멋대로 도민의 산물을 세로 징수하며 관리는 이것을 내지로 수출하여 이익의 수입을 얻는 것이라 한다. 그러므로 자주 가혹한 과세를 하게 되어 내지에서 파견된 관리를 사갈을 보듯 하였다.[50]

---

49) 김호동, 앞의 책, 2010, 173쪽.

50) 『山陰新聞』 明治27年 2월 28일(나이토우 세이쮸우, 『독도와 죽도』, 제이엔 씨,

'도민의 산물을 세로 징수하는 자'들은 미역 수세권과 관련된 상인들이다. 상인들은 울릉도 도장을 겸하는 월송만호로부터 포구 주인권을 사서 울릉도로 반출되는 미역에 대해 판매 수수료를 부과하였다 이러한 사실은 1892년 울릉도 개척 과정을 조사한 검찰관 윤시병에 의해 고발되었다.51) 검찰관 윤시병은 거문도인으로 부터 100첩의 미역세를 받아 울진, 죽진, 영해 축산포로 보냈는데 월송 만호가 미역을 가지고 간 관리를 죄인으로 몰았다. 월송만호는 관문이 위조된 것이라고 하며 영선감관을 붙잡아 구타하였고 사경에 이르게 하였다는 것이다. 이 보고를 받은 정부에서는 동년 7월과 8월에 강원도 감영과 평해에 관문을 보내 조사도록 하였는데 이 조사에서 월송 만호 비행이 탄로났다. 월송 만호는 보부상 박영서와 결탁하여 포구 수세권을 이용하여 포구세를 징수하고 있었다. 이러한 보고를 받은 정부는 월송 만호를 해임하고 보부상 박영서를 옥에 가두었다.52)

이와 같이 울릉도입주가 시작되면서 거문도에서 건너간 거문도인들은 그 당시 만연했던 관리들의 가렴과 수탈로 자유롭지 못하였다. 개척령 이전에는 국가에 세금을 내지 않고 자유롭게 울릉도 산물을 이용하였으나 개척령 이후에는 여러 가지 명목의 세금과 포구 주인권이 나타나 판매권까지도 허락하지 않았다. 이러한 상황하에서 조선 정부가 일본인들의 도항과 나무 벌채의 만행을 더 이상 간과할 수 없다는 조치를 내려 조선업을 금지시키자 어민들은 고향으로 돌아갈 수 밖에 없었다. 1900년 울릉도 시찰위원이었던 우용정이 일본인들의 도벌과 각

2005, 189쪽 재인용)

51) 『강원감영 관첩』「1892년 2월 1일 울릉도도장에게 보낸 관문」(유미림 · 조은희, 『개화기울릉도 · 독도 관련사료 연구』, 한국해양수산개발원, 2008, 51쪽 재인용).

52) 1892년 7월 24일「동영에 보낸 관문」, 1892년 8월 23일「동영 및 평해에 보낸 관문」, 1892년 8월 23일「동영에 보낸 관문」, 1892년 9월 20일「삼척 우영장의 보고」 ; 유미림 · 조은희, 앞의 책, 52~58쪽 재인용.

종 범죄를 심문하는 과정에서 일본 영사가 오도감(오성일)은 지금 어디에 있느냐고 물으니 전라도에 살고 있다고 답하여 1900년 전후하여 거문도인들은 울릉도 어장을 떠난 상태였다.[53]

5. 맺음말

조선시대 거문도 주민들은 15~30일정도 걸리는 여정으로 울릉도에 도항하였다. 적어도 1787년 5월 27일 라페루즈 함대가 울릉도를 목격한 시기부터 매년 이곳으로 건너와 배를 만들고 전복과 미역을 채취하였다. 이렇게 확보된 울릉도 산물은 전라도 방면이나 서울로 운반하여 상당한 이익을 얻었다. 거문도 어민들의 도항 조직은 '흥양삼도둔별장(興陽三島屯別將)' 오성일(吳性鎰)과 같은 마을 지도자의 지휘하에 생산 활동을 하였다.

이들은 독도가 보이는 울릉도에서 매년 계절적 어업에 종사하였고, 울릉도·독도를 생산 공간으로 이용하였다. 조선시대 거문도는 통영 진상품인 자개 원료 공급지로 전복 진상지였다. 잠수 기술이 발달하여 울릉도에서 많은 전복을 채취하였다. 그렇지만 이들이 독도 어장에서 전복을 채취했는가?라는 질문에 대해 확신할 수 없지만 100여년 동안 울릉도를 생산 공간으로 이용한 어민들이 일상에서 보이는 독도에 가지 않았다고 말할 수 없다. 어민들이 보이는 곳으로 가는 것은 보편적인 현상이며 이동하는 것은 당연한 것이다. 따라서 칙령41호의 '석도(石島)'는 전라도 어민들의 증언에 의한 것으로 일본 연구자가 '돌처럼 보인다', '돌과 같다'라는 '석도'의 특징이 현재적 사실을 근거로 한 것

---

53) 우용정, 『鬱島記』.

이라는 주장은 잘못된 것이다. 그의 주장은 100여년 이상 울릉도·독도 어장을 이용한 어민들의 활동을 배제시킨 결론이다.

마지막으로 독도영유권과 관련하여 앞으로 많은 자료가 보완되어야 하겠지만 독도가 전복어장이 아닌 독도나무를 이용하는 벌채지였다는 뜻에서 독도나무를 이용한 어민들의 이야기를 소개하고자 한다. 거문도 주변 지역 어민들은 몇 백년간 울릉도에서 선박 건조 작업을 하였으므로 울릉도 주변 지형과 울릉도 나무 특성을 잘 알고 있었다. 이들은 나무를 말리지 않고 배를 만들면 배의 동체가 쉽게 휘거나 부패하는 것을 알고 그 보강 작업으로 독도로 건너가 독도 나무를 벌채하였다. 독도 나무는 먼 바다 항해에서 이음새 강화 역할을 하는 단단한 나무못이었다.

> 구한말 당시 거문도어부들은 울릉도에 가서 아름드리 거목을 베고 배를 만들고, 또 그 재목을 뗏목으로 만들어 끌고 온다고 했다. 해변에 움막을 치고 배를 만드는데 쇠못을 구할 수가 없어 독도까지 가서 나무를 베어와 그 나무못으로 조립했다고 한다. 왜냐하면 이 바위섬에서 자란 나무는 왜소하지만 몇 백년 몇 천년 풍운에 시달려 목질이 쇠만큼 단단해져 있기 때문이라 했다. 독도나무를 베어오면서 물개 한 마리를 잡아와 기름을 짜고 그 기름으로 밤을 밝혔다.[54]

위의 증언은 대단히 중요한 자료로 외양어업에 종사하는 어민들이 쇠못을 대신하여 단단한 독도나무를 이용하려고 독도에 갔다는 것이다. 그렇다면 현재까지의 연구에 의하면 일본인의 독도 도항은 1897년 경부터였고, 전복 어업도 1899년 이후로 알려지고 있으나 거문도 어민들의 독도 도항은 이보다 이른 시기이다. 최소한 한국인들이 독도로

---

54) 이규태, 「이규태코너」, 『조선일보』(이예균·김성호, 『일본은 죽어도 모르는 독도 이야기 88』, 2005, 307쪽 재인용).

건너갔다고 주장하는 1903년 이전이다. 일본인들이 독도를 돌산 위에 작은 소나무가 자라는 뜻에서 송도(松島)라 하였듯이[55] 지금은 모두 없어졌지만 예로부터 독도바위 위에는 아주 작지만 단단한 작은 소나무들이 자생하고 있었다.[56]

---

55) 杉原隆, 『竹島問題』, 2010, 17쪽.

56) 독도 토양의 화분 분석 조사에 의하면 독도에는 소나무속(Pinus) 화분과 오리나무속(Alnus), 참나무속(Quercus), 자작나무속(Betula), 서어나무속(Carpinus), 가문비나무속(Picea), 느릅나무속(Ulmus)의 화분층이 다량 검출되어 독도에는 암벽이 아니라 수림이 형성되었음을 입증하였다(경상북도·문화재청, 『2007년 독도 천연보호구역 식생복원을 위한 타당성 조사연구』, 2008).

[참고문헌]

『肅宗實錄』,『正祖實錄』,『巨文鎭誌』,『廬山志』,『經世遺表』,『漂海錄』,『江原監營官帖』
『釜山領事館報告』,『鬱陵島檢察啓礎本』
山本修身,『復命書』,『明治17年蔚陵島一件錄』, 山口縣文書館所藏.
農商工部水産局,『韓國水産誌』3卷, 1909.

경상북도·문화재청,『2007년 독도 천연보호구역 식생복원을 위한 타당성 조사연구』, 2008.
고희종 외 2인,「한반도 주변 해역 5개 정점에서 파랑과 바람의 관계」,『한국지구과학회지』26권, 2005.
곽영보,『거문도풍운사』, 삼화문화사, 1986.
김병렬·니이토 세이츄,『한일 전문가가 본 독도』, 다다미디어, 2006.
김호동,「울릉도·독도 어로 활동에 있어서 울산의 역할과 박어둔」,『인문연구』58, 2010.
박구병,「한·일근대어업관계연구」,『부산수산대학연구보고』7-1, 1967.
박병섭,『한말 울릉도 독도어업』, 한국해양수산개발원, 2009.
박찬식,「개항이후(1876~1910) 일본 어업의 제주도 진출」,『역사와 경계』, 2008.
삼산면지발간추진위원회,『삼산면지』, 2000
杉原隆,『竹島問題』, 2010.
서종학,「'獨島'·'石島'의 地名表記에 관한 研究」,『語文研究』36-3, 2008.
송병기,『울릉도와 독도』, 단국대학출판부, 2007.
스기하라 다카시,「오오야가, 무라가와가 관계 문서 재고」,『竹島問題に關する調査研究最終報告書』, 竹島問題研究會, 2007.
이예균·김성호,『일본은 죽어도 모르는 독도 이야기 88』, 2005.
이종길,『조선후기 어촌사회의 소유관계에 관한 연구』, 서울대학교 대학원 박사학위논문, 1997.
이진명,『독도, 지리상의 재발견』, 삼인, 2005.

池內敏,「竹島/獨島論爭とは何か─和解へ向けた知恵の創出のために─」,『中京大學歷史科學協議會 第44回報告』, 2010年 11月 20日.
川上健三,『竹島의 歷史地理學的硏究, 1996.
추효상,「하계 한국 남해의 해황 변동과 멸치 초기 생활기 분포 특성」,『한국수산경영지』35, 2002.

근대 일본 제국주의의 조선어장 침탈 과정

김 수 희

1. 머리말

근대 일본어민의 조선어장 진출과 그 어업 활동은 어업 문제에 그치는 것이 아니라 일본 제국주의의 침략 정책과 깊은 관계가 있다. 근대 일본은 총체적인 어업 생산량 정체를 극복하기 위하여 서양으로부터 면망을 도입하고 대형 어구를 능률적으로 개량시키는 등 어로 수단을 개선하였지만 결정적으로 어업 생산량을 증강시키는 어선 동력화를 보급시키지 못하고 있었다.

이러한 상황에서 일본은 조선과 1883년「在朝鮮國日本人民通商章程」을 체결하여 함경도·강원도·경상도·전라도 4개 지역에서의 어업권을 획득하였다.[1] 이전부터 이곳은 대마도를 중심으로 한 서남지역어민들의 중심어장으로 많은 어민들이 진출하고 있었으나 어업조약 체결로 조선 진출의 법적 기반이 마련되자 어민들은 신속히 조선어장으로 진출하였다.

---

1) 박구병, 「한·일근대어업관계연구-1876년~1910년」, 『부산수산대학연구보고』 7권 1호, 1967.

그런데 조선어장으로 일본어민이 진출한 시기는 일본이 조선 침략을 강화하면서 조선해를 '이익선'으로 규정하고 적국으로부터 일본해를 보호하려는 제해권적 개념이 적용된 시기였다. 일본은 '조선해 확보' 차원에서 조선어장으로 진출하는 어민들에게 장려금을 지급하고 조선해 관련 어업조합 설립 규정을 만드는 등 일본 어업 세력 확대를 기도하였다.

현재 한국어업사연구에서는 이와 같은 일본의 침략적 사실을 연구하고 그 실상을 비판한 연구가 상당수 진행되었다. 그 실상에 치우친 나머지 어민들의 어업 활동 속에 잠재된 제국주의적 성격이 무엇인지에 대한 논의는 부족하다.[2] 최근 개항이후 조선어장에 진출한 일본인 어업 경영을 분석한 연구가 도출되었으나 일본 제국주의의 어업적 침탈 양상까지 다루지 못하였다.[3] 또한, 근대 한일관계사연구에서도 러시아의 위협에 대응하는 일본정부의 정책이 집중적으로 연구되었으나 일본이 조선어장에서 자국어민들을 어떠한 방식으로 보호하고 관리하였가에 대한 연구는 거의 없는 상태이다.[4]

본 연구는 조선어장의 식민지화과정에서 근대 일본어민의 침략적 성격은 무엇이고 어떠한 이유로 조선어장에서 제국주의적 성격이 강화되었는가를 검토한 것이다. 또한 러시아와의 각축전에서 일본은 조선어장을 어떻게 인식하였고 러시아어업 진출에 대항하여 어떠한 정

---

2) 이원순, 「한말 제주도 통어문제 일고」, 『역사교육』 10, 1967 : 박구병, 「한·일근대 어업관계연구-1876년~1910년」, 『부산수산대학연구보고』 7권 1호 ; 한우근, 「개항후 일본어민의 침투」, 『동양학』 1, 1971 ; 최태호, 「어권수호운동」, 『봉산고승제박사 고희기념논문집』, 서울대학출판부, 1988 ; 강만생, 「한말 일본의 제주어업 침탈과 도민의 대응」, 『제주도연구』 3집, 1986 ; 박찬식, 「개항이후(1876~1910) 일본 어업의 제주도 진출」, 『역사와 경계』, 2008.
3) 김수희, 『근대 일본어민의 한국 진출과 어업경영』, 경인출판사, 2010.
4) 이항준, 「영일동맹과 제정러시아의 극동정책」, 『사림』, 2008 ; 강영심, 「구한말 러시아의 삼림이권 획득과 삼림회사의 벌채 실태」, 『이화사학연구』 17·18합집.

책을 전개하였는지 살펴보았다.

2. 일본어민의 조선 진출과 침탈 양상

1) 조선어장에서의 일본어업의 특징

조선은 1889년 10월 20일 전문 12條「朝鮮日本兩國通漁章程(약칭 통어장정)」을 일본과 체결하였다. 이 통어장정에 따라 일본어민은 어업면허를 받는 조건으로 어업세를 납부하였는데 선원을 기준으로 하여 1척에 10명 이상은 10원, 5~9명 5원, 4명 이하 3원이었다.

1890~1892년 3년간 부산에서 어업면허를 받은 일본 어선을 살펴보면 총 어선 2,012척 중 4인승 이하 어선은 1,404척으로 전체 어선의 70%, 5인승 이상은 596척으로 29%, 10인승 이상은 겨우 12척에 불과하였다.[5] 통상장정 체결 직후 3년의 통계이지만 10인승 이상 어선과 5인승 이상 어선은 적었고 대부분 4인승 이하의 어선들이었다. 이들의 출신지를 1890년 10월~1891년 11월 2년 사이 어업면허를 받은 자료에서 확인해 보면 총 어선은 1,188척, 어민은 5,707명으로 히로시마현(廣島縣)소속 어선은 343척, 야마쿠찌현(山口縣) 소속 어선은 275척이었다. 이 두 지역 어선은 전체 출어 어선의 52%, 어민의 47%였다.[6]

이렇게 이 두 지역 어민이 많았던 이유는 통어규칙 체결이후 '서로

---

5) 1890년 10인승 이상은 10척, 5인승 이상은 364척, 4인 이하는 344척, 총 718척 중 48%가 4인 이하 어선이다. 1891년에는 10인 이상은 없었고 5인 이상 97척, 4인 이하는 514척, 총 611척 중 4인하가 84%이다. 1892년에는 10인 이상은 2척, 5인승 이상은 135척, 4인 이상은 546척으로 80%가 4인 이하였다(關澤明淸, 『關澤明淸』外務省通商局 第2課, 1894, 73쪽).

6) 『大日本水産會報』, 117호(1892년 1월), 29-30쪽.

경쟁하듯이 조선근해로 출어했다'[7]고 하듯이 명치유신 이전부터 대마도 근해에서 어업을 하고 있었기 때문이었다.

그리고 이들이 종사한 어업은 잠수기선 어업, 상어잡이 어업, 멸치잡이 어업, 도미잡이 어업 등 고급어종으로 상품성이 높은 어업이었다. 이 어업은 전체 출어자의 50% 이상을 차지하고 있었다. 〈표 1〉를 참고로 해서 보면 잠수기선 어업, 상어잡이 어업, 멸치잡이 어업, 도미잡이 어업은 1895년 조선 총 출어 어선의 44%, 1897년 60%, 1900년 50%, 1905년 41%를 차지할 정도로 대부분의 어민들은 이 4개의 어업에 집중하고 있었다. 특히 도미잡이 어업은 1905년 200척, 어민은 천 명 정도였으나 러일전쟁 후 2배 이상 증가하였다.

러일전쟁이전 조선어장의 일본어업 특징은 특정 지역 어민들이 전복, 해삼, 상어, 도미 등 특정 어종을 목적으로 진출하였는데 이 어종들은 대중국 무역 상품이거나 도미와 같은 고급어종 멸치와 같은 일본시장에 소비층이 형성된 대중적 상품이었다.[8]

〈표 1〉 개항기 조선어장에서의 대표적인 일본어업

연도	잠수기선 어업		상어잡이 어업		멸치잡이 어업		도미잡이 어업		합계		전체 합계1)		비율(%)	
	어선	인원	어선	인원	어선	인원	어선	인원	어선a	인원b	어선c	인원d	a/c	b/d
1895	85	-	72	-		-	118	-	625	-	-	-	44	-
1896	75	-	100	-	105	-	165	-	828	-	-	-	54	-
1897	132	950	140	594	190	1,249	273	955	735	3,784	1,200	5,691	61	66
1898	62	441	137	599	138	958	278	965	615	2,963	1,223	5,466	50	54
1899	67	406	112	514	256	1,719	157	573	592	3,212	1,157	5,331	51	60
1900	53	455	104	509	495	2,929	192	768	844	4,661	1,654	8,107	51	57
1901	60	453	99	515	129	774	207	795	495	2,537	1,411	6,187	35	41
1902	49	329	83	420	202	1215	213	558	547	2,522	1,394	6,121	39	41
1903	151	988	51	215	232	1,356	227	857	661	1,589	1,589	7,187	42	22

---

7) 葛生修亮, 『韓海通漁指針』, 黑龍會出版, 1903, 4쪽.
8) 關澤明淸 · 竹中邦香, 『朝鮮通漁事情』, 東京團々社書店, 1893, 117쪽.

1904	124	780	82	376	261	1,547	254	984	721	1,581	1,581	6,975	46	27
1905	130	890	104	522	324	2,015	452	1,872	1,010	2,449	2,449	10,853	41	22
1906	137	1,068	88	432	406	2,424	473	1,871	1,104	2,748	2,748	12,245	40	20
1907	155	988	-	-	-	-	-	-	-	-	3,233	14,182	-	-
1908	106	702	99	466	426	2,606	588	2,063	1,219	5,837	3,899	16,644	31	35
1909	127	955	17	105	346	2,041	477	1777	967	4,878	3,755	15,749	26	31

〈주〉 1) 조선어장에서 어업에 종사하는 총 어선과 어민수이다.
     2) 멸치망은 鰮網, 地曳網을 포함함
     3) 1909년 도미 縛網 12척, 53인이 포함되어 있지 않음
     4) 1907년 어업상황은 통계 누락됨
〈출전〉『대일본수산수산회보』제155호, 1895년(1895년)
        『대일본수산수산회보』제176호, 1897년(1896년)
        『조선통감부통계년보』각 연도

한편, 조선어장에서 보면 멸치잡이 어업이나 잠수기선 어업이 가능했던 이유는 운반과 판매면에서 보관이 가능한 가공품을 언제든지 일본 시장까지 판매할 수 있었다는 점이다. 그러나 이 어업은 어장 가까운 곳에 어획물 보관소, 어획물 제조장이 필요하였다. 잠수기선 어업인 경우 전복, 해삼을 중국인이 선호하는 색채로 내려면 어장주변에 가공장이 있어야 하지만 제주도처럼 상륙이 어려운 곳에서는 잠수기선 어민들이 배 위에서 가공을 하고 멀리 떨어진 무인도로 이동하였다. 해삼 제조 방법은 거칠게 배를 자르고 새끼줄로 구멍을 뚫는 난제법이었다.[9]

멸치잡이 어업도 이와 마찬가지로 어장 주변에 반드시 토지 사용이 필요하였는데 이에 앞서 주민들의 승낙을 받아야 했다. 대부분 토지 사용 계약은 1년이었고 어기가 끝나 창고를 철거할 때 조선인에게 사용료를 지불하는 것이 관례였다.[10] 이때 조선인들은 멸치어업기간이 짧고 어장이 한정되어 있다는 것을 알고 있었기 때문에 거액의 토지

---

9) 關澤明淸, 같은 책, 29쪽.

10)「在朝鮮國日本人民通商章程」은 4도에서의 어업과 그 어획물의 판매에 관한 조항만 있을 뿐 연안 토지이용에 관한 규칙은 없었다.

사용료를 요구하기도 하였다.[11]

그런데 청일전쟁이후 반일감정이 나타나 이들은 쉽게 토지를 사용할 수 없게 되었다. 1896년 애희메현 우오시마(愛媛縣 魚島)어민들은 멸치망 4통(어선 20척, 어민 120명)을 가지고 거제도 구조라로 진출하였을 때 구조라 주민들은 일본인 상륙을 반대하였다. 이러한 소식을 안 마산 주재 일본영사는 조선인의 반대를 물리치지 않으면 장차 후일 선례로 남을 것이라고 하여 급히 구조라로 출발하였다.

> 일본인들이 창고를 짓고 어업을 하려 하자 주민들이 몰려와 어업은 상호의 조약임으로 어쩔 수 없으나 오두막을 짓는 것은 절대로 용서할 수 없다고 300명이 죽창 깃발을 들고 왔다. (일본인어민) 중과부적으로 도저히 싸울 수 없자 부산 영사관에 이 사정을 알렸다. 당시 영사 가와우에(川上)는 크게 동정을 하여 조선인의 반대를 물리치지 않으면 후일 큰일이 일어날 것이라고 하여 급히 어장을 준비하고 구조라로 출발하였다.[12]

일본영사는 구조라 주민들에게 일본 어민 창고 건설은 단지 어업을 하기 위해 지었을 뿐 별 뜻이 없다고 설득하였으나 주민들이 허락하지 않았다. 이 과정에서 일본어업을 허가하자고 한 주민은 친일파로 몰려 투옥되는 내부 갈등도 일어났다. 일본인 어업 활동을 둘러싼 갈등이 몇 달이나 계속되어 해결되지 않았으나 때마침 구조라 주민 4~5명이 해변에서 말리고 있는 멸치를 호기심으로 만지는 사건이 일어났다. 이를 호기로 삼아 일본 어민들은 즉시 이들을 절도범으로 몰아세워 포박하여 부산 영사관으로 압송하였다.

이 사건을 계기로 주민들은 일본어민에게 사죄하여 다시는 방해하

---

11) 멸치창고는 건조하기 쉽고 운반선이 왕래하기에 편리한 곳에 설치되었다. 조선인은 보통 1년에 4~12관을 토지임대료로써 요구하였다. 그러나 임대료는 매년 일정하지 않았다.

12) 魚島村, 『魚島村誌資料集』, 1993, 112쪽.

지 않을 것을 약속하였다.[13) 영사는 주민들을 절도범으로 몰아세우는 무력적이고 야비한 방법을 동원하여 조선인들을 굴복시켰다. 이후 구조라는 1902년 창고 7개와 어선 35척 일본인어민 210명이 상주는 대규모 일본인 어업근거지로 발전하였다.[14)

2) 일본어민들의 침탈 양상

개항 이후 제주도와 울릉도, 남해안은 전복과 해삼, 상어잡이 어장으로 일본인 어업 중심지로 발전하였다. 특히 제주도 전복은 두껍고 크고, 해삼은 상품 가치가 높은 빨간색을 띠고 있었으므로 잠수기선 어민들은 순식간에 제주도 어장을 난획하였다.[15)

1899년 당시 제주에 유배와 있던 김윤식은 일본인 잠수기어업 실정을 다음과 같이 적고 있다.

어제 고기잡이 일본 사람 수십 명이 성안에 들어와 흩어져 다니며 관광을 했다. 이 가운데서 세 사람이 文卿과 필담을 하였다. 그중 한 사람이 나의는 15세이나 글을 잘 하는데 자기말로 나가사키에 살고 있으며 배마다 하루에 전복을 잡는 게 30궤미(한 궤미는 20개), 즉 600개라고 한다. 제주의 각 포구에 일본어선이 무려 3~4백 척이 되므로 각 배가 날마다 잡아버리는 게 대강 이런 숫자라면 이미 15~16년의 세월이 지났으니 어업에서 얻은 이익의 두터움이 이와 같은데 본지인은 스스로 배 한 척 구하지 못하고 팔짱끼고 주어버리고 있으니 어찌 애석하지 않으랴[16)

---

13) 위와 같음.

14) 朝鮮海通漁組合聯合會本部, 『朝鮮海通漁組合聯合會報』第4號(1903年 1月), 231쪽.

15) 제주도산은 다른 지역보다 10~20원 정도 고가였다. 제주도산은 홍콩, 광주지역으로, 강원도 및 그 외 지역에서 어획된 것은 天津, 北京, 만주로 팔렸다.

16) 『續陰晴史』, 光武 3년 8월 29일.

제주도는 최고의 전복어장이었다. 그런데 개항이후 일본인 잠수기선 어선들이 이곳으로 진출함으로써 제주어장은 큰 혼란에 직면하였다. 제주어민들의 항의와 반대로 제주목사는 1884년 5월과 10월에 진출한 나가사키현(長崎縣) 출신 후루야(古屋利涉) 잠수기선 어업을 금지하였다. 이에 반발하여 후루야(古屋利涉) 잠수기어민은 인천영사관에 어업 손해 배상금을 요구하였다.[17]

이러한 상황에서 일본은 당시 제주도 어업문제 담당자 김옥균이 제주도 도민의 상경과 빈번한 탄원으로 정치적 약세에 몰려 있는 것을 배려하여 한시적으로 제주도에서의 잠수기어업을 금지하였다. 그러나 1884년 12월 갑신정변 후 김옥균이 일본으로 망명하자 일본은 오히려 후루야가 요구한 배상금 4,294원 20전보다 7배가 많은 3만원을 조선정부에 요구하고 있었다. 이후 일본은 조선정부에 후루야 배상금을 독촉하면서 제주도 어업권을 대신하여 광산채굴권을 요구하였다.

이와 같이 일본은 후루야(古屋利涉)를 이용하여 후루야가 청구한 금액의 7배 이상을 요구하고 이 어민에게 상여금을 주면서 침략적 어업행위를 장려하였다. 이러한 정부의 의도에 따라 후루야는 1888년 7월 울릉도로 가서 화물을 매매하고 잠수기선 어업을 시도하였다. 이들의 진출에 울릉도 관리가 반대하자 일본은 울릉도가 강원도에 속한 곳으로 전복을 몰수한 것은 월권행위라고 하며 배상금을 요구하였다. 후루

---

17) 古屋利涉는 대마도의 藩士로서 대마도와 肥前 어민 100여 명을 모아서 水潛社라는 회사를 설립하여 자신이 사장이 되어 제주 근해에서 잠수 기계로 조업하겠다고 선언하였다. 그리고는 1884년 4월 일본선 3척, 잠수기계 2기, 어민 수십 명을 거느리고 부산 총영사에게 신고하여 허가를 받고 제주도에 들어갔는데 제주 목사의 조업 금지 때문에 두 척의 배를 남겨 두고 인천 영사를 찾아가서 조업할 수 있도록 호소하였다. 古屋利涉는 1884년 9월에 다시 8척의 일본선에 8기의 잠수 기계를 싣고 어민 수십 명과 같이 제주도로 보냈다.古屋利涉 선단은 또다시 제주 목사의 거부로 아무런 성과 없이 대마도로 돌아오게 되었는데 古屋利涉는 그 동안의 손해에 대해 2만 8,000엔의 배상금을 조선정부에 요구하였다(박찬식, 「개항이후 (1876~1910) 일본 어업의 제주도 진출」, 『역사와 경계』, 2008, 155쪽).

야(古屋利涉)는 1887년 8월 다시 제주도로 들어가 닭과 돼지를 마음대로 약탈하고 주민을 살해하였다.[18]

이와 같이 개항기 제주도를 중심으로 일어난 도서지역 어업 분쟁은 사실상 일본정부의 방조 또는 묵인 때문이었다. 조선어장에서 잠수기 어업을 처음으로 시작했다고 알려진 요시무라 고자부로(吉村與三郞)는 야마구치현(山口縣) 출신으로 1879년경 남해안어장에서 상어 연승 어업을 하는 도중 잠수기어업을 알게 되었다. 자료에 의하면 그는 항상 흑색 양복을 입고 적색 등잔을 들고 좌우의 손에 곤장, 단총을 들고 다니며 선두에 서서 지휘를 하였다. 만약 자신의 명령에 응하지 않으면 무력을 사용하였고 해적과 같은 행동을 하였다.[19] 또한 이 이외에도 오오이타현(大分縣) 사가노세키(佐賀の關)·나카츠우라(中津浦), 야마쿠치현(山口縣) 츠루에우라(鶴江浦)·타마에우라(玉江浦) 출신의 상어잡이 어민들도 도서를 왕래하면서 조선인들을 학대하고 폭력을 행사하였다.[20] 이들은 음력 3월경 대마도 북부 해역에서부터 출발하여 7월경에는 남하하여 거제도 동남 수십 리와 전라도 남양까지 출어하였다.[21]

이 일본인 어민들은 섬과 연해를 항해하면서 조선인을 칼로 위협하고 자기 마음대로 하지 못하면 총을 발사하는 등 횡포를 자행하였다.

> 어민들은 총창, 총기를 이용하는 것이 하나가 아니고 섬에 출입할 때에는 발포하고 바다에서 조선인 어선을 만나면 대포를 발사하고 또는 땔감 등을 구입하기 위해서 상륙할 때에는 한 사람이 물통을 들고 두 사람은

---

18) 박찬식, 「개항이후(1876~1910) 일본 어업의 제주도 진출」, 『역사와 경계』, 2008.

19) 「全羅·慶尙 兩島의 南海諸島漁獵狀況報告 件」(국사편찬위원회, 『韓日漁業關係』, 2002, 25쪽).

20) 같은 책, 28쪽.

21) 關澤明清, 앞의 책, 4쪽.

칼과 총을 휴대하여 이들을 호위한다. 이들이 해안에 상륙하면 즉시 칼집
을 버리고 칼을 드러내 쓸데없이 도민을 위협하고 때로는 총을 발사하여
조선인을 쫓아낸다. 이들이 흉기를 자랑하는 것이 매우 심하다. 때로는
즉시 칼을 꺼내고 발포하여 조선인이 이것을 무서워하여 도저히 저항하지
못하기에 다행히도 지금까지 사상자 없고 만일 조금이라도 이들에게 저항
한다면 즉시 큰 일이 벌어질 것이다. 일본어민이 조선인을 학대하는 것이
마치 포로를 대하는 것처럼 일반적으로 폭언과 욕설, 오만하고 조금이라
도 자기 뜻에 맞지 않으면 즉시 철을 들고 때리고 부녀 노약자라도 관용
이 없다. 조금이라도 대항하면 발을 들고 그 얼굴을 차고 막대기로 그 등
을 때리는 등 그 폭행은 말로 할 수 없다. 그리고 소안, 추자, 삼도 등은
좁고 재임 관리는 겨우 별장, 선달정도로 원래 조약의 무엇인지도 모르고
단지 우리들이(일본인-주 김) 무례하여 두렵고 무서워 이것을 정부에 호소
하지 못한다. (생략) 이들이 육지에 와서 식료품을 구입하려고 할 때 조선
인이 이것을 거절하면 즉시 칼을 뽑아서 이들을 협박하는 한다고 말한
다.[22]

조선인들은 항상 무기를 소지하며 학대하는 일본어민에 대해 대항
할 수도 없었고 이들의 명령에 따를 수밖에 없었다. 조선정부는 무능
하였고 일본의 침략적 정책에 대응할 만큼 국제법적 법규도 알지 못하
였다. 1883년 일본정부와 범죄인 취급을 규정한 '處辯日本人民在約定
朝鮮國海岸魚採犯罪條規'가 있었으나 범죄인 처벌 규정은 형식적인
것에 불과하였다. 그 제2조를 보면 법을 범한 일본인을 조선관리가 체
포하였을 때는 치외법권인 영사재판으로 이송하되 조선국 관리가 범
죄 일본인을 체포 호송할 때 가혹하게 취급해서는 안된다는 조항이 있
었다. 조선 관리는 조선인을 살해하거나 구타하는 등 범법행위를 저지
른 일본인을 신속히 일본 영사관에 보내 일본정부의 판단에 맡길 수밖
에 없었다. 그래서 일본인들은 조선인을 만나면 이곳에는 법이 없다고

---

22) 「全羅·慶尙 兩島의 南海諸島漁獵狀況報告 件」(국사편찬위원회, 『韓日漁業關係』,
    2002, 25쪽).

하면서 물건을 뺏고 만약 주지 않으면 폭력을 휘둘렀다. 섬과 한적한 촌락에서 돼지와 닭 심지어는 들판에 있는 소까지도 훔치면서 주운 물건이라고 고집을 부렸고 부녀자에게 접근하는 등 무법자로 행동하였다.[23] 이에 대해 조선인들은 '추호도 이들(일본인-주)에게 위배하는 것이 없고 매우 불쌍하다'고 할 정도로 비참하였다.[24]

개항기 주로 일본인과 분쟁이 일어났던 곳은 잠수기선 어민들이 거주하였던 잠수기선 어장이었다. 잠수기선 어민들이 건설한 제조장은 경상도 3곳, 전라도 12곳, 강원도 12곳, 함경북도 12곳으로 총 39곳이었으나 이곳에서 크고 작은 분쟁이 일어났다. 일본인 잠수기어장 주변 조선인들은 단결하여 일본인들이 오지 못하게 하겠다는 의지를 보일 정도로 일본인에 대하여 강한 거부감을 나타냈다.

3. 러시아 어업 진출과 일본정부의 대응

1) '이익선' 조선 어장과 러시아 어업 진출

조선 어업을 경제적 이익과 예비 수군 육성이라는 측면에서 장려한 사람은 수산가 세키자와 아키키요(關澤明淸)였다. 그는 명치 초기 일본 수산업 정책의 수립과 결정에 큰 영향을 끼친 사람으로, 그는 서양의 인공 부화법, 기계 편망법등을 일본 국내에 소개하고 어업근대화를 목표로 조선어장과 일본근해에서 건착망과 미국식 포경업을 도입하여 시험하였다.[25] 그가 인식하고 있는 수산업 발전 정책은 국가 성쇠와

---

23) 『大日本水産會報』 188호, 16쪽.

24) 機密第30号(1887. 11.9) 「全羅·慶尙 兩島의 南海諸島漁獵狀況報告 件」(국사편찬위원회, 『韓日漁業關係』, 2002, 25쪽).

관계가 있으며 '조선해는 일본해의 급소에 해당되는 경비상 중요한 바다'이므로 이곳에서의 일본 어업을 발전시켜야 한다는 제국주의 정책이었다. 그는 어민들이 '조선 수로를 익히고 유사시 해군 수병으로 이용할 수 있다'는 점에서 '조선해는 일본 해군의 예비병들을 육성시키는 곳'이라고 하였다.[26]

> 조선 바다는 8도를 둘러싸서 매우 광활하다고 말할 수 있지만 이 가운데 우리 대마도와 마주보고 있는 곳(경상도-주 김)은 일본해의 목을 누르고 경비상 가장 신경을 써야하는 곳이다. 그렇기 때문에 대마도에는 이미 육해군이 이곳을 경비하고 있지만 원래 형상은 육군보다 오히려 해군에 무게를 두고 있는 곳이다. 그러나 우리 해군은 준비가 충실하다고 말 할 수 없다. 가령 충실하다고 하여도 만약 갑자기 일이 나면 이것을 보완할 수 없다. 그러나 어업자는 바다 위에 달려 질풍과 파도를 극복할 뿐 아니라 조류의 빠름과 늦음, 해저의 깊고 낮음, 암초의 유무 등 알고 있음으로 군사상 이들을 이용하는 것은 매우 편리할 뿐 만 아니라 채용하여 해병으로 삼으려고 하면 빠르게 이들을 채용할 수 있다. (중략) 그 海理을 諳熟시킴으로써 活海圖를 다수 양성하는 것은 速功하지 못하고 그리고 이것을 기다려 지상의 해도에 하려고 할 때에는 이들을 사역하는 것은 매우 편리하다. 급할 때 이들을 해병으로 채용하여 바다 안내인으로 사용할 수 있다.[27]

그는 조선 바다는 사람의 목에 해당되는 중요한 '일본해의 급소'라고 하였다. 그렇기 때문에 조선어장으로 "(일본)어선들을 끊어지지 않게

---

25) 岡本信男, 『近代漁業發達史』, 수산사, 1965, 44-45쪽 ; 여박동, 『일제의 조선어업지배와 이주어촌 형성』, 보고사, 2002, 30쪽(關澤明淸는 '수산의 성쇄는 국가의 휴척(休戚=번영과 멸망)에 관계하는 바가 있다'는 입장에서 복명서와 더불어 수산업을 지도할 부서를 설치할 것을 건의하였다. 그의 건의로 1875년 정부기관에 수산계가 설치되었다).
26) 關澤明淸 · 竹中邦香, 앞의 책, 1893 참조.
27) 같은 책, 3-4쪽.

하여 영원히 해상의 주권을 파악해야 한다. 이것은 국가 전도의 대계 획상으로 보아도 조선해 어업의 보호 장려를 소홀히 할 수 없다"고 하는 것이다.[28] 이것은 일본의 총리대신 야마가타 아리토모(山顯有朋)가 1890년 제1회 제국의회에서 시정 방침 연설을 했을 때 군사 생명선으로 '이익선'을 조선에 두고 그해 3월 관료들에게 배포한『외항정략론』에서 "일본의 이익선의 초점은 실은 조선에 있다. 우리는 시베리아 철도가 완성되는 날 곧바로 조선이 시끄러워진다는 점을 잊어서는 안 되며, 또한 조선이 시끄러워지면 즉시 동양에 일대 변동이 생긴다는 점을 잊어서는 안된다"라고 지적한 것과 일맥상통하고 있다는 점에서 일본의 수산정책은 조선해 확보에 있었다.[29] 그렇기 때문에 러시아의 조선 진출에 대항하여 조선어장으로 일본어민 장려와 어장 확보를 우선시해야한다는 견해가 수산관계자로부터 계속적으로 건의되었다.

한편, 이 당시 조선어장에 진출한 러시아 어업은 영세한 일본 어업과 달리 유사시 함선의 역할을 할 수 있는 포경선 어업으로 해양 조사도 겸하고 있었다. 러시아 어업은 고래 해체 작업을 할 수 있는 조차지까지 확보하고 있어 매우 위협적이었다.

> 원래 해상 주권이 기초하는 것은 관습상 현행어장의 유무에 의해 그 실적을 표명해야 한다는 것이 된다면 만약 러시아인으로 하여금 이것에 먼저 익히게 하고 또는 조선정부와 그 연안 포경의 특약을 맺어 드디어 관습에 된다면 일본이 다시 혼자 싸울 수도 없고 싸우기도 어렵다. 때로는 러시아인들이 발호의 영향이 드디어 우리 구주의 2개의 섬(대마도, 오도-주 김)은 물론 長門, 石見, 出雲, 隱岐등 여러 주의 포경업은 더욱이 말할 필요가 없다. 부언하면 다른 어장도 유린당함을 알 수 있어 어찌 한심하

---

28) 같은 책, 6쪽.

29) 마에다 테쓰오, 「해상 교통사상의 역사와 현재」, 『바다의 아시아』 6, 다리미디어, 2005, 170-173쪽.

지 않는가?[30]

러시아 케이젤링 백작이 설립한 러시아태평양어업주식회사(露國太平洋漁業株式會社)는 1891년 4월 러시아황태자 니코라스가 친선대사로 일본을 방문했을 때크로파트킨 장군과 함께 귀향 함상에서 조선 연해에 고래가 많은 것을 발견하고 설립되었다고 한다. 이 회사는 블라디보스토크를 사업 기지로 삼고 조선과 대마도와 북해도 연안에서 조업을 하였는데 러시아 해군성으로부터 매년 5만 루블을 받아 해양 조사를 겸하고 있었다. 그리고 1899년 한국정부와 전문 20조의 조차지 조약을 맺어 12년간 마양도, 장전, 울산을 조차지로 이용하기로 한 계약을 맺고 있었다. 이 이외에도 블라디보스토크 재류 영국인 덴비이 및 러시아인 세미노피가 공동으로 설립한 홈 링가상회가도 나가사키(長崎)에 근거지를 두면서 1898년 11월부터 포경선 어업을 시작하여 다음 해 3월까지 조선어장에서 73두의 고래를 포획하였다.[31]

> 해상권의 일부인 우리의 어업권은 정말로 우세하고 타국 업자가 즉 도모할 수 없다. 즉 매년 출어하는 자가 6,500척, 어민은 1만인이다. 그 모습은 4도 연해에 배들로 뒤덮여 거의 유감없이 그 실권을 장악하고 있다. 단지 유감인 것은 아직 포경업은 러시아인에게 미치지 못한다. (생략) 러시아인은 250만평의 일대 수산회사를 조직하여 크게 동부아시아에 있어서 어업을 경영하는 계획하고 우리의 우세는 미래 영구히 지속할 수 있는가?[32]

러시아어업 진출로 일본은 조선어장 확보 계획이 무산 위기에 처하게 되었다.[33] 더구나 조선 각지에서 일본 어업을 반대하는 의병 운동

---

30) 關澤明淸·竹中邦香, 앞의 책, 1893, 5쪽.
31) 박구병, 『韓半島沿海捕鯨史』, 민족문화, 1995.
32) 三浦覺一, 『韓海漁業視察復命書』, 大分縣廳, 1900, 60쪽.

이 활기를 띠면서 일본 어업 진출을 반대하고 일본인 어구를 불태우는 일들이 발생하였다. 예를 들면 동해의 항로 중심지죽변에서는 1896년 잠수기어민들이, 1896년 강원도 죽변에서는 잠수기어민 15명이 의병들에게 포승줄에 묶여 암매장되었다. 일본 해군 군의관 미야카와 효이찌(宮川兵市)가 조사한 사체 검시 조사서를 보면 대부분의 어민들은 둔기를 맞은 것처럼 머리가 깨져있고 일부 어민들은 칼이나 창과 같은 무기로 상체 부위가 손상되어 있었다. 미야카와 효이찌에 의하면 이들은 잠을 자고 있거나 쉬고 있는 도중 기습적인 공격을 받아 살해당하였다고 하였다. 조선인들은 일본인어민들이 쉬거나 자고 있는 사이에 살해한 후 의류, 흉기를 소각하고 땅에 묻는 치밀함을 보였다.[34] 반발이 커지면서 "우리(일본-주 김)어선들은 그 지방에 갈 수 없고 이렇게 된다면 확장하는 것이 아니라 새로이 얻은 어장까지도 포기해야 한다"고 우려할 정도로 일본어업은 조선인들의 반대에 직면하고 있었다.

2) '원양어업장려법'과 일본인어업조합 설립 논의

1897년 일본은 러시아 어업 세력에 대항하여 1897년 '원양어업장려법'을 공포하였다.[35] 이 법은 1897년 3월 16일 중의원 본회의에서 에노모토 타케오(榎本武揚) 농상무대신이 제출한 것으로 이 제안서를 보면 "일본은 원양어업이 유치하여 지금 외국포경선이 일본 근해에 와서 해달, 물개, 고래를 잡고 있다. 우리어선은 형편없고 어업자도 원양어업에 미숙한 상태이다. 프랑스와 캐나다와 같은 나라는 자본이 많고 항

---

33) 葛生修亮, 『韓海通漁指針』, 黑龍會出版社, 1903, 1쪽.
34) 朝鮮協會, 「竹邊洞日本人15名虐殺事件」, 『朝鮮協會會報』 7호, 1903(동양학연구소, 『개화기일본민간인의 조선조사보고자료집』 3, 33-44쪽).
35) 牧朴眞, 『遠洋漁業獎勵事業報告』, 農商務省水産局, 1903, 1쪽.

해술이 발달한 것은 이전부터 원양어업에 장려금을 주어 그 성과를 보았기 때문이다"라고 하여 국가가 원양어업에 장려금을 지급할 것을 주장하였다. 이러한 제안에 따라 시급히 공포된 법률 45호 '원양어업장려법'은 원양어업에 종사하는 자에 대하여 일정의 조건하에 선박과 종업원의 수에 따라 장려금이 지급되었다. 이 법에 따라 1899년 조선 어장을 어업 구역으로 하는 자본금 10만원의 일본 '원양어업주식회사'가 설립되었다. 이 회사 사장은 후쿠자와 유키치(福澤諭吉)의 문하생인 오카 쥬로(岡十郎)로 그는 뜻이 있는 유지자들의 자본금을 모아 조선 어장에서 근대식 노르웨이 포경업을 시작하였다.36)

한편, 러시아의 조선 진출은 부동항 확보가 우선이었다. 1898년 러시아는 여순, 대련조차에 성공하였지만 여순은 협소하고 일부는 동결되는 등 부동항으로써 불완전하였다. 따라서 여순을 대신하여 러시아는 조선에서의 부동항 항만 획득을 목표로 하고 있었다. 1895년부터는 함경도 북동쪽 항만과 거제도, 1897년에는 평양부근을 각각 후보지로써 고려하였고 1896년에는 월미도를 저탄지로 조차하였다.

이 시기 주한 러시아 대사로 부임한 파브로프는 고종을 알현한 자리에서 일본은 西·로젠 협정에서 승인된 상공업을 핑계로 군인을 각지에 보내고 연안에 군사시설을 두어 조선의 독립을 위협하고 있다고 경고하였다. 그리고 조선정부로부터 함경·강원·경상 3도에서의 포경근거지 및 포경 어업권을 허락받았고 마산포에 석탄 장소, 해군 병원 설치 허가를 얻으려하였다. 그렇게 함으로써 마산포에 그들의 군항을 만들어 여순·블라디보스톡의 해상간 연락을 안전하게 확보하고 일본 세력을 한국으로부터 배제하려는 계획을 세운 것이었다.37) 이러한 의

---

36) 新川傳助, 『日本漁業における資本主義の發達』, 東洋經濟新報社, 1958, 65-66쪽.
37) 김용구, 「마산포 자복동·월영동 및 율구미의 토지사건」, 『한국법사학회 법사학연구』, 1981.

도하에 1899년 4월 파브로프는 마산포 자복동에서 해안 약 30만평에 달하는 광대한 토지 주위에 '동양기선주식회사(東洋汽船株式會社)'라고 표기한 표본 500본과 석표 500본을 세웠다. 이렇게 러시아의 마산 해군 조차지는 표면화되었고 일본을 크게 놀라게 하였다.

다급히 일본은 부산영사에게 러시아가 토지를 구입하지 못하도록 지령을 내리고 농상무성 수산국장 마키 보쿠신(牧朴眞)을 파견하였다. 하야시곤스케(林權助) 공사는 육·해군 관리 및 아오키(靑木) 외상과 만나 거제도를 25년간 25만원, 그 명의를 일본인 어업 조합 명의로 조차할 것을 논의하였다.[38] 일본은 결국 러시아와의 치열한 토지 매수 쟁탈전에서 러시아의 야욕을 저지하기 위해 조선어장에 일본인어업조합 설립을 표방하고 어업근거지 설치를 조선정부와 논의하였다. 일본 육군 상륙지 마산이 러시아에게 조차되려고 하자 그 대신 거제도를 일본어민의 어업근거지 설치 명목으로 확보할 것을 논의하였다.

4. 조선어업 장려책과 어업근거지 설치

1) 일본어민 조직화 과정

1899년 마산포 사건 이후 러시아와 치열한 토지 매입 경쟁이 시작되면서 일본은 조선어장을 명확히 일본 국가 관리 하에 두기로 결정하였다. 1899년 6월 파견된 농상무성 수산국장 마키 보쿠신(牧朴眞)은 일본인 어업조합 설립을 목적으로 약 1개월간 부산, 마산, 원산, 목포를 조사하였다.[39]

---

38) 森山茂德, 『近代日韓關係研究』, 東京大學出版會, 1987, 62-80쪽 참조.
39) 朝鮮海通漁組合聯合會本部, 『明治33年自6月至10月業務報告』, 1900, 1쪽.

> (조선어업)협회의 업무 한발 진전하면 정말로 목적이 원대하여 도저히
> 유지자의 자력으로 넘어갈 수 없다. 그러므로 원래 이 사업이 당연 국가
> 에 의해 집행해야 할 성질을 가지고 有志에게 맡길 수 없음으로 반드시
> 국고의 보조를 받아 성과를 기약할 수 있어야 한다.[40]

그는 조선어장 관리는 어떠한 단체나 협회에 맡길 수 없으며 명확히
국가가 관리해야 한다고 선언하였다. 조선에 국가 권력을 가진 법적
구속력을 가진 단체를 조직하여 조선인에 대하여 경찰력으로 구속하
고 일본어민들을 보호하는 국가적 단체를 결성할 것을 명시하였다. 마
키 수산국장은 1899년 7월 23일 후쿠오카(福岡)에서 열린 회의에서 조
선어장에 건설되는 일본인 어업조합의 활동은 다음과 같은 방향에서
진행될 것임을 명시하였다.

> 나는 (牧朴眞-주) 조선에서 귀국 후 서둘러 관리와 보호의 길을 연구하
> 고 여기에 한국통어조합인 것을 전국 각 부현에 설치하여 각 조합으로부
> 터 파견된 어부가 경우에 맞지 않는 일을 한다면 일절 한국 어업을 금지
> 하고 한국에는 부산에 본부를 두고 마산, 원산, 군산 등 각 지부를 설치하
> 여 우리어민에 대하여 경찰적 업무를 하는 동시에 한편으로는 충분한 보
> 호를 준다. 종래 귀찮은 한국 지방관에 대하여 어업감찰의 출원, 그 밖에
> 어선 어구의 보관을 하고 있다. 원래 이러한 관리는 한국정부의 경찰관의
> 임무에 속하지만 동국(조선-주)경찰에게 의지할 수 없음은 지금 더욱 말할
> 필요가 없다. 우리 영사관도 이것을 관리할 경찰관을 가지지 않아 변칙이
> 지만 우리 농상무성에서 이 방법을 강구한다.[41]

여기서 그는 1889년 조일통어조약의 '통어'는 '일본인이 조선해를 일
본해라고 간주하고 조선인이 일본에 와서 어업을 하더라도 일본해를

---

40) 앞의 책.
41) 『大日本水産會報』 215號(1900년 5월), 38쪽.

일본해라고 생각하지 않는 어업을 통어(通漁)'라고 규정하여 '통어'는 조선해와 일본해가 하나가 되는 것이라고 하였다.[42]

이 회의가 끝난 후 일본정부는 각 현에 수제 758호 '조선연해통어조합설치심득'을 포고하고 1900년 1월~10월 사이 조선어업과 관련된 1府 14縣에 조선해통어조합을 설치하였다.[43] 수제262호 조선해통어조합연합회(朝鮮海通漁組合聯合會)의 설립 규약을 살펴보면 제1조에서는 조선해 어업 보호 관리비로써 1900년(명치 33년)부터 1만 엔을 교부 함, 제2조 업무 시행 계획과 경비 예산안은 농상무상 양 대신에게 허가를 받을 것, 제6조 본부는 부산에 두고 지부는 원산, 마산, 목포, 군산에 설치해야 한다. 단지 장래 본부 또는 지부의 위치를 변경할 때, 또는 지부 증감의 필요가 있을 때에는 장소 및 사유를 적어 외무·농상무양 대신의 인가를 받을 것, 제7조 업무 시행은 제국 영사 감독을 받을 것, 제9조 외무·농상무성대신이 필요할 때에는 본 명령서를 바꿀 수 있음 등 '조선해통어조합연합회'의 활동을 국가 관리하에 두고 영사의 지휘를 받음으로써 직접적으로 통제하겠다고 선언한 것이다.

조선해통어조합연합회(약칭 '연합회')는 1900년 6월 1일 외무·농상무대신에게 한국내의 어장을 확장할 것, 조선어장에 출어하는 어민에게 여권 신청을 생략할 것 등을 요구하였다. 이에 따라 1900년 10월 3일 수제713호가 각 현에 하달되어 여권 휴대 조항이 없어졌다. 동년 10월 회의에서는 어장을 순회하는 순라선(巡邏船)시찰원 규정, 순라선 건조건, 우편물 보관상자 증설 건, 어기 중 군함 순항 건, 제1회 관서구주부현연합회공진회에 조선 수산물을 출품하는 것이 논의되었다. 이 가운데 외무, 농상무대신에게 군함 파견 요청은 다음과 같은 이유였다.

---

42) 『大日本水産會報』 209號.
43) 朝鮮海通漁組合聯合會本部, 앞의 책, 1900, 2-7쪽.

한국인은 통어조약에 대하여 한마디도 우리를 피할 이유 있지 않으면서 일을 모호하게 하면서 또는 무모하게 폭력으로 통어를 방해하는 행위는 매번 빈번하다. 장래를 걱정하지 않을 수 없어 그 선후책으로 은혜정략에 의하지 않고 크게 시위적 행동 필요를 느낀다. 군함 순항을 요하는 어장 ① 군산앞 개야도 부근 ② 목포 앞 옥도부근 ③ 전라도 추자도 부근 ④ 전라도 제주도거문도 및 흑산도 부근 ⑤ 경상도 거제도 부근 ⑥ 경상도 울산 부근 ⑦ 강원도일대 및 이북 원산까지의 연해 ⑧ 원산이북 두만강까지의 연해 ⑨ 부산으로부터 이북 두만강까지의 연해.

'연합회'는 군함이 정기적으로 순행할 어장은 조선 전 어장이었다. 이 가운데 군산앞 개야도 부근는 일본어선 700척이 조업을 하고 있고 조기, 갈치어업을 하는 조선인, 청국어민 800척이 조업을 하는 어업 밀집 지역으로 어업 분쟁이 예상되는 곳이었다. 따라서 '연합회'의 순라선 운행은 경찰 활동을 강화하고 조선어장 정찰에 있었다. 순라선의 크기는 약 3평 정도로 4~5명이 탑승하여 운행하였다. 순라선에 연합회 서기, 의사, 통역인, 영사관 소속 경찰관이 승선하여 조선 전 어장을 순회하면서 어민들의 보호와 어업 활동을 지원하였기 때문에 어민들이 안심하고 조선인과의 불만을 해결해 줄 것을 요구하기도 하였다.

'연합회'는 일본인어민이 분쟁에 휘말리면 경찰차가 달려가듯이 신속히 현지로 출동하였다. 조선인에게 일본과 조선과의 어업조약을 알려 조약상의 위반을 인지케 하고 '지금부터 우리(일본) 어민들에게 조선인이 함부로 대하는 것과 같은 것은 절대로 없다'라고 할 정도로 힘과 권력을 과시하였다.[44] 조선인은 '연합회' 활동에 대해서 강한 두려움과 반감을 가지고 있으면서도 그 권력에 반항할 수 가 없었다. 만약 '연합회'로부터 너무나 부당한 처분을 받아도 그것을 해결해 줄 곳이 없었고, 만약 조선인관리에게 의뢰하면 그 관리는 처리 비용과 뇌물을

---

44) 在韓國釜山朝鮮海通漁組合聯合會本部, 앞의 책 3호, 1903, 65쪽.

요구하였다. 결국 국가 권력 부재 상황에서 조선인은 될 수 있으면 일본인과 거리를 두는 소극적인 행동과 강한 반발을 자기의 잘못으로 돌렸다. 만약, 일본인어민과 분쟁이 일어났을 경우 '연합회'의 보복은 참혹하였다.

2) 어업근거지 설립과 어민 이주

러일전쟁이 발발하자 일본은 농상무성 수산 기사를 파견하여 어업근거지 설립을 계획하였다. 농상무성소속 수산기사는 조선어장에서 영원한 이익을 도모하기 위해서는 이주를 장려해야한다는 이주어촌 건설을 명시하였다. 3개월간 조선어장을 조사한 후 그는 농상무성 수 '현재 일본어민은 단지 어업계절에 이익이 있는 곳을 쫓아 이전할 뿐 영원한 이익을 추구하지 않는다'고 그 어업 현황을 설명하고 이주어촌 건설을 다음과 같은 방법에 따라 건설할 것을 건의하였다.

1. 이주민을 장려하여 한국 각지에 일본인의 취락을 형성할 것.
2. 한국연안에 일본어촌을 조직하여 어민으로 하여금 점차 한국 풍습에 적응시키는 동시에 한국인을 우리나라 풍습에 동화시키는 것을 힘쓴다.
3. 위의 목적을 달성하기 위하여 다음과 같은 방법을 취할 것.
   (1) 어업근거지를 정부가 설치할 것.
   (2) 감독자를 두어 각지로부터 이주해오는 어민을 통일 정리하여 질서 있는 어촌을 형성할 것.
   (3) 근거지는 어업을 위한 개항장이라고 간과하여 일본 어선의 출입을 자유롭게 할 것.
   (4) 한국 이주를 원하는 지방을 통솔하여 이들의 단결을 도모할 것.
   (5) 위와 같은 목적을 달성하기 위하여 중앙정부 및 지방청은 상당한 비용을 지출할 것.
4. 정부는 재정 형편에 의해 거액의 경비를 지출할 수 없겠지만 다음과

같은 시설을 만들 필요가 있음
(1) 적당한 선박을 이용하여 전문 기술자를 승선시켜 조류, 해질 등
   어장 상황 및 수족의 종류, 분포 등을 조사하여 이것을 공시하여
   일반 방침으로 정할 것.
(2) 통어자 및 이주민의 조합을 연결할 것.
(3) 이주지에 있어서 통제 감독 및 업무 지도를 할 것.[45]

그리고 수산기사는 다음과 같은 61개 지역을 어업근거지로 지정하
였다.

용암포 · 반성열도 · 대리도 · 초도 · 어청도 · 백령도 · 연평도 · 안흥진 ·
가도열도 · 경음군도 · 연도 · 위도 · 법성포 · 달리도 · 안마포 · 진도 · 흑산
도 · 추자도 · 제주도(성산포 · 가파도 · 서귀포 · 비양도 · 서귀포 · 조천) ·
청산도 · 손죽열도 · 시산도 · 소량도 · 생일도 · 적조도 · 공산도 · 남해도 ·
비양도 · 욕지도 · 거제도(죽림포 · 저구미 · 다태포 · 구조라) · 울산 · 감
포 · 연포 · 구룡포 · 영일만(대동배 · 해남정곡 · 평호포) · 축산 · 죽변 · 장
호리 · 한진 · 주문진 · 아야진 · 거진 · 장전 · 치궁 · 서호진 · 신포 · 서호 ·
성진 · 어태진 · 용재 · 유진 · 웅기[46]

위의 지역은 판매시장과 멀리 떨어진 섬이거나 생활필수품을 공급
받을 수 없는 외딴 섬 으로 실질적으로 거주할 수 없는 곳이었다. 그러
나 농상무성 수산기사가 이곳을 추천한 것은 이곳이 전략상 중요 지점
이고 러일전쟁기 병참 기지로 이용될 수 있었기 때문이었다. 이와 같
이 이주어촌 건설을 핑계로 각 섬과 연안에 군사기지로 어촌 건설 후
보지를 설정된 것은 이 시기 이주어촌 건설에 중요한 목적은 국방상
중요지역 확보에 있었다.

---

45) 下啓助 · 山脇宗次, 『韓國水産業調査報告』, 1905, 2쪽
46) 『朝鮮海水産組合月報』 15호(1910년 3월), 15쪽.

한편, 1903년부터 어업근거지설치를 주관해온 '연합회'의 후신 조선해수산조합은 러일 전쟁이 발발하자 해군 방비대가 있는 거제도 송진포와 가까운 장승포에 어업근거지를 설치하였다. 주택용지 1900평, 망건조장 240평, 밭 36,000평을 매수하여 해안에는 220m의 방파제를 제조하였다. 이곳에서 농상무성 수산성이 지정한 통조림공장 마루이치구미(丸一組)의 통조림 공장이 설립되었다. 마루이치구미(丸一組)는 통조림 제조인 63명을 고용하여 원료신선, 품질 우량, 가격 균일을 내걸고 군용 통조림을 제조하였다. 또한 러시아 조차지 율구미에서는 일본 지바현수산조합(千葉縣水産組合)이 군용 식량 공급을 목적으로 '군용어부'를 명칭으로 이주어촌을 건설하였다. 조선 어업 경험이 없는 지바현수산조합(千葉縣水産組合)은 마산 주둔 일본 육군과 해군기지가 있는 송진포에 어획물을 공급한다는 명목으로 이주어촌을 건설하였다. 이를 계기로 조선어장에는 일본의 각 부 현이 운영하는 이주어촌이 건설되어 한일합방기에는 100여 개의 일본인어촌이 설립되게 되었다.

5. 맺음말

근대 일본어민의 조선어장 진출과 어업 활동은 제주도에서 일어난 일본 잠수기선어민의 분쟁사건에서 알 수 있듯이 일본정부가 어민들의 폭력과 약탈 행위를 묵인하고 방조하였다. 일본은 1883년 조선과 맺은 통어조약의 원칙을 내세워 제주도민의 반대에 대하여 일본어업을 방해하지 못하도록 항의하고 폭력을 자행한 어민에게는 격려금까지 주면서 이들의 약탈과 살인을 묵인하였다. 또한 조선인을 살상하거나 폭력을 일으킨 어민은 치외법권으로 영사관 재판을 받았으나 모두 풀려나 무죄 선고를 받았다. 그러므로 일본 어민들은 조선어장에서 자신들의 어업을 반대하는 조선인들을 폭력과 무력으로 제압하는 것은 당연한 것으로 인식하며 무법자로 행동하였다.

이러한 측면에서 일본어민은 일본 제국주의의 선봉이 되었고 일본 권력을 배경으로 조선어장을 빠르게 잠식하였다. 이들의 어업 과정을 살펴보면 다음과 같은 특징이 있었다.

첫째, 개항기 일본인들의 주요 활동지역은 제주도, 울릉도와 같은 도서지역이었다. 이곳은 일본인 진출과 동시에 어장이 남획되어 붕괴되기 시작하였다. 또한 교통이 불편한 연안의 벽지나 도서지역으로 일본인들이 집중하면서 일본어민들은 이곳에 일본식 가옥을 짓고 밀무역을 하였다. 이곳 일본인들은 조선인들을 학대하였는데, 기록에 의하면 조선인들은 노예와 같은 처지였다고 한다.

둘째, 그러나 청일전쟁 이후 반일감정이 더욱 악화됨으로써 무력적으로 일본인과 대항하려는 세력이 나타났다. 일본인 주요 어업인 남해안 멸치잡이 어장과 잠수기선 어장에서는 일본인 제조장 철거를 요구하거나 상륙을 거부하는 조선인들이 늘어났다. 이곳의 일본어업은 4인승 이하의 영세어업이었고 특정 어장에서 한 가지 어종을 목적으로 하는 영세성어업이었으나 러시아 어업은 자국 정부로부터 보조금을 받는 대자본의 포경선 어업이었고 조선정부로부터는 어업조차지를 허가받고 있었다.

셋째, 이러한 러시아 세력에 대항하여 일본은 조선해 확보를 위해 국가적 보호 활동을 전개하였다. 1899년 러시아가 마산을 조차하려하자 일본 각지에서 출어한 어민을 통합한 일본인어업조합(朝鮮海通漁組合聯合會)을 설립하였다. 이 어업 조합은 일본어업조합명의로 각지의 토지를 매수하고 정찰과 경찰 활동을 강화하면서 일본인어업을 반대하는 조선인들을 굴복시켰다. 당시 농상무성 수산국장 마키 보쿠신

(牧朴眞)은 1899년 체결된 조·일통어장정(朝·日通漁章程) 조약은 '일본인이 조선해를 일본해라고 간주하고 조선인이 일본에 와서 어업을 하더라도 일본해를 일본해라고 생각하지 않도록 하는 점이 통어(通漁) 조약의 기본 개념'이라고 언급하며 조선해가 일본해와 하나가 되는 것이 통어조약의 기본 개념이라고 강조하였다. 그리고 1902년 러시아와의 대립이 격화되자 어업근거지 건설 계획을 추진하였다. 이러한 일본인 어업근거지 건설 계획으로 일본은 조선정부와 여러 가지 법적 조항을 마련하였다.

이와 같이 근대 조선어장에서는 조선해를 둘러싸고 일본과 러시아 간의 대립이 발생하였고 이 과정에서 조선 식민지어업이 확립되었다. 그리고 러일전쟁기 군사기지로 이용하려고 했던 일본인어업근거지는 전쟁이 끝난 후 일본인 이주어촌으로 발전하게 되었다. 러일전쟁기 조선연안과 도서 지역에 군사기지가 건설되는 상황에서 일본은 강치 어민 나카이요사부로(中井養三郎)를 내세워 독도를 일본 영토로 편입하였다. 나카이에게 독도가 무소속이라고 알려준 일본 농상무성 수산국장 마키복신(牧朴眞)의 '통어(通漁)'인식은 독도 침략의 윤곽이었으며 일본의 침략적 어업 정책을 보여주는 단적인 증거이다.

[참고문헌]

葛生修亮, 『韓海通漁指針』, 黑龍會出版, 1903.

강만생, 「한말 일본의 제주어업 침탈과 도민의 대응」, 『제주도연구』 3집, 1986.

岡本信男, 『近代漁業發達史』, 일본수산사, 1965.

강영심, 「구한말 러시아의 삼림이권 획득과 삼림회사의 벌채 실태」, 『이화사학연구』 17·18합집

關澤明淸·竹中邦香, 『朝鮮通漁事情』, 東京團々社書店, 1893.

국사편찬위원회, 『韓日漁業關係』, 2002.

김수희, 『근대 일본어민의 한국 진출과 어업경영』, 경인출판사, 2010.

김용구, 「마산포 자복동·월영동 및 율구미의 토지사건」, 『한국법사학회 법사학연구』, 1981.

『大日本水産會報』 117호, 1892년 1월.

마에다 테쓰오, 「해상 교통사상의 역사와 현재」, 『바다의 아시아』 6, 다리미디어, 2005.

牧朴眞, 『遠洋漁業獎勵事業報告』, 農商務省水産局, 1903.

박구병, 「한·일근대어업관계연구-1876~1910년」, 『부산수산대학연구보고』 7권-1호, 1967.

박찬식, 「개항이후(1876~1910) 일본 어업의 제주도 진출」, 『역사와 경계』, 2008.

森山茂德, 『近代日韓關係研究』, 東京大學出版會, 1987.

三浦覺一, 『韓海漁業視察復命書』, 大分縣廳, 1900.

『續陰晴史』, 光武 3년 8월 29일.

新川傳助, 『日本漁業における資本主義の發達』, 東洋經濟新報社, 1958.

魚島村, 『魚島村誌資料集, 1993.

여박동, 『일제의 조선어업지배와 이주어촌 형성』, 보고사, 2002.

外務省通商局 第2課, 『關澤明淸報告書』, 1894.

이원순, 「한말 제주도 통어문제 일」, 『역사교육』 10, 1967.

이항준, 「영일동맹과 제정러시아의 극동정책」, 『사림』, 2008.

『朝鮮海水産組合月報』15호, 1910년 3월.
朝鮮海通漁組合聯合會本部, 『明治33年自6月至10月業務報告』, 1900.
朝鮮海通漁組合聯合會本部, 『朝鮮海通漁組合聯合會報』 第4號, 1903.
朝鮮協會, 「竹邊洞日本人15名虐殺事件」, 『朝鮮協會會報』 7호, 1903.
최태호, 「어권수호운동『봉산고승제박사고희기념논문집』」, 서울대학출판부, 1988.
下啓助 · 山脇宗次, 『韓國水産業調査報告』, 1905.
한우근, 「개항후 일본어민의 침투」, 『동양학』 1, 1971.

동해 해전과 독도의 전략적 가치
러일전쟁과 일본의 독도 강탈을 중심으로 한 고찰

김 화 경

1. 머리말

1905년 5월 27~28일 양일간에 일본의 연합함대[1]가 러시아의 제2태평양 함대, 곧 발틱 함대와 마지막 해전을 벌였던 곳은 일본의 오키노시마 북방으로부터 한국의 울릉도에 이르는 해역이었다. 이 동해 해역에서 양국의 해군은 9회에 걸쳐 해전을 전개하였고, 일본의 연합 함대는 여기에서 거의 완벽한 승리를 거두었다. 이렇게 격전이 벌어졌던 이 해역에 자리 잡고 있는 섬이 바로 독도이다. 이와 같은 사실은 이 섬이 러일전쟁의 동해해전에 있어서 그만큼 중요한 전략적 가치를 지니고 있었음을 드러내는 중요한 증거가 아닐 수 없다.

그럼에도 불구하고 일본 측은 독도의 강탈을 전략적 가치 때문이 아니라, 나카이 요사부로(中井養三郎)라는 자의 단순한 영토 편입 요청에 의한 것이었고, 이 요청을 받아들여 독도를 자기네 땅으로 편입한

---

1) 러일전쟁에서 발틱 함대와 해전을 하기 위해서 일본 해군 연합함대가 주둔하고 있었던 곳은 일본의 본토가 아니라 한국의 진해(鎭海)였다는 것도 그만큼 이 지역의 전략적 가치가 높았다는 것을 말해준다고 볼 수 있다.

것은 국제법적으로 정당했다는 것을 강조하고 있다. 이러한 주장의 타당성 여부를 검증하기 위해서는 우선 그들의 독도 강탈에 근거가 된, 1905년 1월 28일에 이루어진 일본 내각의 결정문부터 살펴볼 필요가 있다.

> 별지 내무대신이 논의하기를 청한 무인도 소속에 관한 건을 심사함에 오른쪽에 적은 것[2]은 ㉠ 북위 37도 9분 30초, 동경 131도 55분, 오키도(隱岐島)에서 떨어져 서북으로 85해리에 있는 무인도는 다른 나라에서 이를 점령했다고 인정할 만한 형적이 없고, ㉡ 재지난(메이지) 36년(1903년) 우리나라 사람 나카이 요사부로라는 자가 고기를 잡기 위해 집을 짓고 고기 잡는 기구를 갖추어, 강치 잡이에 착수하여, 이번에 영토 편입 및 대여원을 출원하였는바, 차제에 소속과 섬 이름을 확정할 필요가 있어, 이 섬에 죽도란 이름을 붙이고 지금부터 시마네현 소속 오키도사(隱岐島司)의 소속으로 하려고 한다고 함으로 이에 심사를 하였더니, 메이지 36년 이래 나카이 요사부로란 자가 당해 섬에 이주하여 어업에 종사한 일은 관계 서류에 의하여 명백한 바이므로 국제법상 점령의 사실이 있는 것으로 인정하여, 이를 우리나라 소속으로 하고 시마네현 소속 오키도사의 소관으로 해도 지장이 없을 것으로 생각한다. 그래서 청한 것과 같이 각의에서 결정함이 옳다고 인정한다.[3]

이것은 당시 내무대신이었던 요시카와 아키마사(芳川顯正)의 「무인도 소속에 관한 건」이라는 요청을 받아들여 결정된 것이었다. 이 결정문의 밑줄을 그은 ㉡에서 보는 것처럼, 일본 측에서는 자기들의 독도 강탈이 "재 지난 36년 우리나라 사람 나카이 요사부로라는 자가 고기를 잡기 위해 집을 짓고 고기 잡는 기구를 갖추어 강치 잡이에 착수하여, 이번에 영토 편입 및 대여원을 출원했기" 때문이라는 것이었다.

---

2) 세로로 된 문장이므로 이렇게 표현된 것으로, 무인도를 가리킨다.

3) 송병기 편, 『독도영유권자료선』, 한림대출판부, 2004, 195-196쪽.

그러나 정말로 일본의 독도 강탈이 나카이 요사부로란 자의 요청에 의해 이루어진 것이었는가? 그리고 ㉠에서와 같이 "북위 37도 9분 30초, 동경 131도 55분, 오키도에서 떨어져 서북으로 85해리에 있는 무인도는 다른 나라에서 이를 점령했다고 인정할 만한 형적이 없는 것"이었을까? 이들 문제는 일본의 독도 강탈이 불법적으로 이루어진 것이었으며, 또 그런 처사가 허구에 바탕을 두고 있음을 나타내는 것이기 때문에 엄밀한 검증이 요청되고 있다.

그 때문에 필자는 이미 후자에 대하여 「일본의 독도 강탈 정당화론에 대한 비판-쯔카모도 다카시(塚本孝)의 오쿠하라 헤키운(奧原碧雲) 자료 해석을 중심으로」[4]라는 논고를 통해서 그 부당성을 지적한 바 있다. 하지만 전자의 강탈 이유가 지니는 타당성 여부에 대해서는 아직까지 면밀하게 검토가 이루어지지 않고 있다. 단지 최문형(崔文衡)의 「노일(露日)전쟁과 일본의 독도 점취」[5]라는 논문이 발표되어, 일본 측이 러일전쟁의 과정에서 그 전략적 가치로 인해 독도를 강제로 탈취했다는 것을 해명한 바 있을 따름이다. 그리고 그 후의 연구는 이 논문의 수준에서 거의 벗어나지 못하고 있다.[6]

이러한 현실은 한국 학자들의 독도 연구가 지니고 있는 한계를 그대로 드러내는 것이라고 보아도 좋지 않을까 한다. 환언하면 새로운 자료들의 발굴을 통해서 일본 측 주장의 문제점을 찾아내려고 하기보다는 이미 알려진 자료에 매달려 기존의 연구를 부연하는 수준에 머물고 있다는 것이다. 그러니 일본 측이 한국 학자들의 주장을 무시하면서, 자기들의 말도 되지 않는 논리를 늘어놓고 있는 것은 아닐까? 한국에

---

4) 김화경, 「일본의 독도 강탈 정당화론에 대한 비판-쯔카모도 다카시의 오쿠하라 헤키운 자료 해석을 중심으로」, 『인문연구(57)』 57, 영남대 인문과학연구소, 2009, 317-360쪽.
5) 최문형, 「노일전쟁과 일본의 독도 점취」, 『역사학보』 188, 역사학회, 2005, 249-267쪽.
6) 김병렬 · 나이토 세이츄, 『한일 전문가가 본 독도』, 다다미디어, 2006, 65-66쪽.

서 이루어진 독도 강탈에 대한 이제까지의 연구는 이 수준을 넘어서지 못하고 있다는 데 문제의 심각성이 존재한다고 하겠다.

그래서 본고에서는 최문형의 주장을 한층 더 진전시켜, 일본의 독도 강탈이 나카이 요사부로란 자의 영토 편입 요청에 의해서가 아니라, 동해 해전을 수행하기 위한 전략적 가치 때문에 이루어졌다는 사실을 구명하고자 한다.

2. 당국의 사주에 의한 나카이 요사부로의 영토 편입원

우선 일본정부가 나카이 요사부로의 영토 편입 요청 때문에 독도를 자기네 땅으로 편입했다고 하는 주장의 허구성을 증명하기 위해서는 독도의 강탈에 당국이 어떤 형태로 개입했는가 하는 문제부터 살펴보지 않을 수 없다. 그래서 그가 1910년 오키도청에 제출한 자신의 「이력서」와 그것에 딸린 「사업 경영 개요」에 기록되어 있는 그 간의 경위부터 검토하기로 한다.

> (1) 본 섬이 울릉도에 부속하여 한국의 영토라는 생각을 가지고, 장차 통감부(統監府)에 가서 할 바가 있지 않을까 하여 상경해서 여러 가지를 획책하던 중에, 당시에 수산국장인 마키 나오마사(牧朴眞)의 주의로 말미암아 반드시 한국 령에 속하지 않는다는 의심이 생겨서, 그 조정을 위해 가지가지로 분주히 한 끝에, 당시에 수로부장인 기모쯔키(肝付) 장군의 단정에 의거해서 본도가 완전히 무소속인 것을 확인하게 되었다.
> (2) (그에) 따라 경영상 필요한 이유를 자세히 진술하여 본도를 우리나라 영토에 편입하고 또 대여해 줄 것을 내무·외무·농상무의 3대신에게 출원하는 원서를 내무성에 제출하였다.
> (3) 그랬더니 내무 당국자는 이 시국에 즈음하여 한국 령의 의심이 있

는 작은 일개 불모의 암초를 손에 넣어 환시의 제 외국에게 우리나
라가 한국 병탄(倂呑)의 야심이 있다는 것의 의심을 크게 하는 것은
이익이 지극히 작은 데 반하여 사태가 결코 용이하지 않다고 하여,
어떻게 사정을 말하고 변명을 해도 출원은 각하되려고 하였다.

(4) 이리하여 좌절하지 않을 수 없어, 곧 외무성에 달려가 당시에 정무
국장인 야마자 엔지로(山座圓次郎)에게 가서 논하여 진술한 바 있
었다. 씨는 시국이야말로 그 영토 편입을 급하게 요청한다고 하면
서, 망루를 세우고 무선 혹은 해저전신을 설치하면 적함 감시 상 대
단히 그 형편이 좋아지지 않겠느냐, 특히 외교상으로 내무성과 같
은 고려를 요하지는 않는다. 모름지기 급히 원서를 본 성에 회부해
야 한다고 의기 헌앙하였다. 이와 같이 하여 본도는 우리나라의 영
토로 편입되었다.7)

이것은 나카이 자신이 직접 작성한 것이다. 그러므로 그가 잘못 알
고 있는 것, 곧 독도 강탈 이후에 설치된 '통감부'8)를 여기에서 언급하
고 있는 것을 제외하면, 전부가 사실에 충실한 기록이었다고 보아도
좋을 것이다.

이러한 「사업 경영 개요」의 단락 (1)에서 보는 것처럼, 나카이는 처
음에 독도를 울릉도에 부속하는 한국의 영토로 생각하고 있었다. 그의
이런 인식에 대해서는 필자가 이미 자세하게 검토한 바 있다.9) 이에
따르면, 독도가 한국 땅이란 인식은 당시 일본 사람들의 일반적인 인
식이었을 수도 있었다.10) 그것이 아니라면 나카이 자신이 러시아의 블

---

7) 신용하 편저, 『독도영유권자료의 탐구』 2, 독도연구보전협회, 1999, 262-263쪽

8) 한국에 통감부가 설치된 것은 1905년 11월 17일에 체결된 '제2차 한일보호조약'에
   의한 것이었으므로, 여기에서 통감부라고 한 것은 잘못된 표현이다. 金膺龍, 『外
   交文書で語る日韓合倂』, 合同出版, 1996, 198-199쪽.

9) 김화경, 앞의 논문, 2009, 325-326쪽.

10) 1869년 사타 하쿠보(佐田白茅) 등에게 일본 외무성이 「외무성으로부터 태정관(太
    政官) 변관(辨官)에의 질의서」에 "죽도(竹島: 울릉도)와 송도(松島: 독도)가 조선의
    부속이 된 시말"을 조사하라는 지시를 했었고, 또 1877년 태정관에서 시마내현의

라디보스토크 지방에 진출하여 잠수기 어업을 시도하다가 좌절한 다음, 1892년 잠수기를 가지고 전라도와 충청도의 연안지방을 돌아다닌 적이 있어,[11] 독도가 한국의 영토란 사실을 확인했을 수도 있었다고 보았다.

그런데도 한국의 땅이 아니라고 사주한 인물이 바로 마키 나오마사와 기모쯔키 가네유키(肝付兼行)였다. 전자는 이 섬이 한국 땅이 아닐 수도 있다는 의문을 제기하였고, 후자는 이에 대한 확신을 가지게 했던 것이다. 이와 같은 그들의 사주가 바로 독도 강탈을 위한 영토 편입원의 제출로 이어졌다는 것은 주지의 사실이다.

이렇게 나카이의 인식에 변화를 불러일으킨, 두 사람은 다 같이 당시 일제(日帝) 해외 영토 침략에 이바지했던 인물들이었다. 즉 마키 나오마사는 그 전에 육군성(陸軍省)의 촉탁을 거쳐 타이완(臺灣) 총독부의 내무국장 대리, 타이츄현(台中縣) 지사(知事)를 지내다가 1898년에 농상무성 수산국장이 되었던 인물이었다.[12] 또 후자는 홋카이도(北海道) 개척사(開拓使)가 되었다가 수로국에 들어와 근무를 하던 인물로, 수로국이 해군 수로부로 독립을 하자 1888년 수로부장이 되었던 사람이었다.[13]

그들은 이처럼 일제의 해외 침략에 앞장을 섰던 인물들이었으므로, 당시의 전황(戰況)에 대해서 누구보다 많은 정보를 가지고 있었을 것으로 생각된다. 따라서 그런 인물들의 사주를 받아들여 나카이가 영토

지적 편찬 질의에 대해서도 "죽도 외 한 섬은 우리나라와 관계가 없다"라고 했던 것으로 보아, 당시 일본에서는 독도를 한국의 영토로 간주했다고 보는 것이 타당할 것이다.

11) 奧原碧雲,「竹島經營者中井養三郎立志傳」,『竹島問題に關する調査硏究-最終報告書』, 竹島問題硏究會, 2007, 72쪽.

12) 佐々木茂,「領土編入に關わる諸問題と資·史料」,『竹島問題に關わる調査硏究-最終報告書』, 竹島問題硏究會, 2007, 60쪽.

13) 佐々木茂, 위의 글, 2007, 60-61쪽.

편입원을 제출했다는 것은 그것이 단순한 어업상의 문제가 아니란 사실을 증명해준다고 하겠다.

어쨌든, 나카이는 단락 (2)에서와 같이 이들의 사주에 따라 독도에 대한 영토 편입과 그 대여원을 내무성과 외무성, 농상부성의 세 대신에게 제출하였다. 이것이 1904년 9월 29일의 일이었다.[14] 그렇지만 단락 (3)에서 보는 것처럼 당시의 내무성 당국자는 "이 시국에 즈음하여 한국 령의 의심이 있는 작은 일개 암초를 손에 넣어 환시의 외국에게 우리나라가 한국 병탄의 야심이 있다는 것의 의심을 크게 하는 것은 이익이 지극히 작은 데 반하여 사태가 결코 용이하지 않다."는 이유로, 그 출원을 기각하려고 하였다.

이것은 내무성 당국자가 독도를 한국의 영토로 의심했다는 것과, 이 섬의 편입이 다른 나라로 하여금 한국 병탄의 의심을 가지게 할 수 있다는 인식을 지니고 있었음을 말해준다. 이와 같은 사실은 일본의 독도 강탈이 결국은 한국 병탄의 서곡이었다는 것을 내무성 스스로가 인정했었다고 볼 수 있다.

여기에서 내무성 당국자가 왜 독도를 한국의 영토일 것이라는 의심을 하게 되었는가? 이것은 1876년 내무성은 시마네현으로부터 받았던 「일본해(日本海, 동해를 가리킴: 인용자 주) 내의 다케시마(竹島, 독도) 외 한 섬의 지적 편찬에 관한 질의」와 무관하지 않다. 곧 내무성에서는 이 질의를 받자, 이것을 자기들이 결정하지 않고 태정관에 문의를 하였다. 1877년 태정관의 우대신 이와쿠라 도모미(岩倉具視)는 "문의한 다케시마 외 한 섬 건에 대하여 우리나라와는 관계가 없다는 것을 주지할 것"[15]이라는 지령문을 내렸으므로, 그것을 그대로 시마네현에 통보한 적이 있었다. 이 과정에서 내무성은 당시 일본에서 '마쓰시마

---

14) 신용하, 『독도의 민족영토사 연구』, 지식산업사, 1996, 215쪽.
15) 송병기 편, 앞의 책, 2004, 155쪽.

(松島)'라고 부르고 있던 독도를 한국의 영토로 인식하는 계기가 되었을 것이다.[16]

그러나 외무성의 정무국장인 야마자 엔지로의 생각은 이것과는 달랐다. 그는 단락 (4)에서와 같이, "시국이야말로 그 영토 편입을 급하게 요청한다고 하면서, 망루를 세우고 무선 혹은 해저 전선을 설치하면 적함 감시 상 대단히 그 형편이 좋아지지 않겠느냐. 특히 외교상 내무성과 같은 고려를 요하지 않는다."라고 하여, 내무성의 이런 고려가 필요하지 않다는 것을 솔직하게 인정하였다.

이와 같은 야마자의 태도는 당시의 러일전쟁, 특히 동해해전과 불가분의 관계를 가진 것이었다. 다시 말해 이것은 그 무렵에 동해에서 일본 해군의 제해권(制海權)을 위협하고 있던 블라디보스토크 함대의 행적 및 태평양 제2함대(발틱함대)의 창설과 긴밀하게 연계되어 있다는 것이다. 이런 추정을 하는 까닭은 야마자가 러일전쟁에 관한 정보를 쉽게 접할 수 있는 위치에 있었기 때문이다. 그래서 그는 독도의 강탈, 곧 일본 영토로의 편입이 시급히 요청된다고 보았다는 해석이 가능해진다.

3. 동해의 제해권을 둘러싼 러·일의 각축

그러면 이렇게 급박하게 전개되던 전황이란 어떤 것이었는가 하는 문제를 고찰하지 않을 수 없다. 일본이 러시아를 향해 소위 선전의 조칙(詔勅)을 공표한 것은 1904년 2월 10일이었다. 하지만 이미 2월 8일과 9일 양일에 걸쳐, 일본 연합함대의 구축함은 여순 항 바깥에 정박

---

16) 김화경, 앞의 논문, 2009, 327-328쪽.

하고 있던 러시아 태평양 함대의 주력을 야습하였고, 또 2월 9일 오후에는 인천항에 머물고 러시아 함대를 습격하여 침몰시켰다.

그 때문에 여순 항의 태평양 함대 본대는 막대한 피해를 입었으나, 지대(支隊)인 블라디보스토크 함대는 아무런 피해도 입지 않고 있었다. 단지 여순 본대의 피습과 대마도 해협(對馬島海峽)의 심해진 감시로 인해, 블라디보스토크 함대의 1등 순양함(巡洋艦) '러시아(Rossya)'와 '그롬보이(Gromboy)', '류리크(Ryurik)', 2등 순양함 '보가티르(Bogatyr)'는 군인들의 사기를 앙양하고 일본 국민들을 공포로 몰아넣기 위한 작전에 돌입했다. 곧 이들 네 척(隻)의 순양함은 2월 11일 쓰가루 해협(津輕海峽)의 앞바다 20km 지점에서 첫 번째로 일본의 기선 두 척을 포격하여 나고우라마루(奈古浦丸)를 침몰시켰고, 젠쇼마루(全勝丸)는 간신히 홋카이도(北海道)로 탈출하는 사건이 벌어졌다.[17] 이와 같은 피해를 입게 되자, 일본의 연합함대는 블라디보스토크 함대를 견제하면서 여순 항의 러시아 함대를 격파하지 않으면 안 되는 난제를 안게 되었다.[18] 이 문제는 한국 동해에서의 전략과 긴밀하게 연결된 것이었다는 점에 주의할 필요가 있다.

그런데 같은 해 2월 24일 블라디보스토크 함대의 두 번째 출격이 행해졌다. 첫 번째의 출격과 마찬가지로, 순양함 4척의 병력으로, 원산항과 북한 지방의 동해 연안 해역을 정찰한 다음, 3월 1일에 귀항한 사건이었다.[19] 이런 정보를 입수하게 된 일본의 대본영(大本營)은 연합함대의 일부를 블라디보스토크 방면으로 출동시켜, 블라디보스토크 함대를 위압하는 것이 유리할 것이라는 판단을 했다. 그리하여 연합함대 사령관인 도고 헤이하치로(東鄕平八郎)에게 이것을 실행에 옮길 것을

---

17) 佐世保海軍動功表彰會 編, 『日露海戰記』, 佐世保海軍動功表彰會, 1906, 55-56쪽.
18) 松田十刻, 『日本海海戰』, 光人社, 2005, 75쪽.
19) 野村實, 『日本海海戰の眞實』, 講談社, 1999, 48쪽.

명령하고, 동시에 독립되어 있던 제3함대를 연합함대에 편입시켰다.

도고는 한국의 남서 해안에 있던 가미무라 히코노죠(上村彦之丞) 제2함대 사령관에게 명령을 내려, 제2함대의 1등 순양함('이즈모(出雲)', '아즈마(吾妻)', '아사마(淺間)', '야쿠모(八雲)') 및 제3함대의 2등 순양함 '가사기(笠置)'와 '요시노(吉野)'를 이끌고, 급히 블라디보스토크로 가서 러시아 함대를 격파하든지 아니면 위협하라는 명령을 내렸다.[20]

이 명령에 따라, 가미무라는 위의 함대들을 이끌고 1904년 3월 2일 한국의 남해안을 출발해서, 3월 6일 오후에 블라디보스토크의 동쪽 입구에 도착하였다. 그들은 항구 바깥의 박빙 해역(薄氷海域)에서 조선(造船) 설비 등을 포격하는 위압 작전을 펼쳤다. 당시에 정박하고 있던 블라디보스토크 함대는 출항 준비를 갖추어 닻을 올리기는 하였으나, 항내가 혼잡하여 바깥으로 나오는 것이 늦어졌다. 거기에다 해가 저물었기 때문에, 이미 항구의 앞바다에 나와 있던 가미무라 함대와 직접적인 교전은 벌어지지 않았다. 그리고 그는 다음 날 또다시 블라디보스토크 항에 접근하여 정찰을 하면서 위협을 가한 뒤에 원산과 사세보(佐世保)를 거쳐, 여순 방면의 작전에 복귀하였다. 이러한 가미무라의 블라디보스토크 방면에 대한 1차 출동은 결과적으로는 효과를 충분히 거두지 못했다는 것을 부정할 수는 없다.[21]

그러나 효과를 거두지 못했다고 해서, 그 작전을 그만 둘 수도 없었다. 그 무렵 일본의 연합함대는 여순 항 해전에서 상당한 성과를 거두었다. 곧 '코류마루(蛟龍丸)'가 항구 바깥에 부설해둔 기뢰에 의해, 러시아 태평양 함대 사령관 마카로프(Makarov)의 폭사와 함께, 그가 타고 있던 기함(旗艦) '페트로파블로프스크(Petropavlovsk)'도 격침되고 말았다.[22] 게다가 러시아의 척후 기병이 함경도의 경성과 성진, 길주, 북

---

20) 海軍軍令部 編, 『明治三十七八海戰史』 2, 春陽堂, 1909, 238-239쪽.
21) 野村實, 앞의 책, 1999, 50-51쪽.

청 부근에 출몰하여 일본인들의 거류지에 방화를 하는 사건이 발생했
다. 그러자 가미무라는 제2함대와 제4함대를 이끌고 4월 22일 원산항
에 기항하여 석탄과 물을 공급받은 뒤, 24일 블라디보스토크로 출동을
했다. 하지만 짙은 안개로 인해서 공격도 제대로 하지 못한 채 되돌아
올 수밖에 없었다.[23]

그런데 그때에 바로 블라디보스토크 함대의 세 번째 출격이 행해졌
다. 이 출격은 새로 부임한 이센(Issen) 소장이 직접 지휘한 것으로, 순
양함 '러시아'와 '그롬보이', '보가티르' 및 어뢰정 2척으로 구성되어, 원
산 부근의 정찰과 하코다데(函館)의 포격을 목적으로 하고 있었다. 러
시아의 어뢰정 2척은 4월 25일 원산항에 진입하여, 상선(商船)인 '고요
마루(五洋丸)'를 어뢰로 격침시켰다.[24] 그 뒤 이센은 어뢰정에 대해서
는 모항(母港)으로의 귀항을 명하고, 스스로 순양함 3척을 이끌고 쓰가
루 해협으로 향하려고 하였는데, 같은 날 오후 11시경 단순 항해 중의
'곤슈마루(金州丸)'와 조우했기 때문에 이것을 격침시키고, 예정을 변
경하여 4월 27일 블라디보스토크로 귀항했다.

'곤슈마루'는, 가미무라의 본대(本隊)와 동행하여 블라디보스토크 작
전을 행하는 것이 적절하지 않은 것으로 판단되었다. 그래서 원산에서
육군 1개 중대를 승선시킨 다음, 어뢰정 4척의 호위를 받으며 이원(利
源)으로 가서 이들을 상륙시키고, 동 지역에 출몰한다고 하는 러시아
의 기병들을 척후에서 위협하고 정찰한 다음, 원산으로 돌아오려고 했
었다. 4월 26일 오후 원산항의 바깥에 도착한 가미무라는, 곧 블라디보
스토크 함대의 추적과 '곤슈마루'의 수색에 나섰다. 하지만 목적을 달

---

22) 妹尾作太郎・三谷庸雄 共譯, 『日露戰爭史』, 時事通信社, 1978, 320-321쪽.

23) 海軍軍令部 編, 앞의 책, 1909, 246-247쪽.

24) 일본 측은 상선인 '고요마루'를 격침시켰다고 하여, 이것을 블라디보스토크 함대의
    만행이라고 규탄하였다. 佐世保海軍勳功表彰會 編, 앞의 책, 1906, 118-119쪽.

성하지 못하고, 예정되어 있던 블라디보스토크 항 바깥에 기뢰(機雷) 부설을 했을 뿐으로, 5월 4일에는 진해만으로 돌아오고 말았다.[25]

러시아 블라디보스토크 함대에 의한 항로의 공격을 봉쇄하기 위해서, 2차에 걸친 일본 제2함대의 블라디보스토크 군항에 대한 위압 작전은 성공을 거두지 못하고 끝을 맺었다. 그 무렵에 여순(旅順) 항에서 전혀 예기치 못했던 이변이 일어났다. 일본 해군은 5월 15일 순양함 '요시노(吉野)'가 '가스가(春日)'와 충돌하여 침몰하고 말았다. 게다가 당시 최신예 전함(戰艦) '하츠세(初瀨)'와 '야지마(八島)'가 러시아의 어뢰에 의해 격침당함으로써, 일본은 해군 전력의 약 3분의 1을 잃어버리고 말았다.[26] 이 때문에 이들 전함에 탑승했던 약 1,000명의 병력이 희생됨으로써 일본의 여론이 크게 악화되었다.[27]

이런 가운데 블라디보스토크 함대의 네 번째 출격은 여순·블라디보스토크 함대를 합류시킨 태평양 함대 사령관 베조브라조프(A. M. Vesobrazov) 중장이 직접 인솔했다. 순양함 '러시아'에 장군 기(將軍旗)를 휘날리며 '구롬보이'와 '류리크' 3척으로 이루어진 블라디보스토크 함대는 6월 12일에 대마도 해협에 출격하여, 15일에 호위함이 없는 육군 운송선 '이즈미마루(和泉丸)'와 '히다치마루(常陸丸)', '사도마루(佐渡丸)'를 공격했다. '이즈미마루'는 병사 100여명을 탑승시키고 요동반도를 출발하여, 우지나(宇品: 히로시마시(廣島市))로 향해 돌아오던 중에 이키(壹岐) 앞바다를 통과하다가, '그롬보이'에 의해 격침당하고 말았다. 또 그보다 하루 앞서, '히다치마루'는 병사 1,095명과 군마(軍馬) 320마리, 선원 120명을 싣고 우지나를 출발하여 요동반도를 향해 출발했다가, 오키노시마 부근에서 블라디보스토크 함대의 공격을 받아 침

---

25) 野村實, 앞의 책, 1999, 51-52쪽.

26) 妹尾作太郎·三谷庸雄 共譯, 앞의 책, 1978, 320-321쪽.

27) 伊藤正德, 『大海軍を想う』, 文藝春秋社, 1956, 196쪽.

몰하였다. 단지 '사도마루'만은 이들 함정의 공격을 벗어나 간신히 침몰을 면했을 뿐이었다.[28]

블라디보스토크 함대의 다섯 번째 출격도, 베조브라조프 중장 스스로가 인솔한 것으로, 네 번째 출격 때의 순양함 3척에 가장(假裝) 순양함 '레나'와 어뢰정 8척이 참가하였다. 6월 26일 출격하여, 우선 어뢰정들이 6월 30일 원산항에 진입해서 일본인들의 거류지를 공격하였고, 정박하고 있던 기선과 범선(帆船)의 뱃사람들을 하선시킨 다음, 선체(船體)를 불태워 버렸다. 사령관 베조브라조프는 '레나'와 어뢰정들에게 블라디보스토크로 돌아가도록 명령한 뒤에, 순양함 3척으로 북동쪽으로 향하여, 7월 1일 대마도 해협으로 진입했다.

이때 가미무라는 러시아 어뢰정들의 원산항 습격 정보와 함께, 블라디보스토크 함대의 다섯 번째 출격 사실을 알고, 전날 아침에 대마도의 요항(要港)을 출항하여 경계 중이었다. 러시아와 일본의 함대는 7월 1일 오후 6시 30분, 대마도 해협의 동쪽 수로(水路)에서 거리 약 2만 5천m를 사이에 두고 조우했다. 가미무라는 러시아 함대의 퇴로를 차단하려고 했으나, 블라디보스토크 함대는 고속으로 도망을 쳤다. 그리고 낙오할 것 같았던 '류리크'의 원호를 계속하며, 일몰의 어둠에 도움을 받아, 일본 어뢰정들의 습격에 포격으로 대응하면서 겨우 호랑이 소굴을 빠져나와 7월 3일 모항에 돌라가는데 성공했다.

블라디보스토크 함대는 개전 이래 대마도 해협에 두 번에 걸친 출격을 포함하여 여러 번 일본 근해(近海)에 출몰해서, 교묘하게 일본 함대와의 조우를 피하면서, 일본의 제해권(制海權)을 계속 위협하고 있었다. 반년이 채 되지 않는 사이에, 일본의 기선 7척과 범선 4척이 동 함대에 격침되었고, 영국 기선 1척이 포획되었다. 더욱이 다섯 번째의 출

---

28) 佐世保海軍動功表彰會 編, 앞의 책, 1906, 207-215쪽.

격까지는 출격 해역이 동해 방면에 한정되어 있었는데 비해, 다음의 여섯 번째 출격에서는 더욱 대담한 행동을 취해, 일본의 태평양 항로를 위협하는 행동으로 나왔다.[29]

여섯 번째의 출격은 이센(Issen) 소장이 지휘한 것으로, 순양함 '러시아'와 '구롬보이', '류리크' 등으로 구성되어, 7월 7일에 출항을 하여, 먼저 쓰가루 해협을 향했다. 이센은 7월 20일 아침 일찍 해협을 동쪽으로 흐르는 조류(潮流)의 도움을 받아 고속(21노트)으로 쓰가루 해협을 돌파하고 태평양으로 나왔다. 거기로부터 일본의 항로를 공격하면서 대담하게도 도쿄만(東京灣) 입구까지 남하하여, 7월 23일부터 25일에 걸쳐 오마에자키(御前崎)와 이로자키(石廊崎), 야지마사키(野島崎) 등의 앞바다에서 조우하는 선박들을 차례차례로 검문(檢問)하면서 공격한 다음 북쪽으로 사라졌다.

태평양 연안을 도쿄만 입구까지 남하한 블라디보스토크 함대의 여섯 번째 출격은, '러시아'에 탔던 장교의 수기에 의하면, "일본의 육군부대를 탑승시킨 12척의 운송선이 순양함 2척과 전함 1척에 호위되어, 요코하마(橫浜)를 출발하여 한국으로 향했다"고 하는 정보를 입수하고, 베조브라조프 사령관이 이센 소장에게 출격을 명한 결과로 추정되고 있다.

7월 20일부터 25일까지의 사이에 블라디보스토크 함대에게 검문을 당한 선박이 12척에 달했는데, 그중에서 7척이 격침되었고 2척이 포획되었으며, 3척이 풀려났다. 격침된 선박 가운데는 영국 선박과 독일 선박 1척씩이 포함되어 있었다. 포획된 선박 가운데에도 영국과 독일 선박이 있었다.

이와 같이 이센(Issen)은 도쿄만 입구에서 시위를 한 다음, 소야 해

---

29) 野村實, 앞의 책, 1999, 54-55쪽.

협(宗谷海峽)을 통해 블라디보스토크로 돌아가려고 하였지만, 짙은 안개와 석탄의 부족으로 고민하다가, 예정을 변경하여 7월 30일 다시 역조(逆潮)가 소용돌이치는 쓰가루 해협을 서항(西航)하였다. 해협 방비가 약했던 일본 군함과는 시계 내에 들어갔을 뿐 교전도 없이, 8월 1일 무사히 모항에 돌아가는데 성공하여, 전 세계를 놀라게 했다.

러시아의 이셴 소장은 귀항 도중에 쓰가루 해협 서쪽 입구에서 일본 제2함대와 교전할 것을 각오하고 있었으나, 일본 대본영의 오판에 의해 구출된 결과가 되었다. 러시아 함대의 포착에 잘못된 판단을 했다는 것은, 닥쳐오는 동해 해전에 있어서의 대본영의 판단에도 미묘한 그늘이 드리워졌다는 것을 말해준다고 하겠다.[30]

이러한 상황 하에서 1904년 8월 10일 도고 헤이하치로의 연합함대 주력에 봉쇄되어 여순 항에 있던 러시아 태평양 함대 주력은, 일본의 봉쇄망을 뚫고 블라디보스토크로 가기 위해 대거 출격을 단행하였다. 이런 사실을 안 블라디보스토크의 러시아의 태평양 함대 사령관 스크리드로프(H. I. Skrydlov) 중장은 사령관 이셴(Issen) 소장에게 '러시아'와 '구롬보이', '류리크'를 이끌고 주력을 원조하도록 명령하자, 그는 8월 12일 모항을 출항하여 대마도 해협을 향했다. 일곱 번째의 출격이었다.

그런데 러시아 주력함대는 8월 10일에 도고(東鄕)가 이끄는 연합함대와의 황해 해전에서 패하여 대부분은 여순 항으로 귀항하였고, 일부는 남쪽 해상으로 도망을 쳤다. 이셴은 그것을 모른 채 8월 14일 아침 일찍 대마도 해협으로 접근을 하고 있었다. 황해 해전에서 승리를 한 도고는 항로를 유지하기 위해서 대마도에 있는 가미무라에게 출격을 명령했다. 일본의 제2함대 주력은 8월 11일에 대마도로부터 출격을 하

---

30) 野村實, 앞의 책, 1999, 55-58쪽.

여, 14일 이른 아침에는 한국 동남 해안의 울산 앞바다에 있었다.

가미무라가 직접 이끄는 1등 순양함 '이즈모'와 '아즈마' '히다치', '이와데(磐手)'의 제2함대 제2전대 4척은, 14일 오전 4시 50분, 순양함 '러시아'를 선두로 한 블라디보스토크 함대가 동이 트는 새벽에 시계 안에 들어오는 것을 확인했다. 거리는 약 1만 미터 정도였다. 앞에서 말한 것처럼, 블라디보스토크 함대는 다섯 번째까지의 출격에서는, 대마도의 동쪽 수로를 이용하였으므로, 가미무라의 시계 안에 들어왔으면서도 도주에 성공을 할 수 있었다. 그리고 그때는 모두 이미 저녁 무렵이었으며, 그 위에 블라디보스토크 함대는 일본 함대의 동북방에 있었고, 거리도 2만 미터가 훨씬 넘었다.31)

그러나 이번의 조우는 밤이 밝아오는 새벽 무렵이었을 뿐만 아니라 1만 미터의 근거리였고, 게다가 일본 함대는 블라디보스토크 함대의 북방, 곧 블라디보스토크 쪽에 위치하고 있었으며, 두 나라의 함대가 다 같이 남하 중에 이루어진 조우였다. 이센은 속력을 더하여 동쪽으로 급선회한 다음에 동북쪽으로 도망을 치려고 하였지만, 북쪽에 위치하면서 속력에 있어 러시아 함정을 능가하는 가미무라 함대와 필연적으로 포격전이 벌어져 난전(亂戰)이 될 수밖에 없었다. 오전 5시 23분부터 3시간에 걸친 맹렬한 포격전으로, '류리크'가 먼저 조타실을 맞아 낙오하자, 이센은 다른 함정 2척을 가지고 네 번에 걸쳐 '류리크'의 원호하려고 반전을 반복하였지만, 뜻대로 되지 않자, 마침내 구조를 단념하고 북방으로 도망을 쳤다.

울산 앞바다 해전의 후반에는 2등 순양함 '나니와(浪速)'와 '다카치호(高千穗)'(제4전대)도 가세하여, 가미무라는 북으로 도망가는 '러시아'와 '구롬보이'를 오전 10시 지나서까지 추격했다. 그렇지만 '이즈모'의

---

31) 海軍軍令部 編, 앞의 책, 1909, 310-311쪽.

탄약이 모자란다는 보고를 받자 추격을 단념하고, '류리크'의 완전한 격침을 책략이었다고 생각하며 남하했다.

'류리크'에서는 부장(副將)이 먼저 부상하였고, 드디어 함장이 전사하였다. 그리고 그를 대신한 어뢰장(魚雷長)도 부상을 당하자, 항해장(航海長)이 지휘에 임했다. 함정이 절망적인 상태라는 것을 안 항해장은 승조원 전원에게 퇴거를 명하고, 함정 밑바닥에 있는 배수변(排水弁)을 열었다. 14일 오전 10시 30분 '류리크'는 함미(艦尾)로부터 좌현(左舷)으로 넘어지며 침몰했다. 울산의 동방 40해리 지점이었다. 가미무라가 현장에 도착했을 때는 이미 '류리크'가 침몰한 뒤였다. 표류하고 있던 승조원의 대부분은 일본의 군함에 구조되었다.[32]

가미무라가 추격을 단념한 '러시아'와 '구룸보이'도 크게 파손되어 있었다. 더욱이 두 함정의 장교는 50%가 전사하였고, 하사관의 25%가 사상을 당했다. 두 함정은 전장을 떠난 뒤에 해상에 정지하여, 파손된 구멍을 막은 다음, 8월 16일에 겨우 모항으로 돌아올 수가 있었다.

블라디보스토크로 돌아온 '러시아'와 '구룸보이'는 수리를 거듭하여, 1904년 10월 하순에 이르러 한번 원상을 회복하였으나, 11월 상순에 '구룸보이'가 암초에 걸려 다시 수리를 하게 되었다. 그 뒤에는 조선소(造船所)의 공원(工員)과 재료의 부족으로 인해, '러시아'만이 때때로 출격하였을 뿐으로, 블라디보스토크 함대의 사기와 행동은 일본 근해를 다시 위협하지는 못했다. 이렇게 하여, 일단 블라디보스토크 함대의 위협은 해소되었지만, 일본 함대는 더욱 강대한 발틱 함대의 도래를 준비하지 않으면 안 되었다.[33]

실제로 러시아 해군 수뇌부는 1904년 4월 30일 태평양 제2함대를 편성하여, 동양에 회항 작전을 행한다고 발표하였고, 5월 2일에는 로제

---

32) 海軍軍令部 編, 앞의 책, 1909, 318-319쪽.
33) 野村實, 앞의 책, 1999, 58-61쪽.

스트벤스키 소장을 제2함대 사령관으로 임명하였다. 이러한 대체 편성으로 그때까지의 태평양 함대는 태평양 제1함대로 불리게 되었다. 태평양 제2함대는 건조 중인 군함을 급히 완성시키어, 이들의 연습 항해를 끝내고, 운송선 등을 모아서 편성을 마치자, 수도 페테르부르크에 가까운 군항(軍港) 구론슈타트를 출발하여, 9월 1일 핀란드의 항구 레이웨리에 집결했다.34) 이런 태평양 제2함대가 이른 바 발틱 함대의 기간함선(基幹艦船)이었다. 함대 파견에 의해 쇠퇴 기미가 있던 형세를 만회하기 위해서 열의를 불태우고 있던 황제 니콜라이 2세는 레이웨이에서 전 함대를 사열하며, 장병들을 격려할 정도였다.

4. 독도의 전략적 가치

이와 같은 정보를 입수한 일본의 연합 함대는 다가올 대회전을 준비하지 않으면 안 되었다. 비록 울산 앞바다 해전에서 블라디보스토크 함대에게 막대한 피해를 입히기는 했지만, 그것으로 이 전쟁에서 승리의 계기가 마련되었다고 판단하기는 아직 일렀다. 쉽게 말해 한국 연안과 일본 연안을 드나들면서 무력시위를 일삼고 있던 러시아 함대의 예봉을 꺾었다고 할 수는 있으나, 그렇다고 하고 동해에서의 제해권을 완전히 확보했다고 장담할 수는 없는 처지였다. 역시 동해는 러시아와의 해전에 있어서 중요한 전략적 가치를 지니고 있음에는 변함이 없었다.35)

---

34) 이 함대가 리바우항으로 돌아가 실제로 원정에 오른 것은 1904년 10월 15일 아침이었다. 野村實, 앞의 책, 1999, 63쪽.

35) 러일전쟁에서 동해의 전략적 가치는 러시아에서도 높이 평가하고 있었다. 稻葉千晴 譯, 『日本海海戰, 悲劇への航海』, 日本放送出版協會, 2010, 57-123쪽.

그래서 블라디보스토크 함대에 의해 1904년 6월 15일 대마도 해협에서 '이즈미마루'와 '히다치마루'를 격침되자, 일본 해군은 모든 군함들에게 무선전신의 시설을 완료하도록 하였다. 그리고 이 블라디보스토크 함대의 남하를 감시한다는 명목 아래, 당시 강원도 울진군 죽변(竹邊)을 비롯한 한국 동해안 일대에 무선전신을 가진 가설 망루를 설치하도록 하였다. 죽변의 망루는 1904년 6월 27일에 기공(起工)하여 그해 7월 22일에 준공을 하고, 8월 10일부터 업무를 개시했다.[36]

그리고 울릉도 서북부와 동남부 각 1개소의 망루는 같은 해 8월 3일에 기공되어 9월 1일 준공되었으며, 9월 2일부터 업무를 개시했다. 또 죽변과 울릉도 사이의 해저전선 부설은 같은 해 9월 8일에 착공되어, 9월 30일에 완공되었다. 이와 같은 일련의 조처는 일본 본토의 사세보(佐世保) 해군 진수부(海軍鎭守府)에서 울릉도를 거쳐, 한국의 죽변을 연결하는 전신선의 설치를 위한 작업이었다.[37]

그런데 일본 해군은 울릉도에 있어서 일련의 공사와 보급 활동 가운데에서, 또 이 해역에서의 초계활동(哨戒活動)에 의해, 가까이에 있는 독도에 대해서 많은 정보를 얻게 되었다. 곧 나카이 요사부로(中井養三郎)가 정부에 독도를 한국 정부로부터 빌려달라는 부탁을 하기 이전에, 해군은 이미 독도의 이용 가치에 대하여 주목을 하고 있었던 것이다.[38]

그래서 그들은 군함 니다카호(新高號)로 하여금 독도 답사를 하게 하였고, 이에 따라 니다카호는 1904년 9월 24일에 울릉도를 떠났다. 다음 날의 일지에 독도에 대하여 기록된 것은 아래와 같다.

---

36) 신용하, 앞의 책, 1996, 206쪽. 이것은 海軍軍令部 編, 『極秘明治37·8年海戰史』에서 인용한 것임을 밝혀둔다.

37) 신용하, 앞의 책, 1996, 206-207쪽.

38) 堀和生, 「1905年日本の竹島領土編入」 『朝鮮史研究會論文集』 24, 朝鮮史研究會, 1987, 115쪽.

「마쓰시마(松島: 울릉도를 가리킴)에서 리양코르도암(岩)을 실제로 본 사람으로부터 들은 정보. 리양코르도 암을 한국사람[韓人]들은 이것을 독도(獨島)라고 쓰고, 우리나라[本邦] 어부들은 약하여 '리양코도(島)'라고 약칭한다. 별첨한 약도와 같이 두 개의 바위 섬[岩嶼]으로 이루어졌다. 서쪽 섬[西嶼]은 높이가 약 400 피트이며 험준하여 오르기가 곤란하지만, 동쪽 섬은 비교적 낮고 잡초가 자라고 있으며, 정상은 조금 평탄한 땅이 있어서 2·3개의 작은 건물을 건설하기에 충분하다고 한다.

담수(淡水)는 동쪽 섬 동면(東面)의 후미진 곳에서 조금 얻을 수 있고, 또 같은 섬의 남쪽, B지점 수면에서 3간(間) 정도 되는 곳에 솟아나는 샘이 있는데 사방으로 침출(浸出)하며, 그 양이 조금 많아 연중 고갈되는 일이 없다. 서쪽 섬의 서방(西方) C지점에도 또한 맑은 물이 있다.

섬 주위에 점재한 바위는 대개 편평하여 큰 것은 수십 개가 여기저기 위치하고 있고, 항상 수면에 노출되어 있으며, 강치가 여기에 군집한다. 두 섬 사이는 배를 메기에 충분하지만, 작은 배라면 육성으로 끌어올리는 것이 보통이다. 풍파가 강하여 같은 섬에 배를 메어 두기 어려울 때는 대저 마쓰시마에서 순풍을 기다려 피난한다고 한다.

마쓰시마로부터 도항하여 강치 사냥에 종사하는 자는 60~70석(石) 적재량의 일본 선박을 사용한다. 섬 위에 헛간을 짓고 매번 약 10일간 체재하는데, 다량의 수입이 있다고 한다. 그리고 그 인원도 때때로 40~50명을 초과하는 경우도 있으나 담수의 부족은 말하지 않는다. 또 올해에 들어와서는 여러 차례 도항하였는데, 6월 17일에는 러시아의 군함 3척이 이 섬 부근에 나타나서 일시 표박한 후 북서쪽으로 나아가는 것을 실제로 보았다고 한다.[39]

이러한 니다카호의 9월 25일자의 일지는 하루 동안이 많은 것들을 조사한 것으로 되어 있다. 이에 대해, 신용하는 "새로 발견한 것이 아니라 울릉도에서 독도를 잘 아는 민간인들로부터 자세한 정보 수집, 청위 조사를 사전에 상세히 하고 독도에 도착해서는 이를 확인하는 작업만 했기 때문이라고 생각한다."[40]는 견해를 밝힌 바 있다. 이러한 그

---

39) 신용하 편저, 앞의 책, 1999, 186-188쪽.

의 지적은 상당한 타당성을 가지고 있다. 왜냐하면 당시 독도 탐사에 참여했던 해군 병사들이 아무리 뛰어난 사람들이라고 하더라도 하루에 섬 전체를 조사하는 것은 거의 불가능했다고 볼 수 있기 때문이다.

그런데 여기에서 눈길을 끄는 것이 러시아 군함 3척이 6월 17일에 독도 부근에서 일시 머물렀다는 사실이다. 이것은 신용하가 지적한 것과 같이,[41] 일본 해군이 독도에 망루를 설치하려는 욕구를 갖도록 충동한 것일지도 모른다. 하지만 앞에서 살펴본 것처럼, 블라디보스토크 함대의 네 번째 출격과 관계를 가지는 것이 분명한 것 같다. 아직 러시아의 해군 일지를 제대로 검토하지 않아 명확하게 단정을 내릴 수는 없지만, 1904년 6월 12일 블라디보스토크를 떠나 대마도 해협에서 6월 15일 운송선인 '이즈미마루'와 '히다치마루'를 격침시키고 귀항하면서 독도 근방에서 잠시 머물렀을 것으로 추정된다.

따라서 러일전쟁의 해전에 있어서 주된 전장이 되었던 곳이 한국의 동해, 그 동해의 중앙에 위치하여 전략적 가치가 높았던 곳이 독도였다고 보지 않을 수 없다. 실제로 독도가 동해해전에서 전략상으로 대단히 긴요한 곳이었다는 사실은 발틱 함대의 사령관 로제스트벤스키(Rozhdestvensky) 중장이 의식을 잃은 채 포로로 잡힌 곳이 울릉도 부근이었고, 그를 대신하여 함대의 지휘권을 장악한 네보가토프(Nebogatov) 소장이 모든 주력 잔함을 이끌고 일본에 투항한 곳이 독도 동남방 18마일 해상이었다는 점[42]을 통해서도 증명될 수 있을 것이다.

여기에서 나카이 요사부로가 「리앙코도 영토 편입 및 대여원」을 제출한 것이 1904년 9월 29일이었다는 사실을 상기할 필요가 있다. 이것은 실제로 내무성과 외무성, 농상무성의 각 대신들 앞으로 문서의 형

---

40) 신용하 편저, 앞의 책, 1999, 193쪽.

41) 신용하, 앞의 책, 1996, 208쪽.

42) 최문형, 앞의 논문, 2005, 251쪽.

태로 제출한 날짜이다. 따라서 그 전에 이미 농상무성의 수산국장 마키 나오마사와 해군 수로부장 기모쯔키 가네유키, 외무성 정무국장 야마자 엔지로 등을 만나서, 이 문서의 제출에 관한 사전 조율이 끝났다고 보아야 한다.

특히 이들 가운데에서 결정적인 역할을 한 사람이 기모쯔키와 야마자였다. 전자는 울릉도와 독도 일대의 전략적 가치를 잘 알고 있었던 해군 소속이었고, 후자는 당시 발틱 함대의 동향에 많은 정보를 가지고 있었던 외무성 소속이었다. 이처럼 전쟁 정보에 밝았던 두 사람의 사주에 의해, 나카이가 한국으로부터의 대여원이 아니라, 일본으로의 영토 편입과 그 대여를 요청한 것은 분명한 정부 당국의 개입이었다. 그러므로 이러한 정부의 개입으로 인해 독도에 대한 영토 편입이 이루어졌다는 것은 독도의 전략적 가치를 고려한 영토의 강탈이었음을 말해준다고 보아도 좋지 않을까 한다.

이런 추정은 호리 가즈오(堀和生)의 아래와 같은 지적을 통해서도 그 타당성을 인정받을 수 있다.

"그 일본해(동해를 가리킴: 인용자 주)에 있어서, 울릉도와 다케시마(독도)의 주변해역이 하나의 주전장(主戰場)이 되었다는 것으로부터, 다케시마의 군사적 가치가 새삼스럽게 높이 평가되었다. 해군은 해전 직후의 5월30일에 계획을 세워, 6월 13일에 군함 '하시타데(橋立)'를 동 섬에 파견하여, 다시 상세한 조사를 행하게 하였다. 그 위에서, 해군은 6월 24일 울릉도, 다케시마를 포함한 일본해 동 수역의 종합 시설계획을 내세웠다. 그 계획이란, 우선울릉도 북부에 또 하나의 대규모 망루(울릉도 북 망루, 배속원 9인)와 무선 전신소를 건설한다. 또 다케시마에 현안의 망루(다케시마 북 망루, 배속원 4인)를 건설한다. 그리고 그들 두 섬의 망루를 해저 전신선으로 연결한 다음에, 다시 그 전신선을 오키(隱岐)의 망루까지 연장한다고 하는 계획이었다. 확실히 국경 등을 개의치 않는 군사시설이다. 울릉도의 신 망루는 7월 25일에 착공하여, 8월 16일부터 활동을 시작했다.

다케시마의 망루는 7월 25일에 착공하여, 8월 19일부터 활동에 들어갔다. 해저 전신선 쪽은, 9월에 강화가 성립되었기 때문에 당초의 계획이 변경되어, 다케시마와 오키에서가 아니라, 다케시마와 마쓰에(松江) 사이에 부설되게 되었다. 이 공사는 10월 말에 개시되어, 울릉도로부터 다케시마를 거쳐서, 11월 9일 마쓰에와의 연결이 완료되었다. 즉 1905년, 조선 본토(죽변)에서 울릉도, 다케시마, 마쓰에에 이르는 일련의 군용 통신선의 체계가 완성되었던 것이다. 이상 요컨대, 일본정부에 있어서, 일본해중의 다케시마란 군사적인 이용대상에 틀림없었으며, 또 그것은 조선 각지에서 행해졌던 군사적 점령과 밀접 불가분의 것이었던 것이다."[43]

이렇게 볼 때, 일본이 독도를 강탈한 진정한 이유는 러일전쟁의 동해해전에서 승리를 거두기 위한 전략적 가치 때문이었다는 것은 거의 확실한 사실이라고 할 수 있다. 하지만 일본 측으로서는 이렇게 빼앗은 독도를 되돌려주고 싶지 않을 것이다. 특히 지난날 동해에서의 풍부한 어류의 획득에 미련을 버리지 못하고 있는 시마네현은 터무니없는 논리를 날조하여 독도의 국제 분쟁화에 앞장을 서고 있다. 이것이 독도 문제의 본질이 아닐까 한다.

5. 맺음말

이제까지 일본이 독도를 강탈하면서 내세웠던 구실은 사실에 입각한 것이 아니라, 강탈의 정당성 확립을 위한 허구였다는 것을 증명하기 위해서, 당시의 정황들을 중점적으로 고찰하였다. 바꾸어 말하면 그들은 독도의 영토 편입이 나카이 요사부로란 자의 단순한 영토 편입의 요청을 받아들인 것이라고 주장해왔다. 그렇지만 이러한 논리는 일

---

43) 堀和生, 앞의 논문, 1987, 115쪽.

본 측의 자기 합리화에 불과하다는 것을 입증하려고 한 것이 본 연구의 목적이었다. 이와 같은 목적 아래서 이루어진 논의의 결과를 요약하면 다음과 같다.

첫째, 나카이가 독도를 한국의 울릉도에 부속된 섬으로 인식하고 있었던 것은 명백하다. 그럼에도 불구하고 그에게 영토 편입원을 제출하게 사주한 자들, 농상무성 수산국장 마키 나오마사(牧朴眞)와 해군 수로부장 기모쯔키 가네유키(肝付兼行)는 일본 제국주의의 해외 영토 탈취에 앞장을 섰던 인물이었고, 외무성 정무국장 야마자 엔지로(山佐圓次郎)은 당시의 전황(戰況)을 누구보다도 잘 파악할 수 있는 자리에 있던 인물이었다. 따라서 이들의 사주에 의해 영토 편입원을 제출되었다는 것은 독도의 강탈에 국가 권력이 개입되었다는 것을 말해주는 것으로 보았다.

둘째, 그렇지만 내무성의 당국자는 독도를 한국의 영토일 것이라는 의심을 가졌었다는 사실을 확인하였다. 내무성의 이런 인식은 1876년 시마네현의 「일본해(동해) 내의 다케시마 외 한 섬의 지적 편찬에 관한 질의」를 받아 자기들이 결정하지 않고, 태정관에 질의를 하여 "문의한 다케시마 외 한 섬의 건에 대하여 우리나라와 관계가 없다는 것을 주지할 것"이라는 지령문을 받았던 것으로부터 형성되었을 것이란 추정을 하였다.

셋째, 야마자가 "시국이야말로 그 영토 편입을 급하게 요청된다."고 하면서, "(거기에) 망루를 세우고 무선 혹은 해저전선을 설치하면 적함(敵艦) 간시상 그 형편이 좋아지지 않겠느냐, 특히 외교상 내무성과 같은 고려를 요하지 않는다"고 한 것은 당시의 전황과 밀접한 관련을 가지고 있다는 명확한 증거로 간주하고, 그런 전황이 어떤 것이었는가를 구명함으로써 독도의 전략적 가치를 파악하려고 하였다.

넷째, 일본의 연합함대는 여순 항에 머물고 있던 함대에 대해서는 막대한 피해를 입혔을 뿐만 아니라 어느 정도 그 출입을 통제하고 있었으나, 블라디보스토크에 머물고 있던 함대에 대해서는 전혀 통제를 하지 못하고 있었다. 그 단적인 예가 러시아 함대의 동해에서의 도발을 들 수 있다. 그들은 1904년 2월 8일 러일전쟁이 개전된 다음, 여섯 번에 걸쳐 일본 해군 함정에 대해 공격을 가하여 막대한 피해를 입혔다. 그런 와중에 1904년 4월 30일에 편성된 태평양 제2함대가 원정을 위해 핀란드의 항구가 레이웨이에 집결한 것이 같은 해 9월 1일이었다.

다섯째, 이렇게 급박하게 전황이 전개되고 있을 때에 나카이 요사부로란 자가 한국의 영토라고 생각하고 있던 독도에서의 강치 잡이 독점을 위하여 그 대여원을 제출하려고 하자, 전략적 가치를 인식하고 있던 정부 당국은 한국으로부터의 대여보다 일본이 점령을 하는 편이 좋다는 판단을 한 것으로 상정된다.

여섯째, 이런 결정을 하는 데는 동해해전이 러일전쟁에서 차지하는 중요성이 결정적인 역할을 하였을 것이다. 왜냐하면 발틱 함대와의 일전을 앞둔 일본으로서는 이 해전이 그들의 운명이 달렸다는 사실을 너무도 잘 알고 있었으므로, 독도가 그만큼 전략상으로 중요하다는 인식을 했다고 볼 수 있기 때문이다. 실제로 일본 해군은 동해에 있는 울릉도와 동해의 전략적 가치를 충분히 인지하고 있었다는 것은 호리 가즈오(堀和生)의 연구에 의해서도 이미 입증이 되었다.

마지막으로 독도가 전략상으로 긴요한 곳이란 사실은 발틱 함대의 사령관 로제스트벤스키(Rozhdestvensky) 중장이 의식을 잃은 채 포로로 잡힌 곳이 울릉도 부근이었고, 그를 대신하여 함대의 지휘권을 장악한 네보가토프(Nebogatov) 소장이 모든 주력 잔함을 이끌고 일본에 투항한 곳이 독도 동남방 18마일 해상이었다는 점을 통해서 확인할 수 있다.

그러므로 일본은 나카이 요사부로란 자의 영토 편입 요청 때문이 아니라, 당시 급박했던 전황 때문에 독도를 강탈하였으며, 이렇게 하여 러일전쟁을 승리로 이끈 다음 그들은 한국을 완전한 식민지로 강점했다는 것은 명백한 사실이다. 이와 같은 사실을 교묘한 말로 호도하는 일본의 처사는 손바닥으로 하늘을 가리는 것이므로, 지금이라도 정직한 역사적 인식에 입각하여 독도 문제의 해결에 임해주기를 바란다는 것을 첨언해둔다.

[참고문헌]

김병렬·나이토 세이츄, 『한일 전문가가 본 독도』, 다다미디어, 2006.

김화경, 「일본의 독도 강탈 정당화론에 대한 비판-쯔카모도 다카시의 오쿠하라 헤키운 자료 해석을 중심으로」, 『인문연구』 57, 영남대 인문과학연구소, 2009.

송병기 편, 『독도영유권자료선』, 한림대출판부, 2004.

신용하, 『독도의 민족영토사 연구』, 지식산업사, 1996.

신용하 편저, 『독도영유권자료의 탐구』 2, 독도연구보전협회, 1999.

최문형, 「노일전쟁과 일본의 독도 점취」, 『역사학보』 188, 역사학회, 2005.

金贋龍, 『外交文書で語る日韓合併』, 合同出版, 1996.

稻葉千晴 譯, 『日本海海戰, 悲劇への航海』, 日本放送出版協會, 2010.

松田十刻, 『日本海海戰』, 光人社, 2005.

野村實, 『日本海海戰の眞實』, 講談社, 1999.

奧原碧雲, 「竹島經營者中井養三郎立志傳」, 『竹島問題に關する調査研究-最終報告書』, 竹島問題研究會, 2007.

伊藤正德, 『大海軍を想う』, 文藝春秋社, 1956.

佐世保海軍勳功表彰會 編, 『日露海戰記』, 佐世保海軍勳功表彰會, 1906.

佐々木茂, 「領土編入に關わる諸問題と資·史料」 『竹島問題に關わる調査研究-最終報告書』, 竹島問題研究會, 2007.

海軍軍令部 編, 『明治三十七八海戰史』 2, 春陽堂, 1909.

제3부

바람직한 독도교육의 방안

일본의 영토교육에 대한 다층적 접근의 이해

박 철 웅

1. 다양한 양상

인간의 삶의 존재양식은 근본적으로 공간적 존재가 되었고, 이 공간에서 역사는 새겨졌다. 그리고 그 공통의 역사적 공간은 점차 영토 또는 국토로 표상되었다. 영토는 국가(민족)의 공동의 삶의 터전으로 공동체 의식을 느낄 수 있는 물적 기반을 제공하고 민족을 우리라는 감정을 공유하도록 함으로써 국가정체성 형성에 기여한다(서태열 외, 2007).

예상했던 것처럼 일본의 문부과학성은 2012년에 사용되는 중학교교과서의 검정결과를 공표하였다. 일본에선 지진에 따른 국내 문제로 크게 뉴스의 초점은 되지 않았다. 반면 우리는 지진 지원과는 별도라는 대응논리에 따라 항의의 강도를 높였다. 이미 일본의 마쓰모토 외상은 2012년 3월 10일 산케이신문과의 인터뷰에서 독도문제는 일본의 룰에 따라 확실히 행할 필요가 있다고 발표했고 3월 19일 교토에서 있었던 한중일 외상회담에 앞서 독도가 일본의 영토라는 입장을 지켜가지 않으면 안되며, 정부로서 그 입장은 여하튼 변하지 않는다고 강조하였다. 이미 일본의 교과서 검정 결과는 예견된 것이다. 최근 한국과 일본 간뿐만 아니라, 양국 내에서도 독도문제는 미묘한 양상을 보이는 사례들이 보이고 있다.

대체로 그간의 독도문제는 일본의 영유권 주장을 통해서 한국이 반응을 보이는 사례가 일반적이다. 2009년도, 기자회견에서 일본 교육수장인 문부과학상은 이날 발표한 새 고교 지리·역사 교과서 해설서에 독도란 표현이 빠진 것과 관련해 "다케시마(독도의 일본명)는 우리의 고유영토로, 정당하게 인식시키는 것에 어떤 변화가 있는 것은 아니다"라고 말했다(경향신문. 2009.12.25). 이에 우리 정부의 반응은 성명보다 한 차원 낮은 외교통상부의 논평을 내고 주한일본대사를 불러 유감을 표하는 대응을 보였다. 2008년 '중학교 교과서 해설서'의 영유권 주장에 대해 '엄중 대처'라는 강경조치 취했던 때와는 사뭇 달랐다. 이번에도 지지의 변수로 국내 여론의 관심도 작년 신학습지도요령의 발표 때보다 주목받지 못한 상태이다. 세계시민성과 영토성이 하나의 공간에 혼성되는 복합적 양상도 보이는 경우다.

일본 역시 "영토문제를 어떻게 교육해야 하느냐는 상대국을 배려해야 하는 것은 아니다"라는 문부성 차관이나 "우리나라(일본)의 교과서이기 때문에 외교적인 배려를 한 것은 아니다"라는 문부과학성의 대응을 인정한 점을 보아 일본정부의 입장도 한국과의 외교마찰을 직접적으론 피하면서, 독도영유권에 대한 문제는 언제나 문제시하는 '돌출' 발언으로 그 이중성을 드러내고 있다.

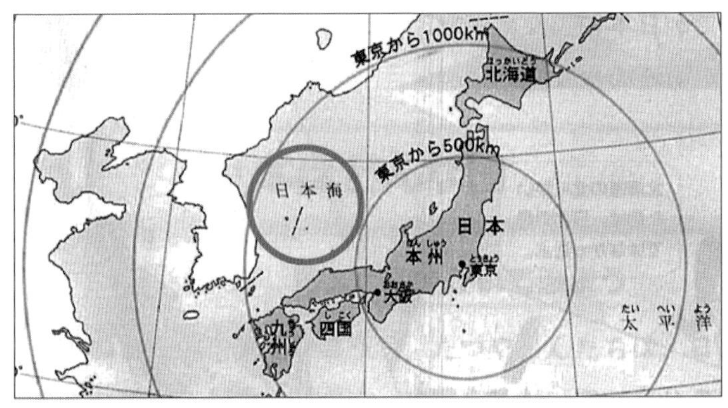

〈그림 1〉 일본 문교출판의 초등학교 5학년 사회교과서의 열본 국경

　일본 내의 상황에서는 홋카이도의 교원노조인『북교조(北敎組)』가 지역의 민주당 중의원에게 불법 선거자금을 지원했다는 혐의가 알려지면서 불똥이 북교조의 교사들에게 배포되는 토의자료인『홋교(北敎)』(2008.1.28호)에 떨어졌다. 여기서 북교조는 문부과학성이 중학교의 해설서의「타케시마의 영유권」명기는 한국측 입장에서는 극히 부당한 것으로 한국측의 입장이 옳다는 내용이 있다. 이에 대해 산케이 신문은 이를 비판하여 기사화하였다(산케이. 2009.12.27). 당연 한국 측에서는 이 북교조의 입장을 환영하는 관점에서 보도하고 있다(한겨레, 2009.12.28). 이처럼 하나의 독도가 독도를 둘러싼 사건들을 통해서 서로 다른 양상을 보이고 있다. 독도문제, 즉 양국의 영토문제는 일정한 대응 논리의 흐름을 유지하면서도 상황에 따라 다른 양상으로 나타날 수 있는 문제로 독도를 둘러싼 구성요소에 변화에 따라 서로 다른 배치가 나타나면 서로 다른 영토화를 상상할 수 있게 된다.

　일본의 독도에 대한 영유권 주장에 대한 반복과 제도교육에서의 독도 영토교육의 편입은 일본의 영토성에 대한 강화이며, 국수적 회귀이다. 우리는 자국의 지리, 역사를 비롯한 사회과 교육의 내용에 영토교육을 포함하고 있다. 지리교육에선 실효적 지배의 독도 영토권을 지도화하여 교육시킴과 동시에 스케일에 따른 향토교육과 세계교육의 축 상에서 시민 혹은 세계시민으로서 세계평화의 교육적 목적을 실체화시켜놓았다. 하지만 현장 영토교육의 실천적 과정과 별개로 독도는 그 누가 뭐라 해도 우리 땅일 뿐이다. 사실 이 명제는 한국인에게 교육 이전의 문제일 수 있으며, 신성불가침한 것이다. 우리에게 독도 자체는 영토교육 그 이상이며, 민감한 민족적 생존의 문제이다.

이러한 시점에서 독도의 영토교육은 시·공간적 담론의 하나로 재영토화, 장소화를 통해서 이루어지는 국토에 대한 내부적인 지리적 재발견임과 동시에 외부적 경계에 대한 하나의 정체성 구성이며 대응이다. 따라서 독도의 영토교육은 애초부터 순수한 교육적 접근을 통해서 이루어지는 장소교육이라기 보다는, 국가가 국제법상의 제한이 없는 한 원칙적으로 배타적 지배를 할 수 있는 장소에 대한 국가권력의 영토고권을 유지하려는 국가적 지식의 전략에 기인하는 속성을 지니고 있다는 점을 간과할 수 없다.

본고는 그러한 과정을 위한 일본의 독도에 대한 영토교육에의 다면적 접근으로, 정부차원에서 그리고 교육과정의 차원 및 지방자치정부의 차원에서 추진 양상과 실태를 주로 살피는 데 있다.

2. 일본 영토교육의 다차원적 접근

1) 일본정부의 다차원 접근

근대 일본에서의 '국민'과 '민족' 개념의 형성과 전개 과정을 살펴보면 유럽의 여러 국가보다도 더욱 강하게 다른 것에 대한 배제를 전제로 하는 민족적 내셔널리티를 강조하는 것을 알 수 있다. 일본에서 국민이란 용어를 처음으로 고안해 낸 사람은 후쿠자와 유키치(福澤諭吉)로, 그는 개개인이 "국가를 위해서는 재산뿐 아니라 목숨까지 버릴" 각오를 갖고 있을 것, 즉 애국심이 바로 '국민'의 성립에 핵심이 되는 요소라고 하면서 애국심이 '국민'과 '국가'의 독립의 필수 조건이라고 주장하였다(후쿠자와 유키치, 1984). 반면 우리는 5,000년의 역사에서 한반도 중심 공간의 뿌리가 확고하다. 근대화의 과정에서 일본의 침략과 맞물려 확실한 영토성을 대외적으로 선포하진 못했지만, 그 공간에 대한 뿌리는 우리에게 양보할 수 없는 터에 대한 생존성을 강화시켜 왔다.

2008년 하토야마 유키오(鳩山由紀夫) 법무상도 "독도는 우리 고유의 영토이며 한국과 주장의 차이가 있더라도 일본 국민에게 우리 고유의 영토라는 점을 교육하는 것은 당연하다"(조선일보. 2008.7.16)는 발언 속엔 미래세대에 대한 영토교육의 중요성을 내재시키고, 이슈화하여 독도가 한국령으로 편입된 문제점을 다음 세대에게 영토교육 차원에서 인식시키려는 것이다. 즉, 독도의 영토문제는 교육을 통해서 현재의 문제의 해결보다는 이 문제에 대한 지속적인 관심을 후세에게 심어주는 것이다.

이러한 전제를 필두로 일본의 영토교육은 교육적 측면이외, 국가기관, 민간기구에 의한 정치적, 외교적 접근, 일반 시민 활동을 통한 사회인식 측면에서도 접근되는 다층적 전략이 함께하고 있다. 따라서 영토교육의 대상도 다층적이다. 대내외 자국과 주변국 및 세계 여러 나라를 대상으로 하며 수평적 차원의 접근과 어린 아동부터 일반국민, 심지어는 한국인까지도 대상으로 하고 있다. 일본은 지금까지 주로 영토교육의 핵심은 북방 4개 섬에 대한 것이었지만, 이제 독도를 비롯 센가쿠 열도에 대한 영유권도 같은 맥락에서 전략적으로 강화하고 있다. 특히 자국의 영토에 대한 위치의 확인과 문제의 영토에 대한 지속적인 관심과 주장을 정당화하려는 하는 것이다. 지리교과에서의 영역성과 국제법상의 문제를 제기하는 공민 교육을 통해 한국의 불법 점유를 알리는 것도 다층적 전략이다. 독도 문제를 단지 역사적 측면에서 보려는 우리의 시각과는 차이가 있다.

제도교육을 축으로 정치적, 법적으로 기반할 수 있는 외무성, 법무성, 문부과학성이 큰 틀을 주도하여 외교 및 홍보, 영토 교육 대한 법적 근거를 마련하고, 체계적으로 초중등학생의 영토교육의 교육과정을 이행시키고 있다. 이러한 일본의 영토교육 접근은 대외와 대내의 수평적·수직적 차원으로 다층적이면서 다양한 스케일에서 영토교육을 실체화하고 있다. 이는 특히 일본이 주장하는 국제사법재판소로의 문제화를 위한 전제적 영토교육의 일환이라고 볼 수 있다. 이와 동시에 시마네현의 지방자치단체, 민간단체, 교육위원회가 주도하며, 독도교육을 이미 향토교육(후루사토교육)에 편입시켜 실질적인 영토교육을 실천하는 것은 지방정부의 주체적 인식을 전제하는 것이다. 이와 관련 교재를 개발하도록 지방자치정부와 시민교육기관 등이 유기적으로 연대하고 공유하는 하고 있다.

2) 외무성의 접근

외무성의 영토교육 접근은 현재 홈페이지를 통한 지속적인 대외 홍보 중심으로 이루어지고 있다. 따라서 독도와 관련한 외무성 홈페이지는 일어, 영어, 한국어 등 주요 국가의 언어와 관련 국가에 대한 자료와 홍보를 국제화하고 개방화하는 접근 방식을 취하고 있다. 외무성 홈페이지의 홍보교육은 다케시마(독도)에 대한 한국의 불법적 점거에 대한 현실에 대한 것이 홍보의 중점이다.

따라서 가장 중요한 콘텐츠의 내용은 별책으로 「팜프렛 ‘다케시마 문제를 이해하기 위한 10가지 포인트’」라는 책자로 제공하고 있다. 이를 인터넷에서 pdf 파일로 다운을 받아서 쉽게 접근할 수 있도록 되어 있다. 일본어, 한국어, 영어, 아라비아, 중국어, 프랑스, 독일, 포르투갈, 러시아, 스페인어로 주요 국제 통용어와 당사국의 언어로 되어 이어 일본의 주장과 정당성을 홍보하고 이슈화하는 것이다(그림 2). 우리가 주로 내국인인을 대상으로 하는 대국민 독도 교육과 문제시마다 실행되는 계기교육에 초점을 두는 것과는 차원이 다른 접근이다. 이는 국가 형태의 공식적이면서도 가시적 영토교육의 접근성을 보여주는 것이다.

〈그림 2〉 외무성 홈페이지에 탑재된 다케시마 팜플렛
(한글판과 프랑스어판)

위의 홍보 팜플렛의 주요 주장 내용을 보면 다음과 같다.
- 일본은 옛날부터 다케시마의 존재를 인식하고 있었다.
- 한국이 옛날부터 다케시마를 인식하고 있었다는 근거는 없다.
- 일본은 울릉도로 건너갈 때의 정박장으로 또한 어채지로 다케시마를

이용하여, 늦아도 17세기 중엽에는 다케시마의 영유권을 확립했다.
- 일본은 17세기말 울릉도 도항을 금지했지만, 다케시마 도항은 금지하지 않았다.
- 한국이 자국 주장의 근거로 인용하는 안용복의 진술 내용에는 의문이 많다.
- 일본정부는 1905년 다케시마를 시마네현에 편입하여, 다케시마 영유의사를 재확인했다.
- 샌프란시스코 평화조약 기초과정에서 한국은 일본이 포기해야 할 영토에 다케시마를 포함시키도록 요구했지만, 미국은 다케시마가 일본의 관할하에 있다고 거부했다.
- 다케시마는 1952년 주일미군의 폭격 훈련구역으로 지정되었으며, 일본영토로 취급되었다
- 한국은 다케시마를 불법점거하고 있으며, 일본은 엄중하게 항의를 하고 있다.
- 일본은 다케시마 영유권에 관한 문제를 국제사법재판소에 회부할 것을 제안하고 있지만 한국을 이를 거부하고 있다.

이상의 내용은 상황논리에 근거한 독도에 대한 근대화 시점에서의 영토화 과정을 법적근거로 제시한 것이며, 한국의 실효적 지배에 대한 항의와 국제사법재판소의 회부를 주장하고 있다. 이에 대한 한국측의 대응은 개별 사안에 대해서 가령 에도막부의 독도에 대한 일본의 어부들의 출어 금지와 같은 근거로 다른 주장을 제시하고 있지만, 아직 대국민 홍보에만 머물고 있다. 국제사회에 대한 외교와 홍보를 위한 체계화된 채널이나 자료 구축이 미비한 편이다.

일본은 외무성 홈페이지라는 대외국 채널을 통해 홍보와 교육의 일관성을 제시하여, 분산된 주장들을 일원화하고 있다. 독도와 관련된 외무성의 홈페이지를 보면 외무성메인/region/asia-paci/의 첫 페이지로 역지평확대방법으로 전개하고 있다. 이와 함께 동해의 명칭문제와 독도의 문제를 이슈화시켜서 다루고 있고, 독도 홈페이지에서는 가장 핵

심적인 주장은 한국의 실효적 지배에 대한 한국 측이 정당성을 제시하지 못한다는 내용을 제시하고 있다. 또한 하위메뉴를 통해서도 동일한 일본의 독도문제에 대한 주장의 접근전략을 살펴볼 수 있다(〈표 1〉). 그리고 하단에 지도를 통해서 독도의 위치와 거리를 통해서 일본과의 접근성을 제시하는 시각적 이미지화로 접근하고 있다. 끝으로 독도를 방문하는 일본인이 한국의 출입국 수속에 따라서 독도에 입도하는 것을 한국의 독도 영유를 인정하는 것이 되므로 자숙하길 바란다는 공지성 내용을 제시하고 있다(그림 3). 이는 구체적인 예시를 통해 국민행동요령을 제한하는 매우 세세한 접근 전략을 가지고 있음을 보여주고 있다.

최근 일본의 외무성이 1999년 홈페이지에 독도 문제를 다루면서 '고유영토'라고 주장하는 전략에서, 2004년부터 한국의 실효적(實效的) 지배를 '불법 점거'로, 독도에서 한국의 행위를 '법적 정당성을 갖지 못한 것'이라고 더욱 강화된 접근 전략을 펼치고 있음을 보여주고 있다. 이러한 시도에 대한 일본의 궁극적인 목표는 명확하다. 독도를 국제분쟁화해서 국제사법재판소로 가져가겠다는 것이다(한국일보. 2008.7.15)

〈표 1〉 외무성의 홈페이지 제공자료

페이지	서브메뉴 제공자료
독도문제의 개요	독도의 인지, 독도의 영유, 울릉도에의 도해금지, 독도 시마네현편입, 제2차대전후의 독도, 샌프란시시코평화조약기초과정에 있어서 독도취급, 국제사법재판소에의 제소제안 등 자료

〈그림 3〉 한국을 통한 독도 방문 자제를 요청하는 외무성의 홍보

3) 문부과학성 신교육과정의 영토교육

일본은 문부과학성의 주도하에서 제정된 초중등 교육과정의 「각 교과 등의 개정안 포인트」(문부과학성, 2008) 자료에서 교육기본법, 학교교육법 등에 따라 교육과정을 편성할 것을 명확히 하고 있다(신학습지도요령 관련자료. 2009). 이를 법적 기반으로 하여 2009년 4월 1일부터 일부 시행되는 교육과정인 초·중·고 신학습지도요령을 공표하였다. 본래 이 신교육과정의 이념은 학생들의 생활에서 판단하고 문제를 해결해가는 힘, 즉 「살아가는 힘」을 기르는 것이다. 구체적으로 말하면, 기초·기본을 확실하게 몸에 익혀 사회가 어떻게 변화하더라도 스스로 과제를 찾아 주체적으로 판단하고, 행동하고, 보다 좋은 문제를 해결하는 자질이나 능력을 말하는 것이다. 이러한 의미에서 주변지역에서 나라, 나아가 세계지역에 대한 이해와 관심을 집중하는 것이다.

이러한 모토를 기반으로 신학습지도요령과 해설서에 국토의 영역과 위치 및 국경의 의미를 비롯한 문제의 영토에 대한 영유권과 문제를 분명히 제시하고 있는 내용이다. 특히 독도에 대해서 자국의 고유한 영토를 전제로 한국과 둘러싸고 주장에 차이가 있다는 점을 처음으로 학습지도요령에 제시함으로써 실질적인 독도의 영유권을 내국민 대상 교육적 전략을 확고히 하려는 것이다. 이는 미래세대가 일본과 주변에 대한 새로운 인식을 요구하는 것이며, 자기 정체성을 확고히 하려는 것과 맥락을 같이한다(그림 4).

여기에 제시된 일본의 학습지도요령은, 각각의 학교별에 대해 일정 수준을 확보하기 위해서 법령으로 정한 법적 지위를 가지고 있는 교육과정의 기준이며, 학교 교육법시행 규칙에 근거해, 고시라는 형식으로 널리 국민에게 공포한 것이기 때문이다. 따라서 우리나라와 마찬가지로 일본의 학습지도요령은 교육과정의 편성 및 실시에 있어 따라야 할 기준성을 가지고 있어 법적 구속력을 가지고 있기 때문에 영토교육에 대한 국가적 전략을 수립한 단계로 볼 수 있다.

이런 교육과정에의 독도문제의 삽입은 아사히(朝日)신문 주간을 지낸 와카미야(若宮啓文)가 지적한 것처럼, "3년 전 독도를 한국의 불법 점거로 검정된 것에 비해 180도 전환된 것이며 적어도 과거 지배받은 한국 측의 마음을 이해할 수 출발점도 될 수도 있다는 또 다른 시각을 제시하고 있다고 보고 있다. 하지만 일본 정부가 중학 사회학습지도요령해설서에 독도를 일본 영토로 가르치도록 명시한 것은 주변국과 갈등을 부르더라도 영토 교육을 강화하겠다는 강력한 정책 의지의 표시이기도 하고, 속내는 당사국의 외교적 마찰과 반발 자체를 의도적으로 부각시켜 독도문제를 국내외적으로 이슈화 시키고자 하는 의도라는 주장도 있다.

4) 일본 교과서의 위치와 요구성

일본에서 교과서는 한국에서처럼 초등학교, 중학교, 중등교육학교 등에서 교육과정의 구성에 따라 조직 배열된 교과의 주된 교재로서 자리매김되어 있다. 또한 학생이 학습을 진행시키는데 있어서 중요한 역할을 가지고 있으며, 교육의 기회 균등을 실질적으로 보장하고, 전국적인 교육수준의 유지 향상을 도모하기 위해, 각 학교에서, 교과서를 사용하는 것이 거의 의무적으로 되어 있다. 더구나 일본의 학교교육에서는, 각 학교가 편성하는 교육과정의 기준으로서 문부과학성이 학습지도요령을 정하고, 교과서는 이 학습지도요령에 나타난 교과·과목 등에 따라 작성되고 있기 때문에 각 학교에서는, 교과서를 중심으로, 교사의 창의 에 따라 적절한 교재를 활용하면서 학습지도를 하도록 되어 있어 교과서는 우리나라처럼 매우 중요한 교육과정의 구현체라고 볼 수 있다.

이러한 교과서 중요성을 감안하여 독도의 영유권을 주장하고 '다케시마의 날'을 제정한 시마네현은 2007년 11월 12일에 이어 2008년 9월 1일에도 각 교과서회사 앞으로 지사명의로 다음과 같은 서신을 보내 교과서에 다케시마가 기재되도록 요청을 하였다. 전문은 (자료 1)과 같다.

시마네현의 이러한 노력은 일찍이 독도에 대한 한일교과서의 차이에 대해서 검토한 내용을 통해서 갖게 된 시도이다. 시마네현이 2005년 제정한 「다케시마의 날 조례」는 뜻밖에, 독도에 대한 한일 양국의 인식차를 나타냈는데 일본에서 「왜 지금, 조례 제정인가?」라는 당황스러움도 적지 않았던 반응과 관심도의 저하에 비해 한국은 거국적으로 맹렬하게 반발한 데는 교육의 차이, 즉 영토교육의 차이 있다고 보고 있었기 때문이다.

〈자료 1〉

교과서 회사 귀하

교과서에의 「다케시마」 기재에 대해

「다케시마」는, 역사적으로도 국제법적으로도 본현 오키군 오키의 시마쵸에 속하는 우리나라 고유의 영토입니다. 그렇지만, 반세기 이상에 걸쳐서 한국에 불법으로 점거되어 우리나라의 주권을 행사할 수 없는 상황이 계속되고 있습니다.

영토 문제는, 국가, 국민에게 있어서 기본적인 문제이며, 국가와 국가와의 외교교섭으로 평화적으로 해결되어야 할 일인 것은 말할 필요도 없이, 본 현으로서는, 모든 기회가 있을 때마다, 국가에 대해서 다케시마 문제의 조기 해결을 위한 외교교섭을 적극적으로 진행되도록(듯이) 요망을 계속하고 있습니다.

또, 본현에서는, 헤세이 17년(2005) 3월에 「다케시마의 날을 정하는 조례」를 제정해, 이 문제의 해결을 향한 국민 여론의 환기를 도모하기 위한 조치를 추진하고 있는 중입니다.

다케시마 문제의 조기 해결을 위해서는, 이 문제에 관한 국민의 이해를 삼화시킴과 동시에, 그 해결을 향한 의식의 고양을 도모하는 것이 무엇보다 중요하다고 생각하고 있습니다.

> 특히, 전국의 초등학생, 중학생 혹은 고교생이 다케시마 문제를 이해하는 것은, 국민 여론의 환기 후에 지극히 중요합니다. 시마네현으로서는, 문부과학성에 대해서, 교과서에의 기술(記述)을 통해 다케시마 문제가 적극적으로 다루어지도록, 학습지도요령에의 기재를 요구해왔습니다. 이번, 중학교 사회과의 지도요령해설서에 새롭게 다케시마의 영토권의 문제가 기재된 것은 일정한 진전이 있었다고 생각하고 있습니다.
> 따라서, 귀사의 발행 교과서에 대해도, 영토 문제의 항목 등에, 「다케시마」는 일본의 영토란 것을 채택해주시도록 배려의 정, 부탁드리옵니다.
>
> 平成 20년 9월
>
> 시마네현 지사 溝口 善兵衛(みぞぐち ぜんべえ)

당시 일본에서 독도의 영유권 문제를 취급하는 것은 중학교에서 공민, 지리 각 1社, 고등학교에서 현대 사회, 일본사, 지리, 정치 경제의 합계 8社 11개 교과서에 지나지 않았고, 초등학교의 교과서에 기술은 아예 없었다. 거기에 내용의 질, 양이 부족했다고 보고 있다. 예로 중학지리에서 「일본 정부는 한국 정부와 교섭해, 다케시마 주변의 수역을 우선 양국에서 공동 관리하는 잠정 어업수역으로 했다」는 정도로 현상의 기술에 그치고 있다.

이에 반해 한국은, 중학의 국정의 국사 교과서로 1쪽을 할애해 「일본은 노일전쟁 중, 일방적으로 독도를 일본의 영토에 편입했다」라고 기술하고, 게다가 고등학교의 검정의 근·현대사 교과서는 「일본은 교과서에까지 독도를 「다케시마」라고 표기해, 자국 영토처럼 왜곡하고 있다」라고 내용이 포함되어 있고, 초등학교의 도덕이나 국어 등에서 독도를 취급하고 있다는 점을 비교 분석하여 대응 수준을 요구하고 있다. 때문에, 시마네현은 2004년, 국가에 「다케시마 문제를 적극적으로 취급하도록, 학습 지도요령으로 채택하면 좋겠다.」라고 요망하였고, 이러한 움직임이 마침내 2006년도부터 사용되는 중학교의 교과서에서는, 공민 3社, 지리 2社가 독도 문제를 다루게 되었다. 그럼에도 여전히 한국과의 「교육의 비중」에서 차이가 분명하다고 보고, 독도의 영유권 문제에 대한 현실적인 해결책인 「대화」를 거듭하려면, 자국의 주장이나 지리와 역사 인식에서 출발해야 한다는 점을 영토교육의 중요성으로 보았다. 이런 인식은 이번 검정 결과처럼 중학교 지리, 공민, 역사 교과서에 관련 내용으로 나타났다(표 2).

〈표 2〉 일본의 교과서 관련 기술(한겨레. 2011.3.31)

일본 교과서 검정통과본 독도 관련 기술

	지리교과서	공민교과서	역사교과서
기존	·6종 가운데 6종 독도 관련 내용 기술 ·불법점거 표현 없음	·8종 가운데 4종 독도 관련 내용 기술 ·8종 가운데 1종 불법점거 표현	·9종 가운데 독도 관련 내용 기술 없음
검정 통과본	·4종 가운데 4종 모두 독도를 일본 고유의 영토로 기술 ·4종 가운데 1종이 불법 점거 표현	·7종 가운데 7종 모두 독도를 일본 고유의 영토로 기술 ·7종 가운데 3종이 불법 점거 표현	·7종 가운데 1종 독도를 일본 고유 영토로기술
주요 내용	·일본해상의 다케시마는 일본 고유의 영토이지만, 한국이 점령하고 있어 대립이 계속되고 있다.　－동경서적 ·일본과 한국과의 사이에도 시마네현의 다케시마를 둘러싼 영토 문제가 있다. (…) 1952년 이후 한국정부가 불법점거를 계속하고 있다.　－교육출판	·시마네현 근해의 다케시마는 한국도 그 영유권을 주장하고 있다.　－일본문교출판 ·시마네현 오키제도 북서에 위치하고 있는 다케시마는 일본 고유의 영토이다. 1954년부터 한국에 의한 다케시마 점거는 국제법상 아무런 근거없이 행하여 불법점거인 바, 일본은 엄중히 항의하는 바이다.국제사법재판소에 부탁할 것을 제안하였지만, 한국은 이것을 받아들이지 않고 있다.　－이쿠호사	·(…)북방영토와 함께 다케시마와 센카쿠열도도 일본 고유의 영토이다. (…)한국과의 사이에 영유를 둘러싸고 주장에 차이가 있고 미해결 문제가 되고 있다.　－교육출판

3. 지방자치 정부의 접근

1) 시마네현 영토교육 접근

2009년 3월 19일자 아사히신문에는 「다케시마를 배우는 수업, 시마네현의 전공립초중등학교에서 본격화로」라는 제목으로 2009년부터 시마네현의 모든 공립초중등학교에서 본격화한다는 기사를 실었다. 이에 따르면 현교육위원회가 교사용 안내서와 수업에서 사용할 부교재를 배포하여 중학교 사회과 학습지도요령해설서에 독도가 처음으로 명기된 것에 따라 전국에서 선도적으로 독도를 정면으로 다루는 시도가 시작되었다고 한다.

이 안내서에는 초등학교 5학년 1차시 수업에서 「왜 지금, 다케시마에서 고기를 잡을 수 없나요」라는 제목을 상정하여 DVD자료와 다케시마의 날을 가르치는 내용으로 되어 있다. 중학교 1학년은 2차시 수업으로 섬 주변의 어업문제, 다케시마를 둘러싼 한일 대립 등을 배우고, 교사가 「지금부터 다케시마 문제가 어떻게 변하면 좋을까」라는 질문을 통해 양국이 상호이해를 깊어지도록 하는 것이 중요한 내용이다(아사히신문. 2009.3.15).

가) 웹다케시마문제연구소

현교육위원회와 시마네현의 다케시마와 관련한 영토교육의 자료를 생성하고, 관리하고 홍보하는 「웹다케시마문제연구소」에 의해 주도되고 있다. 이 연구소는 2008년 학습지도요령에 독도의 명기를 기점으로 「다케시마를 배우는 강좌」를 통해서 독도문제를 초중등학교에서 어떻게 다루어야 할지에 대해서 준비해 왔다. 2007년에는 독도 문제에 관한 조사연구의 최종보고서를 작성하였고 주로 이 자료를 기초로 해서 부교재 작성과 독도에 대한 영토교육을 접근하고 있다. 대부분의 독도에 관한 홍보와 자료 탐색은 시마네현 홈을 통해서 접근 가능하도록 구성되어 있다. 이 연구소는 영어와 한국어 사이트를 동시에 갖고 있다. 주로 한국어 사이트에는 다케시마가 무엇인가, 역사적, 국제법상으로 영토임과 동시에 영토권 확립을 중앙정부에 요구하고 내용을 중심으로 접근하고 있다. 이 독도문제연구소는 2007년 후반에는 다케시

마 문제에 관한 조사연구 최종보고서를 작성하여 내놓았다. 이 최종
보고서에는 「학교교육에서의 다케시마 문제」라는 장을 통해서 「중학
교교과서에서 다케시마에 관한 기재상황의 변화 등과 금후의 과제」그
리고 「오키노시마마치쵸 교육위원회의 후루사토교육부교재 '후루사토
오키'」의 내용을 제시하고 있다.

나) 민간단체 시민강좌

「2007년 다케시마북방영토문제츄고쿠시코쿠블록청소년육성사업」이
다케시마 북방 영토 반환 요구 운동, 시마네현민회의가 기획한,「영토
문제 강좌」는 36명의 초등 고학년생, 중학생에게 공개 수업의 형태로
지도하여 관심을 집중시키고, 이후 감상을 발표, 감상 발표하였다. 내
용에는 초등그룹은 일본과 한국이 사이좋게 공동으로 이용하도록 했
으면 한다고 하는 의견이 많았고, 중학생의 그룹은 일본의 영토인 것
은 명백하다에서부터 일본 정부가 더 적극적으로 임했으면 좋겠다고
하는 발언에 수위의 차이가 나타났다(그림 4).

〈그림 4〉 민간단체 주도 다케시마 영토교육의 모습

2008년에 들어서서는 웹다케시마문제 연구소에서 주관하는 9회의 강
좌를 개설하여 영토문제강연회를 독도에 집중하여 배우는 쪽으로 방

향을 잡고 있어 시마네현의 영토교육은 시마네현청이 주도하면서 교육위원회, 연구소 등이 협력하는 일원체제의 영토교육을 하고 있다.

平成20年度「竹島問題を学ぶ」講座

講師および講座内容

※講師等の都合により、日程および講座内容は変更することがあります。

回（月日）	講師	講座内容	場所
第1回 6月22日	1.島根県総務部総務課 2.杉原 隆（島根県竹島問題研究顧問）	1. 竹島問題の概要、県の取組み等について 2. 竹島問題とは何か	島根県立図書館 集会室
第2回 7月27日	佐々木 茂（島根県立松江東高等学校教諭）	近・現代史における竹島問題	島根県立図書館 集会室
第3回 8月24日	1.伊藤 博敏（出雲市立高浜幼稚園園長）2.常角 敏（隠岐の島町立布施中学校教頭）	1. 学校教育と竹島問題 2. 小・中学生にこう教えています竹島問題	島根県立図書館 集会室
第4回 9月28日	内田 文惠（松江市文化財課史料編纂係長）	古文書が語る竹島問題	島根県職員会館 2階多目的ホール
第5回 10月26日	塚本 孝（国立国会図書館資料提供部長）	国際法から見た竹島問題	島根県立図書館 集会室
第6回 11月16日	伊藤 康宏（島根大学生物資源科学部教授）	島根漁民の朝鮮近海出漁	島根県立図書館 集会室
第7回 12月14日	森須 和男（浜田市文化財審議会委員）	「天保竹島一件」－今津屋八右衛門について－	島根県立図書館 集会室
第8回 1月25日	岡 宏三（県立古代出雲歴史博物館専門研究員）	古代出雲歴史博物館所蔵の竹島関係地図について	島根県立図書館 集会室
第9回 2月22日	下條 正男（拓殖大学国際学部教授）	「最新の竹島問題」今何をなすべきか	島根県民会館

〈그림 5〉 시만네현 웹 다케시마문제 연구소의 독도문제 집중강좌 내용

2) 시마네현 교육위원회의 영토교육 접근

현교육위원회는 그간 안내서나 교재가 없어서 수업에서 영유권문제를 구두로나 독도의 위치를 지도에서 확인하는 정도였다고 보았다. 시마네현은 2009년 2월 23일에 개최된 교육위원회에서 「다케시마에 관한 부교재를 사용한 학습에 대해서」라는 의무교육과의 의제 제87호에서 중학교에서 사용할 독도에 대한 부교재를 작성중이라고 밝히면서,

북방영토반환요구운동시마네현민회의, 시마네현총무부총무과, 시마네현교육위원회의 3자가 주체적으로 나서서 2008년 7월부터 공동으로 작성하고 있다고 밝혔다. 이 교재의 작성에는 교사 10명 정도가 참가하여 현장 교육의 수준화에 맞는 자료의 적정성도 고려하고 있다. 내용은 크게 3부분으로 나뉘어 지도안의 예시, 영상자료(DVD), 워크시트로 되어있다. 독도 지도내용을 연간지도계획에 포함시켜 수업 중에 실시하는 것으로 되어 있다. 내용을 보면 다음과 같다.

학년대상	목적	교과단원	차시
초등학교 5학년 사회과	다케시마의 이름, 위치, 어업을 통해서 다케시마와 시마네현의 관계를 이해시키는 것	「국토와 환경」	1시간
중학교 1학년 지리	다케시마를 둘러싼 한국과의 영토문제의 역사, 영토문제의 실상을 이해시키는 것	「일본의 지역구성」	2시간

부교재는 학교에 배포를 계획하고 있으며 올 초에 수업에 들어갈 것이라고 밝히고 있다. 이러한 수업에 대한 근거로 신학습지도요령의 '일본과 한국의 사이에 독도에 대한 주장에 차이가 있음을 다루고, 북방영토와 같이 우리의 영토, 영역에 대해서 이해를 심화시킬 필요가 있다는 내용을 덧붙였다. 시마네현교육위원회에서는 이 부교재를 바탕으로 해서 수업하도록 통지하고 있지만 기실 독도에 대한 영토교육의 중요성을 지적해도 의무적으로 할 수는 없다는 점도 밝히고 있다. 이에 시마네현 의무교육과장은 독도에 관한 학습을 실시하는 것에 대하여 지금까지도 부탁해 왔지만, 이번은 단순한 요청이 아니고, 제대로 된 형태로 통지해 철저히 하고 싶다는 뜻을 피력하였다. 이 표명은 바로 시마네현 교육당국의 독도에 대한 영토교육에 대한 의지로 볼 수

있다.

3) 후루사토 교육

2009년에 들어서 5월에 시마네현 교육위원회는 독도 수업 안내서에 이어 DVD교재를 완성하여 배포하고 있다. 내용은 4~7분 정도이다. 초등학교 5학년용은 독도의 위치와 과거의 어업 상황을, 중학교 1학년용은 메이지시대에 독도가 시마네현에 편입되었던 것을 전쟁 후에 한국측이 일방적으로 영토로 편입한 내용을, 중학교 2학년용은 잠정(暫定) 수역으로 인해서 독도 주변에서 어업을 할 수 없게 된 문제점 등을 영상으로 알기 쉽게 정리한 것이다.

일찍부터 시마네현 교육위원회의「후루사토(ふるさと)교육」은 지역의 자연, 역사, 문화, 전통 행사, 산업이라고 하는 교육자원을 활용해, 학교·가정·지역이 하나가 되어서, 고향에 대한 자긍심이 풍부하고 씩씩한 아이를 기르는 것을 목적으로 하는 생애학습 차원이다. 이 교육은 다케시마의 날을 선포한 2005년부터 현내 전 초·중학교에서 진행하고 있는 중점 시책이다. 이 후루사토교육에 대해 한 교육위원은 독도는 일본의 영토라는 것을 현장의 교사들이 자신을 갖고 교육하는 것이 소중하다. 한국에서는 유치원부터 가르치고 있다. 자칫 초등학교에서도 늦은 감이 있다는 생각이 들지만, 일본인으로서의 그리고 시마네현인으로서 자긍심을 기르는 의미에서라도 교육 현장에서 제대로 가르쳐주길 요망한다고 밝히고 있다. 시마네현에서는 후루사토교육과 독도 영토교육이 자연스럽게 결합하여 교육현장에 접목될 가능성이 많다. 이미 오키노시마쵸 교육위원회에서는 후루사토교육 부교재「후루사토 오키」로서 독도 관련 130페이지 분량의 교육자료를 제작하여 초등학교 5학년부터 중학교를 대상으로 학교현장에 활용토록 하고 있다.

4. 결론

독도에 대한 이런 양국의 상황적 맥락과 국제사회의 역사적, 정치적, 경제적, 법적, 사회적 환경과의 접속에서 나타나는 구성 요소의 변화와 그 구성 요소의 재배치에 의한 현안의 인식과 설정, 그에 대응 전략에 따른 요소들의 배치가 관계된다는 점에서 가변성을 잠재하고 있는 현재이면서 일시적 응결상태이다. 독도의 영토교육은 독도, 한반도, 동아시아, 아니 세계의 맥락에서 이웃되는 요소들의 접속과 배치를 달리하고, 그에 따라 생성되는 사건과 의미를 담아 낼 수 있다. 따라서 영토교육은 국민의 국가의식과 영역의식을 길러주는 것뿐만 아니라 지정학적 동아시아와 세계적 관점에서 다루어져야 할 요소이다. 따라서 독도의 영유권에 대한 소유의 존재보다 어떻게 될 것인가에 대한 폭넓은 검토를 바탕으로 해야 한다. 즉, 독도의 영토문제는 고정된 틀과 양상의 문제가 아닌 공간적, 시간적으로 끊임없이 가변적인 면에서 다루어져야 한다. 이후 일본의 독도에 대한 영토교육이 실제 학교에서 어떤 양상으로 전개되는지, 신학습지도요령의 이행기간이 끝나는 3년 후에야 좀 더 결과를 추적할 필요가 있다.

현재까지 진행되고 있는 영토교육의 동향과 실태를 통해서 파악되는 일본의 동해 및 독도에 대한 영토교육의 접근성을 살펴보면 다음과 같다.

• 외무성의 영토교육은 철저히 관련 국가 및 전 세계에 대한 영토영유권 혹은 불법점유에 대한 전략적인 홍보차원의 접근이다.

• 관련 영토교육을 법무성, 외무성, 문교과학성이 각자 외교적, 법률적, 교육적 지원을 유기적으로 결합하여 영토교육을 체제화시켜 가고 있다.

• 현재의 해결보다는 차세대에 대한 영토성의 중요성과 정체성을 계승하려는 교육으로 접근하고 있다.

• 교과서의 영토교육 관련 내용에서 독도에 대한 교육 내용이 강화되고 있다. 일본의 학교교육에서 영토교육관련 내용을 보면, 일본의 사회과에 나타나는 영토교육 관련 내용은 중학교 과정의 '일본의 지역 구성(일본의 위치 영역 등)'과 고등학교 과정 (지리B)의 '현대세계의 제 문제에 대한 지리적 고찰'이 대표적인 것들인데, 최근에 나타나는 변화 중의 하나는 독도에 대해 역사적 접근보다는 영토와 주권문제로 전환, 영토를 둘러싼 대립, 갈등의 대상으로 보도록 국제법적 문제를 비롯 다면적 접근을 강화하고 있다는 점이다.

• 관련 시마네현이 독도 영토교육을 행정 정책적으로 주도하고 관민단체가 이에 조직적이며, 영토교육 관련 기관 단체의 합동연구 및 상호협조 체제를 구축하고 있다(북방영토교육의 경우 13개)

• 시마네현 독도 영토교육은 초·중·고의 학교 교육뿐만 아니라 현 내 전체를 대상으로 포괄적 접근을 하면서 영토교육 대상은 초·중·고 학생과 교사, 일반인이며, 교육목적을 달리하는 차별적 교육 접근을 하고 있다.

• 영토교육에 관한 자료는 인터넷 홈페이지를 중심으로 관련 아카이브로 체계화시키고 자료와 내용의 일관성을 유지하고 있다. 또한 영토교육과 관련한 자료는 일회성이 아닌 지속적으로 제공하며, 다양한 매체(팜프렛, 만화, VTR, 책자 등)로 제공하고 있다.

• 자료전시를 통한 영토관(領土館) 등 관련시설을 통한 체험교육과 '독도의 날'을 통한 한 계기와 참여 실행 교육적 접근을 병행하고 있으며, 지자체에서는 해당 학교를 중심으로 시범 및 향토교육을 통한 향토애를 배양하는 교육방법적 접근을 하고 있다.

• 한국은 역사적 접근에 치중하여 역사 문제로 인식하는 것이 큰 반면 일본은 지리와 공민 등 다양한 시각에서 사회과 전체로의 다면적 접근을 하고 있다.

[참고문헌]

규장각,『세계화 시대에 한국의 민족과 영토성 다시 읽기』, 서울대학교 규장각한국학연구원, 2007.

독도박물관,『잊혀진 '朝鮮海'와 '朝鮮海峽'』, 연구자료총서 II, 2002.

김관원,『일본의 학습지도요령해설서 '독도기술'과 일본 내 반응』, 동북아역사재단, 2008.

서태열 · 김혜숙 · 윤옥경,『독도 및 울릉도 관련 영토교육의 방향 모색』, 한국해양수산개발원 보고서 11, 2007.

이재석,『일본의 중학교 교과서 학습지도요령(해설서)과 소위 '독도문제'』, 동북아역사재단, 2008.

Andre Schmid,『Korea between Empires 1895-1919』, Studies of the East Asian Institute, 2002.

National Oceanographic Research Institute,『Ocean Atlas of Korea_East Sea-』, 2007.

島根県,『竹島問題に関する調査研究」最終報告書』, 竹島問題研究所, 2007.

文部科學省,『各教科等の改正案ポイント』, 2008.

──────,『高等學校學習指導要領新舊對照表』, 2008.

──────,『小學校 · 中學校學習指導要領總則に関するQ&A』, 2008.

──────,『小學校學習指導要領解說-社會篇』, 2008

──────,『中學校學習指導要領解說-社會篇』, 2008.

淺田喬二,『日本智識人の植民地認識』, 高麗書林, 서울, 1985.

福澤諭吉,『福澤諭吉選集』, 岩波書店 30, 1989.

홍성근,『일본교과서의 독도 기술 실태와 그 영향』, 동북아역사재단, 2008.

김경동,「한국과 이스라엘 초등 사회과 교과서의 영토교육 내용 비교분석」, 한국교원대학교 교육대학원 석사학위논문, 2008.

박철웅,「일본의 독도 영토교육에 대한 다차원적 접근성 이해」, 한국지역지리학회지 16권 3호 337, 2010.

윤방순,「해외 학계와 미디어를 통한 교육 강화 및 네트워킹 방안」, 독도연구저널 제4호, 2008.

이강원, 「중국변강에서 민족과 공간의 사회적 구성: 어룬춘족 사회의 다민족화와 정체성의 정치」, 지리학논총, 별책37, 서울대학교사회과학대학 지리학과, 2000.

常角敏, 小・中學生のにこう教えています竹島問題, 第3回「竹島問題を学ぶ」講座, 2008.

伊藤博敏, 学校教育と竹島問題, 第3回「竹島問題を学ぶ」講座, 2008.

http://www.mofa.go.jp/region/asia-paci/takeshima/pamphlet_k.pdf.

일본의 사회과 교과서와 독도문제*

박 병 섭

1. 머리말

일본의 교과서는 문부과학성의 '학습지도요령'('요령서'라고 약칭) 및 '학습지도요령해설'('해설서'라고 약칭)에 따라 각 출판사가 4년마다 제작하여 문부과학성의 검정을 받는다. 요령서 및 해설서는 10년마다 개정되는데, 최근에는 2008년에 소학교 및 중학교, 2009년에 고등학교용이 개정되었다.

2008년에 중학교용 해설서가 개정되었을 때, 독도를 어떻게 다루느냐가 한·일 양국에서 외교문제가 되고, 양국 정상회담에서까지 논의되었다. 이 뉴스를 보도한 일본 요미우리(讀賣) 신문은 후쿠다(福田) 총리가 '다케시마를 표기하지 않을 수 없다'고 통고하자, 이명박 대통령이 '지금은 곤란하다. 기다려 달라'고 요청했다는 기사를 2008년 7월 15일에 보도하였다. 이는 요미우리 신문의 오보였다는 것이다.

신 요령서 및 해설서에 따른 교과서 신청 및 검정이 초등학교 교과서는 2009년도에, 중학교는 2010년도에 실시됐으며, 고등학교는 2011

---

* 본고는 독도포럼 「바람직한 독도교육의 방안」(2011.7.22)에 제출된 논문에 가필함.

년도에 실시 중이다. 여기에 말하는 '년도'는 4월에 시작하고 다음 해 3월에 마친다.

문부과학성의 검정을 통과한 교과서는 공립학교의 경우, 다음 연도에 약 500개의 각 채택구(採擇區)마다 통일된 교과서의 채택이 교육위원회에서 결정된다. 채택구는 시마네현의 경우 마쓰에(松江), 이즈모(出雲), 하마다(濱田), 마쓰다(益田), 오키(隱岐)의 5개 구로 나누어져 있다. 채택이 결정되면 그 다음 연도부터 4년 이상 같은 종류의 교과서가 계속해서 사용된다. 사립학교의 경우는 자유롭게 교과서를 선택할 수 있다. 이런 검정, 채택, 사용 개시의 일정표는 〈표 1〉과 같다.

본고에서는 신 요령서 및 해설서가 독도문제에 끼친 영향을 살펴보기로 한다.

〈표 1〉 교과서 검정 · 채택 · 사용주기

◎: 검정　△: 채택　○: 사용개시

학교종별 구분		구분	平成 12 / 2000	13 / 2001	14 / 2002	15 / 2003	16 / 2004	17 / 2005	18 / 2006	19 / 2007	20 / 2008	21 / 2009	22 / 2010	23 / 2011
소학교		검정	◎			◎				(◎)		◎		
		채택		△			△				(△)		△	
		사용개시	○		○			○				(○)		○
중학교		검정	◎				◎				◎		◎	
		채택		△				△				△		△
		사용개시		○	○				○				○	
고등학교	주로 저학년용	검정		◎				◎				◎		◎
		채택			△				△				△	
		사용개시				○				○				○
	주로 중학년용	검정			◎				◎				◎	
		채택				△				△				△
		사용개시					○				○			
	주로 고학년용	검정				◎				◎				◎
		채택					△				△			
		사용개시	○					○				○		

〈주〉 굵은 선 이후는 학습지도요령 개정 후의 교육과정의 실시에 따른 교과서에 관한 것이다.

2. 중학교 교과서

중학교 교과서의 경우, 〈표 1〉과 같이 검정이 2000년도, 2004년도, 2008년도, 2010년도에 실시됐다. 단 2008년도에는 후소샤(扶桑社)에서 분열된 지유샤(自由社)의 역사교과서 1종류만이 검정을 신청했다. 이는 신 요령서에 따른 검정이 2년 후에 실시되므로 지유샤 외는 검정을 신청하지 않았기 때문이다. 이 때문에 현행 중학교 교과서는 2006년 4월부터 2012년 3월까지 6년간 계속해 사용된다.

독도에 직접 관계되는 규정은 요령서에는 없고, 개정된 해설서 중 사회과 지리분야에 다음과 같이 기술되었다.

> '학습지도요령해설'[지리적 분야], 49쪽.
> (요령서에) '북방영토가 우리나라의 고유의 영토라는 점 등, 우리나라의 영역을 둘러싼 문제도 착안시키도록 한다.'(내용의 취급)고 되어있으니, 북방영토(…)에 대해서는 그 위치와 범위를 확인시킴과 동시에 북방영토는 우리나라 고유의 영토이지만, 현재 러시아연방에 의해 점거되고 있기 때문에 그 반환을 요구하고 있는 사실 등에 대해 정확하게 다룰 필요가 있다. <u>또한 우리나라와 한국 사이에 竹島에 대한 주장에 차이가 있다는 점 등에 대해서도 취급, 북방영토와 같이 우리나라의 영토·영역에 대한 이해를 심화시키는 것도 필요하다.</u> (밑줄은 개정된 부분)

문부과학성은 독도도 북방영토(남크릴열도)와 같이 일본의 고유영토이지만 한국에 의해 점거되고 있으며, 일본이 반환을 요구하고 있는 것을 이해시키도록 지시한 것이다. 아울러 일본과 한국 사이에 독도에 대한 주장에 차이가 있는 것을 취급하라고 지시하였다. 신 요령서는 2012년 4월부터 사용되는 사회과 교과서에 반영된다. 신 해설서의 영향을 질적인 영향과 양적인 영향으로 나누어 분석한다.

먼저 양적인 영향인데 이는 그다지 크지 않다. 이유는 현행 교과서의 대부분이 이미 독도를 일본영토로 다루고 있기 때문이다. 이미 공민교과서 1,232,000권 중 81.9%가 독도를 일본영토로 쓰고 있으니, 중학생 중 81.9%가 공민교과서를 통해 독도를 일본 땅으로 배우고 있는 셈이 된다. 나머지 중학생 18.1% 중 37.8%, 즉 6.8%는 지리교과서(帝國書院 및 日本書籍新社)에서 독도를 일본 땅으로 배우고 있다. 즉 전 중학생 중 88.7%가 2006년부터 독도를 일본 땅으로 배우고 있다. 게다가 모든 중학생이 지도 교과서를 통해 독도를 일본 땅으로 보고 있다. 앞으로는 모든 중학생이 지리 및 공민교과서에서 독도를 일본 영토로 배우게 된다.

다음은 질적인 영향인데 이는 큰 변화가 나타났다. 이를 구체적으로 공민 및 지리교과서에서 살펴본다.

(1) 공민교과서

신 해설서는 지리교과서를 대상으로 했는데, 그 영향은 공민교과서에 큰 영향을 미쳤다. 데이코쿠쇼인(帝國書院)외의 모든 교과서가 영향을 받았다. 특히 공민교과서에서 시장 점유율 57%를 차지하는 도쿄쇼세키(東京書籍)에 대한 영향은 컸다. 현행 東京書籍 교과서는 竹島는 '일본 고유의 영토입니다'라고 간단히 썼는데, 신 교과서는 이에 더하여 독도는 "한국이 불법으로 점거하고 있어, 일본은 한국에게 항의를 계속하고 있다"라고 설명하였다. 이 글의 근거는 외무성의 홍보 팸플릿 '竹島문제를 이해하기 위한 10포인트'에 있다. 이는 "한국은 다케시마를 불법점거하고 있으며, 일본은 엄중하게 항의를 하고 있습니다"라고 쓰고 있다.

외무성의 홍보 팸플릿의 영향은 시미즈쇼인(淸水書院)의 신 교과서에서도 볼 수 있으며, "竹島는 어채지로 17세기 중엽에는 일본이 영유권을 확립"했다고 쓰고 있다. 또한 외무성의 영향은 우익계인 이쿠호샤(育鵬社) 및 지유샤(自由社)의 교과서에서는 아주 강하다. 育鵬社는 외무성 팸플릿의 글을 직접 인용해, "한국에 의한 竹島의 점거는 국제법상 아무런 근거 없이 이루어지고 있는 불법점거", "우리나라는 엄중히 항의를 거듭하고", "국제사법재판소에 회부할 것을 제안하였지만, 한국은 이것을 받아들이지 않고 있습니다"라고 적었다. 게다가 시마네현의 '竹島의 날'까지 설명하고 있다.[1]

<사진 1> 이쿠호샤(育鵬社)의 공민 신 교과서의 독도 사진과 설명

일본 고유의 영토임에도 불구하고 한국이 불법 점거하고 있는 竹島. 시마네현에서는 1905년 2월 22일 현 지사가 섬의 소속을 확실하게 고시한 지 100주년이 되는 2005년에, 그날을 '竹島의 날'로 정하였다. (시마네현)

---

1) 育鵬社 신 교과서의 기술
   북방영토, 일본해상의 竹島는 각각 러시아와 한국이 그 영유를 주장하고 지배하고 있습니다. (중략) 그러나 이러한 영토는 역사적으로도 국제법상으로도 일본의 고유영토입니다. 해양국가인 일본으로서는 이들 에너지 자원 및 어업자원의 확보와 안전조업 등의 차원에서도 영토문제 해결은 중요한 과제입니다.(157쪽)
   시마네현 오키제도 북서쪽에 위치하고 있는 竹島는 일본 고유의 영토입니다. 1954년부터 "한국에 의한 竹島의 점거는 국제법상 아무런 근거 없이 이루어지고 있는 불법점거"이며, "우리나라는 엄중히 항의를 거듭하고" 있습니다. 또한 "평화적 수단에 의한 해결을 도모하기" 위하여, "국제사법재판소에 회부할 것을 제안하였지만, 한국은 이것을 받아들이지 않고 있습니다."(외무성 홈페이지 인용)(157쪽)

〈표 2〉 중학교 공민교과서의 변화

(2012년도 공립중학교 1,203,926권 중에서)

교과서 회사	점유율 2012	현행 내용 (2006.4~2012.3)	신 교과서 (2012.4 이후)	영향
東京書籍	57.0%	시네마현 오키제도의 북서에 위치한 竹島, 오키나와 사키시마 제도의 북쪽에 위치한 센카쿠 제도는 모두 일본 고유의 영토입니다.	竹島는 오키제도 서북쪽에 위치하고 시네마현 오키노시마쵸에 속하는 일본 고유의 영토입니다. 그러나, 한국이 불법으로 점거하고 있어, 일본은 한국에게 항의를 계속하고 있습니다. (지도) 竹島를 일본영토	○
日本文教出版 (旧大大阪書籍)	14.1	시네마현 앞바다의 竹島는 한국도 그 영유를 주장하고 있습니다. (지도) 竹島를 일본영토	시네마현 앞바다의 竹島는 한국도 그 영유를 주장하고 있습니다…竹島, 센카쿠제도 주변도 수산자원과 광물자원이 풍부하여 주목받고 있습니다. (지도) 竹島를 일본영토	○
教育出版	13.2		북방영토 외에 일본해에 위치한 竹島(시네마현)에 대해서는 일본과 한국 사이에 그 영토를 둘러싸고 주장에 차이가 있어, 미해결로 남아 있습니다. (지도) 竹島를 일본영토	○
帝國書院	8.9	(지도) 竹島를 일본영토	(지도) 竹島를 일본영토	○
清水書院	2.7		시네마현 오키제도의 북서쪽에 있는 竹島는 어채지로 17세기 중엽에는 일본이 영유권을 확립했고, 제2차 세계대전 후에도 일본의 관할지라는 것을 확인받은 고유의 영토이지만, 영유권을 주장하는 한국이 섬을 점거하고 있다. (지도) 竹島를 일본영토	○
扶桑社(현행) 育鵬社(신)	4.0	(사진설명) 우리나라 고유의 영토이지만…한국이 불법 점유하고 있는 다케시마 (지문) 각각 러시아, 한국, 중국이 그 영유를 주장하고 일부를 지배하고 있지만, 이들 영토는 역사적으로도 국제법상으로도 우리나라의 고유영토이다.	내용은 별기	○

自由社	0.1	(신규)		내용은 별기	-
日本文教出版	-			검정 불허	
日本書籍新社	-			(신청 안함)	

▶점유율은 공립중학교의 2012년도 예상치(2001. 10월, 문부과학성 발표) "영향"은 신학습지도요령해설서에의 영향을 말함

이보다 더 과격한 것이 自由社 교과서이다. 이 회사의 교과서는 '고유영토', '불법점거'는 물론, '에도시대 때의 일본인의 어업', '1905년 영토편입', '샌프란시스코 강화조약', '이승만 라인', '한국의 연안경비대', '국제사법재판소로 회부 제의' 등까지 자세히 설명하고 있다. 게다가 한국의 영유권에 관한 세 가지 주장 및 이에 대한 반론도 소개하고 있다.[2] 이 회사는 장차 영토문제에 관한 부교재를 작성한다고 한다. 한

---

2) 自由社의 신 교과서의 기술

우리나라에는 북방영토문제, 竹島문제 등 2개의 중대한 영토문제가 있는데, 모두 역사적으로도 국제법적으로도 우리나라 고유의 영토이지만, 러시아와 한국이 불법으로 각각 점거하고 있습니다.(145쪽)

竹島 한국이 점령 중(149쪽)

〈에도시대부터 우리나라가 영유〉 竹島는 대나무가 무성했던 섬으로 사람은 살 수 없지만 주변은 해류의 영향으로 풍부한 어장이 되고 있다. 에도시대에는 돗토리번의 사람이 막부의 허가를 받아 어업을 행했다. 1905(메이지38)년, 국제법에 따라 우리나라 영토로 하고 시마네현에 편입, 이후 실효지배를 해왔다. 전후에는 일본영토를 확정한 국제법인 샌프란시스코 강화조약에서 일본영토로 확인되었다.

〈실력으로 점거〉 그러나 대일강화조약이 발표되기 직전에 한국 이승만 정권은 일방적으로 일본해에'이승만 라인'을 설정하여, 竹島를 자국 영토로 편입하고 이를 위반했다고 하는 일본 어선을 총격, 나포, 억류 등을 실시했다. 1954년에는 연안경비대를 파견하고, 竹島를 실력으로 점거했다. 현재도 경비대원을 상주시켜 실력지배를 강화하고 있다.

〈한국정부의 견해〉 한국이 竹島의 영유를 주장하는 이유는 ① 竹島는 한국명 독도로 고유의 영토이다, ② 일본은 힘으로 일본 영토로 편입했다, ③ GHQ의 지령으로 한국영토로 간주되고 있었다 등을 들고 있다.

〈국제사법재판소에의 제소〉 ①의 주장에 대해 우리나라는 독도와 竹島는 다른 섬이라는 것은 역사 문헌으로도 명백하고, 다른 2개의 주장은 사실과 국제법에 비추어 성립되지 않는다고 반론을 하고 있다. 그리고 문제를 평화적으로 해결하기 위해 1954년 이후 국제사법재판소에 회부하는 것을 제안하고 있으나, 한국정부는 응하지 않고 있다.

편, 自由社 교과서는 요령서가 말하듯이 일본과 "한국 사이에 竹島에 대한 주장에 차이가 있다는 점"을 그 나름대로 쓰고 있다. 즉, 한국의 주장은 근거가 없다고 왜곡하고 있는 것이다. 그런데 지유샤는 역사교과서의 도용이 문제가 된 탓으로 공민교과서의 채택율이 0.1% 이하로 됐다. 그러므로 거의 무시할 만한 존재로 됐다.

또한 한·일 양국의 주장에 차이가 있다는 기술은 교이쿠슛판(敎育出版) 교과서에서도 볼 수 있다. 이 교과서는 "일본과 한국 사이에 그 영유를 둘러싸고 주장에 차이가 있어, 미해결로 남아 있습니다"고 썼으며, '고유영토'라는 표현은 쓰지 않았다. 또한, 니혼분쿄슛판(日本文敎出版) 및 帝國書院도 '고유영토'라는 표현을 쓰지 않았다.

(2) 지리, 지도 교과서

지리교과서는 모든 회사가 영향을 받았다. 현행 교과서는 帝國書院 교과서가 "일본에는 竹島, 센카쿠제도 등 이도(離島)등이 있습니다"라고 썼을 정도인데, 신 교과서는 日本文敎出版 외는 모두 독도를 일본의 고유영토라고 썼다. 日本文敎出版만이 모든 교과서에서 독도를 '일본 고유의 영토'라고 쓰지 않았다. 이 회사의 지리교과서는 독도를 "1905년에 일본이 시마네현에 편입시킨" 것으로 인식하고 있으니, 독도를 고유영토라고 보는 것은 모순이 된다고 생각했을지 모른다. 그러나 이 교과서는 "1952년부터 한국은 자국의 영토라고 주장하고 있습니다"고 썼으며, 한국이 평화선 선포 때부터 독도를 한국영토로 주장했다는 잘못된 인식을 가지고 있다.

한국에 대한 설명인데 帝國書院은 "한국과 서로 다른 주장을 하고 있습니다"고 썼으니 문제는 적지만, 東京書籍은 "한국이 점거하고 있어 대립이 계속되고 있습니다"고 쓰고 한국의 '불법성'을 암시하였다. 더 심한 예로 敎育出版는 "1952년 이후 한국정부가 불법점거를 계속하고 있습니다"고 쓰고 '불법점거'를 강조하였다. 이 글은 외무성 팸플릿에서 인용한 것이다.

한편, 지도 교과서는 여전히 독도를 일본영토로 지도를 그리고 있다(표 3B).

〈표 3〉 중학교 지리교과서의 변화

(2012년도, 공립중학교 2,453,294권 중에서)

교과서 회사	점유율 2012	현행 내용 (2006.4~2012.3)	신 교과서 (2012.4 이후)	영향
東京書籍	47.9%	(경제수역도뿐)	일본해상의 竹島는 일본 고유의 영토이지만, 한국이 점거하고 있어 대립이 계속되고 있습니다. (지도) 竹島를 일본영토	○
帝國書院	31.7	동서남북 끝 외에도 일본에는 竹島, 센카쿠제도 등 이도)離島 등이 있습니다	일본 고유영토인 竹島(시네마현)에 대해서도 한국과 서로 다른 주장을 하고 있습니다. (지도) 竹島를 일본영토	○
日本文教出版 (旧大大阪書籍)	6.3	(국경선뿐)	1905년에 일본이 시마네현에 편입시킨 竹島는… 1952년부터 한국은 자국의 영토라고 주장하고 있습니다. (지도) 竹島를 일본영토	○
教育出版	14.1	(지도) 竹島를 일본영토	일본과 한국과의 사이에도 시마네현의 竹島를 둘러싼 영토문제가 있습니다. 竹島는 일본의 고유의 영토로, 1905년부터 시마네현의 일부가 된 섬이나, 1952년 이후 한국정부가 불법점거를 계속하고 있습니다. (지노) 竹島를 일본영토	○
日本文教出版	-	(경제수역도뿐)	검정 불허	
日本書籍新社	-	(지도에서 竹島를 일본영토로 표시)	(신청 안함)	

▶점유율은 공립중학교의 2012년도 예상치(2001. 10월, 문부과학성 발표) "영향"은 신학습지도요령해설서에의 영향을 말함

〈표 3B〉 중학교 지도교과서의 변화

(2012년도, 공립중학교 1,247,460권 중에서)

교과서 회사	점유율 2012	현행 내용(2006.4~2012.3)	신 교과서(2012.4 이후)	영향
帝國書院	97.3	竹島를 일본영토로 표시	좌기와 같음	-
東京書籍	2.7	竹島를 일본영토로 표시	좌기와 같음	-

▶점유율은 공립중학교의 2012년도 예상치(2001. 10월, 문부과학성 발표) "영향"은 신 학습지도요령해설서에의 영향을 말함

(3) 역사교과서

현행 역사교과서는 독도와 무관하지만, 신 교과서에서 독도를 일본 영토로 쓴 교과서가 나타났다. 敎育出版은 독도를 '일본 고유의 영토'라고 썼다. 그러나 敎育出版은 신 해설서에 따르던 것인지, "한국과의 사이에 그 영유를 둘러싼 주장에 차이가 있어, 미해결의 문제로 남아 있습니다"라고 설명하였다. 기타 교과서는 育鵬社, 自由社를 비롯해 독도에 관한 기술이 없다.

〈표 4〉 역사교과서의 변화 (중학교) 1,285,357권

(2012년도, 공립중학교)

교과서 회사	점유율 2012	현행 내용 (2006.4~2012.3)	신 교과서 (2012.4 이후)	영향
東京書籍	52.8%	-	-	-
日本文敎出版 (旧大大阪書籍)	12.6	-	(지도에 국경선이 있지만 竹島의 이름이 없음)	-
帝國書院	14.1	(지도에 竹島가 있으나 국경선이 없음)	(좌기와 같음)	-
敎育出版	14.6	-	북방 영토와 함께 竹島와 센카쿠제도도 일본 고유의 영토입니다. 일본해에 위치하는 竹島에 대해서는 한국과의 사이에 그 영유를 둘러싼 주장의 차이가 있어, 미해결의 문제로 남아 있습니다.	○
淸水書院	2.1	-	-	-

扶桑社(현행) 育鵬社(신)	3.7	-	-	-
自由社	0.1	-	-	-
日本文敎出版	-	-	(신청 안함)	
日本書籍新社	-	-	검정 불허	

▶점유율은 공립중학교의 2012년도 예상치(2001. 10월, 문부과학성 발표) "영향"은 신 학습지도요령해설서에의 영향을 밀함

3. 소학교 교과서

2008년에 소학교의 요령서 및 해설서가 개정됐지만, 이는 거의 한국의 주목을 받지 않았다. 왜냐하면 요령서 및 해설서 안에 독도의 기술이 없었기 때문이다. 그러나 신 해설서에 근거해 검정을 통과한 신 교과서가 2010년 3월에 발표되자 한국을 놀라게 하였다. 독도를 다룬 교과서가 늘었기 때문이다.

그 원인을 따져보면 원인은 역시 신 요령서 및 해설서에 있다. 거기에 竹島라는 글은 없어도 영토에 관한 글이 있었기 때문이다. 해설서에 새로 추가된 영토 관련의 글은 다음과 같다.

'우리나라의 위치와 영토'를 살핀다는 것은 우리나라의 국토를 구성하는 北海道, 本州, 四國, 九州, 沖繩島, 북방영토 등의 주된 섬의 명칭과 위치, 우리나라 영토의 북단, 남단, 동단, 서단, 일본열도 주변의 바다를 가지고 지도 책이나 지구의 등에서 구체적으로 살피고, 백지도 등에 쓸 것으로 우리나라의 위치와 영토를 구체적으로 파악하는 것이다. 이때 영토에 관해서는 북방영토문제도 다루며, 우리나라 고유의 영토인 齒舞群島, 色丹島, 國後島, 択捉島가 현재 러시아연방에 의해 불법으로 점거되고 있는 것이나, 우리나라는 그 반환을 요구하고 있는 것 등에 관해 다루도록 한다.

이 해설서에 독도라는 글은 없지만, 일본 '영토의 북단, 남단, 동단, 서단'을 밝힌다면 독도도 다룰 수밖에 없을 것이다. 그 때문에 2011년 4월부터는 敎育出版과 고무라도쇼숫판(光村図書出版)도 지도에서 竹島를 일본영토로 표시하게 되었다. 신 요령서 및 해설서의 영향을 받은 두 회사의 시장 점유율은 29.6%나 된다(표 5). 지도 교과서는 변함이 없다. 여전히 독도를 일본영토로 그리고 있다.(표 5B)

〈표 5〉 사회과 교과서의 변화 (소학교 5학년)

교과서 회사	점유율 2011[3]	구 교과서(2005.4~2011.3)	신 교과서(2011.4 이후)	영향
東京書籍	52.0%	지도에 국경선뿐	좌기와 같음	-
敎育出版	25.6		지도에서 竹島를 일본영토로 표시	○
日本文敎出版 (旧大大阪書籍)	15.2	지도에 국경선뿐	좌기와 같음	-
日本文敎出版	3.1	시네마현에 속하는 竹島를 한국이 불법으로 점거하고 있는 문제가 있습니다.	좌기와 같음	-
光村図書出版	4.0		지도에서 竹島를 일본영토로 표시-	○

▶ "영향"은 신 학습지도요령해설서에의 영향을 말함

〈표 5B〉 지도 교과서의 변화

(소학교 1,209,690권)

교과서 회사	점유율 2011	구 교과서(2005.4~2011.3)	신 교과서(2011.4 이후)	영향
東京書籍	3.2%	竹島를 일본영토로 표시	좌기와 같음	-
帝國書院	96.8	竹島를 일본영토로 표시	좌기와 같음	-

---

3) 『內外敎育』, 2012.12.17, 11쪽.

4. 교과서문제 해결의 길

일본에서 중학생은 2006년부터 양적으로는 89%가 교과서를 통해 독도를 일본영토로 배워왔다. 2012년 4월부터는 신 해설서의 영향을 받아, 질적으로 독도교육이 대폭 강화된다. 지금 중학생들은 주로 공민교과서를 통해 간단히 독도가 일본영토라고 배우고 있지만, 2012년도부터는 지리교과서를 통해서도 독도가 "일본의 고유영토", "한국이 독도를 점령하고 있다", "17세기에 독도 영유권을 확립" 등등 식으로 구체적으로 배우게 될 것이다. 이런 교과서는 적어도 4년간은 그대로 쓰게 된다.

또한, 2012년 3월에는 신 해설서에 따른 고등학교 사회과 교과서의 검정 결과가 발표되는데, 독도교육이 대폭 강화될 것은 틀림없다. 차세대를 짊어지는 생도들이 이런 잘못된 독도 교육을 받는다면, 장차 독도문제의 해결은 점점 어려워질 것이다.

이런 사태에 대처해, 단지 일본에 대해 비난이나 항의를 거듭해도 문제해결에 거의 도움이 되지 않을 것이다. 중요한 것은 한일 양 국민이 독도문제의 진실을 바로 이해하고, 독도가 '일본 고유의 영토'라는 그릇된 인식을 버리게 할 방도를 찾는 것이다.

그렇다면 그릇된 인식을 가진 일본인과의 대화가 중요한 것은 말할 나위도 없는데, 아쉽게도 지금까지 그런 노력을 좀처럼 볼 수 없었다. 오히려 한국은 독도문제는 일본과 논쟁 대상이 될 수 없다는 이유로 일본인과의 논쟁을 피해 왔다고 할 수 있다. 이제 일본 교과서 문제의 심각성을 생각하면 이런 방향을 전환하고, 모든 기회를 적극적으로 이용해 일본인과의 논쟁을 추진하지 않을 수 없다고 생각된다.

그런 면에서 좋은 기회를 만들 수도 있다. 앞으로 한일 정부 간에서 열릴지 모르는 제3차 '한일역사공동연구'의 자리다. 이 공동연구의 성과는 교과서에 반영시킬 수 있으므로, 교과서문제 해결에 큰 도움이 될 것이다.

제2차 공동연구는 2010년 3월에 끝났는데, 그 3년 전에 공동연구가 시작됐을 때, 제3분과회에서 일본 측으로부터 독도문제를 다루자는 제안이 있었다. 한국 측은 독도문제는 이미 해결된 문제이며, 그럼에도 불구하고 만약 독도문제를 다룬다면 독도를 둘러싼 분쟁이 양국간에 실제로 존재한다고 인정하는 꼴이 된다는 이유로 반대했다고 한다.[4] 한편, 4~5년 전 당시의 한국의 독도 연구 수준을 보면, 약점도 보인다. 이 약점을 노리고 일본외무성이 홍보 팸플릿 '竹島문제를 이해하기 위한 10포인트'를 만들었다. 물론 일본외무성의 비판이 다 옳다고 볼 수 없지만, 귀를 기울어야 할 비판도 있는 듯하다. 이런 약점이 한국 측에 있었으니, 4~5년 전에 일본의 제안을 거부한 것은 부득이한 일이었다.

그러나 이제 독도연구도 진전되고 한국 측의 약점은 거의 극복되어 왔으니, 앞으로 열린다고 예상되는 제3차 '한일역사공동연구'에서 독도문제를 적극적으로 다루는 것도 가능할 것이다. 특히 이 공동연구의 성과는 공개되므로, 일본의 그릇된 독도 인식을 일본 사회에 널리 알릴 수 있으며, 연구 성과를 교과서에 반영시킬 수도 있다.[5] 즉 그릇된 교과서의 기술을 수정시킬 가능성이 있다. 하여간 교과서문제의 적극적인 해결은 제3차 한일역사공동연구'가 지름길이라고 생각된다.

---

4) 木村幹, 「「日韓歷史共同硏究」をどうするか」, 『現代韓國朝鮮硏究』 10호, 2010, 62쪽
5) 「小泉總理訪韓槪要」(6月20日·21日, 서울)
   http://www.mofa.go.jp/mofaj/kaidan/s_koi/korea_05/gaiyo.html

[참고문헌]

『內外敎育』, 2012.12.17.
木村幹, 「「日韓歷史共同硏究」をどうするか」, 『現代韓國朝鮮硏究』 10호, 2010.

[중학교, 2012년 3월까지 사용된 공민교과서]
五味文彦他, 『新編 新しい社会 公民』, 東京書籍.
阿部斉他, 『中学社会 公民 ともに生きる』, 教育出版.
谷本美彦他, 『社会科 中学生の公民 地球市民をめざして』, 帝国書院.
中村研一他, 『新中学校公民 改訂版 日本の社会と世界』, 清水書院.
佐藤新治他, 『中学生の社会科・公民 現代の社会』, 日本文教出版.
堀尾 輝久他, 『わたしたちの中学社会 地理的分野』, 日本書籍新社.
八木秀次他, 『中学社会 新訂版 新しい公民教科書』, 扶桑社.

[중학교, 2012년 3월까지 사용된 지리교과서]
五味文彦他, 『新編 新しい社会 地理』, 東京書籍.
竹内裕一他, 『中学社会 地理 地域にまなぶ』, 教育出版.
中村和郎他, 『社会科 中学生の地理 世界のすがたと日本の国土』, 帝国書院.
金田章裕他, 『中学社会 地理的分野』, 日本文教出版.
山本正三他, 『中学生の社会科 地理 世界と日本の国土』, 日本文教出版.
江波戸昭他, 『わたしたちの中学社会 地理的分野』, 日本文教出版.

[중학교, 2012년 3월까지 사용된 지도교과서]
小泉武栄他, 『新編 新しい社会科地図』, 東京書籍.
斉藤正義他, 『新編 中学校社会科地図』, 帝国書院.

[중학교, 2012년 4월 이후 사용된 역사교과서]
五味文彦他, 『新編 新しい社会 歴史』, 東京書籍.
笹山晴生他, 『中学社会 歴史 未来をひらく』, 教育出版.
黑田日出男他, 『社会科 中学生の歴史 日本の歩みと世界の動き』, 帝国書院.

三谷博他,『新中学校歴史 改訂版 日本の歴史と世界』, 清水書院.
鈴木正幸他,『中学社会 歴史的分野』, 日本文教出版.
伊藤孝他,『中学社会 新しい日本の歴史』, 育鵬社.
藤岡信勝他,『新しい歴史教科書』, 自由社.

[중학교, 2012년 4월 이후 사용된 공민교과서]

五味文彦他,『新しい社会 公民』, 東京書籍.
中村達也他,『中学社会 公民 ともに生きる』, 教育出版.
谷本美彦他,『社会科 中学生の公民 よりよい社会をめざして』, 帝国書院.
中村研一他,『新中学校公民 日本の社会と世界』, 清水書院.
佐藤新治他,『中学社会 公民的分野』, 日本文教出版.
川上和久他,『中学社会 新しいの公民』, 育鵬社.
杉原誠四郎他,『新しい公民教科書』, 自由社.

[중학교, 2012년 4월 이후 사용된 지리교과서]

五味文彦他,『新しい社会 地理』, 東京書籍.
竹内裕一他,『中学社会 地理 地域にまなぶ』, 教育出版.
中村和郎他,『社会科 中学生の地理 世界のすがたと日本の国土』, 帝国書院.
金田章裕他,『中学社会 地理的分野』, 日本文教出版.

[중학교, 2012년 4월 이후 사용된 지도교과서]

小泉武栄他,『新しい社会科地図』, 東京書籍.
斉藤正義他,『中学校社会科地図』, 帝国書院.

[소학교 5학년, 2011년 3월까지 사용된 사회과 교과서]

佐々佐木毅他,『新編 新しい社会 5下』, 東京書籍.
伊藤光晴他,『小学社会 5下』, 教育出版.
清水毅四郎他,『小学社会 5年下』, 日本文教出版.
水越敏行他,『小学生の社会 国土の情報 5下』, 日本文教出版.
森隆夫他,『社会 5下』, 光村図書出版.

[소학교 5학년, 2011년 3월까지 사용된 지도교과서]

岩田一彦他, 『新編 新しい社会科地図東京書籍.

守屋美左雄他, 『楽しく学ぶ 小学生の地図4・5・6年』, 帝国書院.

[소학교 5학년, 2011년 4월 이후 사용된 사회과 교과서]

北俊夫他, 『新しい社会 5下』, 東京書籍.

有田和正他, 『小学社会 5下』, 教育出版.

清水毅四郎他, 『小学社会 5年下』, 日本文教出版.

加藤幸次他, 『小学生の社会 5下 国土のようすと情報』, 日本文教出版.

石毛直道他, 『社会 5下』, 光村図書出版.

[소학교 5학년, 2011년 4월 이후 사용된 지도교과서]

岩田一彦他, 『新しい社会科地図東京書籍.

守屋美左雄他, 『楽しく学ぶ 小学生の地図4・5・6年』, 帝国書院.

박 진 숙

1. 서론

독도를 일본 땅으로 표기한 일본 교과서가 공개되면서 독도에 대한 관심이 한층 더 높아지고 있다. 일본 문부과학성이 독도 영유권 주장을 한층 강화한 5학년 사회 교과서 등 초등학교 1~6학년 교과서 148점을 공개하였으며, 공개된 초등학교 5학년 사회 교과서에는 울릉도와 독도 사이에 국경선이 뚜렷하게 그어져 있고 '일본해(日本海)'라는 표기도 선명하다고 한다. 검정 전 이 교과서 지도에는 '竹島'라는 글씨만 있었지만, 검정을 거치면서 국경선과 '일본해' 표기가 추가되었다.

이렇게 독도에 대한 일본의 영유권 주장이 지금까지도 계속되어 오고 있으나 실제 초등학교 현장에서는 독도 교육의 중요성에 대해서 명확하게 인지하지 못하고 있으며, 독도에 대한 교육적 이해를 바탕으로 한 독도교육이 적극적으로 이루어지지 못하고 있다는 것은 걱정스러운 일이 아닐 수 없다.

경상북도교육청의 경우 초등학교 교육과정 편성 · 운영 지침(경상북도교육청 고시 제2012-14호)에서의 독도교육과정 운영 지원과 교육감 인정도서인 '독도'교과서를 개발 및 활용하여 초등학생들의 독도 사랑에 대한 인식을 고취시키려 노력하고 있다. 그러나 이 또한 여러 가지 문제점을 안고 있으며, 학교 현장에서의 좀더 다양한 독도교육 관련 활동을 전개함으로써 우리 땅 독도에 대한 수호 의지를 학생들에게 심어 줄 수 있는 노력이 절실하다고 본다.

이에 현재 초등학교 현장에서 이루어지고 있는 독도교육의 현황과 그 문제점을 파악해 봄으로써 독도교육에 대한 관심과 지원, 교육 현장에서의 효과적인 독도교육이 이루어질 수 있는 방안을 모색해 보고자 한다.

2. 초등학교 독도교육 추진 배경

1) 초등학교 독도교육의 목적

가. 영토교육의 목적

영토교육은 학생들의 영토에 대한 지식과 영토에 대한 생각 및 태도를 올바르게 지니도록 하는 교육이라고 할 수 있다.

21세기는 변화와 혁신, 세계화 및 정보화 사회로 지식과 진리가 변화하고 지구촌화와 다문화화 등으로 영토와 국가의 개념이 약화되고 있다. 하지만 자신이 살고 있는 나라를 제대로 알지 못한 채 세계화에 초점을 맞춘다면 국가의 미래는 기약할 수 없을 것이다. 우리나라 교육 이념에 담긴 교육 목적으로 달성하기 위한 영토교육은 국제 사회의 구성원으로서의 자질과 민주 시민으로서의 소양 및 뿌리 깊고 튼튼한 세계 시민을 양성하는데 크게 이바지할 것이다.

즉 영토교육의 목적은 우리 영토에 대한 관심과 애정을 갖고 우리 땅과 이웃에 대한 지식과 감정을 공유하며 국가 공동체 의식과 애국심을 갖고 생활하게 하는 것이다.

나. 독도교육의 목적

일본의 독도 영유권 주장은 오래전부터 계획적이고 의도적인 침탈 행위의 양상을 보이고, 침탈의 수위가 일부 보수 극우 세력이 아닌 국가 주요 기관 및 극우 단체, 일반 시민 등 다양한 측면에서 강도 높게 전개되고 있다. 세계 여러 나라의 지도와 문헌 및 지명에 일본식 이름 또는 일본 표기로 작성된 사례가 빈번하게 등장하기도 한다.

이에 우리도 학생들이 독도에 대한 올바른 이해와 국토 수호의 바람직한 자세를 가지도록 교육 활동의 한 과정으로서 독도교육을 편성하여 초등학생들에게 영토 및 독도수호 교육을 해야 할 필요가 있으며, 그 목적은 다음과 같다.[1]

첫째, 독도교육과 관련된 교육과정을 편성하고 지속적인 교육을 전개함으로써 학생들이 우리 영토에 대한 애정을 지니도록 한다.

둘째, 독도와 관련된 주변국의 침탈 행위와 우리 조상들의 독도 수호에 대한 노력을 여러 가지 사료를 통하여 확인함으로써 학생들이 국토 수호의 자세를 가지도록 한다.

셋째, 독도의 경제적 가치와 자연적 가치를 바르게 인식하고, 그 가치를 높일 수 있는 방법을 모색하는 교육활동을 통하여 영토 수호와 애국심은 물론 한국인으로서의 공동체 의식을 가지고 생활하게 함을

---

1) 경상북도 초등학교 교육과정 편성·운영 지침(경상북도교육청 고시 제2012-14호)에는 독도에 대한 이해와 독도 사랑의 기회를 확대를 통해 독도가 우리나라 영토임을 알도록 독도교육의 기본 방향과 교육 중점, 지도 방법 및 평가에 대한 내용을 제시하고 있다.

목적으로 한다.

2) 초등학교 독도교육의 기본 방향 및 운영 방법

가. 독도교육의 기본 방향

경상북도 초등학교 교육과정 편성·운영 지침(고시 제2012-14호)에 제시된 독도교육의 기본 방향을 살펴보면 다음과 같다.

첫째, 독도에 대한 올바른 이해를 바탕으로 독도에 대한 관심과 독도 사랑의 마음을 기른다. 둘째, 다양한 체험 활동을 통하여 독도 사랑의 기회를 확대한다. 셋째, 독도가 우리나라 영토임을 알고 국토 수호를 위해 노력하는 태도를 갖게 한다.

그리고 교육과정 편성 운영 지침 중 독도교육의 세 가지 중점으로 독도 바로 알기, 독도 사랑 체험 활동하기, 독도 수호를 위한 일 실천하기[2]를 제시하고 있다.

나. 독도교육의 운영 방법

학교 현장에서 실제로 독도 교육과정을 운영하는 방법으로서 경상북도 초등학교 교육과정 편성 운영 지침에 제시된 내용과 교수학습 방법, 평가는 다음과 같이 실시한다.

첫째, 학교는 독도 관련 교육 내용을 교육과정에 포함시켜 편성·운영한다.

둘째, 1~4학년은 독도 관련 지도 내용을 자율적으로 선정하고, 5~6

---

2) 경상북도 초등학교 교육과정 편성·운영 지침(고시 제2009-20호)에 제시된 독도교육의 중점 세 가지를 기본으로 한 독도교육 활동이 학교 현장에서 다양하게 이루어지고 있으며, 2010 독도교육 기본 계획에도 교육과정 편성 운영 및 실제 지도에 대한 자세한 안내가 이루어지고 있다.

학년은 경상북도교육감 인정 도서를 활용하여 지도한다.

셋째, 지역 및 학교 실정, 학년성 등을 고려하여 체계적인 교수·학습 활동을 실시한다.

넷째, 독도의 자연 환경이나 자원, 가치, 역사적 의의 등의 학습 활동은 자기 주도적이고 탐구적인 활동 중심으로 이루어지도록 한다.

다섯째, 『우리 땅 독도』 입체 동영상, 전자 도서, 애니메이션, 인터넷 검색, 시사 자료 등 독도 교육 관련 자료나 정보를 학생들의 특성에 알맞게 재구성하여 지도한다.

여섯째, 프로젝트, 소집단 공동 학습 등 다양한 교수·학습 방법을 활용하고, 직·간접적인 체험 활동 기회를 많이 가지도록 한다.

이 때 유의할 점으로 독도 교육과 관련된 민감한 시사적 문제는 학년성에 알맞게 객관적인 자료를 제시하여 지도하도록 하였으며, 독도와 관련한 행사나 시책은 학교 교육과정과 연계하여 편성·운영하도록 하였다. 독도교육과 관련한 활동으로 제시된 내용으로는 독도 관련 행사 참여하기, 독도 홍보 활동하기, 독도 경비대 및 관련 대상에게 편지쓰기, 독도 전문 인사 초청 수업 전개 등이 있다.

독도교육의 평가에 있어서는 독도의 올바른 이해와 국토 사랑에 중점을 두고 평가하도록 하며, 학습 과정뿐만 아니라 다양한 상황에서 독도의 중요성을 인식하고 지키려는 태도를 평가하도록 하였다. 평가 방법으로는 자기 평가, 상호 평가, 서술식, 지필, 포트폴리오, 보고서 등 다양한 평가 방법을 활용하도록 제시하고 있다.

3. 초등학교 독도교육과정 운영의 실제

1) 초등학교 독도교육과정 편성 운영

경상북도 초등학교 교육과정 편성·운영 지침(고시 제2012-14호)에 의거 지역 교육청은 학교에서 추진하는 다양한 독도 관련 교육 활동을 지원하여야 하며, 학교는 학교교육과정 편성·운영 시 1~4학년은 독도교육 관련 교과, 창의적 재량 활동 시간 등을 활용하여 연간 10시간 이상 독도 관련 교육을 하도록 권장하고 있다. 그리고 5~6학년은 관련 교과와 창의적 체험 활동에서 연간 10시간 이상 확보하여 지도하도록 규정하고 있다.[3]

2009학년도 경상북도교육청 지정 독도교육 시범학교의 독도교육과정 편성 운영 자료를 제시해 보면 다음과 같다.

〈표 1〉 독도 바로 알기 교육과정 편성·운영(포항 오천초등학교의 예시 자료)

순	운영 형태	활동 내용	대상 학년	연간 시수	장소
1	교과 활동	교과 내용 분석 후 관련 내용 학습	1~6학년	·	학교 및 지역 학습관
2	재량 활동	체험 중심 테마 활동	1~4학년	18시간 내외	
			5~6학년	10시간 내외	
3	재량 활동	경상북도교육감 인정도서 활용	5~6학년	10시간 이상	

---

3) 현행 독도교육과정 편성 시 초등학교 5.6학년의 경우 연간 10시간 이상 창의적 재량 활동 시간을 활용하여 반드시 독도 관련 교육을 실시하도록 하고 있으며, 그 방법적 내용으로 독도 교과서 활용, 독도 애니메이션 및 동영상 자료 활동 등을 통하여 지도에 활용하고 있다.

2) 교과서 및 교사용 지도서 분석

현재 2009 개정 교육과정이 적용되는 1~6학년 교과서 및 교사용 지도서에 제시된 독도 관련 내용을 분석하고자 초등학교 전 학년 교과서와 교사용 지도서를 분석하였다. 전 학년의 내용을 분석해 본 결과, 2학년과 4학년, 5, 6학년 일부 교과에서만 독도 관련 내용을 찾을 수 있었으며, 그 내용을 자세히 살펴본바 다음과 같은 내용을 도출할 수 있었다.

〈표 2〉 2학년 교과서 및 교사용 지도서의 독도 관련 내용 분석

학년	학기	교과	단원명	학습 주제	독도 관련 내용	교과서 쪽수
2	1	국어 (읽기)	2. 알고 싶어요	무엇을 설명하는지 생각하며 글 읽기	독도의 여러 이름에 대한 설명(우산도, 삼봉도, 돌섬 또는 독섬)	26~29
	2	바른 생활	4. 통일을 향해서	통일을 기원하는 마음 지니기	지도 제시	51

먼저 2학년 교과서의 경우 1학기 국어 읽기, 2학기 바른 생활에 독도 관련 내용이 〈표 2〉와 같은 내용으로 제시되어 있다. 특히 2학년 1학기 읽기 교과서에는 독도의 여러 이름이라는 제재로 오랜 옛날부터 사람들이 독도를 여러 이름으로 불렀으며, 독도의 이름에 얽힌 유래와 관련된 내용과 함께 아울러 동도와 서도, 독도의 괭이 갈매기, 삼형제 굴바위 사진을 함께 제시하고 있다.[4]

2학년 2학기 바른 생활 교과서에서는 '통일을 기원하는 마음을 지녀

---

4) 국어 2학년 1학기 2단원 '알고 싶어요'에서 독도의 이름에 얽힌 내용을 3쪽에 걸쳐 읽기 자료로 제시하고 있으며, 2학년 읽기 수준에 적합한 독도 관련 내용을 통해 학생들의 독도에 대한 관심과 이해를 도울 수 있도록 제시하고 있다.

봅시다'라는 주제로 학생들이 통일이 되면 할 수 있는 일을 찾아 볼 수 있도록 하는 삽화를 제시하고 있다. 우리나라 지도 모양의 삽화 속에 남한과 북한의 초등학교 학생들이 우리나라 곳곳을 현장학습을 다니는 활동을 하는 내용으로, 북한의 여학생이 독도에 배를 타고 가면서 '여기가 바로 우리의 섬, 독도구나'라고 아이의 말하는 내용이 포함되어 있다.

4학년은 주로 사회 교과서에 독도와 관련된 내용이 제시되어 있는데, 사회 교과서와 사회과 부도, 지역화 교과서인 사회과 탐구-경상북도의 생활에 나타난 독도 관련 내용은 다음과 같다.

〈표 3〉 4학년 1학기 교과서 및 사회과 부도 독도 관련 내용 분석

교과	단원명	학습 주제	독도 관련 내용	교과서 쪽수
사회	1. 우리 지역의 자연환경과 생활모습	지역의 위치를 나타내는 방법	방위와 좌표로 나타내기 (우리나라 지도에 표기)	10, 12
		우리 지역의 날씨와 기후의 특징 파악하기	독도의 기온과 강수량을 예시자료로 제시(막대그래프 이용)	21
	3. 더불어 살아가는 우리 지역	우리 지역에서 나는 물건 조사하기	생산지의 위치 찾아 지도 위에 표시하기(지도)	95
		우리 지역의 교통 시설 발달과 다른 지역과의 관계	지도	103, 111
사회과 부도	·	·	독도 지도 1면 전체 제시	1쪽

〈표 4〉 4학년 지역화 교과서 및 사회과 교사용 지도서 독도 관련 내용 분석

학년	학기	교과	단원명	학습 주제	독도 관련 내용	교과서 쪽수
4	1	경상북도의 생활	1. 경상북도의 자연환경과 생활 모습	경상북도의 자연환경-우리 도의 지형과 기후의 특징 조사	울릉도의 투막집과 너와집 소개(사진 자료, 우데기, 너와)	19
				독도의 자연환경	독도의 위치, 독도의 기온 및 강수량, 독도의 동식물 등 소개	28
				지도상에서의 독도 위치	지도로 독도 소개	32, 37, 91
				포항에서 서울 가는 길	포항 여객선 터미널을 이용, 독도나 울릉도 방문 가능함	36
			2. 주민 참여와 경상북도의 발전	경상북도 종합 개발 계획	동부 연안권 설명 -독도 해양 과학 기지 건설을 통한 산업과 경제 발전 노력	85
				최근 10년간 경상북도의 변화 모습	독도 박물관 개관 (울릉, 사진 제시)	92
			3. 더불어 살아가는 경상북도	멀리 있어도 우리는 이웃사촌	부산 수영동과 독도리 자매 결연 (경향신문 2008.10.07 기사 및 사진 수록)	104

　5학년 사회 교과서에서는 지도로서만 5회 제시되어 있으며, 사회과 탐구의 경우에도 지도 내에 독도의 지도상 위치만 4회 나타나고 있다. 5학년 사회 교과서와 사회과 탐구, 생활의 길잡이에 나타난 독도 관련 내용을 표로 나타내면 다음과 같다.

<표 5> 5학년 교과서 독도 관련 내용 분석

학년	학기	교과	단원명	학습 주제	독도 관련 내용	교과서 쪽수
5	전학기	도덕 (생활의 길잡이)	8. 나라 발전과 나	독도 의용 수비대	독도 의용 수비대 관련 내용 제시(독도 사진 및 삽화)	110, 111
				자신의 생각을 말하는 가치놀이하기	가치놀이 윷말판(독도를 지키는 사람들)	117
	1	사회	1. 우리 나라의 자연환경과 생활	사람들이 모여 살기 좋은 지형의 특징	우리나라의 지형도 및 인구분포도	8, 9
				우리나라 기후의 특징	8월과 1월의 기온과 강수량 비교 지도(울릉도 평균 기온과 강수량 제시)	18
			3. 환경 보전과 국토개발	지역에 따른 자연재해, 국토개발	지도	106, 131
		사회 (사회과 탐구)	1. 우리 나라의 자연환경과 생활	여러 곳의 서로 다른 지형	지도	5
				도시가 발달한 곳	지도	7
			2. 우리가 사는 지역	인구분포도 만들기	지도	57
			3. 환경 보전과 국토 개발	폭설로 인한 피해	지도	106

3) 경상북도교육감 인정도서 '독도' 교과서 및 교사용 지도서 활용 실태

2007년 3월 우리나라 주변 국가들의 역사 왜곡과 일본의 독도에 대한 영유권 주장 등으로 인하여 우리의 역사와 국토에 대한 바른 인식과 나라 사랑 교육의 강화의 필요성이 절실하게 대두되어, 경상북도

교육청 인정도서심의회규칙(교육 규칙 제395호, 1996.03.15)에 의거 경상북도교육감이 인정한 초등학교용 도서『우리 땅 독도』를 관내 초등학교에서 활용하도록 하였다. 이 도서는 학교교육비 자체 예산으로 구입하고, 4학년 전학생에게 무상으로 배부하였으며, 재량 시간이나 특별 활동, 교과 활동 시간에 활용하도록 권장하였다. 그리고 2009학년도 경상북도교육연구원에서 자체 개발하여 초등학교로 배부된 경상북도 교육감 인정도서『독도』는 현재까지 경상북도 교육과정 편성·운영 지침에 의거 도내 초등학교 5, 6학년을 대상으로 한 창의적 체험 활동 시간 교재로서 활용하도록 하고 있다.[5]

독도 교과서를 활용한 독도 교육과정 운영 내용과 편성 체계에 대한 내용을 살펴보면 다음과 같다.

가. 독도 교과서를 활용한 독도 교육과정 운영 방안

(1) 독도교육의 목표

독도교육의 목표는 초등학생들이 독도에 대하여 바른 이해와 독도를 둘러싼 일본의 침탈 및 억지 주장을 타당한 근거로 반론할 수 있으며, 국토 수호의 바람직한 자세를 갖고 실천할 수 있는 태도를 기르는 데 중점을 두고 있다(경상북도교육청, 2010). 그 세부 목표를 살펴보면 다음과 같다.

첫째, 독도가 우리 땅임을 객관적인 자료를 중심으로 타당한 근거를 찾는 경험을 가진다. 둘째, 독도의 역사를 바르게 이해하고, 독도와 관련된 주변국의 침탈 행위를 역사 자료로 고증함으로써 독도 수호에 대

---

5) 경상북도교육연구원과 경상북도교육청에서 2009년 개발·보급한 독도 교과서의 경우, 학교별 자율 시간 편성 및 활용을 권장하고 있으나, 일반적으로 총 4개 단원을 2개 단원으로 나누어 5학년은 1, 2단원, 6학년은 3, 4단원을 이어 지도하도록 하고 있다.

한 강한 의지를 기른다. 셋째, 독도의 자연적·경제적 가치를 바르게 인식하고, 천혜의 자원 보고인 독도를 사랑하고 가꾸려는 마음을 가진다. 넷째, 우리 땅 독도를 바람직하게 개발하고 보존하는 방법을 찾아보고, 독도를 보호하고 보존하려는 태도를 가진다.

(2) 독도 교과서 내용 체계

독도 교과서는 크게 우리나라 영토로서의 독도와 동해의 중요성과 이유 조사, 독도의 역사와 옛 문헌 및 지도를 통한 독도 사료 탐색, 독도의 자연 환경 및 천연보호구역으로서의 가치 및 경제적 이점 조사, 독도 수호와 독도 개발 및 보존 방법 탐색의 네 가지 내용으로 구성되어 있다.

독도 교과서의 내용 체계를 보면 네 개의 단원과 총 20차시로 구성되어 있으며, 각 단원별 제재와 세부 주제로 다시 나누어져 있다.[6] 각 단원별 내용 체계를 표로 나타내면 다음과 같다.

〈표 6〉 독도 교과서의 내용 체계

단원명	제재	활동 주제
1. 동해에 우뚝 솟은 독도	① 우리나라 가장 동쪽에 있는 땅, 독도	·세계 속에서 독도는 어디에 있을까? ·독도의 주소는 어떻게 될까?
	② 예로부터 우리 바다인 동해	·언제부터 동해라고 불렀을까? ·동해는 우리 민족에게 어떤 의미가 있을까? ·옛 지도에서는 동해를 어떻게 표기했을까? ·'동해' 이름을 지키려면 어떻게 해야 할까?

---

6) 독도 교과서 단원 편성 시 단원별 주제와 내용을 구성하는데 있어 학생들의 수준에 맞는 내용과 이해 가능 정도를 고려하여 편성하였으며, 내용이 중복되거나 학자들 간의 문제나 논란이 되는 주제는 가급적 제외하여 제시하였다.

	③ 울릉도에서 보이는 독도	·독도는 어디에 있을까? 그리고 울릉도에서 독도가 보일까? ·내가 살고 있는 곳에서 독도까지 가려면 어떻게 해야 할까?
	④ 화산이 만들어 낸 독도의 지형	·독도의 모습을 알아볼까? ·독도의 바다 아래 크기는 얼마나 될까? ·동해 해저의 모습과 이름을 조사해 볼까?
2. 우리 땅 독도의 어제와 오늘	① 이름으로 만나는 독도	·독도라는 이름은 어떻게 생겨난 것일까?
	② 옛 지도 속에서 만나는 독도	·옛 지도에는 독도가 어떻게 나타나 있을까? ·옛 지도에서 독도를 자세히 알아볼까?
	③ 기록으로 만나는 독도	·기록 속에 나타난 독도는 어떤 모습일까? ·고려는 울릉도와 독도에 대하여 어떤 정책을 펼쳤을까?
	④ 조선의 독도 사랑	·조선 시대에는 울릉도와 독도에 대해 어떤 정책을 펼쳤을까?
	⑤ 독도를 향한 일본의 욕심	·일본은 어떤 과정을 거쳐 독도를 빼앗으려고 하였을까? ·1950년 이후 일본은 독도를 차지하기 위해 어떻게 하였을까?
	⑥ 독도에 대한 잘못된 주장	·독도에 대한 일본의 주장이 잘못된 까닭은 무엇일까?
3. 천혜 자원의 보고, 독도	① 천연 보호 구역, 독도의 동식물	·독도에는 어떤 동물이 살고 있을까? ·독도에는 어떤 식물이 자라고 있을까?
	② 자연이 만들어 낸 황금어장	·독도 주변 바다가 왜 황금어장일까? ·독도가 동해안 어민들에게 중요한 까닭은 무엇일까?
	③ 미래 자원의 보물 창고	·독도 주변 동해 해저에는 어떤 자원이 있을까?
	④ 바람과 파도가 빚은 예술 작품	·독도가 지닌 관광 자원에는 무엇이 있을까?
4. 독도는 영원한 우리 땅	① 독도에 사는 사람들	·독도에는 누가 어떻게 살고 있을까? ·독도에 사는 공무원은 어떤 일을 할까?

	② 독도와 동해를 사랑하는 사람들	·독도와 동해 사랑을 실천하는 사람들은 누구일까?
	③ 정부와 지방 자치 단체의 노력	·독도를 지키기 위해 정부와 지방 자치 단체에서는 어떤 일을 할까?
	④ 독도의 보존과 개발	·독도를 보존할까, 개발할까? ·독도는 앞으로 어떻게 변할까?
	⑤ 독도 사랑! 내가 앞장설래요	·나는 독도에 대해 얼마나 알고 있을까? ·독도를 지키기 위해 우리는 어떤 일을 할 수 있을까?

또한 독도 교육 내용의 단원별 내용 개관과 차시별 내용 구성에 대해 제시해 보면 다음과 같다.

〈표 7〉 독도 교과서 1단원. 동해에 우뚝 솟은 독도 내용 구성

차시	제재	차시별 내용
1	우리나라 가장 동쪽에 있는 땅, 독도	·세계 속에서 독도의 위치 알기 ·독도의 주소 알기 ·세계 속에서 독도의 위치를 알리는 안내 자료 만들기
2	예로부터 우리 바다인 동해	·동해 이름의 역사 알기 ·동해가 우리 민족에게 어떤 의미가 있는지 알기 ·옛 지도에서 동해를 어떻게 표기하였는지 조사하기 ·동해 이름을 지키기 위한 노력 알기
3	울릉도에서 보이는 독도	·울릉도에서 독도를 볼 수 있다는 사실의 중요성 생각하기 ·자기가 살고 있는 곳에서 독도까지 가는 방법 알기 ·독도 여행 계획 세우기
4~5	화산이 만들어 낸 독도의 지형	·독도 지역의 지형 파악하기 ·독도의 생성과 주변 해저 지형 알기 ·동해 해저의 모습과 이름 조사하기

1단원에서는 세계 속에서 독도의 위치가 어디인지 알아보고, 우리 조상들에게 동해가 어떤 의미가 있었으며, 주변국은 역사적으로 동해를 어떻게 인식하고 있었는지 사료를 통해 확인할 수 있도록 구성되어 있다. 또한, 울릉도에서 독도까지의 거리 알기, 독도 지형의 특징 및 동해의 해양 지명 알기 등의 내용으로 구성되어 있다.

〈표 8〉 독도 교과서 2단원. 우리 땅 독도의 어제와 오늘 내용 구성

차시	제재	차시별 내용
1	이름으로 만나는 독도	·독도 명칭의 변화와 유래 알기 ·게임을 통해 독도의 옛 이름 익히기
2	옛 지도 속에서 만나는 독도	·옛 지도를 통해 오랜 옛날부터 독도가 우리의 영토였음을 알기
3	기록으로 만나는 독도	·독도가 우리나라의 영토로 된 내력 알기 ·독도에 대한 고려의 정책 알기
4	조선의 독도 사랑	·독도에 대한 조선의 정책 알기 ·안용복 게임을 하면서 독도를 사랑하는 마음 갖기
5	독도를 향한 일본의 욕심	·일본이 독도를 빼앗으려 한 과정과 대응책 알기 ·우리 조상들이 독도를 지키기 위해 어떻게 대응했는지 역사적 사실을 조사하고, 독도를 수호하려는 마음 갖기
6	독도에 대한 잘못된 주장	·독도 영유권에 대한 일본의 주장이 잘못된 까닭과 역사적 근거 파악하기

2단원에서는 역사 속에 나타나 있는 독도의 모습을 살펴보고, 우리 조상들의 독도를 지키기 위해 어떤 노력을 했는지 알아보는 활동을 해 보고, 독도를 지키기 위한 실천 태도를 지니도록 하는 내용으로 구성되어 있다. 또한 일본의 독도 침탈 계획과 그 과정을 조사해 보고, 일본이 주장하는 독도에 대한 영유권이 왜 억지인지를 알아보는 활동을 하도록 구성되어 있다.

〈표 9〉 독도 교과서 3단원. 천혜 자원의 보고, 독도 내용 구성

차시	제재	차시별 내용
1	천연보호구역, 독도의 동식물	·독도의 동물에 대해 조사하기 ·독도의 바닷속 동물에 대해 조사하기 ·독도의 식물에 대하여 조사하기 ·독도 동식물을 주제로 새로운 독도 우표 만들기
2	자연이 만들어 준 황금어장	·독도 주변 바다가 황금어장인 까닭 알기 ·독도 주변 바다에서 주로 잡히는 해산물에 대하여 조사하기 ·동해안 황금어장으로서 독도의 중요성에 대하여 알기
3	미래 자원의 보물창고	·독도가 지닌 미래 자원에 대하여 조사하기 ·가스 하이드레이트 자원에 대하여 조사하기 ·해양 심층수 자원에 대하여 조사하기 ·미생물 자원에 대하여 조사하기
4	바람과 파도가 빚은 예술 작품	·독도가 지닌 관광 자원 조사하기 ·독도의 사계절 모습 감상하기 ·독도의 미래 관광 모습을 상상하여 그리기

3단원에서는 학생들이 독도의 동식물과 자연생태환경, 황금어장으로서의 독도, 해양 자원과 관광 자원이 우리나라 미래의 삶의 질을 개선하는데 중요한 가치가 있음을 깊이 인식하도록 하는 활동을 통해 독도를 더욱 아끼고 사랑하는 마음을 가질 수 있도록 구성되어 있다.

〈표 10〉 독도 교과서 4단원. 독도는 영원한 우리 땅 내용 구성

차시	제재	차시별 내용
1	독도에 사는 사람들	·독도에 사는 사람과 그들의 생활 모습 알기 ·독도에 주민과 공무원이 있는 까닭 알기
2	독도와 동해를 사랑하는 사람들	·독도와 동해 사랑을 실천하는 사람들 조사하기 ·독도와 동해 사랑을 실천하는 분들께 감사하는 마음 갖기

3	정부와 지방 자치 단체의 노력	·독도를 지키기 위해 정부나 지방 자치 단체에서 하는 일 조사하기 ·국민이 독도에 관심을 가지도록 하기 위해 하는 일 찾아보기
4	독도의 보존과 개발	·독도 개발에 대한 상반된 주장 알기 ·앞으로 독도의 모습이 어떻게 변할지 상상해 보고 글이나 그림으로 나타내기
5	독도 사랑! 내가 앞장설래요	·독도를 지키고 사랑하기 위해 내가 할 수 있는 일은 독도에 대해 바로 알고 설명할 수 있는 것임을 알기 ·독도에 대해 바로 알리고 사랑하며 지키기 위해 내가 실천할 수 있는 일 찾기

4단원에서는 독도를 사랑하고 지키기 위해서 국민과 정부가 어떤 노력을 하고 있는지 살펴보고, 앞으로 우리가 독도를 어떻게 발전시켜 나가야 할지 생각해 보도록 구성되어 있다. 그리고 앞서 배운 내용들을 바탕으로 독도를 사랑하고 지키기 위해 학생으로서 할 수 있는 일이 무엇인지 알아보고 실천을 다짐하는 활동을 하도록 구성되어 있다.

4) 독도교육을 위한 교수-학습 자료 보급 및 활용

현재 초등학교 수업 현장에서 활용되고 있는 독도 관련 교수-학습 자료는 대부분 교육청 및 소속 기관 차원에서 제공되어진 자료들과 독도 관련 웹사이트들로서, 그 유형으로는 CD 파일, 책자, 웹북, 실시간 동영상 자료(웹사이트 접속), 모형 등이 있다. 경상북도교육청에서 초·중·고등학생을 대상으로 관련 교과 시간이나 재량 활동 시간, 계기 교육 시에 활용할 수 있도록 제공된 교수-학습 자료 목록[7]을 살펴

---

7) 독도교육에 활용할 수 있는 다양한 교수학습 자료가 제공되어짐으로써 독도 교과 서와 함께 좀더 실질적인 독도 교육이 이루어지고 있으며, 사이버 독도 체험관 운 영 등과 같은 독도 관련 사이트를 통한 온라인 교육이 병행되어질 수 있다.

보면 다음과 같다.

<표 11> 우리 땅 독도 바로 알기 관련 자료 목록(2008)

구분	자료명	제작처	내용	학습 가능 사이트	비고
책자	독도를 아십니까?	경상북도교육연구원	사회과 학습자료(독도)	경상북도교육청홈페이지/초등교육과/자료실/648	웹북
책자	우리 땅 독도	(주)두산	독도의 환경 및 역사	경상북도교육감 인정도서2006-001(2006.07.05)	책자
책자	초·중·고 독도학습 지도서 해돋는 섬 독도	교육인적자원부 및 한국교육과정평가원(2003)	독도의 교수-학습 자료 일본과의 관계 등 관련 자료	경상북도교육청 홈페이지/초등교육과/자료실 647	파일
책자	우리 땅 독도 바로 알기	경상북도교육청	독도 수업 교수·학습 과정안 및 ppt자료	경상북도교육청 홈페이지/초·중등교육과/자료실/초 646,중 309, 496	파일
책자	가고 싶은 우리 땅 독도	국립중앙박물관	독도 인문 자연 환경 및 도록	국립 중앙박물관	책자
영상자료	아름다운 우리 땅 독도	경북인터넷교육방송·울릉군청	독도 자연환경 소개	경북 교육넷 인터넷방송	14분
영상자료	독도의 재발견 1부	경북인터넷교육방송·TBC	독도의 바다 및 자연환경	경북 교육넷 인터넷방송	22분
영상자료	독도의 재발견 2부	경북인터넷교육방송·TBC	계절별 특징, 식물 소개	경북 교육넷 인터넷방송	18분
영상자료	독도의 재발견 3부	경북인터넷교육방송·TBC	계절별 특징, 식물 소개	경북 교육넷 인터넷방송	18분
영상자료	독도 바다사자 1부(2편)	경북인터넷교육방송·TBC	독도의 해양 동물 생태계	경북 교육넷 인터넷방송	17분
영상자료	독도 바다사자 2부	경북인터넷교육방송·TBC	독도의 해양 생태계	경북 교육넷 인터넷방송	18분
영상자료	독도 영상 자료	KBS 방송국	독도 주변의 환경 자료	http://www.ulleung.go.kr	실시간
CD-ROM	한국의 동쪽 섬 독도	교육인적자원부	독도 교수학습 자료	멀티미디어학습자료 배부	학교
CD-ROM	독도는 우리 땅	경상북도교육청	독도 교수학습 자료	학습자료배부(S/W공모작)	학교
모형	독도 입체 모형도	동북아역사재단	독도 모형 형상화	동북아 역사재단	학교

위의 자료 목록에서 알 수 있듯이 다양한 독도 관련 교수-학습 자료들이 학교 현장에 보급되었으며, 실제 수업에 적용하여 학생들의 흥미를 끌 만한 동영상 자료들이 다수 제작되어 학생들의 독도 수업에 효과적으로 활용될 수 있다.

4. 독도교육 관련 활동 전개 현황

1) 교육청 및 학교 단위 독도 관련 교육 활동 전개

지금까지 경북교육 장학 계획을 근거로 일본 정부의 독도 영유권 주장 및 허구성에 대한 올바른 독도 교육과 기존 독도 교육의 미흡에 따른 효과적인 교육 방법 모색을 바탕으로 이루어지고 있는 독도 교육 행사들이 학교 현장에서 활발하게 전개되고 있다. 특히 독도 교육 시간의 관련 교과 정규 수업의 의무화로 독도에 대한 진실과 위기를 일깨워 독도 사랑 의식을 고취시키고 있으며, 교육청 및 학교별 '독도 바로 알기'교육[8]을 체계적이고 지속적으로 실시하여 독도가 우리 땅임을 일깨우고 있다.

가. 독도 교육 시간의 확보

2008학년도 2학기부터 경상북도내 전 학교를 대상으로 관련 교과 시간과 창의적 체험 활동 시간 등을 활용하여 독도 교육을 실시하도록 하고 있으며, 2012 경상북도교육과정 편성·운영 지침에 초등학교 5~6

---

8) 경상북도교육과정 편성운영 지침(경상북도교육청 고시 제2012-14호)에 의거 독도 교육의 세 가지 중점 중 하나인 독도 바로 알기 교육을 위한 다양한 학교 교육활동들이 활발하게 전개되고 있다.

학년의 경우 독도 인정 도서를 활용하여 연간 10시간 이상 지도하도록 명기하고 있다.

나. 독도 바로 알기 교육 실시

도 및 지역교육청 주관 독도 바로 알기 교육 활동으로는 독도 교육을 위한 학습 주간을 설정 운영하도록 하여 독도 백일장이나 캠페인, 편지쓰기, 정보검색, 탐구대회, 그림 및 포스터 그리기 대회를 각급 학교 및 교육청 단위에서 실시하도록 하고 있다. 교육청 주관 독도 바로 알기 행사 실적을 살펴보면 다음과 같다.

<표 12> 독도 바로 알기 행사 실시 현황

구분	행사명	대상	내용	비고
2009학년도	독도지킴이 조직 운영	초·중·고등학생	경상북도 독도수호대책팀과 연계 운영(사이버 독도사관학교)	학교별 1교 1동아리 이상
	독도 탐방단 운영(도교육청)	초·중·고등학생 (93명)	울릉도 및 독도 자연환경 및 생태 체험 학습	2009.4.6~4.8
	독도탐방 (예천교육청)	초·중학생 교사 (75명)	울릉도 및 독도 현장 체험	2009.05.25~27
2010학년도	독도연구학교 지정 운영	울릉초등학교	독도사랑 체험 프로그램 운영을 통한 우리 땅 독도 지키기 의식 고취	2010.3.1~ 2011.2.28
	독도 탐방 연수	초, 중, 고, 교사	울릉도 및 독도 자연환경 및 생태 체험 학습	5~6월
	독도 지킴이 동아리 운영	초, 중, 고 등학교	도내 자율 독도 지킴이 동아리 102교 운영	2010.3.1~ 2011.2.28
	독도교육 관·학 교류 MOU 체결	도교육청	경일대학교	2010.12월

대부분 학교 대회나 행사를 사전 실시하여 지역 및 도교육청 단위 행사를 개최하였으며, 이외에도 도내 초·중·고등학생뿐만 아니라 일반인들의 참여도 가능한 독도 사랑 이벤트를 실시하여 경상북도교육청 홈페이지 이벤트 팝업에서 온라인상으로 독도 관련 퀴즈를 풀어 보게 함으로써 학생과 도민들의 독도 수호 의식을 고취시키고자 하였다.

2) 독도교육 연구학교 지정 운영

2008학년도 연구학교 운영 계획서 공모를 통해 선정된 경상북도교육청 지정 독도교육 연구학교를 2009학년도부터 초·중·고 각 1교별로 매년 1년간 현재까지 운영하고 있으며[9], 2010학년도에는 울릉군 도동리에 위치한 울릉초등학교를 독도교육 연구학교 지정·운영하였다.

〈표 13〉 경상북도교육청 지정 독도교육 연구학교 운영 현황

운영 년도	학교명	주제	운영 과제
2009	포항 오천초	체험 중심 테마 활동을 통한 우리 땅 독도 바로 알고 지키기	·독도 바로 알기 교육과정 편성-운영 ·독도 사랑 맞춤형 체험 활동 전개 ·독도 알리미 활동으로 독도 지키기 실천 의지 다지기
2010	울릉 초등	독도사랑 체험 프로그램 운영을 통한 우리 땅 독도 지키기 의식 고취	·독도 관련 교육과정 운영 ·다양한 독도 사랑 체험프로그램 운영 ·독도 지킴이 활동 전개

---

9) 경상북도교육청 지정 독도교육 연구학교는 2009년부터 오천초등학교를 시작으로 매년 1년간 독도에 대한 다양한 방법적 접근을 시도하고 있으며, 2010년은 울릉도에 위치한 울릉초등학교가 독도교육 연구학교로 지정-운영되었으며, 현재는 독도교육 시범학교를 운영하지 않고 있다.

2009학년도 독도교육 연구학교를 운영했던 오천초등학교의 운영 보고서 내용을 살펴보면, 독도 교육 시범 운영 후 학생, 학부모, 교사의 독도 교육에 대한 결과를 설문지, 면담 및 독도 사랑 길잡이 등의 학습 결과물을 활용하여 평가·분석하였다. 먼저 학생 설문 조사를 운영 전후로 비교 분석한 결과, 독도 교육의 필요성과 독도 관련 학습에 대한 관심도, 독도 지키기 실천 태도에서 실시 전보다 높은 수준으로 향상되었다. 이와 같은 결과는 독도 관련 교육과정을 분석하여 관련 교과 시간에 독도에 관련된 교육을 강조하였고, 재량 활동 시간을 활용하여 독도 교육을 실시하였으며, 각종 체험 중심 테마 활동을 실시하여 독도 교육의 필요성과 관심도, 독도 바로 알고 지키기의 실천 태도를 함양시켰기 때문으로 보았다.

학부모 설문 조사를 운영 전후로 비교 분석한 결과, 독도 교육의 중요성과 독도에 대한 관심도, 학생의 독도 지키기 실천 태도 및 독도 교육에 대한 홍보 협조에서 향상된 결과를 얻어 이는 학부모 연수를 통하여 독도 사랑의 실천을 강조하였고, 독도 사랑 어울 마당과 독도 사랑 도서 바자회 등 학부모 독도 알리미 역할을 할 수 있는 기회를 제공하여 참여하였기 때문으로 분석하였다.

5. 초등학교 독도교육의 문제점 및 개선 방안

지금까지 실제 초등학교 현장에서 이루어지고 있는 독도교육 관련 실시 현황과 그 실태를 독도 교육과정 편성·운영과 독도 관련 교육 활동이라는 두 가지 측면에서 살펴보았다. 특히 초등학교 현장에서 독도교육을 담당하고 있는 교사의 입장과서 본 독도교육의 실태 분석에 따른 문제점과 이를 개선할 수 있는 방안을 제시해 보면 크게 세 가지로 요약할 수 있다.

1) 교육과정 편성·운영에서의 시수 조정

먼저 경상북도교육과정 편성·운영 지침(경상북도교육청 고시 제2012-14호)에 제시된 독도교육 운영 지원 관련 내용에 있어 그 구체적 지침과 명시 내용이 학교 교육과정 편성·운영에 직접 적용하기에는 무리가 있다는 것이다. 지침에 제시된 내용은 독도교육의 기본 방향과 교육 중점, 편성·운영 방법과 관련 활동 및 평가로 구분되어 있으나, 그 세부 내용이 현장에 적용함에 있어 다소 구체적이지 못해 학교교육과정 편성에 충분히 투입되지 못하고 있는 실정이다.

또한 지침이 아닌 별도 공문에 의해 초등학교 1~4학년은 자율 연간 10시간 이상 권장, 5~6학년은 경상북도교육감 인정도서를 활용, 연간 10시간 이상 시간을 확보하여 독도교육을 하도록 하고 있으나, 연간 수업일수를 감안하여 본다면 그 지도 시간은 너무 부족한 편이다. 1~4학년의 경우에는 자율적 운영이라 독도교육 연구학교를 제외하면 앞에서 분석된 국정 교과서의 독도 관련 내용 이외에는 학교 행사에서만 독도와 관련된 교수-학습활동을 단편적으로 경험하는 것이 대부분이다. 그리고 5~6학년의 경우에도 10시간 편성된 독도교육 활동 시간이 주로 창의적 체험활동 시간을 중심으로 이루어지고 있어, 학생들의 독도 관련 경험 기회는 매우 부족한 실정이다. 그나마 재량활동 시간 운영 시 독도 교과서를 활용하여 5학년의 경우 1~2단원 중심으로, 6학년은 3~4단원을 중심으로 지도하도록 명기하여 중복된 내용을 학습하지 않도록 운영하고 있기는 하다.

이에 독도교육 운영 시수를 현행 10시간 이상보다는 학기별 10시간 이상 확보할 필요가 있으며, 5학년부터 독도교육을 시작하는 것이 아니라 저학년 단계에서 학년 수준에 맞는 내용으로 단계적인 독도교육이 이루어져야 한다는 것이다. 그러기 위해서는 학년별 독도 교과서의 개발과 독도교육 연구학교의 일반화 자료 보급을 통해 초등학교 전 학년이 독도에 대한 학습 경험의 기회를 충분히 제공받아야 한다.

2) 초등학교 교과 지도에서의 독도교육의 활성화

주로 재량활동 시간을 활용하여 이루어지고 있는 독도교육은 관련 교과 지도 과정 속에서도 함께 지도하도록 지침에는 제시되어 있으나, 실제로 여러 가지 이유로 이러한 교과 관련 독도 학습은 이루어지지 못하고 있는 실정이다. 한 차시의 과도한 학습량과 학생들의 학습 수준 및 속도 차이, 교수-학습 자료의 부족 등의 이유로 실제 교과서에 제시되지 않은 내용까지 다루어줄 수 있는 여건이 마련되어 있지 못하기 때문이기도 하지만, 가장 큰 문제는 실제 독도교육을 담당하고 있는 교사들의 독도에 대한 심도 있는 이해 부족과 그 중요성의 인식 부족이라고 볼 수 있다.

이에 교사들의 독도에 대한 인식 제고와 독도교육 활성화를 위한 다양한 교사 연수가 이루어져야 함은 말할 필요가 없다. 전교원 대상 독도 탐방 기회의 확대, 교육연수원 차원의 독도교육 교사 직무연수 이수의 의무화와 더불어 지역교육청 단위 독도교육 자체 연수, 효과적인 독도교육 교수-학습 방법 연수, 연수 방법의 다양화를 통한 자율적인 독도교육 연수가 이루어질 수 있는 여건이 교육청 단위에서 마련되어져야 한다. 그리고 교사들의 독도교육 연수에 대한 지원과 함께 학교 현장에서 활용이 쉬운 다양한 교수-학습 자료를 적극 개발하여 보급하는 것도 필요하다.

3) 학교 교육활동 속에서의 독도교육 행사 운영

독도교육과정 운영과 함께 학교교육과정 운영의 한 과정으로서 실시되고 있는 독도교육 행사는 일부 학교와 학생들에게 편중되어 있는 실정이다. 교육과정 운영상 학교의 전교생을 대상으로 실시해야 할 여러 행사들로 인해 대부분의 독도 행사의 경우 교사 추천이나 일부 신청 학생들을 대상으로 하는 경우가 많아 대다수 초등학생들에게 독도에 대한 간접 체험 활동이 충분히 이루어지지 못하고 있다. 따라서 학교교육과정 운영과 연계하여 독도의 날 및 독도 주간 운영 기간 동안 도교육청 및 지역 교육청, 각급 학교까지 함께 참여할 수 있는 분위기를 적극 조성해 주어 학생들이 독도 주간 동안 충분한 독도 체험이 가능한 활동을 할 수 있는 다양한 행사 운영이 필요하다. 이 밖에도 사이버 독도교육 체험관 운영의 확대와 홍보, 각급 학교 홈페이지를 활용한 독도체험관 설치, 독도 관련 도서의 충분한 무료 보급 및 자체 확보 등을 통해 초등학생들이 독도에 대해 바로 알고 독도의 중요성을 인식하며 스스로 독도를 지키려는 태도를 가질 수 있도록 해야 한다.

6. 논의

초등학교 현장에서 이루어지고 있는 독도교육의 실상은 앞에서 살펴 본 바와 같이 크게 독도 교육과정 편성·운영과 독도 관련 행사 실시, 독도교육 관련 연수 등으로 이루어지고 있다. 이와 관련하여 독도교육 실시 과정에서의 문제점과 개선 방안을 간단하게 제시해 보면 먼저 독도 교육과정 편성 시 재량 활동 시간뿐만 아니라 교과 관련 지도를 충분히 확보하며, 고학년뿐만 아니라 초등학교 저학년에게도 적용

가능한 교재 개발이 시급하다는 것이다. 초등학교 저학년의 경우에는 독도 교과서의 내용 수준이나 활동 방법에 고학년과의 수준차가 심해 그대로 활용하기에는 무리가 있다.[10] 체험 중심의 놀이 학습이나 독도와 관련하여 흥미를 유발할 수 있는 활동 중심의 교재가 필요하며 그 적용 시간에 있어서도 교과 시간과의 주제 통합을 통해 자연스럽게 독도에 대한 이해가 가능하도록 교수·학습 활동을 전개하여야 한다.

그리고 독도에 대한 교사들의 인식 제고와 이해 확산을 위한 연수를 확대하고 직접 체험의 기회도 제공되어져야 한다. 연수 과정에서도 기본, 심화, 체험 연수 등 단계를 거쳐 독도 이해 연수를 진행하는 것도 효과적일 수 있고, 교사 중심의 독도 연구 동아리를 조직·운영하도록 하고, 다양한 지원 체계를 통해 학교 현장에서 독도교육이 원활히 이루어질 수 있는 분위기를 우선 조성해 주는 것도 중요하다. 교사들의 경우 독도교육에 대한 필요성과 그 가치는 충분히 알고 있으나 실제 교수·학습 활동을 전개하려고 하는 의지도 부족한 편이어서 원격이나 집합연수 등의 독도교육과 관련한 자율 연수 과정을 개설하여 교사가 독도 수업에 충분한 역할을 수행할 수 있는 여건을 마련해 주는 것도 필요하다.

독도 관련 행사 운영에 있어서도 좀더 내실 있는 행사 계획 수립과 온·오프라인 교육이 모두 가능한 다양한 체험 활동 위주의 행사가 집중적으로 이루어질 수 있도록 노력해야 한다. 앞에서도 언급한 것처럼 대부분의 독도 관련 행사들의 경우 학생들에게 독도에 대한 관심을 증대시킬 만한 독창적인 활동들이 많지 않았다. 초등학교에서 이루어지

---

10) 현재 활용하고 있는 독도 교과서의 경우에는 주제별 내용이 초등학교 저학년 수준의 학생들에게 적용하기에는 다소 어렵고 방법적 접근도 쉽지 않아, 초등학교 저학년들의 흥미와 독도에 대한 관심을 불러일으킬 만한 쉽고 재미있는 활동 중심의 교과서의 개발이 시급하다.

는 대부분의 일반적 행사 유형인 글쓰기, 그림 그리기, 정보검색 등 소수의 학생 참여가 가능한 행사이거나 관심을 불러일으킬 만한 요소가 빠진 활동들의 대부분이다. 그래서 매년 실시하는 현장학습을 독도탐방식 테마체험활동으로 전교생이 참여할 수 있도록 한다거나, 각급 학교 홈페이지를 활용하여 사이버 독도체험센터를 구축하도록 하여 학생들이 수시로 온라인 독도 학습을 할 수 있는 장을 만들어 주는 것도 효과적이다.

덧붙여 독도에 대한 관심과 현장에서의 독도교육 활동이 활성화되기 위해서는 교육청 및 학교 차원을 넘어 정부 단위에서 좀더 적극적으로 개입할 필요가 있다는 것이다. 다시 말하면, 정부 차원에서 교과서 개편 시 교과서 내 독도 교육 내용을 의도적으로 대폭 늘리도록 하고, 유치원에서부터 제대로 된 독도교육이 이루어질 수 있도록 유·초·중등 교육과정을 연계하여 운영하는 방안도 모색할 필요가 있다. 또한 일상생활 속에서도 초등학생들이 독도에 대한 관심과 수호 의지를 다질 수 있는 다양한 교육 시설과 체험 행사, 학생과 학부모가 함께 참여하는 독도 관련 행사를 통해 자연스러운 독도교육 활성화가 이루어져야 할 것이다.

마지막으로 학생들이 지금까지도 계속되고 있는 일본의 독도 영유권에 대한 억지 주장에 맞서 학생들이 독도가 우리 땅임을 올바르게 인식하고 독도 수호에 대한 강한 의지를 길러줄 학교 현장 만들기에 모두가 노력해야 할 것이다.

[참고문헌]

강민아, 「20세기 초 일본의 독도 침탈 과정」, 한국교원대학교 교육대학원
　　　석사학위논문, 2010.
교육과학기술부, 「국어 읽기2-1 교과서」, (주)미래엔컬쳐그룹, 2010.
──────────, 「바른생활 2-2 교과서」, 두산동아(주), 2010.
──────────, 「사회 4-1 교과서」, 두산동아(주), 2010.
──────────, 「사회 4-1 초등학교 교사용 지도서」, 두산동아(주), 2010.
──────────, 「사회과부도」, 두산동아(주), 2010.
──────────, 「사회 5-1 교과서」, 두산동아(주), 2010.
──────────, 「사회과탐구 5-1」, 두산동아(주), 2010.
──────────, 「생활의 길잡이 5」, (주)지학사, 2010.
경상북도교육청, 「경상북도의 생활 4-1」, (주)동화사, 2010.
──────────, 「독도(경상북도 교육감 인정 2010-039-심)교과서」, 동화사,
　　　2010.
──────────, 「독도(경상북도 교육감 인정 2010-039-심)교사용 지도서」,
　　　동화사, 2010.
경상북도교육연구원장, 「경상북도 초등학교 교육과정 편성·운영 지침(경
　　　상북도교육청 고시 제2012-14호)」, 탑 디자인, 2012.
──────────────, 「독도교육 직무연수 우리 땅 독도사랑 여기 있어요」,
　　　경상북도교육청, 2009.

바람직한 학교급별 독도교육의 강화 방안

진 재 관

1. 머리말

일본은 지난 2011년 3월 30일 중학교 교과서의 검정 결과를 발표하였다. 그중에서 사회과 지리교과서와 공민교과서의 합격본 대부분에 독도의 영유권을 주장하는 내용이 포함되었다. 이에 대해 우리 정부는 일본의 독도 영유권 주장 내용을 담은 교과서의 검정 통과에 대해 정부 차원에서 다양한 수단을 동원하여 강력히 항의하였고, 우리 국민들도 일본의 이러한 태도에 대해 강렬히 비판하였다.

우리에게 있어 독도는 민족의 상징이자 자존심이라고 볼 수 있다. 일본에 의한 식민지 지배의 경험을 가지고 있는 한국민에게 있어서 일본의 영유권 주장은 더욱 민감할 수밖에 없다. 과거에는 독도를 단순히 어민들의 어로 활동 지역으로써만 관심을 가졌으나, 1982년 5월 국제연합해양법회의의 해양법협약에 의한 배타적 경제수역의 설정으로 독도 주변 바다의 영토주권과 연결되면서 독도 영유권에 대한 관심이 더욱 고조되었다.

독도는 과거부터 울릉도의 부속도서로서 우리 민족의 생활 무대였다. 『세종실록 지리지』(1454)에는 "우산(于山)과 무릉(武陵)의 두 섬이 울진현 정동쪽 바다 가운데에 있다. 두 섬이 서로 거리가 멀지 아니하여 날씨가 맑으면 바라볼 수 있다."고 하여 독도를 울릉도와 연관된 부속 도서로 생각하였음을 보여준다. 이와 같이 우리 민족의 생활 무대에 독도가 포함되어 있음으로써 정상기의 '동국전도'(19세기 말)와 '해좌전도'(19세기 중엽)에도 울릉도(鬱陵島)와 독도(于山)가 우리 영토로 나란히 표시되어 있는 것이다.

한편, 과거의 자료를 통해서 독도의 영유권이 우리에게 있음을 일본도 인정하고 있었다는 사실을 알 수 있다. 일본의 문서인 「조선국교제시말내탐서」(1870)와 태정관이 일본 내무성에 내려 보낸 공문서(1877)에 '울릉도와 독도는 일본과는 관계없는 곳'이라는 최종 결정이 담겨있는 것을 보면, 독도의 영유권이 일본이 아니라 우리에게 있음을 공식적으로 인정하고 있었던 것이다. 일본정부의 이러한 입장은 일본지리학자 하야시 시헤이가 그린 '삼국접양도'(1785), 일본 해군성의 '조선동해안도'(1876), 일본 박문관에서 출판한 『일·러전쟁실기』의 '한국전도'(1905)에 그대로 반영되어 독도를 울릉도와 함께 조선의 땅으로 표시하게 된 것이다.

그럼에도 불구하고 근래에 와서 일본은 몇 가지의 자료를 근거로 하여, 독도의 영유권을 주장하고 있으며, 그 주장의 강도를 점점 높이고 있다. 이러한 상황에서 우리나라 초, 중, 고등학생들을 대상으로 한 체계적인 독도 교육의 필요성도 더욱 높아지고 있다. 이에 따라 이 글은 초·중·고등학교의 독도 교육이 충실히 이루어지기 위해서는 우선적으로 독도 교육 내용을 학교급별로 차별화함과 동시에 학생들의 발달단계에 맞도록 위계화함으로써 학생들의 지적 호기심을 충족하고 흥미를 유발하도록 해야 한다는 입장에서 학교급별 독도 교육 내용 체계를 구성하였다.

2. 우리의 독도 문제에 대한 대응 자세

일본이 독도 영유권을 주장할 때마다 우리의 대응은 일회적이고 감정적인 경우가 많았다. 그 이유는 독도가 역사상 명백한 우리의 영토일 뿐만 아니라 현재 실효적 지배를 하기 있기 때문에 당연히 우리 영토라는 자만심에 빠져 있었기 때문이라고 생각된다. 이러한 상황에서 일본의 영유권 주장에 대한 구체적인 내용과 근거를 알아보려는 노력을 소홀히 한 채 감정적으로 대응하게 된 것이다. 또한 독도는 우리가 실효적으로 지배하고 있는 명백한 우리 고유영토이기 때문에 일본의 영유권 주장에 대해 적극적으로 대응하여 독도를 분쟁 지역으로 인식하게 하는 것을 피하려는 의도가 있기도 하였다.

우리나라는 과거의 역사적 경험에 의하여 일본의 독도 영유권 주장을 일본의 제국주의적 침략행위와 동일시하는 경향이 있고, 일본의 이러한 독도 영유권 주장은 침략행위의 하나로 더 이상 국제적 지지를 얻을 수 없을 것이라는 생각을 갖고 있다. 또한 우리가 실효적으로 지배하고 있는 독도를 설마 어떻게 빼앗아 가겠느냐는 낙관적인 생각에서 일본의 주장에 대해 구체적으로 알려고 하지 않았고 일고의 가치도 없는 주장으로 치부해버렸다.[1] 이런 상황에서 일본은 과거와 달리 제국주의적 침략의 모습을 숨겨 노골적으로 드러내지 않고 있으며, 세계 여러 나라를 대상으로 하여 자신들의 영유권 주장 논리를 체계적이고 지속적으로 알리는 활동을 계속해왔다.

한국 정부는 외교적인 입장을 고려하여 일본의 이러한 독도 영유권 주장에 대해 조심스러운 태도를 보여 왔다. 일본의 독도 영유권 주장이 있을 때마다 우리 정부는 외교 담당부서의 성명, 해당 외교관을 통

---

1) 한국은 2000년대 들어와서 독도 관련 연구가 활발해지고 독도 연구자들이 많이 등장하여 논리적이고 학문적인 대응이 시작되었다.

한 항의 등의 수단을 통해 소극적으로 대응해 왔다. 2005년부터 전개
된 독도 영유권 주장과 관련한 한국 정부의 대응 내용을 살펴보면 다
음과 같다.

시기	내용	한국정부의 대응
2005.4	· 역사 왜곡 중학교 교과서 검정 결과 발표	· 외교부 대변인 성명 발표 · 외교부차관, 주한 일본대사 불러 항의 · 주일대사, 일본 외무성 사무차관 항의 방문
2008.7	· 독도 영유권 시사하는 중학교 학습지도요령 해설서 개정	· 외교부 성명 및 청와대 대변인 논평 발표 · 외교부장관, 주한 일본대사 불러 항의 · 주일대사, 일본 외무성 사무차관 항의 방문 및 일시 귀국 · 국무총리, 독도 방문
2009.4	· 역사 왜곡 중학교 교과서 검정 결과 발표	· 외교부 대변인 성명 발표 · 외교부 동북아국장, 주한 일본공사 불러 항의 · 주일공사, 일본외무성 아주국장 항의 방문
2009.12	· 독도 영유권 간접 주장한 고등학교 학습지도요령 해설서 개정	· 외교부 대변인 논평 발표 · 외교부장관, 주한 일본대사 불러 항의
2010.3	· 독도를 자국 영토로 표기한 초등학교 교과서 검정결과 발표	· 외교부 대변인 성명 발표 · 외교부장관, 주한 일본대사 불러 항의 · 주일공사, 일본 외무성 아주국장 항의 방문

(『동아일보』, 2011.3.28)

3. 일본 교과서의 독도 영유권 서술 강화

일본의 영유권 주장은 한 순간에 갑자기 대두한 것은 아니다. 일본
은 독도 영유권 주장을 장기간에 걸쳐 지속적으로 강화해왔고, 그에
대한 준비도 집요하고 체계적이었다. 차세대를 이끌어갈 학생들이 사
용하는 교과서에 독도 영유권 내용을 포함시키는 것은, 당장은 아니라

도 차세대에서 독도에 대한 영유권을 확보하고자 하는 장기적인 의도를 가지고 있는 것이다.

2011년 3월 30일 발표한 중학교 검정 교과서 검정 결과를 통해 나타난 일본 교과서의 독도 영유권 주장 관련 내용을 살펴보면 다음과 같다.

검정을 통과한 교과서는 지리 4종, 역사 7종, 공민 7종 등 모두 18종으로, 이중 모든 지리교과서와 공민교과서를 포함해 총 12종이 일본의 부당한 독도 영유권 주장을 담고 있는 것으로 드러났다.
이는 기존 중학 사회교과서 23종(지리 6종, 역사 9종, 공민 8종) 가운데 10종(지리 6종과 공민 4종)이 독도 영유권 주장을 기술했던 것과 비교하면 전체적으로 왜곡교과서 숫자가 10종에서 12종으로 늘어나고 비중도 43%에서 66%로 증가한 것이다.
특히 독도를 한국이 불법점거하고 있다는 내용을 기술한 교과서가 기존의 후소샤(扶桑社) 공민교과서 1종에서 지리교과서 1종과 공민교과서 3종 등 모두 4종으로 늘어났다.
지리교과서 가운데 교육출판(敎育出版)은 지도와 함께 "竹島(독도)는 일본의 고유영토이며 1952년 이후 한국 정부가 불법점거를 계속하고 있다"고 표기했고, 공민교과서 가운데 도쿄(東京)서적은 "한국이 불법으로 점거하고 있어…", 이쿠호샤는 "한국에 의한 竹島의 점거는 국제법상 아무런 근거없이 행하여 불법점거인 바…", 지유샤(自由社)는 "북방영토와 竹島를 러시아와 한국이 각각 불법으로 각각 점거하고 있다"는 내용을 기술했다.
(연합뉴스, 2011.3.30)

일본은 독도 영유권 주장을 교과서에 기술하는 활동과 더불어, 자국에 우호적인 세계적인 인사들을 대상으로 한 홍보 활동을 통해 국제적인 동조세력을 확대해왔다. 일본의 이러한 활동은 향후 결정직인 순간에 이러한 국제 정세를 최대로 활용하여 독도 영유권을 확보하겠다는 포석이 깔려있다.

역사교과서는 학문적 성과와 역사교육적 측면을 바탕으로 기술되어 있으며 인류의 보편적 가치를 지향하는 가운데 국민이자 세계인으로서 주변과 공존하며 살아갈 수 있는 교육적 가치를 담고 있어야 한다[2]는 주장은 타당하다. 교육을 통하여 미래를 짊어질 세대에게 상대방에 대한 무의식적 선입견과 감정적 응어리까지 해소[3]함으로써 상호이해와 협력을 통한 공동 번영을 누리도록 하는 것은 교육이 궁극적으로 추구해야 할 방향이다. 일본이 교과서에 '한국이 독도를 불법으로 점거하고 있다'고 일방적인 내용을 기술함으로써 일본 아이들에게 우호국에 대한 악감정과 배외주의적 내셔널리즘을 심어주는 것은 결코 허용될 수 없는 일[4]이라는 주장에도 상호 우호와 협력 관계로 나아가야 할 미래의 한일관계에 대한 염려가 담겨있다. 이러한 우려를 국제사회에서도 인지하여 2010년 6월, 유엔 아동권리위원회가 "일본의 역사교과서는 역사적 사건에 대한 일본측 해석만을 기술하고 있기 때문에 지역의 다른 나라 출신 아이들과의 상호이해를 증진하고 있지 않다"는 권고를 제출[5]한 바 있다. 이는 한일 양국뿐만 아니라 세계 여러 나라들도 일본 교과서의 문제점을 심각하게 인식하고 있음을 보여준다.

4. 독도 수호를 위한 우리의 활동

우리 정부에서는 중국의 고대사 침탈과 일본의 독도 침탈 및 역사 문제를 해결하기 위하여 동북아역사재단을 설립하였다. 특히 독도 영유권과 관련하여 동북아역사재단 아래에 독도연구소를 설치하여, 독도 문제에 체계적이고 합리적으로 대응하도록 하였다. 또한 정부부처

---

2) 신주백, 「근린제국조항과 역사인식. 근린제국조항 관련 국회 토론회 발표문」, 2011.
3) 신주백, 위의 글.
4) 한일 시민 우호를 위한 공동성명(2011.3.21.)
5) 위의 글.

산하에 별도로 영토대책단을 설치하여, 독도 문제에 대한 각 부처간의 의견 조율을 통한 통일적인 대응을 도모하기도 하였다. 그리고 한국사 관련 교육과정에 독도 관련 내용을 명기하여 학생들에게 독도에 대한 관심을 확대하고 독도 수호 의지를 고취시키는 교육 활동도 강화하고 있다.

이와 더불어 독도를 지키려는 민간단체의 활동도 활발하다. 독도학회, 동해연구회 등의 학술단체를 포함하여 경북대학교의 울릉도·독도연구소, 영남대학교의 독도연구소 등이 대표적이며, 사이버 외교사절단인 반크를 비롯하여 독도수호대, 독도의병대, 독도수호국제연대, 독도유인도화국민운동본부, 독도역사찾기운동본부, 푸른울릉독도가꾸기모임 등이 독도 수호 활동을 활발히 펼치고 있다.

또한, 독도 문제와 관련하여 인터넷상에서 교류하고 토론하며 정보를 공유하는 사이버 공간 단체로 미인독도, 독도사랑동호회, 독도사랑지킴이, 다음독도사랑동호회, 대한민국독도사랑회, 독도수호카페, 대구은행의 사이버독도지점 운영 등이 있다. 그리고 개인적 차원에서 독도를 수호하기 위한 활동을 전개하는 대표적인 사람으로 가수 김장훈과 한국홍보전문가 서경덕 교수 등이 있다.

이러한 정부와 민간단체, 그리고 개별적인 독도 수호 활동과 더불어 다음 세대를 이끌어갈 학생들을 대상으로 하는 독도 교육 활동은 독도의 영유권을 지속적으로 유지하고 확고히 할 수 있도록 한다는 점에서 매우 중요하다.

5. 학교급별 독도 교육의 방향[6]

독도 교육을 강화하기 위해서는 체계적인 독도 교육의 실시가 전제되어야 한다. 그리고 체계적인 독도 교육을 위해서는 독도가 우리 고유영토라는 근거와 구체적인 내용에 대한 확실한 이해가 필요하다. 더불어 일본의 주장에 대한 정확한 파악과 이에 대한 논리적 대응 능력을 함양하도록 해야 한다. 이러한 독도 교육을 통해 일본의 주장이 얼마나 허약한 근거를 가지고 있으며, 독도에 대한 지나친 욕심에 기초한 것인지를 밝히고 이를 대외적으로 알리는 활동 방안 마련도 병행되어야 한다.

예전과 같이 단순하게 우리 의견만 주장하고 일본의 주장이 무엇인지에 대해서는 관심조차 두지 않으려는 것은 독도 문제에 대응하는 바람직한 자세라고 볼 수 없다. 독도 교육은 일본의 영유권 주장 내용과 근거를 명확히 파악하고, 그 주장의 문제점을 인식하여 이를 논리적으로 설득할 수 있는 능력을 함양하는 데 두어져야 한다. 이로써 독도 교육이 바람직한 한일우호 관계 마련의 초석이 될 수도 있는 것이다. 즉, 독도 영유권 문제를 두고 양국이 지속적으로 갈등한다면 우호적인 한일관계를 해치는 사안이 될 수 있지만, 이해와 설득을 바탕으로 한 현명한 해결을 도모한다면 상호간의 이해와 신뢰를 더욱 돈독히 하는 계기가 될 수도 있기 때문이다.

그동안 우리나라 독도 교육은 체계적이지 않고 피상적이라는 비판을 받아 왔다. 즉, 독도 교육 내용이 위계화되어 있지 않아 초등학교에

---

6) 4장과 5장에서 학교급별 독도 교육 내용 체계 관련 내용은 '진재관·송정아·홍성근·정연·이우평·송영심·윤홍경·한동균·황은희, 『체계적인 독도 교육을 위한 초·중·고등학교 독도 교육 내용 체계 구성 연구. 2010년도 동북아역사재단 연구지원과제 연구결과보고서』, 2010의 내용을 토대로 재구성하였다.

서 학습한 내용이 중, 고등학교에서 반복되는가 하면 학생들의 수준에 적합하지 않은 내용이 제시되기도 한 것이다.[7] 따라서 독도 교육의 개선은 차별화와 위계화라는 두 가지 방향에 따라 이루어져야 한다. 차별화는 초, 중, 고등학교 독도 교육 내용이 반복되지 않고 달라야 한다는 것이며, 위계화는 초, 중, 고등학교 학교급별 내용이 학생들의 학습 발달 단계에 맞추어 계열화되어야 한다는 것이다.

하지만 독도 교육에서 가장 먼저 고려해야 할 것은 독도 교육을 실시하는 목적을 명확히 하는 것이다. 독도 교육의 목적은 "독도가 역사적, 지리적, 국제법적으로 우리 영토인 근거를 정확하고 체계적으로 이해함으로써, 우리 영토에 대한 올바른 수호 의지를 갖추고, 미래 지향적인 한일 관계에 적합한 민주 시민 의식을 함양"하는데 두어져야 한다. 이러한 목적을 달성하기 위한 독도 교육의 실천적 목표는 "독도에 대한 이해와 역사적 연원을 살펴봄으로써, 독도에 대한 관심과 애정을 갖고, 독도가 역사적, 지리적, 국제법적으로 우리 영토인 근거를 정확하고 체계적으로 이해"하는데 두면서, 이에 부합하도록 학교급별 독도 교육의 목표를 구체화하여 각각 설정하여야 한다.

초등학교에서는 독도에 대한 자연 환경과 지리적 특성을 중심으로 공부함으로써 독도의 중요성을 알고 독도에 대한 관심과 애정을 고취하도록 하는데 목표를 두고, 중학교에서는 독도가 역사적, 지리적, 국제법적으로 우리 영토인 근거를 정확하고 체계적으로 이해하고 객관적이고 논리적으로 설명할 수 있는 능력을 갖추는데 목표를 두어야 한다. 그리고 선택 교육과정인 고등학교에서는 독도 수호의 의지를 갖추

---

7) 정부는 이러한 문제점을 인식하여 2010년에 '진재관 외(2010). 위의 연구결과보고서'에 근거하여 초등학생용 독도 교육 부교재 개발을 완료하여 2011년 2학기부터 전국 초등학교 6학년 학생들에게 보급하여 체계적인 독도 교육을 시작하였고, 이어서 전국의 중학생과 고등학생들에게도 독도 교육을 위한 부교재를 개발하여 보급함으로써 체계적으로 독도 교육을 실시하고 있다.

고 미래 지향적인 한일 관계에 적합한 영토관과 역사관을 확립하는데
목표를 둔다. 이러한 독도 교육의 목적과 목표, 각 학교급별 세부 목표
의 관계를 그림으로 나타내면 다음과 같다.

독도 교육의 목적
우리 영토에 대한 올바른 수호 의지를 갖추고, 미래 지향적인 한일 관계에 적합한 민주 시민 의식을 함양한다.

독도 교육의 목표
독도에 대한 관심과 애정을 갖고, 독도가 역사적, 지리적, 국제법적으로 우리 영토인 근거를 정확하고 체계적으로 이해한다.

초등학교 목표	중학교 목표	고등학교 목표
독도에 대한 자연 환경과 지리적 특성을 중심으로 공부함으로써 독도의 중요성을 알고 독도에 대한 관심과 애정을 갖는다.	독도가 역사적, 지리적, 국제법적으로 우리 영토인 근거를 정확하고 체계적으로 이해하고 객관적, 논리적으로 설명할 수 있다.	독도 수호의 의지를 갖추고 미래 지향적인 한일 관계에 적합한 영토관과 역사관을 확립한다.

〈독도 교육의 목적, 목표 체계〉[8]

6. 초, 중, 고등학교 독도 교육 내용 체계의 특징

독도 교육의 목적과 목표를 바탕으로 하여 설정된 초, 중, 고등학교
급별 독도 교육 내용 체계는 학생들의 학습발달 단계와 과거의 교육

---

8) 진재관 외, 앞의 연구결과보고서, 2010, 22쪽.

경험을 고려하여 위계적으로 구성하되, 동일한 내용의 반복을 최소화하여 학생들의 흥미를 촉진하도록 해야 한다.

초등학교의 독도 교육 내용 체계는 "독도의 자연 환경과 지리적 특성을 중심으로 공부함으로써 독도의 중요성을 알고 독도에 대한 관심과 애정을 갖는다"는 초등학교 독도 교육 목표에 맞추어 구성해야 한다. 이를 위해 '① 독도의 자연 환경 및 지리적 특성에 대한 기본적 이해'를 우선으로 하여, 독도의 지명, 위치와 모양, 지형 형성 과정, 기후 등을 비롯하여 독도의 전반에 관해 학습할 수 있도록 한다. 이어서 '② 독도의 중요성과 독도의 역사적, 환경적, 정치·군사적, 경제적 가치 이해'를 위해 독도 수호에 대한 가장 기본적인 역사적 사료와 독도를 지킨 인물들을 소개하고 일본의 영유권 주장 내용을 학습하도록 하며, 독도의 생태와 천연기념물 지정, 영토와 영해, 독도 경비대 파견, 자원 등의 내용을 구성한다. 이러한 학습을 바탕으로 '③ 독도에 대한 지속적인 관심 갖기의 의미와 방안 탐색'을 할 수 있도록 하기 위해, 우리나라의 실효적 지배와 독도를 지키기 위해 활동하는 대표적인 시민단체인 '반크'에 관한 내용으로 구성해야 한다.

중학교의 독도 교육 내용 체계는 "독도가 역사적, 지리적, 국제법적으로 우리 영토인 근거를 정확하고 체계적으로 이해하고 객관적, 논리적으로 설명할 수 있다"는 중학교 독도 교육 목표에 맞추어 구성해야 한다. 이를 위해 '① 독도의 역사와 관련된 지도 및 문헌에 대한 이해'를 우선으로 하여 우리나라와 일본의 독도 관련 문헌과 독도를 지킨 인물들에 대해 학습할 수 있도록 한다. 이어서 일본의 영유권 주장과 그 내용의 부당성을 학습함으로써 '② 독도에 대한 일본의 침탈 과정과 일본 주장의 허구성 파악'하고 '③ 독도 영유권에 대한 객관적이고 논리적인 주장 능력 신장'을 도모한다. 이러한 학습 경험을 바탕으로 '④ 우리 땅 독도 알리기 활동의 의미와 효과적인 참여 방안 탐색'을 할 수 있도록 구성한다. 특히 공통 교육과정의 마지막 학교급인 중학교 단계에서 독도 학습을 망라하여 완결할 수 있도록 해야 한다.

고등학교의 독도 교육 내용 체계는 "독도 수호의 의지를 갖추고 미래 지향적인 한일 관계에 적합한 영토관과 역사관을 확립한다"는 고등학교 독도 교육 목표에 맞추어 구성해야 한다. 이를 위해 '① 독도가 우리나라에서 갖는 역사·지리적 및 정치·군사적, 경제적 의미 파악'을 바탕으로 '② 독도 수호 활동의 현황 파악과 적극적인 참여 방안 모색'과 '③ 미래 지향적인 한일 협력 관계 구축을 위한 활동 방안 모색'을 할 수 있도록 구성한다. 또한 고등학교 단계는 선택 교육과정에 속하고 체계적인 비판적 사고 활동이 활발한 시기이기 때문에 일본의 영유권 주장에 대한 부당성에 대한 논리적 비판과 우리나라에서 독도가 갖는 의미와 중요성에 대한 확고한 인식을 통해 독도 수호 활동에의 적극적인 참여를 유도하는 내용으로 구성해야 한다.

이와 같은 독도 교육 내용 체계는 "독도에 대한 이해와 역사적 연원을 살펴봄으로써, 독도에 대한 관심과 애정을 갖고, 독도가 역사적, 지리적, 국제법적으로 우리 영토인 근거를 정확하고 체계적으로 이해한다"는 독도 교육의 목표를 달성함으로써 "우리 영토에 대한 올바른 수호 의지를 갖추고, 미래 지향적인 한일 관계에 적합한 민주 시민 의식을 함양한다."는 독도 교육의 목적에 가장 효과적이고 효율적으로 도달할 수 있는 독도 학습을 가능하게 할 것이다.

7. 맺음말

독도 교육은 미래 사회를 이끌어갈 청소년들에게 독도에 대한 관심과 애정을 갖게 하여 현재뿐만 아니라 훗날에도 독도를 굳건히 지켜나

갈 수 있는 의지를 심어주는 활동이다. 이를 위해 일본의 독도의 영유권 주장에 대한 근거를 명확히 파악하고 그에 대응할 수 있는 논리를 확실하게 갖추게 하여야 한다. 이를 통해 일본의 독도 영유권 주장이 얼마나 부적절한 행위이고 불합리한 주장인지를 일본 스스로 깨닫게 하고 국제사회에 알려야 한다. 이러한 과정을 통해 학생들의 독도 교육은 우리의 독도를 지키기 위한 논리적 설득력과 자신감을 함양할 수 있도록 체계화되어야 한다. 하지만 독도 교육은 단순히 독도 관련 지식의 습득에 치중해서는 안된다. 즉, 독도 교육은 독도 교육의 목적과 목표를 충실히 달성할 수 있도록 하면서도 보편적인 교육의 목적과 목표 달성에 기여해야 한다. 독도 내용에 대한 학습만이 아니라 독도 내용의 학습을 통한 탐구력, 상상력, 판단력 등을 함양하도록 해야 한다. 다음으로 학교급별 독도 교육 내용 체계를 토대로 하여 각각의 내용을 학습할 학년과 교과, 단원에 대한 연구가 계속되어야 한다. 학교급별 독도 교육 내용 체계를 토대로 하되 후속 연구로 각각의 내용을 어느 과목의 어느 학년에서 학습하게 할 것인지에 대한 연구와 그 내용을 어떻게 학습하게 할 것인지의 교수·학습 방법에 대한 연구가 필요하다. 끝으로, 독도 관련 연구 활동과 연구 자료를 종합하고 관리하여 독도 교육 활동에 제공할 수 있는 통합 기관이 필요하다. 독도에 대한 관심이 높아진 만큼 우리나라에는 많은 독도 관련 연구소와 단체들이 등장하였다. 이러한 연구소와 단체들의 활동을 통합·조정하고, 산출된 독도 관련 자료들을 공유하면서 독도 교육에 활용할 수 있도록 제공하는 역할을 담당할 기관이 필요하다. 즉, 독도 관련 연구소와 난체를 유기적으로 연결시키고 연구 결과물을 정리하여 공유하도록 하는 정부의 역할 강화가 우선되어야 한다. 동북아역사재단의 독도 연구소가 그러한 통합과 조정 역할을 좀더 적극적으로 수행해야 한다.

[참고자료]

독도 교육 내용 체계[9]

1. 독도 교육의 목적

독도가 역사적, 지리적, 국제법적으로 우리 영토인 근거를 정확하고 체계적으로 이해함으로써, 우리 영토에 대한 올바른 수호 의지를 갖추고, 미래 지향적인 한일 관계에 적합한 민주 시민 의식을 함양한다.

2. 독도 교육의 목표

독도에 대한 이해와 역사적 연원을 살펴봄으로써, 독도에 대한 관심과 애정을 갖고, 독도가 역사적, 지리적, 국제법적으로 우리 영토인 근거를 정확하고 체계적으로 이해한다.

3. 학교급별 독도 교육의 목표

가. 초등학교 독도 교육의 목표

독도의 자연 환경과 지리적 특성을 중심으로 공부함으로써 독도의 중요성을 알고 독도에 대한 관심과 애정을 갖는다.
　① 독도의 자연 환경 및 지리적 특성에 대한 기본적 이해
　② 독도의 중요성과 독도의 역사적, 환경적, 정치·군사적, 경제적 가치 이해
　③ 독도에 대한 지속적인 관심 갖기의 의미와 방안 탐색

---

9) 진재관·송정아·홍성근·정연·이우평·송영심·윤홍경·한동균·황은희, 『체계적인 독도 교육을 위한 초·중·고등학교 독도 교육 내용 체계 구성 연구. 2010년도 동북아역사재단 연구지원과제 연구결과보고서』, 2010.

나. 중학교 독도 교육의 목표

독도가 역사적, 지리적, 국제법적으로 우리 영토인 근거를 정확하고 체계적으로 이해하고 객관적, 논리적으로 설명할 수 있다.

① 독도의 역사와 관련된 지도 및 문헌에 대한 이해

② 독도에 대한 일본의 침탈 과정과 일본 주장의 허구성 파악

③ 독도 영유권에 대한 객관적이고 논리적인 주장 능력 신장

④ 우리 땅 독도 알리기 활동의 의미와 효과적인 참여 방안 탐색

다. 고등학교 독도 교육의 목표

독도 수호의 의지를 갖추고 미래 지향적인 한일 관계에 적합한 영토관과 역사관을 확립한다.

① 독도가 우리나라에서 갖는 역사·지리적 및 정치·군사적, 경제적 의미 파악

② 독도 수호 활동의 현황 파악과 적극적인 참여 방안 모색

③ 미래 지향적인 한일 협력 관계 구축을 위한 활동 방안 모색

4. 내용 체계

분류	학습내용	내용 요소	초등학교	중학교	고등학교
지명의 변화	지명의 유래	돌섬(석도)	돌섬(석도)		
		독섬	독섬		
	독도의 옛 이름	우산도	우산도		
		자산도	자산도		
		삼봉도	삼봉도		
		가지도	가지도		
	독도의 명칭(외국)	리앙쿠르(프)	리앙쿠르(프)		
		다케시마(일)	다케시마(일)		
독도 수호 자료	우리나라의 독도 관련 문헌	삼국사기(512)	삼국사기(512)	삼국사기(512)	
		세종실록지리지 (1454)	세종실록지리지 (1454)	세종실록지리지 (1454)	

분류	학습 내용	내용 요소	초등학교	중학교	고등학교
독도 수호 자료	우리 나라의 독도 관련 문헌	신증동국여지승람 (1531)		신증동국여지승람 (1531)	신증동국여지승람 (1531)
		정상기의 동국전도 (18C)			정상기의 동국전도 (18C)
		만기요람(1808)			만기요람(1808)
		조선전도(1846)		조선전도(1846)	조선전도(1846)
		해좌전도(19C 중)		해좌전도(19C 중)	해좌전도(19C 중)
		이규원 검찰사 울릉도 개발 건의(1882)			이규원 검찰사 울릉도 개발 건의(1882)
		대한제국 칙령 제41호(1900)	대한제국 칙령 제41호(1900)	대한제국 칙령 제41호(1900)	
		일본의 독도 침탈 (1905)	일본의 독도 침탈 (1905)	일본의 독도 침탈 (1905)	
		연합국총사령부 훈령(1946)		연합국총사령부 훈령 (1946)	연합국총사령부 훈령(1946)
		이승만 라인(1952)	이승만 라인(1952)	이승만 라인(1952)	
	일본의 독도 관련 문헌 (한국 영토 표기)	은주시청합기(1667)		은주시청합기(1667)	은주시청합기(1667)
		안용복조사보고서 (1696)		안용복조사보고서 (1696)	안용복조사보고서 (1696)
		'울릉도 쟁계(죽도 일건)' 관련 사료		'울릉도 쟁계(죽도 일건)' 관련 사료	'울릉도 쟁계(죽도 일건)' 관련 사료
		삼국접양도(1785)		삼국접양도(1785)	삼국접양도(1785)
		조선국교제시말내탐서(1870)		조선국교제시말내탐서(1870)	조선국교제시말내탐서(1870)
		조선동해안도(1876)		조선동해안도(1876)	조선동해안도(1876)
		태정관 문서(1877)		태정관 문서(1877)	태정관 문서(1877)
		일러전쟁실기의 한국전도(1905)		일러전쟁실기의 한국전도(1905)	일러전쟁실기의 한국전도(1905)
	독도를 지킨 인물들	이사부	이사부	이사부	
		안용복	안용복	안용복	
		심흥택		심흥택	
		독도의용수비대	독도의용수비대	독도의용수비대	

분류	학습 내용	내용 요소	초등학교	중학교	고등학교
일본의 영유권 주장과 대응	일본의 영유권 주장 내용과 대응	시마네현 고시 제40호(1905)	시마네현 고시 제40호(1905)	시마네현 고시 제40호(1905)	
		'다케시마의 날' 지정(2005)	'다케시마의 날' 지정(2005)	'다케시마의 날' 지정(2005)	
		일본 외무성 '죽도 홍보 팸플릿'에 대한 대응		일본 외무성 '죽도 홍보 팸플릿'에 대한 대응	일본 외무성 '죽도 홍보 팸플릿'에 대한 대응
실효적 지배	경찰청 독도 경비대	경찰청 독도 경비대의 파견 과정과 배경	경찰청 독도 경비대의 파견	경찰청 독도 경비대의 파견 과정과 배경	
	시설물	등대	등대		
		어업인 숙소	어업인 숙소		
	천연기념물	천연기념물(제336호) 지정	천연기념물(제336호) 지정		
	특정도서	특정도서(제1호) 지정		특정도서(제1호)지정	
	독도를 지키기 위한 활동	정부와 지방자치단체의 활동	정부와 지방자치단체의 활동	정부와 지방자치단체의 활동	정부와 지방자치단체의 활동
		시민운동의 내용과 참여 방안	시민운동의 내용과 참여 방안	시민운동의 내용과 참여 방안	시민운동의 내용과 참여 방안
위치	행정구역	독도의 주소	독도의 주소		
	수리적 위치	독도의 경·위도 확인하기	독도의 경·위도 확인하기		
	지리적 위치	지도, 지구본, 구글맵 등에서 찾아보기	지도, 지구본, 구글맵 등에서 찾아보기		
		울릉도와 오키섬으로부터의 거리 비교	울릉도와 오키섬으로부터의 거리 비교		
		울릉도와 독도로 가는 방법	울릉도와 독도로 가는 방법		
영역	영토, 영해와 배타적경제수역	영토	영토	영토	
		영해	영해	영해	
		배타적경제수역(EEZ)		배타적경제수역(EEZ)	배타적경제수역(EEZ)

분류	학습 내용	내용 요소	초등학교	중학교	고등학교
생활	독도와 한반도 관계	독도와 한반도 본토의 관계		독도와 한반도 본토의 관계	독도와 한반도 본토의 관계
		독도와 울릉도의 관계	독도와 울릉도의 관계	독도와 울릉도의 관계	
		독도와 일본의 관계			독도와 일본의 관계
지형	모양	사진(위성사진 포함), 모식도 등을 통한 모양 파악	사진(위성사진 포함), 모식도 등을 통한 모양 파악		
		해저 지형(해저 분지, 해산)	해저 지형(해저 분지, 해산)		
	지형 형성 과정	모식도, 3D 시뮬레이션 등을 통한 형성과정 이해	모식도, 3D 시뮬레이션 등을 통한 형성과정 이해		
기후	기온과 강수	울릉도와 독도의 연중 기온 강수 그래프	울릉도와 독도의 연중 기온 강수 그래프		
	안개	안개일수	안개일수		
생태	동물	괭이갈매기	괭이갈매기		
		바다사자	바다사자		
	식물	해국	해국		
		사철나무	사철나무		
자원	수산자원	해류	해류		
		어장	어장		
	지하자원	해양심층수	해양심층수		
		메탄 하이드레이트	메탄 하이드레이트		
계			45	33	21

[참고문헌]

교육인적자원부, 『해돋는 섬 독도』, 2005.
―――――――, 『오늘도 해가 돋는 섬, 독도: 한국의 동쪽 섬』, 2006.
경상북도교육청, 『초등학교 독도』 교과서 및 교사용 지도서, 2010.
권오현, 「일본 정부의 독도 관련 교과서 검정 개입의 실태와 배경」, 『문화역사지리』 18(2), 2006.
김기범, 「독도영유권 갈등과 일본의 보수화 경향」, 『월간 아태지역동향』, 한양대학교 아태지역연구센터, 2005.
김병렬·나이토세이츄, 『한일 전문가가 본 독도』, 다다미디어, 2006.
나홍주, 『독도의 영유권에 관한 국제법적 연구』, 법서출판사, 2000.
박병섭·나이토 세이추(호사카 유지 역), 『독도 다케시마 논쟁-역사자료를 통한 고찰』, 보고사, 2008(內藤正中, 朴炳渉, 『竹島独島論争 : 歴史資料から考える』, 新幹社, 2007).
박선미·손승호·이호상·안종철·유진상·이효선·전유신, 『독도 학습을 위한 교육과정 개발 연구』, 2009년도 동북아역사재단 연구지원과제 연구결과 보고서, 2009.
신용하, 『독도영유권에 대한 일본주장 비판』, 서울대학교출판부, 2001.
―――, 『한국의 독도영유권 연구』, 경인문화사, 2006.
심정보, 「한국과 일본의 초중등학교 사회과에서 독도(다케시마)를 둘러싼 영토교육의 현황」, 동북아역사재단연구보고서, 2008.
일본 외무성, 「竹島-다케시마문제를 이해하기 위한 10개의 포인트」(http://www.mofa.go.jp/region/asia-paci.takeshima), 2008.
진재관·송정아·홍성근·정연·이우평·송영심·윤홍경·한동균·황은희, 『체계적인 독도 교육을 위한 초·중·고등학교 독도 교육 내용 체계 구성 연구, 2010년도 동북아역사재단 연구지원과제 연구결과 보고서』, 2010.
진재관·강석화·구난희·문영주·박현숙, 『2009년 개정 교육과정에 따른 역사과 교육과정 부분 개정 연구』, 한국교육과정평가원 연구보고 CRC 2010-9, 2010.

차종환 · 신법타 · 김동인, 『겨레의 섬, 독도 -독도의 모든 것-』, 도서출판 해
    조음, 2006.

김수희 · 영남대학교 독도연구소 연구교수

〈저 서〉『근대 일본어민의 한국진출과 어업경영』,『植民地朝鮮と愛媛の人びと』 등

〈논 문〉「나카이 요사부로와 독도어업」,「흑룡회의 독도침탈 기도와 '양코도 발견' 기록의 재검토」,「독도어장과 재주해녀」,「근대 일본식 어구 안강망의 전파와 서해안 어장의 변화 과정」 외 다수

김호동 · 영남대학교 독도연구소 연구교수

〈저 서〉『독도·울릉도의 역사』,『고려 무신정권시대 문인 지식층의 현실대응』,『영원한 독도인 최종덕』,『한국 고·중세 불교와 유교의 역할』,『한국사 6』(공저),『울릉도·독도의 종합적 연구』(공저),『독도를 보는 한 눈금 차이』(공저),『울릉군지』(공저) 등

〈논 문〉「조선 숙종조 영토분쟁의 배경과 대응에 관한 검토」,「조선초기 울릉도·독도에 관한 '공도정책'의 재검토」,「개항기 울릉도 개척정책과 이주실태」 외 다수

김화경 · 영남대학교 명예교수

〈저 서〉『독도의 역사지리학적 연구』,『독도의 역사』,『한국 설화의 연구』,『북한설화의 연구』,『일본의 신화』,『한국 신화의 원류』,『신화에 그려진 여신들』,『애들아 한국 신화 찾아가자』 등

〈논 문〉「안용복의 2차 도일 활동에 관한 연구」,「일본측 독도영유권 주장의 허구성에 관한 연구」,「한국의 고지도에 나타난 독도 인식에 관한 연구」,「독도 강탈을 둘러싼 궤변의 허구성」 외 다수

박병섭 · 일본 竹島=독도연구넷 대표
〈저 서〉『안용복사건에 대한 검증』, 『한말 울릉도 · 독도 어업』, 『독도=다케시마 논쟁』(공저), 『竹島=獨島論争』(공저), 『マンガ嫌韓流のここがデタラメ』, 『姜德相先生古希 · 退職記念日朝関係史論集』(공저) 등
〈논 문〉「근대기 독도의 영유권 문제」, 「러일전쟁과 독도의 가치」, 「일본인의 제3차 울릉도 침입」, 「시모조 마사오의 논설을 분석한다」, 「江戸時代の竹島=独島での漁業と領有権問題」, 「明治政府の竹島=独島認識」 등 다수

박성욱 · 한국해양과학기술원 해양정책 · 영토연구실 책임연구원
〈저 서〉『해양영토 확보를 위한 기술혁신 전략』(공저), 『미래사회를 향한 해양국가유망기술』(공저)
〈논 문〉「독도영유권을 둘러싼 한일 양국의 핵심쟁점 검토」, 「해양과학조사에 관한 국제규범과 주변국의 수용태도에 관한 研究」, 「한 · 중 · 일 EEZ 어업관리체제 및 새로운 어업협정에 관한 고찰」

박진숙 · 경북 예천초등학교 교사
〈논 문〉「초등학교 독도교육의 현황과 문제점」, 「초등학교 독도 수업의 운영 실태와 개선 방안」 외 다수

박철웅 · 전남대학교 지리교육과 교수
〈저 서〉『한국지명유래집: 전라제주편』, 『호남의 감성: 통하다』, 『전남의 선사와 고대를 찾아서』, 『고등교과 재량활동 지도자료-도덕 · 사회』 등
〈논 문〉「독도에 대한 일본 영토교육의 다차원적 접근 방식」, 「국가교육과정 개정에서 지리교육의 현재와 문제점」, 「지리교과서 내용체계에 대한 분류」, 「지리교사의 인식과 체계 분석-지형단원을 중심으로」 외 다수

송휘영 · 영남대학교 독도연구소 연구교수

〈저 서〉『독도영유권 확립에 대한 연구Ⅱ』(공저), 『독도영유권 확립에 대한 연구Ⅲ』(공저)

〈논 문〉「일본의 독도에 대한 '17세기 영유권 확립설'의 허구성」, 「쓰시마번사 스야마 쇼에몽과 조일 관계」, 「울릉도쟁계의 타결과 스야마 쇼에몽」, 「근대 일본의 수로지에 나타난 울릉도·독도 인식」 외 다수

진재관 · 한국교육과정평가원 중등교사임용시험사업단장

〈저 서〉『체계적인 독도 교육을 위한 초·중·고등학교 독도 교육 내용 체계 구성 연구』(공저) 등

〈논 문〉「바람직한 학교급별 독도교육의 강화 방안」, 「초등학교 "독도 바로알기"부교재 현장 적합성 연구」(공저), 「개정 교육과정에 따른 역사과 교육과정 부분 개정 연구」(공저), 「교과서 채택제도 개선 방안 연구」(공저) 외 다수

최장근 · 대구대학교 일본어일본학과 교수

〈저 서〉『일본의 독도 영유권 조작의 계보』, 『일본의 영토분쟁-일본제국주의의 흔적과 일본내셔널리즘-』, 『일본정치와 사회 그리고 영토』, 『왜곡의 역사와 한일관계』, 『근현대일본사』, 『독도의 영토학』, 『독도문제의 본질과 일본의 영토분쟁 정치학』 등

〈논 문〉「일본의중앙-지방정부의 독도 사료조작」, 「일본의 독도영유권 주장에 대한 '북한'의 대응양상」, 「영토정책의 관점에서 본 '일한병합'의 재고찰」, 「전후 일본의 독도역사성 왜곡에 관한 고찰」, 「'竹島経営者中井養三郎氏立志傳'의 해석오류에 대한 고찰」 외 다수